U0282603

内 容 简 介

　　本教材系统地介绍了饲草生产的基础理论与基本技能。分为基础篇、栽培篇、饲草加工调制篇及草地利用篇4大部分15章，内容包括绪论，饲草生长发育的生理生态学基础，饲草的栽培管理，饲草种植制度，饲草田间试验技术，饲草种子生产，豆科牧草，禾本科牧草，禾谷类饲料作物，豆类饲料作物，块根、块茎及瓜类饲料作物，叶菜类饲料作物，青贮饲料及其调制，干草调制及草产品加工，饲草生产计划的制订与饲草经营，草地培育与利用。采用翔实的资料及文字与丰富的图表相结合的手段，可读性强，为饲草生产实践提供理论指导。

　　本书可作为普通高等农业院校动物科学类专业本科生的教材，亦可作为草业、畜牧、资源、环境、生态等领域科技人员和管理干部的参考书。

普通高等教育农业部"十三五"规划教材
全国高等农林院校"十三五"规划教材

饲草生产学

第 二 版

动物科学类专业用

董宽虎　沈益新　主编

中国农业出版社

第二版编者人员名单

主　编　董宽虎（山西农业大学）

　　　　沈益新（南京农业大学）

副主编　张新全（四川农业大学）

　　　　王成章（河南农业大学）

　　　　崔国文（东北农业大学）

参　编　（按姓名笔画排序）

　　　　玉　柱（中国农业大学）

　　　　龙明秀（西北农林科技大学）

　　　　刘大林（扬州大学）

　　　　许庆方（山西农业大学）

　　　　李运起（河北农业大学）

　　　　罗富成（云南农业大学）

　　　　钟　华（山西农业大学）

第一版编审人员名单

主　编　董宽虎（山西农业大学）

　　　　沈益新（南京农业大学）

副主编　张新全（四川农业大学）

　　　　王成章（河南农业大学）

参　编　卢小良（华南农业大学）

　　　　玉　柱（中国农业大学）

　　　　许庆方（山西农业大学）

　　　　李运起（河北农业大学）

　　　　胡跃高（中国农业大学）

　　　　崔国文（东北农业大学）

审稿人　陈默君（中国农业大学）

　　　　王槐三（南京农业大学）

第二版前言

　　2014年10月，国务院副总理汪洋主持召开专题会议研究促进草牧业发展的政策措施，今年中央1号文件对进一步加快发展草牧业提出明确要求。畜牧业要在建设农业现代化进程中率先实现现代化，引领带动现代农业建设迈上新台阶。草牧业是现代农业的重要组成部分，也是畜牧业率先实现现代化的短板。加快发展草牧业对调整种植业结构、优化畜牧业结构、实现农牧结合和促进农业可持续发展具有重要意义。发展草牧业，饲草料是重点。因此，要加快现代饲草料生产体系建设，抓好人工种草、粮改饲试点，挖掘饲草料资源潜力，以畜定草，为草食畜牧业发展奠定坚实物质基础。《饲草生产学》第一版已出版10余年，远不能适应社会和科技发展的需求。按照普通高等教育农业部"十二五"规划教材建设的编写要求，同时也为适应社会发展需求和创新能力培养的要求，我们对《饲草生产学》进行了修订。

　　本次修订工作设定的目标是在原有基础上强化以下三方面：

　　1. 使全书尽力做到结构完整、逻辑合理、层次清晰，因此在内容上做了较大幅度的调整，并分为基础篇、栽培篇、饲草加工调制篇和草地利用篇四大部分。

　　2. 突出饲草生产在农业产业结构调整中的重要地位，因此在基础篇中增加了一章饲草种植制度的内容。

　　3. 重点关注饲草的栽培与利用，尽力满足我国南方和北方地理差异的需求。因此栽培篇增列了禾本科牧草和豆科牧草概述、小冠花及其他豆类饲料作物，删除了水生饲料作物一章；饲草加工调制篇中删除了粗饲料加工调制一章；草地利用篇中删去了草地植物生物学基础一节。

　　此外，对部分图表和资料数据也进行了订正和补充。遗憾的是因条件所限，不能增加彩色图片，不少彩色图片只能舍弃。

　　参加本次修订的人员和分工如下：董宽虎（绪论，第六章、第十章及统稿）；

沈益新（第一章、第六章、第七章及统稿）；王成章（第二章、第八章）；龙明秀（第三章）；张新全（第四章、第五章、第六章、第七章）；李运起（第六章、第十一章）；崔国文（第七章、第十三章）；许庆方（第九章）；罗富成（第十章）；玉柱（第十二章）；刘大林（第十四章）；钟华（第十五章）。

　　《饲草生产学》第二版编写，得到了山西农业大学、南京农业大学教务处及动物科技学院有关领导、教师和同仁们的鼎力相助，谨表衷心感谢！

　　由于编者学识能力、技术水平等主客观因素的限制，本书中一定会存在一些问题，敬请广大读者批评指正，以便再版时修正。

编　者

2016 年 1 月

　　作为农业大国，我国"十五"末畜牧业产值将占农业总产值的33％，这对饲草生产既是机遇又是挑战。自从20世纪50年代我国的草业科学理论创始以来，《饲料生产学》已作为一门重要的课程讲授。南京农学院1980年主编的《饲料生产学》深受相关专业师生欢迎，为饲料生产业的发展发挥了极其重要的作用。然而，该教材已经使用了20余年，随着社会和科技的发展，迫切需要进行修订。值此世纪之初，根据"全国高等农业院校十五规划教材"建设的指示及"面向21世纪课程教材"的编写要求，为适应素质教育和创新能力培养的要求，我们对《饲料生产学》进行了修订。同时，为避免与现代饲料生产的概念混淆，将《饲料生产学》更名为《饲草生产学》。

　　人类历史进程中，草业生产有可能先于大农业而出现。我国具有悠久的饲草生产历史，在商代已有"获刍""告刍"的记载。刍，在甲骨文中以用手取草会意。《说文》中"刍，割草也。"表明割草作饲料在我国商代已经普遍。美国以首蓿为主体的干草产值在所有农产品中，仅次于小麦、玉米和大豆而居第四位。

　　发展畜牧业必须有牧草与饲料作物这一物质基础，没有充足的饲草饲料，就不会有优质、高产、高效的畜牧业的发展；饲草生产可以将农业生产的种植业、畜牧业和土壤耕作三大环节有机结合起来；发展饲草生产还可保护与培肥土壤，有效利用光、热、水、气等自然资源，增加农民收入，改善生态环境等等。

　　该教材简要概括了饲草的概念与发展饲草生产的重要性和必要性，牧草与饲料作物生长发育有关的生理与生态学基础知识，饲草的栽培管理与良种繁育及种子生产，田间试验技术；详细叙述了豆科与禾本科牧草，禾谷类、豆类、块根、块茎、瓜类、叶菜类、水生饲料作物的生产技术，牧草混播技术，饲草的加工与贮藏等；并对饲草生产计划的制定和草地经营进行了概述。教材力求反映当代饲草生产的科技水平，涵盖相关学科的基本内容，并突出重点。在附录中列出牧草与饲料作物种（品种）的拉丁学名、英文名，供读者参考。

　　本教材共分为 17 章，各章编写分工为：董宽虎（绪论，第五、第六和第十七章及统稿）；沈益新（第一、第五和第六章及统稿）；王成章（第二和第七章）；张新全（第三、第四、第五和第六章）；李运起（第十、第十六、第五和第六章）；卢小良（第五、第六、第九和第十一章）；崔国文（第十四、第五和第六章）；玉柱（第十二、第十三、第五和第六章）；胡跃高（第八章）；许庆方（第十五、第五和第六章）。全书由中国农业大学陈默君教授、南京农业大学王槐三教授审稿。

　　本书在编写过程中，得到了中国农业出版社的支持，以及山西农业大学教务处及动物科技学院有关领导、教师和同仁们的鼎力相助，谨表衷心感谢！由于编者水平之限，书中定有不足甚至于错误之处，敬请读者批评指正，以便再版时修正。

编　者

2003 年 6 月

目　录

饲草生产学

基　础　篇

栽　培　篇

饲草加工调制篇

草地利用篇

绪 论

一、饲草的概念

饲草（forage）包括牧草和饲料作物。关于牧草的定义，我国草业科学奠基人王栋先生 1950 年在《牧草学概论》一书中把牧草概括为"各种禾本科之细茎植物，并包括其他可供饲养牲畜用之细茎植物。如苜蓿、红三叶、莎草、碱草等均可谓之牧草"。后来在 1989 年《牧草学各论》（新一版）中将牧草定义为"指可供饲养牲畜用的草类，无论是栽培的草类或野生的草类，只要能用来饲养牲畜，都属于牧草的范围。在农业生产中，牧草这个名词有时可以包括水草及植株较低、茎枝较细、可作饲料用的灌木"。在《辞海》中将牧草解释为"人工栽培或野生可供刈草或放牧用的细茎植物。以禾本科和豆科草本植物为主"。在《中国农业百科全书》中将牧草定义为"供家畜采食的草类，以草本植物为主，包括藤本植物、半灌木和灌木。" 2003 年 Robert F. Barnes 等在《饲草——草地农业概论》中将饲草定义为"饲草是供家畜、狩猎动物、其他动物及昆虫以多种方式消费的植物。"《草业大辞典》中将饲草定义为"可为放牧家畜提供牧草饲料或用于刈割以提供给家畜饲用型贮备牧草的大多数草本植物、部分灌木和半灌木植物"。

牧草，广义上泛指可用于饲喂家畜的草类植物，包括草本、藤本、小灌木、半灌木和灌木等各类栽培或野生植物；狭义上仅指可供栽培的饲用草本植物，尤指豆科牧草和禾本科牧草，这两科几乎囊括了所有的栽培牧草。此外，藜科、菊科及其他科也有，但种类极少。

饲料作物，指用于栽培作为家畜饲料用的作物，如玉米、高粱、大麦、燕麦、黑麦、大豆、甜菜、胡萝卜、马铃薯、南瓜等。

综上所述，饲草是供家畜及其他动物放牧采食或用于刈割饲喂的栽培或野生的草本植物、部分灌木和半灌木植物。

二、饲草与国民经济的可持续发展

（一）饲草是畜牧业发展的物质基础

2015 年中央 1 号文件明确提出"加快发展草牧业，支持青贮玉米和苜蓿等饲草料种植，开展粮改饲和种养结合模式试点，促进粮食、经济作物、饲草料三元种植结构协调发展"。"草牧业"一词见于中央 1 号文件，无疑是对我国草业在畜牧业中的地位和作用的高度重视。任继周院士（2015）对"草牧业"的解释是："将草业与牧业结合而简称为'草牧业'，即'草业'和'牧业'的复合词。从草业科学本身来看，草地农业内在地包含了以草地资源为基础的动物生产，如草业的第二个界面（草地-草食家畜界面）和第三个生产层（动物生产层），都表明了草食动物在草业中不可或缺的地位"。侯向阳（2015）认为"草牧业的概念是

'草业＋草食畜牧业＋相关延伸产业'。草牧业是以植物营养体的生产和利用为基础，以饲草生产、草食动物生产、加工等延伸产业的融合和耦合为一体，创造高效和高附加值的生产效益和生态效益的新型产业。"2015年农业部《关于进一步调整优化农业结构的指导意见》中指出"充分挖掘饲草料生产潜力，大力发展草牧业，形成粮草兼顾、农牧结合、循环发展的新型种养结构。"同时，农业部《关于促进草食畜牧业加快发展的指导意见》中指出"建立资源高效利用的饲草料生产体系。推进良种良法配套，大力发展饲草料生产。支持青贮玉米、苜蓿、燕麦、甜高粱等优质饲草料种植，鼓励干旱半干旱区开展粮草轮作、退耕种草。继续实施振兴奶业苜蓿发展行动，保障苜蓿等优质饲草料供应。"农区种植业从传统的"二元结构"向"三元结构"协调发展的转变，就可以为畜牧业提供大量优质的饲草饲料，使之得到快速而稳定的发展。

随着我国经济的不断发展，膳食结构的不断改善，必然会对畜产品的结构提出更高的要求，在实现畜牧业数量型的前提下，必然对畜产品质量提出更高的要求，尤其是对高品质牛羊肉和牛奶等的需求也不断增加，将会对饲草的需求量和品质提出更高的要求。我国一直以来存在较大饲草缺口，这是导致出现人畜争粮现象的根本所在，也是进一步导致玉米、大豆等作物进口加剧的重要原因。张英俊等（2014）对我国草食家畜饲草料需求与供给现状的综合分析，据《中国畜牧业年鉴》统计，截至2012年年底全国大型草食家畜年末存栏量为 7.8×10^8 羊单位，全国草食家畜饲草料需求总量为 5.12×10^8 t，天然草地和人工草地是我国草食家畜饲草料供给的主体，年总产草量为 3.68×10^8 t，其中天然草地干草产量为 2.91×10^8 t，人工草地干草产量为 0.77×10^8 t，饲料秸秆为 1.39×10^8 t，供求差额为 4.77×10^6 t。

中国奶牛存栏量为 1.46×10^7 头（2014），其中 2.50×10^6 头高产奶牛必须依赖优质苜蓿，按照基本标准，一头高产奶牛每年需要 2 t 苜蓿干草，因此国内苜蓿市场需求大概是 5.00×10^6 t/年。而2014年，中国共进口苜蓿干草 8.84×10^5 t，而国产苜蓿进入市场的也只有 3.44×10^6 t（2013），优质牧草的缺口较大。从长远看来，这会影响中国高产奶牛的产奶量，因此保障充足的优质牧草供给非常重要。2008年"三聚氰胺"事件核心问题是蛋白饲草短缺的问题。当前，用于饲喂奶牛的干草主要是苜蓿、羊草和燕麦。国产苜蓿数量不够，进口苜蓿数量迅速增加。2008—2014年，苜蓿进口量分别为 1.96×10^4 t、7.66×10^4 t、2.27×10^5 t、2.76×10^5 t、4.42×10^5 t、7.56×10^5 t 和 8.84×10^5 t。伴随着苜蓿进口量的不断增加，苜蓿价格也在不断升高，2009年苜蓿口岸价为282.25美元/t，2010年为270.61美元/t，2011年为332.67美元/t，2012年为385.33美元/t，2013年为366.91美元/t，2014年为387.24美元/t。

（二）饲草生产是农业和牧业结合的纽带

农业生产包括种植业、畜牧业和土壤耕作三大环节。种植业通过栽培利用大自然的光、热、二氧化碳、水分和矿物质，把太阳的光能转化为植物产品中的化学能，这是农业生产的第一个环节。植物产品中只有1/4可以被人类利用，其余3/4的根、茎、叶、糠、麸等人类不能直接利用，而畜牧业则可以利用这部分副产品用于生产畜产品，这是农业生产的第二个环节。不过这部分收获籽实后的秸秆利用率低，如果栽培饲草，在最佳收获期收获其营养体，从而可大大提高可消化营养物质的收获量。家畜食入的饲草饲料，只能利用其中可消化吸收的部分，不能利用的排出体外成为粪肥，人们通过土壤耕作把残茬、枯枝落叶和畜禽肥翻入土中，通过微生物的分解，又成为植物生长所必需的养料，土壤耕作就是农业生产的第三个环节。可见要使农业能够持续发展就必须有充足的肥料，保持土壤的肥力，而为了发展畜牧业又必须生产充足的牧草和饲料以满足畜牧业的需要。以农养牧，以牧促农，两者互相依存，互相促进，其中心就是牧草饲料的生产，饲草生产正是农业和畜牧业结合的纽带。

饲草不仅为畜牧业提供优质饲草饲料，还具有增加土壤有机质，改良土壤肥力的作用。豆科牧草特别是多年生豆科牧草，其根系能形成众多的根瘤，与根瘤固氮菌共生，根瘤菌所固定的氮可提供该植物生长所需氮素营养的 $50\%\sim80\%$，甚至 100%。将豆科牧草引入轮作系统可以有效地改良土壤，增加氮的固定，提高土壤肥力，减少氮肥的使用。种植紫花苜蓿后，进行种植玉米或小麦种植的第 1 年不用施氮肥，即使施氮肥也没有显著效果，在第 2 年、第 3 年，施氮肥量也非常少，一般为 $45\sim60\ kg/hm^2$。不同豆科牧草固氮量不同，紫花苜蓿、白三叶和红三叶的固氮量可达 $300\ kg/hm^2$ 以上，生长第 1 年紫花苜蓿可为下茬作物提供氮 $134\sim168\ kg/hm^2$。在加拿大温尼伯市对 1 年、2 年和 3 年苜蓿地的土壤氮平衡状况研究表明，苜蓿从大气中固定的氮分别为 $173\ kg/hm^2$、$414\ kg/hm^2$ 和 $433\ kg/hm^2$，从土壤中吸收的为 $100\ kg/hm^2$、$252\ kg/hm^2$ 和 $194\ kg/hm^2$，减去收获干草中的氮，1 年、2 年和 3 年苜蓿地的土壤氮的净增加量分别为 $83\ kg/hm^2$、$115\ kg/hm^2$ 和 $124\ kg/hm^2$，说明随着苜蓿种植年限的增加，氮固定增加，氮输入增加（张英俊等，2013）。

豆科牧草一方面可以直接固氮，另一方面其根系在土壤中会积累大量残体从而增加土壤有机质含量。甘肃省庆阳地区轮作试验表明，种植苜蓿 3 年后又种 2 年冬小麦的土地，测定 $0\sim40\ cm$ 土层的有机质和含氮量分别为 1.21% 和 0.87%，而连种 3 年的小麦地 $0\sim40\ cm$ 土层有机质与含氮量分别为 1.03% 和 0.071%，苜蓿茬比小麦茬土壤有机质和含氮量分别提高 17.5% 和 22.5%。在黄土高原水土流失严重的地区，在轮作种植沙打旺、苜蓿 4 年后，有机质含量会提高 1 倍，氮含量会增加 2.7 倍。新疆呼图壁县种牛场的测定结果显示，3 年生苜蓿茬地积累干残体 $30\ 735\ kg/hm^2$，折合氮 $465\ kg/hm^2$、磷 $94.7\ kg/hm^2$、钾 $1\ 477.5\ kg/hm^2$（张英俊等，2013）。

（三）饲草生产有助于改善生态环境

土壤由于植被的保护，从而免受侵蚀。处于干旱、半干旱和陡坡地上的植被一旦被开垦为耕地，其保护层被破坏，就会遭到大雨、径流和强风的侵蚀。种植多年生牧草是最有效的保护土壤方法。在水土流失严重的黄土高原、山坡、丘陵、沟壑地带种植牧草，不仅可以为畜牧业提供饲草，还可以起到保持水土的作用。研究表明，黄土高原地区人工草地比农田的水土保持能力高 $40\sim100$ 倍。有草坡面与无草坡面相比，地面径流量减少 47%，冲刷量减少 77%。与灌丛、林地相比，草地也具有显著的防止水土流失能力。如生长 $3\sim8$ 年的林地，拦蓄地表水的能力为 34%，减少含沙量 37.3%，而生长 2 年的草地则分别为 54%、70.3%。河北坝上地区农牧交错带的研究表明，人工草地可比农田降低风蚀量 90%，降低水土流失量 20%。

据美国 Wisconsin 试验，在坡度为 $16°$ 的玉米地，每公顷流失土壤达 $250\ t$，而早熟禾草地则只有 $0.224\ t$。玉米地的径流为 29.2%，而早熟禾草地则只有 0.55%。美国在干旱的北方大草原，与风向垂直种植，相隔 $9\ m$ 和 $18\ m$ 的高冰草障，由行距 $0.9\ m$ 的两行高冰草组成，平均草高 $1.2\ m$，有效地降低了风速。与旷野风带相比，分别使风速降低 $70\%\sim17\%$ 和 $84\%\sim19\%$，从而减少了土壤的风蚀。在风蚀和沙化严重的地区，在植树造林、建立防护林网的同时，栽培牧草，建立人工草地，不仅可以提供饲草，解决冬春季饲草的不足，减少对天然草场的压力，还可以防风固沙，抗御风沙侵害。

（四）饲草生产可以充分利用水热与土地等资源

通过间作套种，填闲种植等途径生产优质饲草可以有效利用水、气、热、光及土地等自然资源。人工种植牧草主要以生产茎、叶等绿色营养体为目的，不受生长季节长短、光照强度高低、日照时间长短、所处纬度及海拔高度的严格限制，可选择适当的饲草进行生产。例如，在果园或幼林间可以选择耐阴的牧草，如白三叶、百脉根、鸭茅、柱花草、巴哈雀稗等。在河北、山东、河南一带黄淮海棉花产区，面积约为 1.70×10^4 hm²，每年 10 月下旬到翌年 4 月中下旬，近 6 个月时间是冬季休闲期，20％以上的年降水量、40％以上的年光辐射、15％的 $\geqslant 0$ ℃积温资源处于无效状态，利用这一冬闲田种植冬牧 70 黑麦进行青刈，每公顷可收割干草 3 835.5 kg（春季不灌水）至 7 920 kg（春季灌 1 次水）。虽然种植禾本科牧草需施用一定量的氮肥（150～300 kg/hm²），但可给耕作层遗留下相当数量的根系，降低棉田土壤含盐量，增加土壤有效氮和有效磷，对棉花生长不仅没有不良影响，还可增加产棉量20％以上。

广东省利用冬闲田种植多花黑麦草，每公顷可产优质饲草 75 000 kg，全省约有 1.20×10^4 hm² 水稻冬闲田可以利用。利用林果用地种植柱花草，每公顷可产干草 10～15 t，这类土地可利用面积达 2.00×10^4 hm²。四川省利用冬闲田种植光叶紫花苕子，其叶量大，营养丰富，盛花期草干物质的粗蛋白质含量高达 23.25％，粗纤维含量仅为 27.88％。利用冬闲田、林果用地生产优质牧草的确大有可为。

（五）饲草生产是增加农民收入的有效途径

在农业产业结构的调整中，草业将向商品化、专业化、现代化发展，形成生产、加工、销售有机结合和相互促进的机制。草业产业化就是以市场为导向，以企业为龙头，进行一体化、规模化的牧草生产、加工和销售的经营活动。近年来通过发展草业以增加农民的收入已有不少成功的典型。种植苜蓿的效益显著提高。经过 2009 年和 2010 年对典型地区的调研，发现农户种植苜蓿能产生可观收益。在同等土壤条件和灌水施肥条件以及同等政策条件下，农民种植苜蓿的收益显著高于种植小麦和玉米的收益。通过对河北省、吉林省、黑龙江省、山东省和云南省等地种植苜蓿和小麦、玉米收益比较发现，五个地区种植玉米和小麦的净利润的平均值分别为 2 672 元/hm² 和 1 104 元/hm²，而种植苜蓿的净利润高达 11 283 元/hm²。与传统的"秸秆＋精饲料"饲喂模式相比，对于单产 5 t 以上的奶牛，在日粮中添加 3 kg 干苜蓿，可以减少 1.5 kg 精饲料，日产鲜奶可增加 1.5 kg，鲜奶质量等级每千克提高价格0.4～0.6 元，同时奶牛的发病率明显降低，每年每头奶牛至少减少疫病防治费用 1 000 元，综合以上各项，奶农每年每头产奶牛可增加纯收益 3 561.5 元（张英俊等，2013）。

三、国内外饲草生产现状与发展趋势

（一）国内饲草生产的现状

我国具有悠久的饲草生产历史。有文字记载，公元前 126 年汉武帝时期，张骞出使西域（今伊朗一带），带回苜蓿种子在关中种植，以饲养军马。新中国成立以后，随着经济的发展、学科理论的深入和科学技术的推广，特别是 20 世纪 80 年代以来提出立草为业，发展草业，草业先行，对我国的草业发展起到了一定的推动作用。近年来受国内市场的拉动及牧草综合利用技术的发展，农业产业结构的调整、西部大开发、退耕还林还草及生态环境的建设等项目的实施，使饲草生产在全国范围内迅速发展。

栽培草地由于水分、养分条件及其他农业栽培管理措施的改良，其第一性生产力远远高于天然草地。实践证明，无灌溉条件的干旱地区其栽培草地比天然草地提高产草量5～10倍；在灌溉和施肥的条件下，可使牧草产量提高20～40倍。

1. 饲草种植面积不断扩大　近年来受国内外市场的拉动，国家西部开发战略性调整，主要粮食市场价格持续低迷及种植业结构调整的共同影响，我国草业的发展速度很快。据统计，截至2013年，全国人工种草改良保留面积有$2.09×10^7$ hm²，占全国可利用草原面积的6.3%。据全国畜牧总站2013年中国草业统计数据显示，全国农区人工种草保留面积达$7.31×10^6$ hm²，当年新增种草面积$3.89×10^6$ hm²，其中，多年生人工牧草$1.01×10^6$ hm²，一年生人工牧草$2.88×10^6$ hm²。作为"牧草之王"的苜蓿生产正逐步向规模化、产业化的方向发展，种植面积不断扩大，截至2013年全国苜蓿保留种植面积为$4.97×10^6$ hm²。为了更好地满足国内外市场的需求，获取更大的经济效益，相当一部分具有经济实力的公司和企业集团加入大规模开发利用苜蓿的行列，同时农民种植苜蓿的积极性空前高涨。

2. 栽培草地类型趋向多样化发展　近年来在饲草栽培面积迅速扩大的同时，栽培草地类型趋向多样化发展。我国青藏高原地区，气温低，有一定的降水量，建植旱作割草型栽培草地，大幅度提高饲草产量，其燕麦草地青草年产量可达37.5 t/hm²，是天然草地产量的10倍左右。北方半农半牧区建植的多年生栽培草地干草产量达6 t/hm²以上，青贮玉米干草产量达18 t/hm²以上，在紫花苜蓿与无芒雀麦混播栽培草地上放牧羔羊，当年出栏胴体重达20 kg以上。南方熔岩地区天然草地植被以禾草、蕨类和柳属灌木等占优势，饲草利用期短、品质差、饲用价值低，但在这里发展人工种草具有得天独厚的水热条件。云贵高原的实践证明，建立禾本科-豆科栽培草地，产草量比天然草地高5～8倍，粗蛋白质产量高8～10倍，0.13 hm²栽培草地可养1只细毛羊，年产毛5 kg/只，或1 hm²可养1头奶牛，年产奶3 000～3 500 kg，或0.66 hm²可养1头肉牛，18个月出栏，胴体重达400～500 kg，这些指标接近或达到了新西兰栽培草地的生产水平。长江中下游地区、珠江流域地区的水稻-一年生黑麦草系统，利用晚稻收获后的农闲田种植一年生黑麦草，直到翌年3～5月可刈割8～10次，干草产量达15 t/hm²，粗蛋白质含量高达22%～26%，饲草产品不仅为草食家畜的优质饲草，也是猪、禽、鱼的好饲料。

3. 饲草产品加工业发展迅猛　饲草产品加工业是包括饲草收获、运输、加工设备制造、饲草产品生产、饲草产品运输及饲草产品销售等环节在内的产业。饲草产品是指商品化的优质牧草，以及以优质牧草为原料，进一步加工调制而成的草产品，包括鲜草、干草、青贮、草捆、草块、草粉、草颗粒及饲草叶蛋白等。在现代草地畜牧业系统中，饲草产品不仅可以解决我国饲草生产供应与畜牧业生产需求的矛盾，还可以充分利用坡耕地与农闲地，缓减饲料粮供应困难，降低生产成本，改善畜禽产品品质。我国饲草产品原料主要有紫花苜蓿、羊草和燕麦，其中紫花苜蓿占90%以上。在产品结构中，约77%的饲草产品为草捆，8%为草颗粒，7%为草粉，2%为草块，其他饲草产品占6%（冯葆昌，2015）。

近年来，随着奶牛养殖业的发展及乳品质量的重视程度提高，对优质饲草的需求大幅度增长，饲草产业开始有了较大发展。目前，全国约有306个饲草企业，分布于21个省区（龚彦如，2015）。从产业化发展程度、生产数量和商品率水平、地理位置及物流成本等综合竞争能力方面比较，国内饲草产品加工企业可分为4个优势群。

第一个优势群由北京、河北和山东的企业组成，其饲草产品数量大、质量好、商品化率高，市场占有率高，综合竞争力强。

第二个优势群由辽宁、内蒙古和山西的企业组成，其价格低、质量较好，产业化发展水平较低，但具有强劲的发展势头。

第三个优势群由宁夏和甘肃等地的企业组成，其气候和土壤非常适合苜蓿生长，雨水少，产品质量很好，产业化水平较高，生产数量大，仅在运输能力和销售成本上处于劣势。

第四个优势群由新疆的企业组成，其气候和土壤非常适合苜蓿生长，雨水少，属灌溉农业区，产品质量很好，但长期没有企业化生产的意识，种植管理较粗放，商品化率低，多为散草。

（二）国外饲草生产现状

纵观世界各国栽培草地的发展情况，发展极不平衡，除历史原因外，尚与当地国民经济水平和国家经济实力有关。世界上许多发达国家的肉食主要来源于食草动物，如美国人的肉食中有 73% 由牧草转化而来，澳大利亚约为 90%，新西兰为 100%，这与大力建设栽培草地密不可分。畜牧业发达的国家，栽培草地比重大，荷兰栽培草地面积占草地面积的100%，新西兰为 69.1%，美国为 28.6%（中国为 3%）；这些国家的畜牧业生产水平随着栽培草地的增加而迅速提高，如荷兰的畜牧业生产水平为 1350 APU/hm^2，新西兰为 340 APU/hm^2，美国为 60 APU/hm^2（中国为 15 APU/hm^2）（任继周等，2002）。荷兰、丹麦、英国、法国、德国、新西兰、澳大利亚等国家，畜牧业产值占农业总产值的 50% 以上。总的来说，当前世界范围内栽培草地逐年增加，扩大的面积由农田、森林和天然草地转变而来。欧洲的栽培草地占全部草地面积的 50% 以上，草地牧草占全部饲料生产的 49%。西欧人工草地的牧草每年生产水平可达 $10\sim12$ t/hm^2 干物质，西欧和北欧的栽培草地每年可以获得 9 000 L/hm^2 奶或 950 kg/hm^2 牛肉。在北美洲，美国有永久栽培草地 3.15×10^7 hm^2，约占全部草地的 13%，包括轮作的草地，则占全部草地的 29%；以苜蓿为主体的干草产值在所有农产品中，仅次于小麦、玉米和大豆而居第四位。大洋洲的澳大利亚有栽培和半栽培草地 2.67×10^7 hm^2，占全部草地的 4.7%。新西兰有栽培草地 9.46×10^6 hm^2，饲养家畜几乎全部依靠牧草，是低成本、高效益的种草养畜典范。拉丁美洲自 20 世纪 60 年代以来栽培草地面积不断扩大，南美洲的潘帕斯草原一半以上的面积已改建为栽培、半栽培草地，进入现代化经营时期；20 世纪 70 年代以来南美洲有约 2.00×10^7 hm^2 的热带森林，特别是亚马逊河流域的热带雨林被改变为草地，热带雨林的土壤理化性质不适于种植谷物，开垦后都建成为栽培草地。

（三）发展趋势

各国的经验表明，要发展畜牧业，必须发展栽培草地，它是解决畜草供需矛盾的重要环节。我国牧区冷季长达 $6\sim7$ 个月，天然草场退化严重，饲草料普遍缺乏；农区及半农半牧区，尽管自然条件较好，但冬春季缺草仍较严重；南方农区冬春季掉膘也属常见现象。我国耕地普遍缺乏良好的轮作制度，地力下降已引起有关部门的注意，建立有效的粮草轮作制度已成为农田的当务之急。环境污染、资源利用不当及沙化、盐碱化所引起的生态问题已成为影响我国国民经济可持续发展的基本问题，种草植树将是我国改善和治理环境的基本国策。

1. 现代集约化高效畜牧业的需求　现代集约化高效畜牧业必须建立在高效优质绿色饲草产业的基础上，现代化生产的奶牛业、肉牛业、肉羊育肥业，必须以饲草为主作为优质植物蛋白饲料，才可能达到乳肉产品的国际标准。使用脱水苜蓿搭配少量精饲料即可完全取代肉牛、肉羊、奶牛高水平生产条件下需求的全部蛋白质饲料。至 2014 年年底，全国奶牛存栏 1.46×10^7 头，如果按每头奶牛每年消耗 1 t 苜蓿干草的最低标准要求，则需要 1 460 万 t 苜蓿干草；以猪鸡为主的单胃动物，其配合饲料中以 5%～8% 的比例添加苜蓿草粉，则每年需苜蓿草粉 3.00×10^6～4.80×10^6 t。目前，国际市场每年苜蓿产品需求量为 5.00×10^6～6.00×10^6 t，日本、韩国等东南亚地区的国家主要从美国和加拿大进口草产品，跨洋远运，费用昂贵，每吨价格为 360～390 美元，比玉米约高出一倍，而我国苜蓿产品售价亦高于玉米价格，加之我国草地资源和劳动力资源丰富，具有很强的市场竞争能力。苜蓿种植一年可收获多年，每年可收割多次，种植成本低廉，效益远远超过种粮。

2. 发展草牧业的需求　我国草地畜牧业长期存在饲料季节性不平衡问题，再加上家畜头数的逐年增加，草地放牧过度，引起草地严重退化。如果按美国的标准，每 10 hm² 天然草地配备 1 hm² 栽培草地，则在我国可利用的草地中应该建立 2.00×10^7 hm² 的栽培草地。苜蓿草地即使仅占其中的 10%，则至少可以增加 2.00×10^6 hm² 的苜蓿草地，可提供 9.00×10^6 t 植物饲料蛋白质直接为放牧家畜利用。这样不仅可以彻底解决当前我国放牧草地饲料蛋白质供应不足的问题，而且可以在不破坏草地承载力的前提下，使草地载畜量增加 50%，从而建立我国高效优质的草牧业。

3. 退耕还草、生态建设的需求　退耕还林还草工程于 1999 年启动实施，有效遏制了中国生态环境脆弱、生态条件恶劣地区的土地沙化和生态破坏趋势。2014 年 9 月国家发展改革委、财政部、国家林业局、农业部、国土资源部，根据国务院批复下发了《新一轮退耕还林还草总体方案》，新一轮退耕还林还草工程计划到 2020 年，将全国具备条件的约 2.83×10^6 hm² 的耕地退耕还林还草，主要是 25° 以上坡耕地、严重沙化耕地和重要水源地的 15°～25° 坡耕地。国家为改善其日益恶化的草原生态环境，开展了京津风沙源及退牧还草等大规模的生态治理工程。从 2011 年开始，在内蒙古等 8 个主要草原牧区省份全面启动和实施草原生态保护补助奖励政策，2012 年扩展覆盖全国 268 个牧区半牧区县。这是新中国成立以来在草原牧区实施的投入规模最大、覆盖面最广、牧民受益最多的一项生态补偿政策，涉及草原面积 3.20×10^8 hm²，占全国草原面积的 80% 以上。草原生态补偿政策实施以来，取得了明显效果，草原生态、畜牧业生产和牧民生活均发生了可喜变化，项目区草原生态环境有所恢复，草原畜牧业生产方式转型加快，牧民收入迅速增长。在上述计划的实施中饲草以其独特的作用，有着广阔的发展前景。

我国饲草产业化仍处在起步阶段，尚未完全形成，国内市场发育不够，产品刚刚涉及国际市场。面对广大极具活力的国内外市场，应增强我国饲草产品的市场竞争能力，尽快规范饲草产品市场，促进饲草产业化快速健康发展，使我的饲草产业成为现代农业结构调整的龙头和朝阳产业。

四、饲草生产学的性质、任务与内容

饲草生产学（forage production science）是研究饲草的栽培技术、加工调制技术和经营管理的科学。就饲草生产本学科的性质而言，饲草生产学属于植物性生产的范畴，在种植业中居重要地位，是农业生产的一个重要组成部分；就其应用而言，饲草生产直接服务于畜牧业，是畜牧生产中所不可缺少的环节，是高等农业院校动物科学专业、草业科学专业的一门专业基础课或专业课。

饲草生产学的任务是运用现代生物科学和农业科学技术,深刻揭示饲草在各种因素作用下的生长发育规律,最大限度地发挥其丰产潜力,为畜牧业生产提供优质、高产、高效的饲料,并通过科学的加工调制,提高饲草的利用率。

饲草生产学研究的主要内容是:探讨饲草的起源、分布和分类;研究饲草的特征特性,阐明其生长发育与环境条件的关系;了解限制饲草生产的各种因素和产量形成的相互关系,改进栽培技术;改善饲草品种,提高产量,改善品质;改进饲草的利用途径和加工工艺技术;规划建立人工草地,合理组织饲草生产和均衡供应等。

饲草生产学是一门综合性学科,涉及有关植物、栽培、土壤肥料及动物营养学等方面的理论和技术。要结合当地生产实际,把饲草生产与畜牧业生产紧密联系起来,以完成预定的学习目标。

随着畜牧业的发展,饲草生产工作日益重要。通过本课程的学习,可初步掌握饲草生产的基本理论和技能,达到具有组织、管理、指导饲草生产的能力,针对生产中存在的实际问题,提出切实可行的解决饲草生产的途径和方法,为畜牧业的发展贡献力量。

基　础　篇

饲草生长发育的生理生态学基础

第一节　饲草的生长发育

一、植物器官与生理功能

一株完整的植物，尤其是成年的植物体，根据其外形上的形态特征和特定的功能可分为几大部分，各个独立的部分称为植物器官。植物通常具有根、茎、叶、花、果和种子六大器官。其中，根、茎、叶以吸收和合成植物生长发育所需的营养物质为主，被称为营养器官；而花、果、种子主要与植物繁衍后代有关，被称为繁殖器官。

（一）根

根是饲草生长在土壤中的营养器官。种子萌发后首先生长出的是种根。种根不断向下生长或生长到一定时候停止生长。除种根外，禾本科等单子叶植物还在植株基部发生大量不定根。伴随着这些根的生长，根上不断发生侧生的分枝根（侧根）。一株植物产生的所有的根，称为根系。根系主要起固定和支撑植物体、吸收水分和养分等作用。此外，根系能控制泥沙的移动，具有固定流沙、保护堤岸和防止水土流失的作用。

1. 根的类型　根据发生部位的不同，根可分为三种类型。

（1）主根：种子萌发时，胚根最先突破种皮，向下生长。这个由胚根细胞的分裂和伸长所形成的向下垂直生长的根，称为主根。

（2）侧根：主根生长达到一定长度后，在主根上侧向发生支根，这些支根称为侧根。侧根达到一定长度时，又能生出新的侧根。从主根上生出的侧根，称为一级侧根；一级侧根上生出的侧根，称为二级侧根；以此类推。

（3）不定根：茎、叶、胚轴等器官上生出的根，统称不定根。

此外，某些植物的根，因行使特殊的生理功能，在形态上发生很大的变异。如萝卜、胡萝卜、芜菁、甜菜等的肉质直根，甘薯、木薯、菊芋等的块根，适应于贮藏大量的营养物质，称为贮藏根。贮藏根中含有丰富的营养物质，是饲料作物的重要收获和利用对象。

2. 根系的类型　根系有两种基本类型，即直根系和须根系。

（1）直根系：由主根和各级侧根组成的根系，称为直根系。如大豆、南瓜、紫花苜蓿、紫云英等双子叶植物的根系为直根系。

（2）须根系：主根不明显，主要由不定根和各级侧根组成的根系，称为须根系。如玉米、苏丹草、黑麦、多花黑麦草、苇状羊茅等单子叶植物的根系为须根系。

3. 根的主要生理功能　根的主要功能是吸收作用。饲草体内所需要的水分和无机盐类等营养物质，大部分都是由根吸收获得的。根系的吸收作用受到影响，地上部分的生长发育就必然受到限制。

其次是固定和支撑作用。根系将植株固定在某一个点上生长，并支撑植株使其不倒伏，有利于地上部分生长。若根系生长不良，地上部分易倒伏，不仅影响饲草的产量和品质，而且对收割作业也有不良影响。

第三个功能是输导作用。由根毛、表皮吸收的水分和无机盐等需要通过根的维管组织输送到地上的器官；而叶所合成的有机养分经过茎输送到根，再经根的维管组织输送到根的各部分，以维持根的生长和生命活动的需要。

第四个功能是合成作用。根能合成多种氨基酸，合成后很快运转至生长的部分，用来合成蛋白质。同时，根也能合成生长激素和植物碱。这些生长激素和植物碱对植物地上部分的生长发育和品质有较大的影响。

此外，根还有贮藏和繁殖的功能。地上部的光合产物等输送到根部，部分用于根系生长，部分则贮藏在根中。根系中的贮藏养分，在牧草刈割或放牧后对茎叶的再生及越冬具有重要作用。不少植物的根能产生不定芽，可用作育苗和播种材料，如甘薯。生产上常用薯块育苗或直接用薯块种植。

在土壤水分、空气、无机养分供应充足，温度适宜，地上部光合产物较多地输送到根部时，根系生长旺盛，根系的活力和生理功能较强。反之，根系便不能充分发挥生理作用。在植物的一生中，营养生长期（以营养器官生长为主的生长时期）的根系活力较强，进入生殖生长期（以生殖器官生长为主的生长时期）后，如豆类饲料作物现蕾开花、禾谷类饲料作物拔节抽穗后，根系便逐渐衰老，活力降低，生理功能相应减弱。

4. 根瘤和菌根　根系在土壤中生长，处于土壤微生物侵染的环境中。有些微生物进入根组织内形成特定的结构，对根系和植株地上部生长没有危害，与植物互利，这种关系称为共生。根瘤和菌根是土壤微生物与根共生的两种类型。

根因根瘤菌侵入而生出各种形状的瘤状突起，统称为根瘤。根瘤菌由根毛侵入根的皮层内，其分泌物刺激皮层细胞分裂，同时根瘤菌也大量繁殖，最终在根表面形成根瘤。根瘤具有固氮作用，其固定的氮可供寄主植物生长发育利用，也能提高土壤肥力，提高后茬作物的产量。饲草中，大豆、蚕豆等豆科作物和紫花苜蓿、红三叶等豆科牧草的根系能形成根瘤，具有固氮能力。

与真菌共生的根称为菌根。真菌的菌丝可在根的表面形成菌丝体起根毛的作用，增加根系的吸收面积；或菌丝侵入根表皮和皮层细胞内，加强吸收功能，促进根内的物质运输。

5. 变态根　有些植物的根因行使特殊的生理功能，其形态结构发生可遗传的变异，这种现象称为根的变态。饲草根中常见的变态根类型有两种。

（1）肉质直根：萝卜、甜菜等饲料作物的肉质直根由下胚轴和主根发育而来。植物的营养物质大量贮藏在变态根内。

（2）块根：甘薯、木薯等饲料作物的块根由不定根或侧根发育而来。根内细胞也贮藏大量的淀粉等营养物质，一株植株可形成多个块根。

（二）茎

茎起源于种子内幼胚的胚芽，是连接根和叶的主干，是输送水分、无机盐和有机养分的通道。

1. 茎的形态　茎是饲草地上部的枝条、主干。茎的外形多数呈圆柱形，也有些植物呈三棱形（如莎草）、方柱形（如蚕豆、串叶松香草）或扁平柱形（如鸭茅）。

茎由节和节间组成，节上着生叶。茎的顶端有顶芽，节上有腋芽。顶芽不断向上生长形成主茎，腋芽向外长出新的枝条，称为分枝（或分蘖）。

2. 茎的类型　不同植物的茎在长期的进化过程中，形成了各自的生长习性，以适应外界环境，使叶在空间分布合理，尽可能地充分接受日光照射，制造其生活需要的营养物质，繁殖后代。饲草中常见有以下几种类型的茎。

（1）直立茎：茎直立向上生长。如玉米、大豆、苦荬菜、多花黑麦草、胡萝卜等。

（2）缠绕茎：茎细长柔弱，自身不能直立生长，必须螺旋缠绕于其他支柱植物或支架上才能向上生长。如葛藤、野大豆等。

（3）匍匐茎：茎匍匐于地面生长，并在与地面接触的节上生出不定根。如白三叶、狗牙根等。

（4）攀缘茎：茎依靠卷须等特殊的变态器官攀缘于其他物体上才能直立生长。如南瓜、苕子等。

3. 分枝与分蘖　双子叶植物，如豆科饲草通常在主茎上发生各级分枝。分枝能迅速增加整个植物体的同化和吸收面积，充分地利用光照，产生更多的光合产物，提高饲草的产量。

禾本科饲草主要由植株基部分蘖节上的腋芽生长形成具不定根的分枝，这种分枝方式称为分蘖。分蘖力的强弱在不同饲草种类和品种间有很大的差异，如多年生黑麦草分蘖力较强，适宜环境条件下可形成大量分蘖。

4. 茎的主要生理功能　茎连接着根和地上部各器官，具有支持叶片、花、果等器官的作用。茎的支持使叶片在空间合理地分布和扩展，更有利于摄取阳光，提高光能利用率，以及利于开花、传粉和果实种子的发育、成熟和传播。

茎中的维管束是连接植物各器官之间的输导组织，它将根系吸收的水分、无机养分等输送到地上各器官，并将光合产物等运送到根系和贮藏组织中。

茎也是贮藏有机物和水分等的重要器官，其养分和水分在植株生长发育需要时可调用。茎是饲草利用的主要对象之一，茎中贮藏养分的多少对青饲料的品质、适口性和消化率均有很大的影响。

此外，茎秆表层组织中含有叶绿素，能进行部分光合作用。茎还可用于无性繁殖，饲草生产中，除用种子播种外，用茎扦插也是常见的栽培方法。如杂交狼尾草生产普遍利用茎扦插；狗牙根等人工草地可用其匍匐茎切段撒播建立。

5. 变态茎　有些植物的茎，适应不同的环境，行使特殊的生理功能，其形态结构发生了可遗传的变异。饲草中常见的变态茎主要有以下两大类。

（1）变态地下茎：生于地下的茎虽然与根相似，但由于仍具有茎的特征，如有明显的节和节间，节上有芽以及有退化为鳞片状的叶。因此，与根很容易区别。常见的变态地下茎有：

① 根状茎：茎生长于土壤中，节上有小而退化的鳞片叶，腋芽能向上长出新的植株，节上产生不定根。根状茎贮藏有丰富的营养物质，可存活一年至多年，繁殖能力很强。如草地早熟禾、无芒雀麦等。

② 块茎：短而肥厚、肉质的地下茎，节间很短。如马铃薯、菊芋等。

（2）变态地上茎：

① 枝刺：由腋芽长成硬针刺，即分枝转变成刺，如骆驼刺、酸枣。

② 茎卷须：由分枝特化成的卷须，如豌豆、山野豌豆。

（三）叶

叶是植物进行光合作用的主要场所，饲草生长发育所需的有机物质和能量主要来自于叶的光合作用。

1. 叶的结构　一般双子叶植物的成熟叶由叶片、叶柄和托叶三个部分组成。叶片是叶的主要部分，主要进行光合作用；叶柄是叶片与茎相连的柄状部分，主要起输导和支持作用；托叶是着生在叶柄基部紧靠茎的一对附属物。三部分俱全的称为完全叶，如三叶草、百脉根等。缺少任何一部分或两部分的称不完全叶，如白菜、丁香等。

禾本科等单子叶植物的叶主要由叶片和叶鞘两部分组成。叶片与叶鞘连接处外侧色泽不同，称为叶环或叶枕；而在内侧（腹侧）常有膜状突起物，称叶舌；在叶舌两侧，从叶片基部边缘伸出的一对耳状突出物称叶耳。凡具有叶片和叶鞘两部分的为完全叶；叶片退化，只具叶鞘的为不完全叶。

2. 叶片的类型

（1）单叶：一个叶柄上只生一个叶片的称为单叶，如甘薯、南瓜、油菜等。禾本科植物为单叶，叶片大多狭长扁平。连接叶片的是叶鞘而非叶柄，叶鞘围抱着节间，具有支持和保护茎秆的作用。

（2）复叶：一个叶柄上着生两个以上完全独立小叶的称为复叶，如大豆、苜蓿、苕子等。复叶与茎连接的叶柄称总叶柄，各小叶的叶柄称小叶柄。复叶根据小叶着生的方式，又可分为羽状复叶和掌状复叶。

① 羽状复叶：小叶呈羽毛状着生在总叶柄两侧，如苕子、沙打旺等。其中小叶直接着生在总叶柄上的称一回羽状复叶或简称羽状复叶；总叶柄分枝一次或二次，在分枝上着生小叶的，分别称为二回羽状复叶或三回羽状复叶，其分枝称为羽片。若仅有三枚小叶，称三出羽状复叶。根据顶生小叶的数目分为奇数羽状复叶和偶数羽状复叶。

a. 奇数羽状复叶：叶轴顶端着生一枚小叶，如鹰嘴紫云英、沙打旺。

b. 偶数羽状复叶：叶轴顶端着生两枚小叶，如山野豌豆。

② 掌状复叶：小叶着生在总叶柄顶端，小叶柄呈掌状辐射排列。根据叶柄情况又可分为二回掌状复叶和三出掌状复叶（小叶柄近等长）。

3. 叶序　叶在茎上有规律的排列方式，称为叶序。叶序基本上有三种类型，即互生、对生和轮生。

互生叶序是每节上只生一叶，交互而生，如黑麦草、高羊茅等。对生叶序是每节上生两叶，相对排列，如串叶松香草、石竹等。轮生叶序是每节上生三叶或三叶以上，呈辐射排列，如百合等。

4. 叶的主要生理功能　叶的主要功能是光合作用。叶肉组织中叶绿体利用光能，将吸收的 CO_2 和 H_2O 合成葡萄糖等有机物，将光能转变为化学能贮藏起来，同时释放 O_2。叶片的光合作用是植物生长发育所需有机物质和能量的主要来源。

叶的另一个重要功能是蒸腾作用。水分主要以气体状态通过气孔散失到大气中的过程，称为蒸腾作用。叶的蒸腾作用能促进体内水分、矿质盐类的传导，平衡叶片的温度，在植物生活中有着积极的意义。

叶还有吸收的能力。向叶面上喷洒低浓度的肥料，营养元素可被叶片表面吸收；喷施农药时（如内吸型杀虫剂），也是通过叶表面吸收进入植物体内的。

此外，叶片还有利用光合产物合成氨基酸等其他有机物的功能。

（四）花

营养生长到一定阶段，植物到达成花的生理状态后，便在植株的顶端、叶腋等部位形成花芽，开花、结果、产生种子，即进入生殖生长阶段。

1. 花的结构 被子植物的完全花通常由花梗、花托、花萼、花冠、雄蕊、雌蕊等部分组成。

花梗是花连接茎枝的部分，是水分和营养物质由茎输送至花的通道，并起支持花的作用。果实形成时，花梗成为果柄。

花托是花梗顶端略为膨大的部分。花萼、花冠、雄蕊和雌蕊由外至内依次着生在花托上。

花萼是花的最外一轮变态叶，由若干萼片组成。萼片常呈绿色，解剖结构与叶相似。

花冠位于花萼的内轮，由若干花瓣组成。花瓣离合因不同植物而异。苜蓿、菊苣等的花，花瓣之间完全分离，称为离瓣花；南瓜、甘薯、马铃薯等的花，花瓣之间部分或全部合生，称为合瓣花。许多植物的花冠带有鲜艳的颜色，并散发出特殊的香味，以吸引昆虫传粉，这类花为虫媒花；有些植物，如禾本科植物的花，花冠退化，适应风力传粉，称为风媒花。

雄蕊着生在花冠的内侧，是花的重要组成部分之一。一朵花中的雄蕊数目常随植物种类不同而不同，但同一植物的雄蕊数目是基本稳定的。雄蕊由花药和花丝两部分组成。花药是花丝顶端膨大成囊状的部分，内有花粉囊，可产生大量的花粉粒；花丝细长，基部着生在花托或贴生在花冠上。

雌蕊位于花的中央，是花的另一重要组成部分，由柱头、花柱、子房三部分组成。柱头位于雌蕊的上部，是承受花粉粒的地方，常扩展成各种形状，风媒花的柱头多呈羽毛状，以增加其接受花粉粒的表面积；花柱位于柱头和子房之间，是花粉萌发后，花粉管进入子房的通道；子房是雌蕊基部膨大的部分，外为子房壁，内为一至多个子房室，胚珠着生在子房壁内，受精后，整个子房发育成果实，子房壁发育成为果皮，胚珠发育为种子。

根据花中雌、雄蕊的有无，又可分为两性花、单性花和无性花（中性花）三类。兼具雄蕊和雌蕊的花为两性花，如大豆、燕麦、油菜、紫花苜蓿、多花黑麦草等。仅有雄蕊或雌蕊的花为单性花。只有雌蕊的花，称为雌花；只有雄蕊的花，称为雄花。如玉米的花为单性花，雌花、雄花同株异位。花中既无雌蕊，又无雄蕊的花称无性花，如菊苣花序边缘的舌状花。

2. 花序 花序是指花在穗轴上的排列情况。根据花的开放顺序，花序可分为无限花序和有限花序两大类。无限花序的主轴在开花时，可以继续生长，不断产生花芽；花的开放顺序是由花序轴的基部向顶部依次开放、或由花序周边向中央依次开放。有限花序也称聚伞类花序，开花顺序为花序轴顶部花先开放，再向下或向外侧依次开花。饲草生产中常见的花序主要有以下几种。

（1）总状花序：花有梗，排列在一个不分枝且较长的穗轴上，穗轴能不断向上生长。如油菜等。

（2）穗状花序：和总状花序相似，只是花无梗。如大麦、多年生黑麦草等。穗状花序若花轴膨大，则称肉穗花序，其基部常被若干苞片组成的总苞所包围。玉米的雌花序即为肉穗花序。

（3）圆锥花序：花轴上生有多个总状或穗状花序，形似圆锥，即复总状花序和复穗状花序。如苇状羊茅、燕麦、高粱等。

（4）伞形花序：花梗近等长或不等长，均着生于花轴的顶端，形状像张开的伞。如几个伞形花序生于花序轴的顶端叫复伞形花序，如胡萝卜。

（5）头状花序：花无梗，集生于一平坦或隆起的总花托上，形成一个头状体。如菊科饲草的花序。

3. 花的主要生理功能 花是适应于生殖生长的变态短枝。从植物生长发育的阶段性来看，花是植物从营养生长阶段转到生殖生长阶段过程中出现的一个繁殖器官，其作用是完成植物的授粉与受精作用。花亦可产生各种植物激素，促进植物的生殖生长。一旦完成受精，雌蕊的子房内就会产生大量的吲哚乙酸（IAA）。IAA 促进子房细胞的生长与分裂，形成一个旺盛的生命活动中心和光合产物等集聚的"库"。"库"的拉力作用使植物的大部分营养物质流向子房，促进子房的生长发育，使其发育成熟。同时，当受精完成后，花冠与花萼会产生乙烯，促使花瓣衰落，子房成熟。

在农业生产上，花或花序分化的好坏，直接影响产量和产品质量。饲草在花芽分化前，需要一定的光照（光周期、光质、光强）、温度、水分和肥料等良好的营养条件。按照各种饲草的不同要求，在花芽或花序分化前，或分化中的某一阶段，采取相应的措施进行合理调控，可以提高产量或改善产品品质。

（五）果实

1. 果实的结构 果实由子房（部分植物还有花托等成分参与）发育而来，结构比较简单，外为果皮，内生种子。果皮由外果皮、中果皮和内果皮三层构成。

2. 果实的主要类型 饲草中常见以下几种果实。

（1）颖果：果皮与种皮愈合不易分开，果中只有一粒种子。禾本科植物的果实都为颖果，如玉米、黑麦等的籽粒。

（2）荚果：果实呈扁平或圆筒形，成熟后果皮易沿背腹开裂成两片，含种子一至数粒，种子着生于腹侧。大豆、紫花苜蓿、红三叶等豆科饲草的果实为荚果。

（3）角果：成熟时果皮易裂成两片而脱落，留在中间的为假隔膜，两侧着生多数种子。油菜、萝卜等十字花科饲料作物的果实为角果。

（4）瓠果：瓜类特有的果实。花托与外果皮结合为坚硬的果壁，中果皮和内果皮肉质，内生多数种子。如南瓜、葫芦等。

3. 果实的主要生理功能 果实的主要功能在于保护和传播种子。种子成熟前在果实的保护下生长发育，成熟后果实又为种子的传播创造条件，如大豆等的荚果成熟后会自动开裂，将种子弹出。一些种子在果实成熟时尚未成熟，果实也为种子发育成熟提供营养。

（六）种子

1. 种子的结构 植物学意义上的种子由胚珠经受精作用发育而来，虽然在形状、大小和颜色等各方面存在明显差异，但其结构基本一致（表 1-1）。

表 1-1　种子的结构

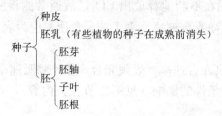

（1）种皮：是种子外面的保护层。成熟的种子在种皮上可见种脐（种脐是种子从果实上脱落后留下的痕迹）和种孔。禾本科植物的种皮与果皮不易分开。

（2）胚乳：是种子内贮藏营养物质的组织。种子萌发时，其营养物质被胚消化、吸收和利用。有些植物的胚乳在种子发育过程中已被胚吸收、利用，所以这类种子在成熟后无胚乳。

（3）胚：是构成种子最重要的部分。种子萌发后，胚根和胚芽分别形成根和茎叶，因而胚是植物新个体的原始体。

禾本科等植物的种子中只有 1 片子叶，着生于胚轴的一侧，被称为单子叶植物；豆科、十字花科、菊科等植物的种子中有 2 片子叶，被称为双子叶植物。

2. 种子的主要生理功能　种子主要起繁殖后代和提供种子萌发及幼小植物体生长所需营养物质的作用。

二、植物的生长与发育

（一）生长发育的概念

从种子萌发到新种子的产生，要经历一系列形态结构和生理上的复杂变化，这个过程称为植物的生长发育。

生长，从细胞水平上来说，是指细胞数目的增加和细胞体积的扩大，外观上表现为植株的长大、体积和重量的增加。生长是一个不可逆的过程。可逆的体积增加，如风干种子在水中吸胀，不能称为生长。一般情况下，植物的生长与构成植物体有机物的增加是分不开的，但在一些特殊情况下，如种子萌发生长时，由于幼叶尚未展开不能制造有机物，而呼吸作用需要消耗有机物，也会短时间出现植物体积及重量增加而有机物含量减少的现象。

发育是指细胞的分化、组织器官功能的特化，如茎、叶、穗、花等的分化。发育是可逆的，如组织培养，可将植物的离体部分（细胞、组织或器官）在适宜的培养基上培养，重新生长出植株来。

（二）生长发育的物质基础

生长发育是植物不断积累有机物质的过程。有机物质的积累主要与光合作用的有机物质生产及呼吸作用的有机物质消耗有关。

1. 光合作用　光合作用是绿色植物吸收太阳能，将 CO_2 和 H_2O 同化为有机物质并释放 O_2 的一个过程。通常表示为：

$$CO_2 + H_2O \xrightarrow[\text{叶绿体}]{\text{光能}} (CH_2O) + O_2 \uparrow$$

光合作用是一个生产有机物质和转变、贮藏能量的过程，通常以光合速率来衡量其强弱，常用单位时间单位叶面积吸收的 CO_2 量（mg）来表示。由于绿色植物在进行光合作用吸收 CO_2 的同时，呼吸作用在不断地释放出 CO_2，故通常测得的光合速率较真正的光合速率低，称为表观光合速率或净光合速率。真正的光合速率应为表观光合速率与呼吸作用释放出 CO_2 的速率之和。

真光合速率＝表观光合速率＋呼吸速率

光合速率不仅受到外界条件的影响（见第二节相关内容），在植物的不同部位和不同生育期亦不一样。

绿色植物光合作用依靠叶绿素来吸收和转换阳光的能量，所以植株具有叶绿素的部位都进行光合作用。例如，抽穗后的高羊茅，其叶片、叶鞘、穗轴、节间和颖壳等部分都能进行光合作用。但各个部位的光合速率和光合产物的生产量是不一样的。叶片最大，叶鞘次之，穗轴和节间很小，颖壳甚微。因此，在饲草生产中保持足够量的叶片，是制造更多的光合产物，确保高产的基础。

植物在不同的生育期光合速率不一样。就叶片而言，最幼嫩的叶片光合速率较低，随着叶的生长光合速率不断增强，叶开始衰老后光合速率便逐渐下降。就一株植物来说，光合速率一般以营养生长中期为最强，到生长末期就下降。如黑麦，分蘖盛期的光合速率最快，以后随生育期的进展而下降，特别在抽穗期以后下降较快。

2. 呼吸作用 有氧呼吸是将有机物氧化分解为 CO_2 和 H_2O，并释放出生命活动所需的能量的过程。因此，生命活动不止，有氧呼吸不停。

$$CH_2O+O_2 \xrightarrow[\text{（有氧）}]{\text{呼吸作用}} CO_2\uparrow+H_2O+\text{能量}$$

有氧呼吸是高等植物呼吸作用的主要形式。通常所说的植物呼吸作用就是指有氧呼吸。有氧呼吸分解有机物完全，释放出的能量较高。呼吸过程中产生的中间产物为合成植物体内其他有机物的重要原料。但高等植物在缺氧情况（如淹水）下，也可进行短时期的无氧呼吸，以适应不利的环境。无氧呼吸一般指在无氧条件下，把某些有机物分解成为不彻底的氧化产物，同时释放少量能量的过程。这个过程在高等植物上常称为无氧呼吸，而在微生物上则惯称为发酵。无氧呼吸除产生 CO_2 及能量外，还产生对植物细胞、组织有害的酒精、乳酸等，其反应如下：

$$C_6H_{12}O_6 \longrightarrow 2C_2H_5OH+2CO_2\uparrow+\text{能量}$$

$$C_6H_{12}O_6 \longrightarrow 2CH_3COCOOH+4H_2\uparrow \longrightarrow 2CH_3CHOHCOOH+\text{能量}$$

呼吸作用强度除受环境条件影响外，还与生命活动强度密切相关。一般来说，在不良环境条件下，植物的呼吸强度会增强；幼嫩的组织、生长发育旺盛的组织和器官呼吸强度较大。

3. 有机物质的积累 光合作用是一个生产有机物质的过程，但只有在光照条件下才能进行。呼吸作用是一个分解有机物质的过程，白天黑夜均在进行，是生命活动不可缺少的。因此，在植株的生长发育过程中，只有光合作用生产的有机物质多于呼吸作用分解的有机物质时，才有有机物质的积累，生长发育才得以进行；在正常的生长发育情况下，光合作用生产的有机物量超过呼吸作用的分解量越多，植株的生长发育就越快、越好。若光合作用强度等于呼吸作用强度，则有机物质的生产与分解达到平衡，没有盈余的有机物质用于生长发育或贮存，植株生长发育停滞。如果光合作用强度小于呼吸作用强度，则有机物质的消耗大于生产，植株逐渐趋于老化、死亡。

（三）生长发育的特点

1. 生长发育的顺序性和周期性　通常情况下，植物的器官形成、生长发育按一定的顺序进行。种子萌发首先长出根，然后在地上形成幼苗、叶、茎，生长到一定阶段时，开花、结果，产生新的种子。从种子萌发至新的种子成熟称为一个生长周期（图1-1）。植物年复一年地生长、繁衍即生长周期的不断循环。

2. 生长与发育的重叠性和阶段性　植物的生长与发育是重叠在一起进行的。植物生长过程中，在植株体内细胞数目增多、体积扩大的同时，细胞在进行分化，不同的器官同时在形成。茎叶旺盛生长的同时，生长点已经开始花芽分化。但是，植物的生长发育也呈现出明显的阶段性。一般，植物在抽出花序前，根、茎、叶的生长较旺；抽出花序后，根、茎、叶的生长逐渐趋缓，而生殖器官的生长加速。生产上将以营养器官生长为主的时期，即抽穗或开花前的生长阶段，称为营养生长期；将以生殖器官生长为主的时期，即抽穗或开花后的生长阶段，称为生殖生长期。

图1-1　植物生长周期

3. 生长发育曲线呈 S 形　植物从种子萌发到开花结实、成熟衰老，不论是各个器官还是整个植株，其生长进程一般都表现出"慢—快—慢"的特点（图1-2、图1-3）。

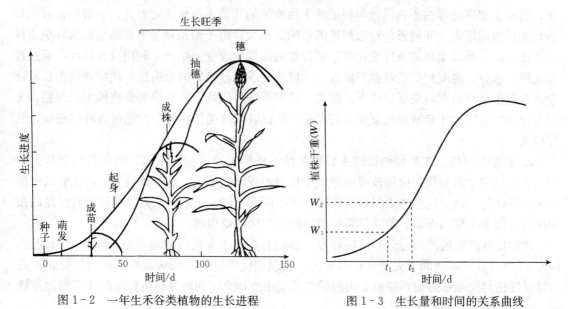

图1-2　一年生禾谷类植物的生长进程
（引自张宪政，1992）

图1-3　生长量和时间的关系曲线
（引自张宪政，1992）

植物的生长量，在植株的创始期（如幼苗期）比较缓慢，生长到一定时期（如禾本科植物开始拔节）后急剧上升，到了生长发育的后期（如禾本科植物抽穗后）生长逐渐减慢。以时间为横坐标，植物的生长量为纵坐标，则生长曲线呈S形。

植物生长发育过程中，无论是器官、植株个体，还是植株群体，其生长曲线大多呈S

形。根据研究对象的不同，植物的生长量可用鲜重、干重、体积、长度或细胞数量等不同方式表示，生长曲线的总趋势都是一致的。植物的 S 形生长曲线常可用三次方程 $y=a+bx+cx^2+dx^3$ 或 Logistic 方程 $y=k/(1+ae^{-bx})$ 来描述。方程中，y 为生长量，x 为生长时间。

需要注意的是：植物生长发育过程中，其生长速度虽都具有慢、快、慢的共同点，但不同的植物种类、不同的品种或不同的栽培管理条件下，慢、快、慢各个阶段的持续时间不同。生产实践中，需要根据饲草的生长发育特性采取适宜的农业措施。

(四) 植物器官之间的生长相关性

植物各器官虽然各有特定的生长发育规律，但植物体是一个不可分割的统一整体，任何一个器官的生长都必然要受到其他器官生理活动过程的影响。植物体各个器官之间相互制约和相互影响的现象称为器官生长的相关性。

器官生长的相关性比较复杂，可以表现为相互促进、相互抑制、相互补偿或同伸等多种形式。不少器官的生长相关性还存在着明显的数量关系。

1. 地下部和地上部的生长相关性 根系的生长需要地上部提供光合产物、氧气和必要的维生素（如维生素 B_1）等；地上部生长需要根系供应水分、营养元素、多种氨基酸和细胞分裂素等。"根深叶茂""本固枝荣"。植物根系的生长和地上部的生长存在着相互依赖、相互促进的关系。由于根系和地上部生长都需要碳、氮及其他营养元素，在某些条件下两者也会因相互竞争养分而产生抑制作用。

植物根系和地上部生长之间相互促进或相互抑制的关系，在生产上常用冠根比或根冠比，即地上部茎叶等的干物质量与根系的干物质量的比值来衡量。冠根比，一般随植物生育进程的推进而增大。环境条件对冠根比的影响也很大。由于根系和地上部的生长对环境条件的要求不同，所以当环境条件变化时，冠根比随即发生改变。生产上利用这种特性，通过控制光照、水分、温度和矿质营养等条件，可以改变或调整植物的冠根比，使植物的生长发育朝着有利于高产的方向发展。萝卜、甜菜、甘薯等饲料作物，既要求整个植株生长茂盛，又要求合理的根冠比才能增加地下部分的产量，所以栽培这类作物时，常通过各种措施调控其冠根比。

2. 主茎和分枝、主根和侧根的生长相关性 植物的顶芽长出主茎，侧芽长出分枝。通常主茎的顶端生长很快，而侧枝或侧芽则生长很慢或休眠不长。这种顶端生长占优势的现象叫做顶端优势。顶端优势的强弱，因植物种类不同而不同。玉米、高粱等植物具有明显的顶端优势，但多年生黑麦草、苇状羊茅等植物的顶端优势则很弱。

顶端优势产生的原因与营养供应和激素影响有关。顶芽代谢活动强烈，输导组织发达，构成了"代谢库"，垄断了大部分营养物质，故顶端优先生长；植株顶端形成的生长素，可通过极性传导向基部运输，使侧芽附近的生长素浓度加大，而侧芽对生长素的反应较顶芽敏感，故使其生长受到抑制。

在植物的地下部分的生长中，也可观察到主根对侧根生长的抑制作用。如主根根尖组织受到伤害，侧根就会迅速长出。如胡萝卜的直根在生长过程中根尖受到损伤，就会产生侧根，从而影响胡萝卜的产量和品质。

3. 营养器官和生殖器官的生长相关性 营养器官生长和生殖器官生长之间同样是相互联系、相互影响的。生殖器官生长所需的养分，大部分由营养器官供应。因此，健壮的营养器官是生殖器官生长发育良好的基础。营养器官生长不好，生殖器官的生长发育必然会受到影响。另一方面，营养器官和生殖器官之间也存在着竞争养分矛盾。它可以表现为营养器官生长对生殖器官生长的抑制及生殖器官生长对营养器官生长的抑制。营养生长过旺，消耗养分过多时，便会抑制生殖器官的生长而使开花延迟、结实不良，或造成花蕾大量脱落。相反，若花芽分化或结实过多，则营养器官吸收的氮素和制造的有机物大量输送到花芽和果实中，以至营养器官提早停止生长，甚至发生早衰。所以，协调好营养生长与生殖生长之间的关系，使营养器官和生殖器官处于均衡的生长状态，是饲草种子生产重要的生理基础。

4. 源、库、流之间的关系　在近代作物栽培生理研究中，常用源、库、流的理论来阐明作物产量形成的规律。从产量形成的角度看，"源"主要指群体叶面积的大小及其光合能力的强弱，"库"则主要指产品器官的容积及其接纳养分的能力，"流"为作物体内输导系统的发育状况及其运转速率。作物产量的高低取决于源、库、流三因素的协调发展水平及其功能的强弱。只有使作物群体和个体的发展达到源足、库大、流畅的要求时，才可能获得高产。研究证明，源、库、流的形成及其功能的发挥不是孤立的，而是相互联系、相互促进的。

从源、库关系看，源是库形成和充实的重要物质基础。在许多作物上进行的剪叶、遮光、环割等试验证明，人为地减少叶面积或降低叶片的光合强度，造成源的亏缺，均会引起产品器官的减少（如花器官退化、不育或脱落等），或使产品器官充实不良（如粒重下降、块根块茎不大等）。可见，要争取单位面积上有较大的库容能力，必须强化源的供给能力。但是，库也不单纯是贮藏和消耗养分的器官，同时对源的大小，特别是对源的光合活性具有明显的反馈作用。据刘承柳（1985）在水稻抽穗期进行的去穗试验表明，去穗后第六天的叶片光合强度比不去穗植株降低 52.3%，6 d 内单茎积累的干物质重比不去穗植株减少 0.981 g，仅为对照的 55.51%。可见，抽穗后无论稻叶的光合强度，还是植株干物质的积累量均强烈地受库容器官的影响。因此，在高产栽培中，适当增大库源比，对增强源的活性和促进干物质的积累均具有重要作用。

从源、库对流的影响看，库、源的大小及其活性对流的方向、速率、数量都有明显影响，起着拉力和推力的作用。

源、库、流在植物代谢活动和产量形成中是不可分割的统一体，三者的发展水平及其平衡状况决定着作物产量的高低。在实际生产中，植株的输导系统除了发生倒伏或遭受病虫害等特殊情况外，一般不会成为限制产量的主要因素，而源、库的发展及其平衡状况往往是支配产量的关键因素。实践证明，源亏库大、源大库小或源库皆小均难以获得高产。生产上除力争源、库两因素的充分发展外，还必须注意根据作物的特性及当地的具体条件，采取相应的促控措施，使库、源协调发展，建立适宜的库源比，才能获得高产。

第二节　饲草的生长发育与环境的关系

从一株幼嫩的小苗，生长发育成为一株健壮的植株，是植物内部遗传信息逐步表达的过程。遗传信息的表达是在环境条件的影响下实现的。饲草的生长发育也必然受到各种环境因素的影响。环境适宜，饲草生长发育健壮、迅速；反之则生长发育不良，甚至死亡。

一、光 照

(一)光照度对植物生长发育的影响

阳光是植物光合作用的能量来源，植株干重的 90% 以上来自光合作用。因此，光照度主要通过对光合作用的强弱影响植物的生长发育。

在一定的光照度范围内，光合速率随光照度的增加而加快。但当光照度超出某一范围后，光合速率便不随光照度的增加而增大，只维持在一定的水平上，这种现象称为光饱和现象（图 1-4、图 1-5）。达到光饱和现象时的光照度称为光饱和点。超过光饱和点的强光照对光合作用不仅无利，反而有害，尤其在炎热的夏天，光合作用会受到光抑制，光合速率下降。如果强光照时间过长，其至会出现光氧化现象，光合色素和细胞膜结构遭受破坏。

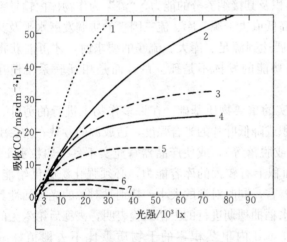

图 1-4 适宜温度和正常二氧化碳供应下的
各种植物光合速率

C_4 植物（1. 高粱 2. 玉米）；C_3 阳生植物（3. 小麦 4. 阳生草类
5. 山毛榉）；C_3 阴生植物（6. 阴生草类 7. 阴生苔藓和浮游藻类）
（引自潘瑞炽、董愚得，1995）

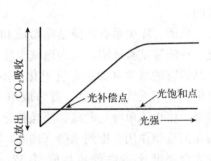

图 1-5 光照度与光合速率的关系
（引自潘瑞炽、董愚得，1995）

光照度在光饱和点以下时，光合速率随光照度的降低而减小。当光照度小到某一值时，光合作用吸收的二氧化碳量与呼吸作用释放的二氧化碳量达到动态平衡，此时的光照度称为光补偿点（图 1-4）。植物处在光补偿点的条件下，有机物的形成和消耗相等，无有机物积累，而晚间呼吸作用还要消耗有机物质。因此从全天来看，植物必须在高于光补偿点的环境里才能正常生长发育。

植物种类不同对光照度的需要不同。植物根据其对光照的需要可分为阳生植物和阴生植物两类。阳生植物的生长发育喜充足的直射阳光。如常见的饲料作物，光饱和点为全日照的100%，光补偿点为 3%～5%。阴生植物适宜于生长在光照度较弱的环境中，如苔藓类植物。阴生植物的光饱和点仅为全日照的 10%～50%，光补偿点在全日照的 1% 以下。

对光照度的需要还因植物的光合特性而异。C_4 植物（光合作用的最初产物为四碳化合物）如高粱、玉米、象草等的光饱和点大于 C_3 植物（光合作用的最初产物为三碳化合物）如紫花苜蓿、多花黑麦草、鸡脚草、红三叶等。C_4 植物的光合作用较 C_3 植物强。

在饲料作物或牧草群体条件下，植株上部的叶片获得较强的光照，而处于植株基部的叶片往往因上部叶片的遮阳光照度较弱。

（二）光照时间对植物生长发育的影响

地球因公转与自转，形成了光照时间一年分四季，一天分昼夜的规律性变化。一年四季中，太阳直射点在南北回归线之间摆动，使地球各个纬度上（除赤道）的昼夜交替不是等分为 12 h，而是随季节的不同而变化。如北半球"春分"（3 月 21 日左右）和"秋分"（9 月 23 日左右）时太阳直射赤道，白天和黑夜均为 12 h；"春分"以后，白天逐渐长于 12 h，"夏至"白天时间最长（太阳直射北回归线）；"夏至"以后，白天逐渐缩短，"秋分"后则黑夜长于白天，直至"冬至"（太阳直射南回归线）。"春分"至"秋分"的半年间，北半球日照时数大于 12 h，且纬度越高，每天的日照时间越长。"秋分"至"春分"的半年间，北半球则黑夜时数大于 12 h，纬度越高，每天的日照时间越短。

光照时间对植物生长发育的影响，首先表现为日照时间长短的规律性变化对植物生长发育的进程具有信号的作用。植物长期适应于光照时间规律性变化的结果，对白天和黑夜的相对长度具有相应的生理响应，这种响应称为植物的光周期现象。光周期现象是影响植物开花的重要因素，通过用人工延长或缩短光照的方法，可以诱导植物开花。根据植物对光照时间长短的不同反应，将植物划分为长日照植物、短日照植物、中日性植物和日中性植物四大类。

1. 长日照植物 长日照植物指每天的光照时数必须大于某一值，或黑暗期必须短于某一值时，才能由营养生长转入生殖生长、开花结实的植物。日照时数达不到一定值，营养生长期则延长，甚至生长就停留在营养生长阶段；反之，人工延长日照时间，可促使植株提前进入生殖生长阶段。黑麦、鸡脚草、萝卜、多年生黑麦草等属于这类植物。

2. 短日照植物 短日照植物指每天的日照时数必须短于某一值，或黑暗期大于某一值时，才能由营养生长转入生殖生长、开花结实的植物。如大豆、甘薯、南瓜、象草等。这类植物人工缩短日照时间可促使其提前开花结实；反之则一直进行营养生长。

3. 中日性植物 中日性植物指在昼夜长短接近相等时才能由营养生长转入生殖生长、开花结实的植物。如甘蔗只有在每天日照时数 12 h 左右时才能抽穗开花。

4. 日中性植物 对于日中性植物只要其他环境条件适宜，营养生长到一定时候便可进入生殖生长，日照时间的长短对其生长发育无明显影响。如番茄、蒲公英等。

对多年生牧草来说，秋天日照时数逐渐缩短，地上部生长逐渐停滞，光合产物主要向根系转运，这是准备越冬的重要信号。

此外，日照时间的长短同时也通过影响植物进行光合作用的时间长短，影响有机物质的生产和积累，影响植物的生长发育。

（三）光质（光谱）对植物生长发育的影响

光质对植物的生长具有直接的作用，如红光影响禾本科植物的分蘖，抑制短日照植物开花；蓝紫光，特别是紫外光抑制植物的纵向生长。光质也具有通过影响光合作用影响生长的间接作用。据研究报道，菜豆在橙、红光下光合速率最大，蓝、紫光次之，绿光最差。

二、温　度

植物只有在一定的温度范围内才能够生长。温度对生长的影响是综合的，它既可以通过影响光合、呼吸、蒸腾等代谢过程，也可以通过影响有机物的合成和运输等过程来影响植物的生长，还可以通过影响水肥的吸收和输导来影响植物的生长。

在植物生活的温度范围内，温度的高低对植物的生长发育速度具有显著的影响。当植物处在某一温度范围内时，生长发育速度最快，最旺盛，温度升高或降低均使生长发育趋于缓慢，这时的温度称为最适温度。当温度升高或降低至植物生命活动受抑、生长发育基本停滞时，将对应的温度分别称为生长发育的最高温或最低温。温度高于植物生长发育的最高温或低于生长发育的最低温时，则植物的生命活动停滞，甚至导致植物死亡。一般来说，夏季生长的饲草的最适温为 25～35 ℃，最高温为 35～40 ℃，最低温为 10 ℃左右；冬春季生长的饲草的最适温为 15～25 ℃，最高温为 25～30 ℃，最低温为 5 ℃左右。

温度不仅随季节的变化而呈现出节律性的变化，昼夜间、地上部和地下部的温度也有较大的差异。在正常的植物生长发育温度范围内，白天温度较高，有利于光合作用；夜温降低，可减少呼吸作用对有机物的消耗。因此，昼夜温差较大，有利于植物的生长发育和品质提高。

一些冬春季生长的饲草，如黑麦、多年生黑麦草，需要在营养生长期间获得一定强度和一定时间的低温刺激才能由营养生长转入生殖生长。这种低温促使植物由营养生长向生殖生长转化的作用称为春化作用。经过春化作用的饲草生长发育明显加快。对具有春化要求的饲草，特别是种子生产时，需要考虑当地的气候条件和播期，以满足其在生长过程中的春化要求。

三、水　　分

水是植物生长发育不可缺少的。植物的一切正常的生命活动，只有在细胞含有充足水分的状况下才能进行。否则，植物的正常生命活动就会受阻，甚至停滞。在农业生产上，水是决定有无收成的重要因素之一。水对植物的生长发育来说，具有如下几个方面的作用。

1. 水是原生质的组成部分　原生质的含水量一般为 70%～90%，水使原生质呈溶胶状态，保证旺盛的代谢作用能正常进行。如果原生质的含水量减少，原生质便由溶胶状态变成凝胶状态，生命活动急速减弱。

2. 水是代谢过程中的反应物质　光合作用、呼吸作用、有机物质的合成和分解等植物代谢过程中，水都是必不可少的重要参与物质，没有水则植物代谢就无法进行。

3. 水是植物吸收和运输无机物质和有机物质的溶剂　一般来说，植物不能直接吸收固态的无机物质（如盐类）和有机物质。无机物质只有溶解在水中才能被植物吸收，并输送到各器官。光合产物和其他有机物质也只有溶于水中才能被运送到生长器官和贮存器官。

4. 水分能保持植物的固有姿态　植物细胞需要在含有大量水分的情况下才能维持细胞的紧张度，使植物枝叶挺立，才能保障各种代谢的正常进行。缺水时，植物的枝叶便表现为萎蔫。

5. 水是植物从土壤中吸收水分、养分的重要动力，也是维持 CO_2 进入植物体内的重要物质　植物吸收的水分的大部分都经叶片上的气孔蒸腾散发到空气之中。蒸腾作用使叶片与根系之间产生水势差，在植物体内的导管中形成水分向上拉的动力，导致水分和溶解于水中的养分源源不断地运送到地上部各器官中。水分使构成气孔的保卫细胞维持一定的紧张度，使气孔开放，CO_2 能顺利进入叶内，确保光合作用的需要。

6. 水对环境温度的变化有缓冲作用　水有较大的热容量，当气温剧烈变动时，能缓和原生质的温度变化，以免原生质遭受损伤。

饲草生长发育需要消耗大量水分。植物每生产单位重量干物质所需要消耗的水量称为需水量或需水系数。不同植物的需水量不同（表1-2），相同植物不同生长发育阶段的需水量亦有差异。饲草生产中，如果水分供应不足，植物细胞失去紧张度，叶片和茎的幼嫩部分便会下垂，即植株表现出萎蔫现象。根据植物的缺水程度，萎蔫可分为暂时萎蔫和永久萎蔫两种。水分供应暂时跟不上茎叶的蒸腾失水，如南瓜、甘薯等在中午气温高、空气湿度小、蒸腾作用强的情况下，根系吸收的水分满足不了蒸腾的需要而出现萎蔫，但在气温下降后的傍晚和晚上茎叶又恢复原状，这种萎蔫称为暂时萎蔫。若水分长期不足，萎蔫不可逆转，植株趋于死亡，则称为永久性萎蔫。缺水导致植物萎蔫，无论暂时萎蔫，还是永久性萎蔫，均对植物的生长发育有害。

表1-2　部分饲草的需水系数

（引自顾德兴、蔡庆生，2000；西村修一等，1984）

饲草种类	需水系数	饲草种类	需水系数
玉米	368	南瓜	834
高粱	322	墨西哥玉米	383
谷子	310	苏丹草	312
大麦	534	紫花苜蓿	831
燕麦	597	红三叶	789
豌豆	788	毛苕子	690

饲草中，多数为旱生植物，在其生长发育过程中水分供应过多，造成土壤渍水，根系缺氧，不仅严重影响生长发育，还往往导致根系窒息死亡，植株凋亡。

四、空　　气

空气的组成成分中（N_2、O_2、CO_2、He、Ne、Ar 以及 H_2 等）与饲草生产有关的主要是 CO_2、O_2 和 N_2。

（一）CO_2 对植物生长发育的作用

CO_2 是光合作用的原料，对植物光合产物的生产影响很大。空气中的 CO_2 含量一般为 350 $\mu mol/mol$，对植物的光合作用来说是比较低的，时常成为限制光合速率的因素。

在一定的光照强度下，CO_2 浓度降低到某一数值时，光合作用吸收的 CO_2 量与呼吸作用放出的 CO_2 量达到动态平衡，这时的 CO_2 浓度称为 CO_2 补偿点。此时植物光合作用生产的有机物量正好与呼吸作用分解的有机物量相等，没有净光合产物积累。

植物的 CO_2 补偿点与光照强度有密切关系。光照减弱时，光合作用减弱比呼吸作用减弱显著，CO_2 补偿点提高。光照强度增强时，光合作用旺盛，CO_2 补偿点随之降低。

不同的植物种类和品种，其 CO_2 补偿点不一样，一般 C_4 植物的 CO_2 补偿点低于 C_3 植物。C_4 植物，如玉米、高粱等的 CO_2 补偿点约为 5 $\mu mol/mol$，而 C_3 植物，如多花黑麦草、红三叶、紫花苜蓿等的 CO_2 补偿点约为 50 $\mu mol/mol$。

高产栽培的饲草，播种密度大、植株繁茂，光合作用需要吸收更多的 CO_2，特别在中午前后，叶片周围小环境中的 CO_2 往往成为光合作用的限制因子之一。饲草生产上，常以增施有机肥来促进土壤好氧性微生物活动，促使土壤释放出更多 CO_2 来部分满足饲草光合作用的需要。

（二）O_2 对植物生长发育的作用

O_2 是植物正常呼吸作用，氧化有机物，释放出能量供植物生长发育所不可缺少的。O_2 不足，呼吸速率和呼吸性质发生变化，严重影响生长发育。如每摩尔葡萄糖完全氧化，则可产生 28.70 MJ 能量；但无氧呼吸，每摩尔葡萄糖氧化仅产生 2.09 MJ 能量，不仅产生能量少，满足不了植物生长发育的需要，而且植物体内产生乙醇、乳酸等不完全氧化产物，这些产物积累多了会造成植物自身"中毒"，组织坏死，甚至导致植株死亡。

生产实践中，饲草地上部器官通常不会缺氧，地下的根系等由于土壤孔隙小、土壤空气与地上空气交换慢等原因，常处于 O_2 不足的环境中。尤其在土壤渍水时，根系缺氧严重，可导致根系窒息死亡。

（三）N_2 对植物生长发育的作用

空气中虽含有大量 N_2（占空气体积的 78% 左右），但它却不能为绝大多数植物所直接利用。豆科植物因在根系或茎上共生有固氮菌，可将空气中的 N_2 转化为氮化物而吸收利用。

豆科植物的生物固氮在施肥较少的地区及草地上，对改善饲草氮素营养具有重要作用。固氮菌的固氮能力因不同植物而不同，大豆每年每公顷可固氮 50 kg 左右，而紫花苜蓿可固氮 200 kg 左右。

五、矿质营养元素

（一）植物生长发育必需的营养元素

分析植物体干物质中的各种元素可以发现，组成植物体的元素中，C、H、O、N、P、K 等元素较多，此外还有 S、Ca、Mg、Fe、Cl、Mn、Zn、B、Cu、Mo、Si、Na 等元素。现代植物生理学的研究证明，C、H、O、N、P、K、S、Ca、Mg、Fe、Cl、Mn、Zn、B、Cu、Mo、Ni 17 种元素是所有高等植物完成生活史所不可缺少的。虽然植物生长发育对各种元素的需要量差异很大，但缺乏其中某一种元素，植物便会表现出缺素症，生长发育受阻，不能完成生活史。而且，这 17 种元素不能被其他元素（即使是元素性质十分相近的元素）所替代。这些元素称为植物的必需元素。其中，C、H、O、N、P、K、S、Ca、Mg 在植物体内含量较多，称为大量元素；Fe、Cl、Mn、Zn、B、Cu、Mo、Ni 8 种元素，植物需要量极微，称为微量元素。

除必需元素外，有些元素对某些植物的生长发育有益，如 Si 对禾本科作物和牧草的生长发育有促进作用，在植株体内积累量较多，但并不是所有植物生长发育都必需。

（二）一些必需元素的生理功能与缺素症

1. 氮　植物吸收的氮素主要是无机态氮，即铵态氮（NH_4^+）和硝态氮（NO_3^-），也可以吸收利用某些可溶性的有机态氮，如尿素等。氮在植物体内所占的分量不大，一般只占干物重的 1%～3%，但对植物的生长发育起重要作用。氮是构成蛋白质的主要成分，核酸、磷脂、叶绿素等物质中都含有氮。此外，某些植物激素（如吲哚乙酸、细胞分裂素）、维生素（如维生素 B_1、维生素 B_2、维生素 B_6、维生素 PP 等）中也含有氮。可见氮是植物生命活动不可缺少的元素。植物生长发育过程中，氮素供应充足，植株生长健壮，叶大而鲜绿，光合作用旺盛；缺氮时，代谢和生长受到严重影响，植株矮小、出叶慢、叶色发黄、功能叶早衰。

2. 磷　植物根系主要以 $H_2PO_4^-$ 的形式吸收磷，也可以 HPO_4^{2-} 的形式吸收磷。磷是细胞质和细胞核的组成成分。磷脂、核酸和核蛋白均含有磷，核苷酸的衍生物如 ATP、ADP、辅酶 A 等物质中亦含有磷。没有磷，植物的代谢就不能正常进行。由于土壤中可溶性磷的浓度通常很低，饲草生产中磷往往会称为高产的一种限制因素。植株缺磷时，蛋白质合成受阻，新的细胞质和细胞核形成较少，细胞分裂和生长受到影响，植株幼嫩部位生长缓慢，植株矮化，分枝或分蘖减少，叶色深绿发乌，叶短、窄，抗逆性减弱。

3. 钾　钾以 K^+ 的形态被植物吸收，在植物体内也以离子状态存在。钾不直接参与重要有机物质的组成，但它主要集中在植物生理活动最旺盛的部分（如生长点、幼叶等）对代谢起重要的调节作用。植株缺钾时，蛋白质合成、光合作用、光合产物运输等均会受到影响。

由于植物的生长发育对氮、磷、钾的需要量大，土壤中通常会缺乏这三种元素，农业生产中经常需要补充这三种元素，因此被称为肥料三要素。

4. 钼　钼以钼酸盐（MoO_4^{2-}）的形式被植物吸收利用。钼是硝酸还原酶的成分，参与硝酸根还原为铵离子的酶的活动；也是固氮酶中钼铁蛋白、黄嘌呤脱氢酶及脱落酸合成中的一个氧化酶的必需成分，对豆科植物的固氮作用具有重要作用。

5. 镁　植物以 Mg^{2+} 的形式吸收镁。镁在植物体内一部分形成有机物，一部分以离子状态存在。镁是叶绿素分子的一个组成元素，也是光合作用和呼吸作用中多种酶的活化剂，在光合作用等植物的重要代谢中起着非常重要的作用。

必需元素中，一些与饲草生产关系密切，缺少时会表现出明显的病症如表 1-3 所示。在植物体内，Fe、S、Cu、Mn、B、Ca 等元素不易运转，一旦缺乏，首先在幼嫩的叶片表现出缺素症，称为不可再利用元素；而 N、P、Zn、Mg、K 则相反，在植物体内容易运转，一旦缺乏，这些元素便从老叶转移到新叶上，供新叶利用，所以缺素症表现在老叶上，称为可再利用元素。

表 1-3　植物缺乏矿质元素的病症检索表

A. 老叶病症

  B. 病症常遍布整株，基部叶片干焦和死亡

    C. 植株浅绿，基部叶片黄色，干燥时呈褐色，茎短而细 ……………………………………… 氮

    C. 植株深绿，常呈红或紫色，基部叶片黄色，干燥时暗绿，茎短而细 ………………………… 磷

  B. 病症常局限于局部，基部叶片不干焦但杂色或缺绿，叶缘杯状卷起或卷皱

    C. 叶杂色或缺绿，有时呈红色，有坏死斑点，茎细 …………………………………………… 镁

    C. 叶杂色或缺绿，在叶脉间或叶尖和叶缘有坏死斑点，小，茎细 ……………………………… 钾

    C. 坏死斑点大而普遍出现于叶脉间，最后出现于叶脉，叶厚，茎短 …………………………… 锌

A. 嫩叶病症

  B. 顶芽死亡，嫩叶变形和坏死

    C. 嫩叶初呈钩状，后从叶尖和叶缘向内死亡 …………………………………………………… 钙

    C. 嫩叶基部浅绿，从叶基起枯死，叶捲曲 ……………………………………………………… 硼

   B. 顶芽仍活，缺绿或萎蔫，无坏死斑点

     C. 嫩叶萎蔫，无失绿，茎尖弱 ·· 铜

     C. 嫩叶萎蔫，有失绿

       D. 坏死斑点小，叶脉仍绿 ·· 锰

       D. 无坏死斑点

         E. 叶脉仍绿 ·· 铁

         E. 叶脉失绿 ·· 硫

第三节　饲草与土壤的关系

一、土　　壤

土壤是地球陆地上能够生长植物的疏松表层。一切植物的生长发育都需要光、热、空气、水分和养分。这五种因素中水分和养分主要由土壤供给，所以土壤对植物生长发育有重要的影响。

土壤是由固相、液相和气相组成的三相系统。土壤固相包括无机物（矿物质）和有机物（包括微生物）。按重量计算，土壤固相占土壤重量的 100%，其中无机物占 95%，有机物占 5%。按容积计算，土壤固相约占土壤体积的 50%（其中矿物质 38%，有机物 12%），液相和气相各占 15%～35%。土壤是极为复杂的多孔体，由固体土粒和粒间孔隙组成。土壤体积的 50% 为土壤孔隙，是容纳土壤水分和土壤空气的空间。在自然条件下，土壤水分和土壤空气的比例是经常变动的。土壤水分减少则土壤空气增多，土壤水分增加则土壤空气减少，两者在 15%～35% 之间摆动。土壤固相的性质决定着土壤孔隙比例的大小，土壤水分又决定着土壤空气占土壤孔隙的比例，三相互相联系、互相制约，构成一个有机的整体。

土壤固相的矿物质颗粒大小及组合比例称为土壤质地，是决定土壤物理特性的重要因素之一。土壤矿物质颗粒根据其大小分为：沙粒（颗粒直径 0.02～2 mm）、粉沙粒（0.002～0.02 mm）和黏粒（<0.002 mm）。根据土壤中沙粒和黏粒的含量，土壤被分为沙土、黏土和壤土三大类。

1. 沙土类　沙粒占 50% 以上。土壤疏松，黏结性小，大孔隙多，通气透水性好，但保水保肥能力差，容易干旱。由于土壤蓄水少，土壤温度变化大。早春升温快，有利于饲草早发；但在晚秋，一遇寒潮，则温度下降很快，对饲草生长不利。又因其保肥性差，养分易流失，所以施肥时应少量多次，同时应多施有机肥，以逐渐改良土壤。

2. 黏土类　也叫胶泥土，含黏粒 30% 以上。质地黏重，结构致密，湿时黏，干时硬，通气透水性差，蓄水保肥能力强。但早春升温慢，且耕作费力，内部排水困难。在肥水管理上，应注意排水措施，采用深沟、高畦、窄垄等办法，而且要多施有机肥，并适宜多施苗肥。

3. 壤土类　介于沙土和黏土之间的一类土壤，沙粒占 20%～40%，黏粒小于 30%。这类土壤同时含有适量的沙粒、粉沙粒和黏粒，质地较均匀，物理特性良好，通气透水，在农业生产上是理想的耕地。

土壤中固相颗粒的数量、大小、形状、性质及其相互排列和相应的孔隙状况等的综合特性称为土壤结构。土壤结构是土壤物理性质的另一重要指标。土壤结构影响土壤的三相比例，从而影响土壤水分、养分的供应能力、透气和能量状况以及土壤耕性。即土壤中水、肥、气、热的协调主要取决于土壤结构。不同土壤或同一土壤的不同土层，土壤结构并不相同。常见的有单粒、团粒、粒状、环状、片状和柱状等结构，其中以团粒结构（或称团聚体结构）对饲草生产最为有利。

由于成土母质的不同和长期气候因子的作用，土壤的化学性质不一样。土壤 pH 是评价土壤化学性质最常用的指标之一。中性至微酸性土壤适于多数植物生长，酸性或碱性土壤不利于植物生长。

二、土壤对植物生长发育的影响

1. 土壤质地和土壤结构对植物生长发育的影响　土壤质地和土壤结构直接影响土壤水分和空气量、微生物的活动等，从而影响植物的生长发育。土壤质地对于土壤性质和肥力有极为重要的影响，而土壤质地主要是继承母质的性质，很难改变。但是，质地不是决定土壤肥力的唯一因素，因为质地不良的土壤可通过增加土壤腐殖质和改善结构而得到补救。土壤结构中的孔隙与土壤肥力的关系很大，无论单粒组成的土壤，或大小团聚体排列组成更大团聚体的土壤，都形成有孔隙。单粒之间或单粒与微团聚体排列组合成的孔隙很小，称为毛管孔隙；由团聚体彼此排列组合的孔隙较大，为非毛管孔隙或结构孔隙。结构良好的土壤，具有适当数量和适当比例的毛管孔隙与结构孔隙，使耕作层中固、液、气三相处于比例适合的状态。在团聚体内部具有较多的毛管孔隙，成为水分和养分的贮藏和供应场所；团聚体之间的结构孔隙是水分和空气的通道。所以结构良好，大小孔隙排列适当的土壤，大孔隙通气透水，中小孔隙保水输水，克服了土壤中水分与空气不能同时存在的矛盾，有利于好氧性与厌氧性微生物的同时作用，为植物根系的生长发育和根系功能的发挥创造了有利条件。另外，结构良好的土壤，其团聚体之间的接触面比单粒土的接触面积小，因之土壤疏松，便于根系穿插，利于耕作，耕作质量好。结构不良的土壤，只有毛管孔隙而没有结构孔隙，水分渗入困难，下雨时地面常产生径流，造成土壤冲刷，养分流失，而雨后毛管蒸发大，易造成土壤板结，难以耕作。

2. 土壤水分对植物生长发育的影响　土壤水分主要来自降水（雨、雪）和灌溉，地下水位高时，地下水也可以上升补充土壤水分。土壤水分对植物生长发育的影响很大。

（1）土壤水分可直接被根系吸收利用：植物生长发育所需的水分绝大部分是由根系从土壤中吸收的。当土壤中水分不足时，植物生长发育受到干旱的威胁。而且，土壤孔隙中充满了空气，一些好气性微生物活动强烈（氧化作用），使土壤有机质含量迅速下降，造成养分不足。但土壤中水分过多时，特别是地下水位过高或降水量过多或者灌溉不当，造成渍水（或积水）时，土壤中则又缺少空气，根系生命活动受阻。另外，由于土壤缺少空气，土壤处于还原条件下，一些厌气性微生物分解有机物质产生许多有害物质，如硫化氢、有机酸等，对植物根系生命活动产生毒害作用，导致根系发黑、腐烂，吸收功能下降，最终导致植物死亡。

（2）土壤水分中溶有植物生长发育必需的营养元素：土壤水分不同于地表水，是稀薄的溶液。土壤水中不仅溶有各种矿物质营养和部分有机物，而且还有胶体颗粒悬浮或分散其中。植物根系在吸收水分的同时，将营养物质吸收入植株体内，满足生长发育的需要。

（3）土壤水分参与土壤中物质的转化过程：矿物质的溶解、有机物质的分解都需要有水的参与，而且在一定范围内，水分可以加速矿物质的移动，有利于植物吸收。

（4）土壤水分可以调节土壤温度，影响根系的生命活动：由于水分具有较大的热容量，在气温急剧变化时能对土温的变化起到缓冲作用，防止温度骤变对根系造成伤害。如晚秋寒潮来临前灌溉防霜冻就是应用了这个原理。反之，早春土壤水分过多时，土壤升温慢不利于根系生长及吸收功能的发挥；松土降低土壤水分，可起到提高土温，促进根系生长的作用。

3. 土壤空气对植物生长发育的影响　土壤空气对植物根系的生长和活力、土壤中的微生物活动及各种养分的转化都有重要作用。土壤空气基本上来自大气，但它的组成并不完全和大气相同。由于土壤中微生物分解有机质产生大量 CO_2，植物根系呼吸及土壤中碳酸盐遇无机酸或有机酸时亦产生 CO_2，所以土壤中的 CO_2 浓度远高于大气中 CO_2 浓度。一般为大气 CO_2 含量的 5 倍至数 10 倍。而土壤空气中的 O_2 含量则比大气中的 O_2 含量要低得多。此外，在土壤通气严重受阻时，土壤空气中还常会出现一些微生物活动所产生的还原性气体，如甲烷、硫化氢等。因此，土壤空气对种子的萌发、根系的生长和活力具有多方面的影响。

种子播入土壤后，需要适宜的温度、足够的水分和充足的 O_2 才能正常萌发。缺氧会严重影响种子内贮藏物质的转化和代谢强度，严重缺氧可造成种子窒息死亡。

大多数植物的根系需在通气良好的土壤中生长。土壤通气好，根颜色浅、根毛多、根系的活力强；缺氧时，则根系的呼吸作用受阻，生长不良，根毛大量减少，吸收养分和水分的功能降低。土壤通气不良，土壤中产生的还原性气体如硫化氢等积累过多，对植物根系具有毒害作用。

土壤中的空气含量对土壤微生物的活动有显著影响。O_2 充足时，好氧微生物活动强烈，有机质的分解速度快而彻底，氨化过程加快，也有利于硝化过程进行，土壤中有效态 N 丰富。缺 O_2 时，则利于厌氧微生物活动，反硝化作用造成氮素损失或产生亚硝态氮累积，不利于养分的吸收利用。土壤空气中 CO_2 含量增多，CO_3^{2-} 和 HCO_3^- 浓度增加，有利于土壤矿物质中 Ca、Mg、P、K 等养分的释放溶解。但过多的 CO_2 又往往导致 O_2 的供应不足，影响根系对矿质养分的吸收。

4. 土壤微生物对植物生长发育的影响　土壤中存在着种类繁多、数量庞大的微生物类群。这些微生物起着分解和合成有机物的作用。它们的活动直接影响着土壤的温度和养分，而且还分泌一些对植物生长有益或有害的物质，影响植物的生长发育。在植物生产中，常通过各种耕作栽培措施调节微生物的活动，促进其对生产有利的一面，抑制其不利的一面，以调节土壤的温度和养分的转化和供应。

5. 土壤 pH 对植物生长发育的影响　各种植物都有其生长发育的适宜酸碱度范围。一般禾本科牧草喜中性偏酸性土壤，豆科牧草喜石灰性土壤。因此，土壤 pH 直接影响植物的生长发育。

土壤 pH 对土壤中的微生物活动、有机物质的合成和分解、营养元素的转化与释放均有直接影响，从而间接影响植物的生长发育。

土壤 pH 对矿质盐的溶解度有重要影响。N、P、K、Ca、Mg、Fe、Mn、B、Cu、Zn 等矿质元素的有效性因 pH 不同而不同。一般土壤呈中性或微酸性、微碱性时，养分有效性最高，对植物生长发育最有利。

土壤的酸碱性极易受耕作、施肥等农业措施的影响。所以，采取适当的改良措施调节土壤酸碱性，是植物生产的重要技术措施。在酸性土壤上施用石灰，碱性土壤上少量多次施用N、P、K肥等便是为了调节土壤 pH 和考虑不同土壤 pH 条件下养分的有效利用率而采取的措施。

6. 土壤肥力的概念　在植物生长期间对生长发育所需的能量、水分、养分、空气的综合支持能力称为土壤肥力。土壤肥力在很大程度上可以通过人们的农事操作进行调节和提高。

土壤肥力是土壤的基本特征，土壤肥力越高，植物生长越茂盛。农业技术措施的中心任务之一，就是提高土壤肥力，以达到植物生产的高产稳产。如在黏土土壤上多施有机肥，使其疏松，提高土壤通透性，增加土壤空气中的 O_2，提高土温，最终提高土壤肥力。在盐碱地上通过不断泡田洗盐、种耐盐碱植物（如碱蓬）等，使土壤结构、盐分含量、pH 等逐渐向有利于植物生产的方向转化，使土壤肥力不断提高。

饲草的栽培管理

第一节 土壤耕作

土壤耕作是调节土壤肥力的有效手段，是饲草栽培中一项极为重要的技术措施。采取适宜的土壤耕作措施和方法，调节和管理土壤环境，协调土壤中水、肥、气、热的关系，统一饲草和土壤环境之间的矛盾，有利于饲草的正常生长发育，是稳产高产和持续增产的基础。

所谓土壤耕作，是指在饲草生产的整个过程中，通过农机具的物理机械作用，调节土壤耕作层和表层状况，使土壤水分、空气和养分的关系得到改善，为饲草播种出苗和生长发育提供适宜土壤环境的农业技术措施。

一、土壤耕作的作用

土壤耕作需要在饲草播种前及生长期间进行多次。土壤耕作工序多、工作量大，其作用也是多方面的。

(一)改善土壤的耕层结构

由于受重力、降水、灌溉以及践踏、机械碾压等作用，耕层土壤逐渐变得紧实，不利于饲草生长。所以，需要用有壁犁、深松铲等将耕层切割翻转、破碎，使之疏松，改善毛管孔隙状况，提高土壤通透性、持水性和保肥供肥性能，创造适合饲草种子萌发和根系生长的耕层结构。

(二)掺和残茬，防除杂草和病虫害

经过一个生产周期，地面上遗留有作物或牧草的枯枝落叶和残茬，病虫的残体、杂草的植株和种子，深耕可将其翻埋到耕层中，增加土壤有机质，同时杀灭杂草种子、病菌孢子，以及害虫的卵、蛹、幼虫等。

采用有壁犁或旋耕犁耕地，可将撒施在土壤表面作为底肥的有机粪肥、磷肥、钾肥等均匀地分布到耕层中，使土肥融为一体，促进有机质的分解，改善土壤的养分状况。混拌土壤又使肥土和瘦土混合，使耕层形成均匀一致的营养环境。

(三)平整地面，蓄水保墒，提高播种质量

通过耙地、耱地、镇压等措施，使耕层表面平整、软硬适中，土壤与外界环境的接触面减少，以利保墒。地面平整便于播种机作业，播种深浅一致，下种量均匀，有利于齐苗壮苗；还有利于保持漫灌深浅和刈割茬口的一致性，便于提高牧草翻晒、捡拾打捆时的工作效率和质量。

二、土壤耕作的措施

根据耕作对土壤作用的性质和范围，可将耕作分为两类，即基本耕作和表土耕作。

（一）基本耕作

基本耕作通常称耕地，是指影响土壤全耕作层的措施，其方式有3种。

1. 深耕翻 深耕翻又叫犁地或翻地，用有壁犁进行，具有翻土、松土、碎土作用。深耕翻牵涉到整个耕作层的翻转，只有在前茬作物收获后及后作物播种前田间没有作物生长的这段时期才能进行。具体耕作的时间因各地气候、土壤和耕作管理等条件的不同而异。

深耕的方法有多种，需要根据土壤状况进行选择。

（1）全耕层翻转深耕法：适用于下层有机质多、结构好的土壤，耕翻后底层已分解的有机质养分可翻到上层来，供饲草利用。

（2）上翻下松耕作法：适用于底层肥力低、熟化程度差的土壤，如灰化土、盐碱土区。

（3）分层深翻耕法：在机耕和人翻的条件下，北方旱地先进行深耕，随后浅耕，有利于蓄水和翻晒土壤。

耕翻深度因地因时因作物种类而异。雨季耕翻可深些，旱时宜浅；黑土层厚、黏重土壤、盐碱土可深些，沙土地宜浅耕；种植牧草、谷子等作物宜浅些，栽培玉米、大豆等宜深些。生产中一般耕翻深度为16～20 cm，较深的可达20～25 cm，最深不宜超过50 cm，否则因较多未熟化土壤翻至地表而影响饲草的生长。

耕翻土壤，后效持续期长，一般认为可维持2～4年。

2. 深松耕 深松耕是用深松铲、深松犁等机具进行深层松土，创造纵向虚实并存，固、液、气三相比例合理，水、肥、气、热四性俱佳的耕层结构，是一种先进的耕作方法。深松耕可全面深松或局部深松。全面深松后，耕层呈比较均匀的疏松状，可改造耕层较浅的黏质硬土，但所需动力较大。局部松土，松后地面呈疏松带与未松的坚实带相间的状态。其疏松带有利于降雨的迅速下渗，土壤的通气好，增强好气微生物的活动，可促使土壤肥料有效化；紧实带的存在可阻止渗入耕层的水分沿犁底层继续下渗，故可保蓄水分，防旱防涝。

3. 旋耕 旋耕是用旋耕机进行的耕地、整地相结合的田间作业方式。旋耕机犁刀在旋转过程中，将上层10～15 cm的土壤切碎、混合，并向后抛掷，作用是松土、碎土和平土，相当于犁、耙、平3项作业1次完成。

旋耕的碎土能力很强，并使土壤高度松软，地面比较平整。但在临播种前旋耕，深度不能超过播种深度，否则，因土壤过松，不能保证播种质量，不利于出苗。此外，旋耕对防除杂草、破除板结有较好作用。

（二）表土耕作

1. 浅耕灭茬 浅耕灭茬即前茬作物收获后，在耕翻之前，用圆盘耙等机具在茬地上进行的田间作业。在耙的重力作用下，耙片切入土壤，切断草根和作物残茬，并使切碎的土块沿耙片凹面略上升，然后翻落，具有一定的翻土和覆盖作用。浅耕灭茬的深度一般以10 cm左右为宜。

2. 耙地 耕翻后的田面土块常较大而不平整，还留有根茎性杂草，需用圆盘耙破碎土块，平整地面，耙除杂草，蓄水保墒。耙地还有其他多种作用，如多年生牧草地在早春或刈割后耙地，可消灭杂草，改善土壤水、肥、气、热状况，有利于牧草返青和生长；灌溉或降雨之后耙地可破除板结，通气保墒。

　　耙地作业有顺耙、横耙和斜耙3种基本方法。顺耙时工作阻力小，但切土、碎土和平土效果较差；横耙效果比顺耙好，但工作阻力大；斜耙或称对角线耙，有横耙和顺耙的优点，是一种较好的耙地方法。生产实践中，耙地有时需要几种方法结合进行多次作业。如建立苜蓿人工草地时，为了保证土地平整，应顺、横、斜耙结合进行，前茬作物翻后第一遍（或第一至第二遍）用顺耙，第二遍（或第三至第四遍）用横耙，第三遍（或第五至第六遍）用对角线耙。多年生苜蓿人工草地，经碾压后影响土壤通气状况，可沿行间顺耙切根，有利于松土和再生不定根。

　　3. 耱地　　耱地又称耢地，一般在耕翻、耙地之后进行，兼有平地、碎土及轻度镇压的作用。耱地的工具是用柳条、荆条或树枝等编成。生产上，有时将其系于畜力耙后，耙耱结合1次完成作业，影响深度在土层5 cm以内，可为播种创造良好的土壤条件。北方旱区，耱地有时也在犁地前、雨后进行，主要起蓄水保墒作用。如夏耕后先晒土风化，接纳夏雨，然后在冬前实行耙耱；有时在土壤冻前耱地，趁地皮松软时重耱1～2遍；有时在适墒浅播后轻耱地，以利保墒。出苗前遇雨耱地，可破除板结，耱碎土块，促使顺利出苗。

　　4. 镇压　　镇压是利用镇压器、石磙等工具压碎土块、压实地表的整地作业。镇压影响土壤的深度，轻则3～4 cm，重则7～10 cm。耕翻耙耱后镇压，可使上层土壤变得紧实，改善土壤孔隙状况，减少土壤水分蒸发，为适时播种、顺利出苗创造良好的条件。苜蓿等牧草小粒种子播种深度以2～3 cm为宜，过于疏松的土壤常因播种过深影响种子出苗，播种后镇压，能降低种子与地表的深度，并使种子与土壤紧密接触，便于种子发芽后及时吸收水分和养分，利于出苗和保苗。在旱区，早春顶凌镇压利于碎土保墒和提墒。

　　5. 开沟、作畦和起垄　　开沟是灌溉地区保证灌溉，多雨低湿地区及时排水的必要措施。开沟可用开沟器或铧式开沟犁进行，要求沟直、沟与沟之间距离适宜。作畦是在平整后的土地上做田埂，将田块分隔成长方形的畦田，便于灌溉和管理。垄作是将土壤整成垄形，饲草生长在一条条的高垄上。起垄可增厚耕作层，利于排灌，增加土壤通气性及提高土温。北方旱地起垄后覆盖薄膜有利于提高地温、保持土壤水分和消灭杂草。

　　6. 中耕　　中耕一般指饲草生长期间进行松土、除草、培土及间苗等作业，目的是疏松表层土壤，蓄水保墒，消灭杂草，以利于饲草茂盛生长，丰产丰收。中耕工具有人工的手锄和板锄、畜力中耕机、机引中耕机等。

第二节　种子与播种

　　种子是最基本的农业生产资料，离开种子根本不可能进行农业生产。种子含义通常包括两个方面，即植物学上的概念和农业生产上的概念。植物学上的种子是指高等植物（种子植物）由胚珠发育而形成的繁殖器官；农业生产上的种子是指可用作播种材料的任何器官或其营养体的一部分，只要能作为繁殖后代用的，统称为种子，如植物学上的种子、果实、块根、块茎等。

一、种子的品质要求

　　种子品质的优劣，直接影响到饲草的产量。优质种子应纯净、饱满、整齐、无病虫且生活力强。检验种子的品质，除根据种子的真实性、纯净度和生活力 3 项指标外，同时还应考虑其他因素的影响。

(一) 真实性

真实性指该种子名实相符，为该品种或种类的真正种子。饲料作物或牧草的种子在贮藏和运输的过程中应附标签及说明，以资识别。如标签丢失又鉴别不清时，要通过田间试验来检验。

(二) 纯净度

纯净度指被检验的种子剔去杂质及其他种子后剩余的真实纯净种子的百分率。杂质是指除去种子以外的其他物质，如泥块、木块、沙、石、破碎种子、虫卵等混杂物。

$$纯净度 = \frac{纯净种子重}{样品种子重} \times 100\%$$

(三) 生活力

生活力指种子的发芽能力、发芽快慢及均匀程度。种子发芽力和发芽快慢以及均匀度可以通过发芽试验，计算发芽势和发芽率得知。

1. 发芽率　发芽率指种子在标准环境条件下（温度为 25 ℃左右，空气流通，水分充足）进行发芽试验，在规定时间内发芽种子数占供检验种子的百分率。发芽率高，说明有活力的种子多。种子常因成熟度不够，收获时气候恶劣，或贮藏时间过长、方法不妥（如贮藏在湿度较大的环境中而霉变），使种子丧失生活力。从外形不易发觉或仅得初步概念，不能确定其生活力，必须进行发芽试验才能了解。

2. 发芽势　发芽势指在发芽试验的初期，规定时间内正常发芽种子数占供试验种子数的百分率。发芽势高，说明种子生活力强，播种后出苗快、整齐一致、弱苗少。种子发芽势和发芽率所规定的时间长短因饲草种类的不同而有差异。发芽率一般规定 7～14 d，发芽势一般规定 3～7 d。

(四) 种子用价

种子用价也称种子利用率，是指供检验种子中真正有利用价值的种子数占供试验样品的百分率。计算公式如下：

$$种子用价 = 纯净度 \times 发芽率$$

生产中，种子用价是决定种子播种量的重要指标。种子用价低，需要对种子进行清杂和增加播种量，以保证单位面积内株数不减少。

(五) 千粒重

种子的大小随种类不同而异，但同一种类或同一品种种子的千粒重则是籽粒的大小、饱满和均匀的综合指标。同一种类或品种的种子千粒重越高，生活力越强，播种后发芽出苗快，整齐一致，幼苗健壮，可为丰产奠定基础。

二、种子的处理

生产用的饲草种子，要求品质纯净、发芽势和发芽率高，因而播种前必须进行种子处理，如精选、去杂、浸种、消毒等。对牧草种子还应进行硬实处理、根瘤菌接种和去壳去芒。

(一) 选种

种子经品质检验后，其发芽率和发芽势较高但纯净度低的种子，需要进一步精选去杂方可作为种用。精选去杂常采用的方法有：风选、筛选或水溶液选。风选可通过风力将重量较小的杂物吹走；筛选可去除体积较大的秸秆、石砾和其他杂物；水溶液选可将重量小于种子的杂物以及瘪粒清除。

（二）浸种

浸种是在播种前让种子吸足水分、加速种皮软化、促进代谢过程的一种方法。浸种需根据土壤水分状况确定，凡土壤潮湿或有灌溉条件的，可以浸种，否则不可浸种。浸种方法是：豆科牧草种子 5 kg 加温水 7.5～10 kg，浸泡 12～16 h；禾本科饲草种子 5 kg 加温水 5～7.5 kg，浸泡 1～2 d。浸泡后置阴凉处，隔数小时翻动 1 次，2 d 后即可播种。

（三）硬实处理

有许多种子由于种皮不透水而不能吸胀和发芽，这些种子称为硬实。硬实在豆科植物种子中最为常见，特别是小粒的豆科牧草如紫云英、紫花苜蓿、草木樨、沙打旺、小冠花等。种子成为硬实的主要原因是种皮外表有一层较厚的角质层，再加上种皮细胞层中的一列栅状细胞。栅状细胞外端，在光学显微镜下观察可见一条明亮的部分，称为明线。此线为不透水线，种皮的不透水线影响种子的吸水萌发。对一年生作物来讲，如硬实率过高将大大降低其栽培利用价值，因此，需要对硬实种子进行处理。处理的方法为：播种前用石碾拌粗沙擦伤种皮，增加其透水性，可提高其吸水萌发能力；另外，日晒夜露 3～4 d 同样可打破硬实。

（四）去壳、去芒

有些牧草的种子带壳或芒，影响种子的发芽率和播种均匀度，需要去壳、去芒以利播种和萌发。其方法为：用石碾掺粗沙碾去种子的壳或芒，或用去壳、去芒机去掉壳或芒。

（五）根瘤菌接种

根瘤菌是土壤中的有益微生物。当豆科植物出现第一片真叶时，根系便开始分泌一种物质，吸引根瘤菌进入根部，并在根皮层细胞内生存繁殖。根受到刺激，细胞发生不正常分裂形成根瘤。根瘤菌在根瘤内与植物形成共生关系，即根瘤菌为豆科植物提供氮素营养，植物为根瘤菌提供碳素营养。这种关系发展到盛花期达到最高峰，以后逐渐下降。

不同的豆科植物都有其相应的根瘤菌，但并非任何豆科植物都可以互相接种根瘤菌，这就是根瘤菌的专一性。通常根瘤菌可分为 8 个族，同族的根瘤菌可相互接种（表 2-1）。

第一次播种豆科作物或牧草的土壤，为了促进其生长，则应接种根瘤菌。

表 2-1 根瘤菌种属及其共生豆科植物表

（引自南京农学院，1980）

根瘤菌组	所共生的主要豆科植物
苜蓿组 Rhizobium meliloti	苜蓿、金花菜、天蓝苜蓿、草木樨
三叶草组 Rh. trofolii	红三叶、白三叶、杂三叶
豌豆组 Rh. leguminosarum	豌豆、山黧豆、春苕子、冬苕子、蚕豆、扁豆
羽扇豆组 Rh. iupili	黄羽扇豆、白羽扇豆、蓝羽扇豆
菜豆组 Rh. phaseoli	菜豆、红花菜豆等
大豆组 Rh. zapanicum	大豆（黄豆、黑豆）
豇豆组 Rh. vigna	豇豆、刀豆、铁扫帚、绿豆、花生、胡枝子等
紫云英 Rh. huakaii	紫云英

三、播 种

全苗、壮苗是饲草获得高产的基础环节。要做到全苗、壮苗，掌握好播种技术是关键，尤其对粒小、播种量少、发芽缓慢的牧草种子更为重要。

（一）种子发芽的条件

通常影响种子发芽的条件是水分、温度和氧气。水是种子发芽的必需条件。有水时，细胞中各种酶才具有活性，种子中的贮藏养分才得以分解，并将分解后的养分输送到胚中，供幼胚生长。不同种类的饲草种子发芽时对水分的要求不同。通常种子只要吸足自身重量25％～50％的水分就可以萌动发芽，如玉米为44％、小麦为56％。但高蛋白种子需水较多，通常需吸足自身重量100％以上的水分才开始萌动发芽，如大豆为120％、豌豆为185％。

温度是种子发芽所需要的另一个重要因素。种子发芽的过程，是能量和物质转换的过程，其中酶是催化剂。酶是一种蛋白质，其活性强弱取决于温度的高低。温度低，酶的活性低，温度高则蛋白质发生凝固，酶遭到破坏。因而种子发芽有两个温度界限，即最高温度和最低温度，高于上限和低于下限的温度均不能使种子发芽。不同饲草种类的两个界限温度均存在差异。在生产上，掌握发芽最低温度最有意义，因为它可使我们充分利用生长季节获得高产。

种子萌发除需要水分和温度条件外，还要一定的空气条件。因为萌发的过程是种子生命活动不断加速的过程，如果缺乏空气，必然引起缺氧，造成种子的无氧呼吸，出现烂种和焖苗现象。

（二）播种期

每一种饲草都有它适宜的播种期。适宜的播种期可以保证种子少受或不受不良环境的影响，而且对下茬作物的适宜播种期和收获期有利。因而播种期对饲草生产来说是一关键措施。播种期适宜可以增产，否则就减产，甚至无收。

早春主要播种一些种子发芽要求温度较低、苗期较耐寒的种类或品种，如苦荬菜、紫花苜蓿、三叶草等。此期播种，土壤刚解冻，水分条件较好，而且随着温度的提高种子就可萌发出土。具体春播时间因地区而异，如河南在3月中下旬播种，河北可适当延后。

晚春和夏季多播种一些幼苗不耐寒的夏秋饲草，如玉米、高粱、大豆、苏丹草等。这类种子萌发需要的温度较高，一般需要5 cm土层温度稳定在12 ℃以上。播种过早将造成烂种或幼苗遭到晚霜的危害。夏播对多年生牧草通常是不利的，因多年生牧草苗期生长缓慢，易受杂草危害。但在春秋温度低、干旱、风大的东北或西北地区，夏播可以保证播种时的土壤水分、温度，且能保证充分生长发育后顺利越冬，如东北地区在5月中下旬至6月初播种。

秋季多播一些耐寒的二年生或多年生植物。秋播应注意给饲料作物或牧草一个较长的幼苗生长时期，以便使这些饲草植株体内贮备足够的养分，达到安全越冬的目的。因此秋季播期不能太晚。黄淮海和南方地区适宜秋播，河南在9月至10月上中旬播种，河北可以适当提前。因秋播时雨水较为适宜，田间杂草处于衰败期，有利于牧草幼苗的生长。

对于套种的饲草来说，播期还要考虑两种作物的适宜共生期。两种以上作物间作时，不但要考虑喜光和耐阴植物的合理搭配，还应注意选择间作作物播期和熟期一致。夏种的饲草一定要抓紧时间抢茬播种。

（三）播种深度

播种深度指土壤开沟的深浅和覆土的厚薄。开沟是为了让种子播至一定深度，覆土便于种子与土壤接触，以利吸水出苗。播种过深，种子发芽后没有能力顶破深厚的土壤而造成焖种；播种过浅，水分满足不了种子发芽的需要或造成晒种，从而造成出苗率降低。因而要有适宜的播种深度。播种深度应掌握：小粒种子宜浅，大粒种子宜深；土壤黏重宜浅，沙土宜深；在土壤墒情较差的情况下宜深，土壤墒情较好时宜浅。开沟深度以见湿土为原则，通常小粒种子播种深度以 2~3 cm 为宜，大粒种子可播深至 4~6 cm。

（四）播种量

播种量的多少可决定单位面积内饲草的植株个体数量。播种量随饲草的种类、利用目的、种子大小、种子是否包衣及包衣的厚薄、土壤肥力、水分状况、播种期的早晚以及播种时气候条件而有变化。但就同一条件、同一饲草品种、同一利用目的而言，其播种量主要由种子用价高低决定。种子用价高，播种量少，反之亦然。公式如下：

$$播种量 = \frac{种子用价 100\%时播种量}{种子用价}$$

例如：种子用价 100%时苜蓿的播种量为 11.25 kg/hm²。经种子品质鉴定，现有种子纯净度 90%、发芽率 98%，则播种量（kg/hm²）应为：

$$苜蓿播种量 = \frac{11.25}{0.90 \times 0.98} = 12.7$$

（五）播种方式

合理的播种方式能充分利用土壤和空间，发挥单株和群体的效益而获得高产。播种方式包括撒播、条播、穴播、混播及育苗移栽等。

1. 撒播 撒播指将种子撒到地里，用耙覆土。牧草补播可采用人工撒种的方式；大面积可采用飞机播种的方式。这种方式的优点是省工、省力、速度快，缺点是播种不匀，出苗不整齐，植株之间距离无规律，不易管理。

2. 条播 条播指用条播机或开沟器将种子按一定行距撒成条带状。条播因幼苗集中在行内生长利于与杂草竞争，且易于田间管理，如中耕除草、施肥、浇水、灭虫等。条播行距一般为 10~30 cm，甚至可达 1 m 以上。行距主要依据饲草的种类和栽培目的来确定。通常植株高大的饲料作物或牧草行距要宽，植株矮小的要窄；以收草籽为目的的要宽，收草的要窄。

3. 穴播 穴播也称为点播。对某些大粒中耕作物如大豆、玉米等，多采用这种方式。天然草场人工补播也可采用，可深挖浅盖，形成小环境，以利牧草出苗，而且不破坏原有植被，防止翻土后引起的次生盐碱化和水土流失。

4. 混播 混播指将生长习性相近的饲草种子混合在一起播种。混播多用于人工草地的建设，尤其是放牧地，也常用于建植草坪。植株高大的饲草通常不采用这种方式。

5. 育苗移栽 育苗移栽指采用温床或露地播种育苗，一定时间后将小苗移植到大田中的一种栽培方法。如叶菜类饲料作物等的栽培采用这种方法较为普遍。此法可调节作物茬口，延长生育期，便于苗期管理，并可节约种子用量。

第三节　水肥管理

一、肥料与施肥

（一）肥料的种类及特性

肥料从大的方面可分为化学肥料和有机肥料两类。

1. 化学肥料　化学肥料包括氮、磷、钾的单一肥和复合肥等。

（1）氮肥：氮肥分为三类，即铵态氮、硝态氮和酰胺态氮肥。农业上常用的氮肥是铵态氮肥和酰胺态氮肥，硝态氮肥利用较少。常用几种化学氮肥如下。

① 硫酸铵 $[(NH_4)_2SO_4]$：硫酸铵简称硫铵，为铵态氮肥的标准肥料。硫酸铵是一种白色或浅黄色的颗粒肥料，含氮 20%～21%，易溶于水，施入土壤解离的氨离子不仅可被植物吸收，而且能被土壤带负电荷的胶体吸附，不易流失，因而硫铵不仅可做追肥，又可作为基肥。另外，由于硫酸铵与种子接触后危害性小，故也能做种肥。硫酸铵肥效快而短，一般在 30 ℃条件下，施后 2～3 d 即可见效，肥效为 10～20 d。硫酸铵为生理酸性肥料，长期施用会使土壤板结、变酸。硫酸铵做基肥、种肥时的施用量分别为 375～600 kg/hm² 和37.5～75 kg/hm²；作为玉米、小麦等作物的追肥每次的施用量为 150～225 kg/hm²，作为苜蓿等豆科牧草的追肥每次施用量为 75～100 kg/hm²。

② 碳酸氢铵 (NH_4HCO_3)：碳酸氢铵简称碳铵，是一种使用较普遍的肥料。其制造工艺简单，各地的小氮肥厂主要生产此种肥料。碳酸氢铵为白色或灰白色结晶状颗粒，含氮为 15%～17%，性质不稳定，易分解挥发，有氨臭味。碳酸氢铵挥发性强，不宜作为种肥，也不做根外追肥，通常情况下作为基肥和追肥施用。做基肥时施用量为 450～600 kg/hm²；做追肥时每次施用量为 225 kg/hm²。追肥要深施于植株旁 8～10 cm，然后盖土。碳酸氢铵不能做苗床追肥，以防烧伤幼苗。

③ 氨水 $(NH_3·H_2O)$：氨水是氨溶于水而形成的液态氮肥，呈碱性反应，含氮16%～17%。由于氨溶于水极不稳定，因而这种肥料易挥发损失。此肥多做基肥施用，也可做追肥。施用时应注意加水稀释，并随施随埋以防氮素损失。还应注意不能与植物接触，以防灼伤。

④ 尿素 $[CO(NH_2)_2]$：尿素是酰胺类氮肥，为白色粒状结晶，含氮量高达 44%～46%，通常以 46% 计。尿素施入土壤后，可直接被植物吸收，但吸收量较少，只有经脲酶作用转变为氨离子，才能被大量吸收。其转变如下：

$$CO(NH_2)_2+2H_2O \xrightarrow{\text{脲酶}} (NH_4)_2CO_3$$

这一转化过程称为铵化作用，铵化快慢取决于土壤温度。据研究，在 10 ℃以下 7～10 d、20 ℃下 4～5 d、30 ℃下 2.5 d 分解完毕。尿素可以做基肥、追肥和种肥，用量为硫酸铵的一半。尿素作为根外追肥时效果甚好，易为叶片吸收，一般用于禾本科作物时浓度为 1.5%～2.0%，用于叶菜类作物时为 1%。

⑤ 硝酸铵 (NH_4NO_3)：硝酸铵简称硝铵，白色结晶，含硝态及铵态氮各半，氮素含量为 33%～34%，肥效较高，吸湿性强，易结块。硝铵可作为种肥和追肥，不宜做基肥，宜旱田不宜水田。原因是其 NO_3^- 不易被胶体吸附，做基肥时易于流失，难以发挥肥效。在水

田施用，硝态氮在反硝化细菌作用下还原为氮气而损失。硝酸铵做种肥时，每次施用量为 37.5 kg/hm²，做追肥时每次施用量为 150～300 kg/hm² 为宜。

（2）磷肥：磷肥包括过磷酸钙、钙镁磷肥、磷矿粉等。目前生产上常用的为过磷酸钙、磷酸二铵，其他磷肥施用较少。

过磷酸钙：主要成分是 $[Ca(H_2PO_4)_2+CaSO_4]$，是一种灰褐色粉末状酸性肥料。过磷酸钙易吸潮结块，腐蚀性较强，在贮藏过程中，易变质降低其有效性。另外，磷在碱性土壤中，易被钙离子固定，在酸性土壤中易被铁、铝离子固定，不易被植物吸收利用。但被固定的磷酸盐以后可被微生物陆续释放出来，因此肥效较长，属于迟效性肥料。过磷酸钙可作为基肥、种肥、追肥施用。基肥、种肥的施用量分别为 450～600 kg/hm² 和 45～60 kg/hm²。

施用磷肥应掌握以下原则：

早施：最好作为基肥和种肥施用，这样可源源不断地满足植物整个生育期对磷肥的需求。另外，磷肥同有机肥料混施可增加磷的有效性。

深施、集中施：因磷在土壤中移动较小，深施到根系层，可增加其对磷的吸收。集中施可减少磷与土壤的接触面，减少土壤对磷的化学固定。

以磷增氮：豆科植物吸收磷的能力较禾本科植物强，而且需要量多。由此将磷肥施入种植豆科植物的土壤中，促进豆科植物的生长，从而加强了根瘤菌的固氮能力，增加了土壤中氮素含量。另外，磷还可促进氮的吸收利用。

（3）钾肥：化学合成的钾肥主要是 K_2SO_4 和 KCl，一般含钾量在 50％以上。由于目前生产水平较低，再加上我国中北部土壤钾含量较高和施用有机肥的习惯，一般土壤不致缺乏，因此钾肥的应用较少。钾肥的施用一般多限于产量较高的地块和严重缺钾的土壤。目前广大农村应用较多的钾肥是草木灰。草木灰的主要成分是 CaO，约占总成分的 30％；其次为 K_2O，约为 25％；P_2O_5 较少，占 3％～6％；还含有硼、钼等微量元素，但以钾更为重要，故作为钾肥。草木灰中钾主要是以 K_2CO_3 和 K_2SO_4 的形式存在，其中 98％以上为水溶性钾，有效率高。但钾易流失，应特别注意防潮、防雨淋。草木灰可作为基肥、种肥和追肥，但施用时应注意：草木灰不宜用作施用于盐碱土的肥料，不能与人粪尿和厩肥混施，以防氮素变成 NH_3 挥发损失。草木灰也不能与过磷酸钙混施，以免降低磷的有效性。

（4）复合肥料：两种或两种以上肥料要素组成的化学肥料称为复合肥料。在复合肥料中又可分为二元复合肥料、三元复合肥料和多元复合肥料。二元复合肥料主要分为氮磷、磷钾或氮钾复合，常见的如磷酸二铵。三元复合肥料是由氮、磷、钾或钙、镁、磷复合的化学肥料。多元复合肥料除了氮、磷、钾以外，还包括某些微量元素。

① 磷酸二铵：又称磷酸氢二铵，主要成分是 $(NH_4)_2HPO_4$，相对分子质量为 132.056，是以磷为主、氮含量低的肥料，肥效高。呈灰白色或深灰色颗粒，在潮湿空气中易分解，挥发出 NH_3 变成 $NH_4H_2PO_4$。水溶液呈弱碱性，pH 为 8.0。主要产品形式为，64％（N18：P_2O_5 46）、62％（N17：P_2O_5 45）、57％（N15：P_2O_5 42）。做基肥的一般用量为 300～450 kg/hm²，做追肥每次施用量 150～225 kg/hm²。

② 氮磷钾复合肥：含有氮、磷、钾养分，依次按氮：磷：钾计，包括 15：15：15、17：17：17、18：18：18、23：11：12、18：22：5 等不同规格。根据饲草的种类选用，禾本科作物和牧草可选择以氮为主或氮磷钾配比均衡的复合肥，豆科作物和牧草选用以磷钾为主要成分的复合肥。复合肥适合作为基肥，也可以作为追肥施用，一般基肥施用量为 450～

750 kg/hm²，豆科牧草每次追肥量为 100～150 kg/hm²，取决于土壤肥力和作物产量的高低。

2. 有机肥料 有机肥料包括厩肥、堆肥、人粪尿、绿肥等。其特点是养分含量全面，除含氮、磷、钾外还含有植物生长发育所需要的其他矿物元素。有机肥料的养分以有机态的形式存在，只有被微生物分解后，才能被植物吸收利用，因而当季的利用率较低，通常为 20%～30%。施用有机肥料还有改良土壤的作用。

（1）厩肥：厩肥是农村广泛应用的一种有机肥料，包括家畜的粪尿和垫草。由于家畜的种类不同，其肥料特性也各异。

牛粪：含水多、细密，含纤维分解菌少、分解慢，属凉性肥料。

马粪：含水少、粗糙、疏松多孔，含大量纤维分解菌，易发酵产热，属热性肥料。

猪粪：质地细，含水较多，但氨化微生物含量多，易分解，肥效大而快。另外，纤维分解菌含量少，对未消化彻底而残留于粪中的饲料分解慢，因而分解速度介于牛粪和马粪之间，属温性肥料。

另外还有鸡、鸭、鹅、兔粪都是上好的厩肥。

厩肥主要用作基肥，腐熟后也可做种肥和追肥。厩肥腐熟后施用可增加速效养分含量，提高当季利用率，同时减少地下害虫的发生率，减少病虫杂草传播的中间媒介，施用方便，有利于种子发芽出苗。尤其是鸡粪腐熟后可减少烧苗、烧根现象。

（2）人粪尿：人粪尿和厩肥具有共同的特性，含氮量为 0.5%～1%，是一种很好的肥料。

（3）堆肥：堆肥是利用杂草、作物秸秆等原料堆放经微生物发酵腐烂而制成的一种农家肥料，其作用和养分含量与厩肥基本相同。

（4）绿肥：植物割下后直接翻压到土壤中用作肥料，称为绿肥。用作绿肥的植物称为绿肥植物。由于豆科植物的根瘤菌可固定空气中的氮素，因而绿肥植物多为一年生豆科植物。

（二）施肥的原则及方法

1. 施肥的原则 施肥的目的是为了满足饲草生长发育的需要，增加产量，提高效益。但要做到高产低成本，就必须合理施肥。因此，在施肥时必须遵循以下原则。

（1）根据饲草的种类和生育时期施肥：不同的饲草种类对肥料的要求不同。如禾本科饲草、叶菜类饲料作物需氮较多，而豆科饲草需磷较多，薯类及瓜类饲料作物则需钾量较多。同一种类不同品种的饲草对肥料的需求也不相同。如麦类矮秆耐肥品种，要求较好的水肥条件；而高秆不耐肥品种，水肥过多会造成倒伏减产。同一种饲料作物或牧草在不同的生长时期需肥量也不同。籽用玉米在苗期对氮肥需要量较小，拔节孕穗期对氮肥的需要量增多，到抽穗开花后对氮肥的需要量又减少。掌握不同饲草种类和不同生育时期对肥料的需求，对决定施肥时期和施肥量达到获得高产、优质饲草的目的是十分重要的。

（2）根据收获的对象决定施肥：一般青贮饲料生产田，需要施用较多的速效氮素化肥，以便获得较高的茎叶生产量；以种子生产为主时，则应多施磷、钾肥，配合施用一定量的速效氮肥；以收获块根茎为主时，应注意磷、钾肥的施用，过多施用氮肥会造成茎叶徒长，经济产量反而降低。

（3）根据土壤状况合理施肥：要充分发挥肥效，还应根据土壤性质选择肥料的种类和施用方法。如黏性土壤施肥，应重视基肥和种肥的施用；沙质土壤保肥性差，应少量多次追肥。在决定施肥量时应充分考虑土壤肥力的高低。对于比较肥沃的土壤，多施肥会引起饲草倒伏，要减少施肥量；瘠薄的土壤应注意适当多施肥料，以满足饲草高产的要求。

（4）根据土壤水分状况等施肥：水分太多易造成施入养分的渗漏，而且好气性微生物活性差，有机肥养分释放慢；水分太少，则养分无法被植物吸收。旱季施肥时，要结合灌水或降水进行。此外，土壤的酸碱状况对施肥的效果也有影响，如酸性土壤施用磷肥可选用磷矿粉，而碱性土壤则不宜施用含氯离子和钠离子的肥料。

（5）根据肥料的种类和特性施肥：肥料的种类不同，性质各异。厩肥、堆肥、绿肥等有机肥料和磷肥多为迟效性肥料，通常作为基肥施用。硫酸铵、碳酸氢铵等速效氮肥多作为追肥施用。硝态氮难于被土壤胶体吸附而易于流失，并在反硝化细菌作用下变成氮气而挥发，因而通常不作为基肥施用，作为追肥也应少施、勤施。另外在施肥时应考虑肥料中所含的其他离子对饲草生长的影响，如含氯离子的肥料，不宜施于含糖较多的植物如甘薯、萝卜等。

（6）施肥与农业技术配合：农业技术措施与肥效有密切关系。如有机肥料做基肥，常结合深翻使肥料能均匀混合在全耕层之中，达到土壤和肥料相融，有利于饲草吸收。追肥后浇水，有利于养分向根系表面迁移和吸收。各种肥料搭配混合施用，既可提高肥效，又可节省劳力，从而降低农产品成本。

2. 施肥方法　饲草的整个生育期可分为若干阶段，不同生长发育阶段对土壤和养分条件有不同的要求。同时，各生长发育阶段所处的气候条件不同，土壤水分、能量和养分条件也随之发生变化。因此，施肥一般不是一次就能满足饲草整个生育期的需要，应在基肥的基础上进行多次追肥。

（1）基肥：基肥是播种或定植前结合土壤耕作施用的肥料，其目的是为了创造饲草生长发育所要求的良好的土壤条件，满足其对整个生长期的养分要求。因此，基肥的作用是双重的，一是培肥地力、改良土壤，二是供给饲草养分。做基肥的肥料主要是有机肥料（如厩肥、堆肥、绿肥）、磷肥和复合肥。

基肥的施用方法有撒施、条施和分层施。撒施是在土壤翻耕之前，把肥料均匀撒于田面，然后翻耕入土中。撒施为基肥的主要施用方法，优点是省工，缺点是肥效发挥得不够充分。条施是在田面上开沟，然后把肥料施入沟中。条施肥料施得集中，靠近种子及植株根系，因此用量少、肥效高，但较费工。分层施是结合深耕把粗质肥料和迟效肥料施入深层，精质肥料和速效肥料施到土壤上层，这样既可满足饲草对速效肥的需求，又能起到改良土壤的作用。

（2）种肥：种肥是播种（或定植）时施于种子附近或与种子混播的肥料。施用种肥，一方面可为种子发芽和幼苗生长创造良好的条件，另一方面用腐熟的有机肥料做种肥还有改善种子床或苗床物理性状的作用。种肥的种类主要有：腐熟的有机肥料、速效的无机肥料或混合肥料、颗粒肥料及菌肥等。种肥是同种子一起施入的肥料，因而要求所选用的肥料对种子无副作用，凡过酸、过碱或未腐熟的有机肥料均不能做种。种肥的施用方法很多，可根据肥料种类和具体要求采用拌种、浸种、条施、穴施等。

（3）追肥：追肥是在生长期间施用的肥料，其目的是满足饲草生育期间对养分的要求。追肥的主要种类为速效氮肥和腐熟的有机肥料。磷、钾、复合肥也可用作追肥。近几年的经验证明，采用尿素等化肥，硼、钼、锰等微量元素肥料以及某些生长激素在现蕾（抽穗）开花期对饲料作物或牧草进行根外追肥，对提高种子产量有重要作用。为了充分发挥追肥的增产效果，除了确定适宜的追肥期外，还要采用合理的施用方法。追肥的施用方法通常包括撒施、条施、穴施和灌溉施肥等，但前三者在土壤墒情不好时也多结合灌溉进行。根外施肥在多数情况下是将肥料溶解在一定比例的水中，然后喷洒于叶面，通过组织吸收满足饲草对营养的需要。

二、灌　溉

灌溉是补充土壤水分，满足饲草正常生长发育所需水分的一种农事措施。正确的灌溉不仅能满足饲草各生育时期对水分的需求，而且可改善土壤的理化性质，调节土壤温度，促进微生物的活动，最终达到促进饲料作物及牧草快速生长发育、获得高产的目的。

（一）灌溉方法

灌溉方法多种多样，大致分为 3 种类型，即地表灌溉、空中灌溉（喷灌或人工降雨）和地下灌溉。

地表灌溉中最简单的方法是漫灌。用水方便，但费劳力。一般饲草地浇灌多采用沟灌或畦灌等，这也是我国农业灌溉的基本方法。沟灌多用于起垄种植的植物，而畦灌则多用于平畦条播的植物。现代苜蓿产业化种植在土地充分平整基础上进行的局部面积（每个单元 2～3 hm²）的自由式漫灌，节省劳力，也是今后灌溉的主要方式之一。

空中灌溉（喷灌或人工降雨）是灌溉水通过机械设备，变成水滴状喷射到空中，降落在植物或土壤上。此法可以用少量水实行定额灌溉，可调节农田小气候，不论土壤是否平坦均能均匀灌溉，节省劳力和用水。

地下灌溉也称为滴灌，是在地下 40～100 cm 处设有孔的水管，水从管中渗出，并借助毛管的作用上升或向四周扩散，以满足饲草生长发育对水的需要。此法不会造成土壤表层板结，是节水灌溉最好的方法，主要用于干旱缺水地区。但要注意，盐碱地要慎用这种方法，以防止土壤盐分随水上升，加重表土的盐分含量。

（二）灌溉应注意的事项

灌溉必须有利于饲草生长，保证高产、低成本，根据土壤墒情、气候条件、饲草生育时期正确实施。禾本科植物通常拔节至抽穗是需水的关键时期，豆科植物的需水关键时期则是现蕾至开花期。对于刈割草地来说，在干旱条件下每次刈割后都要进行灌溉施肥，以提高产量，尤其是具有潜在盐碱的地块，割后草地土壤裸露，土壤表面蒸发加剧，土壤深层盐分随水上升进入土壤表层，加重草地盐碱危害。因此要及时灌溉，使牧草迅速恢复生长，减少土壤蒸发。灌溉用水量以不超过田间持水量为原则。

此外，旱田土壤含水量为田间持水量的 50％～80％时，有利于饲草的生长发育。但饲草不同生育期对水分的需要量不同。水分过多时，必须及时排除。

排水良好的地块，有利于根系下扎，同时对改善土壤的通气条件、提高土温、促进土壤微生物活动和有机质分解、防止土壤沼泽化和盐渍化等方面都有重要作用。要使地块排水良好，除畦沟要开得深、开得平直外，在多雨地区，还应注意经常疏通沟渠排水。

第四节　病虫害防治

饲草病虫害是草地畜牧业生产的主要限制因素之一。据估计，全世界每年因病、虫、杂草造成的包括牧草在内的种植作物损失达 35％。美国每年因牧草病害在各类草地上引致的损失平均为其总产的 26％，天然草由于病害导致的损失为 5％，种子田的损失高达 52％。因此，加强病虫害防治工作，对促进饲草高产稳产、实现草业生产的全面丰收具有重大意义。

一、病虫害的类型与发生

（一）病虫害的类型

1. 病害 饲草在生长发育及其产品的贮运过程中，常遭受生物的侵染和非生物不良因素连续不断的影响，从而在生理上、组织上和形态上发生一系列反常变化，造成产量降低、品质变劣，这种违背人们栽培目的的现象称为病害。引起饲草病害的病原种类虽然很多，但从本质上看，可分为非侵染性病害和侵染性病害两大类。

（1）非侵染性病害：这种病害由不良环境引起，不具侵染性，在病害部位找不到任何病原生物，亦称为生理性病害。

① 营养性病变：植物生长发育过程中因某一种或几种元素缺乏或不足或过多引起的一系列病变，如失绿、变色、畸形、组织坏死以及倒伏等均为营养性病变。

② 水分失调：植物因干旱引起叶片变黄，叶尖、叶缘焦枯，早期落花、落叶、落果，籽粒不实、甚至全部萎蔫；或因土壤水分过多造成土壤缺氧，引起根系窒息、腐烂，叶片发黄，全株凋萎；或因水分供应急剧变化，如早期干旱后突然多水，引起块根、直根开裂等均为水分供应失调引起的病变。

③ 温度伤害：植物生长发育过程中温度过高或过低都将伤害植物。过低会造成霜害、冻害，过高加上干旱会造成植物枯萎和灼伤。

④ 中毒：空气和土壤中的有害物质，可引起植物病害。工业排放的废气、废水以及肥料或农药施用不当都会伤害植物，轻者造成叶片变黄、枯焦，重者造成植株死亡。

（2）侵染性病害：这种病害由病原微生物所引起，在受伤害的部位可以找到病原微生物。病原在寄主植物上生长繁殖，并借某些方式向健康部位和株体传播，因此具有一定的传染性。在侵染性病害的病原中，最主要的是真菌，其次是病毒、细菌、线虫、寄生种子植物等。常见的侵染性病害有如下几种。

① 真菌病害：真菌病害的主要症状是霉粉、黑粉、斑点、枯萎、腐烂等。如玉米的大小叶斑病及黑穗病，三叶草霜霉病，苜蓿褐斑病、腐霉猝倒病、锈病等。据美国植物病理学会 2010 年统计结果显示，苜蓿真菌性病害国际报道 37 种。国内已报道危害沙打旺的真菌 50 种，半知菌占已知真菌总数的 86％，可危害植物根系、茎、叶和种子。

② 细菌病害：细菌的主要症状是萎蔫、导管变色、软腐等。如苜蓿细菌性萎蔫病、苜蓿矮化病、禾草细菌性条斑病、细菌性叶斑病等。全世界现已报道 9 种苜蓿细菌性病害。

③ 病毒病害：主要症状是花叶、矮小、黄化、畸形等。如三叶草花叶病、冰草花叶病、苜蓿花叶病等。全世界苜蓿病毒性病害有 12 种。

④ 线虫病：线虫病的主要症状是干腐、瘤状，多侵染根和地下果实。如沙打旺根结虫、苜蓿线虫病等，世界苜蓿线虫病害有 12 种。

⑤ 寄生性种子植物：高等植物绝大多数为自养植物，但也有少数植物由于缺少足够叶绿素或某些器官退化而成为寄生病原物。如菟丝子主要危害豆科植物。

2. 虫害　危害饲草的动物种类很多，如节肢动物门昆虫纲的昆虫，蛛形纲蜱螨目的螨类，软体动物门腹足纲的蜗牛，哺乳纲啮齿目的田鼠、野兔等。但昆虫纲是世界上种类最多、分布最广、适应性最强、群体数量最大的一个类群，占整个动物界的 2/3，其中许多是以植物为食，成为饲草害虫。虫害对其造成的危害轻则减产，重则无收。

饲草的害虫很多，其形态也多种多样。按其口器不同可分为两种类型，即咀嚼式口器和刺吸式口器。前者主要是咬食植物的根、茎、叶、花、果实，后者则吸食植物的汁液。某些害虫幼虫为咀嚼式口器，而成虫则为刺吸式口器，因此，此种分类法常把同一种类害虫分为两种类型。了解此种分类法，可为化学药物的选择提供依据。如灭除咀嚼式口器的害虫可选用胃毒剂，而要灭除刺吸式口器的害虫则应选用内吸剂。

害虫的另一种分类法是按其一生的变化情况进行分类。按其变化类型可分为两种类型，即完全变态和不完全变态。不完全变态的害虫在个体发育过程中分为三个时期，即卵、若虫（幼虫）、成虫。这类害虫，幼虫的外部形态和生活习性与成虫相似，其差别是个体较小和生殖器官未发育完全，如蝗虫、叶蝉等。完全变态的害虫一生要经过四个时期，即卵、幼虫、蛹、成虫，各时期在外部形态、内部器官构造和生活习性上截然不同。此类害虫的幼虫通常对饲草危害较重，成虫一般不造成危害，但甲虫类的成虫也危害饲草。

（二）病虫害与环境

病虫害的发生、发展与环境条件以及天敌的多少有着密切关系。环境条件主要包括温度、湿度、土壤、光线等多种因素。各种病虫害的发生、消长要求不同的环境条件，有的喜温暖潮湿的环境，有的则喜干燥的环境条件。但从总体上看，温暖潮湿的环境有利于病害的发生，而干燥的条件则有利于害虫的出现。

土壤的结构、酸碱度、通透性以及温度、湿度状况，也影响着病虫害的发生与发展。如通气性好的沙壤土有利于地下害虫的发生，高温高湿的土壤则易于病害发生。

在自然界中，害虫的多少还与其天敌的数量有关。如七星瓢虫多则蚜虫就少，鸟类和蛙类多则可控制咬食茎、叶、花、果实的地上害虫的发展。因而，农业生产过程中，应主动创造不利于病虫害发生和发展、有利于饲草生长的环境条件，以减轻或制止病虫害的发生和流行。

（三）病虫害的传播媒介

病虫害的传播媒介是指病虫的生存场所、中间寄主等。了解其传播媒介，对其防治病虫害有十分重要的意义。

1. 被害的植物体　受害的植物体，不仅是病虫的寄生体，还是病虫的越冬场所和发源地。如受玉米螟危害的玉米、受散黑穗病危害的黑麦等。

2. 种子　很多病虫在寄主植物收获后，潜伏在其寄主的种子中，随其休眠而休眠，如豌豆象等。

3. 土壤　许多病虫或病毒潜伏在土壤中，如蛴螬、金针虫等都是以卵或老龄幼虫的形式在土壤中越冬，大麦的花叶病通过土壤传染。

4. 肥料　被为害的植物体如制成堆肥，未经腐熟，许多害虫就会在有机肥料中产卵，并随施肥而进入土壤使其传播。

5. 转主寄主（中间寄主）　许多病虫不仅危害农作物也危害其他植物。如蚜虫，当农田中无作物时,它就飞到野生杂草中越冬,翌年又飞回到农作物植株上。菟丝子不仅危害栽培的豆科植物,也危害野生的豆科植物。

二、病虫害的防治方法

饲草病虫害防治,必须贯彻"预防为主、综合防治"的植保方法。综合防治是从生产的全局和农业生态系统的总体观点出发,根据病虫与饲草、耕作制度以及有益生物和环境条件之间的辩证关系,因地制宜地应用各种防治手段,取长补短,互相协调,经济有效地把病虫危害控制在一定水平之下,以达到增产增收的目的。常用的防治方法有植物检疫、农业防治、化学防治、生物防治和物理机械防治等。这些方法必须因地制宜、综合应用,方能达到预期的效果。

(一)植物检疫

植物检疫由专门机构根据国家颁布的法令,对国外输入和国内输出的以及在国内地区间调运的种子、苗木及农产品进行检验,禁止或限制危害性害虫、病菌的传入或传出,一旦发现,立即封锁并将其消灭以防扩散。

(二)农业防治

农业防治是在栽培管理的过程中,运用一系列的措施,有目的地改变某些环境因子,创造有利于饲草生长发育而不利于病虫发生的环境条件,直接或间接地消灭或抑制病虫害的发生和危害。其主要措施有:选育抗病虫的优良品种,提高饲草自身的抗病虫能力;采用合理的耕作措施,创造不利于病虫害发生的环境,如合理轮作、合理密植、中耕除草以及合理耕翻、浇水及灭茬等。这些都可减少病虫害的发生。

(三)物理、机械防治

根据病虫害的发生和发展规律,应用各种物理和机械设备达到防治病虫害的目的。如选种、晒种和温水浸种可去掉混杂和藏在种子内的病虫虫卵和真菌孢子,达到预防病虫害的目的。利用害虫的趋光性和趋化性以及某些特殊的习性,设计诱杀防治。此法不仅可杀死害虫,而且可预测虫情。

(四)生物防治

利用有益生物或生物代谢产物对病虫害进行防治。如天敌昆虫防治害虫、蜘蛛治虫、以鸟治虫以及其他脊椎动物防治害虫等。

1. 以菌治菌 利用抗生菌所产生的抗生素防治植物的病害。如井冈霉素可防治水稻纹枯病、小球菌核病、玉米大斑病等,春雷霉素可防治稻瘟病等。

2. 以菌治虫 利用害虫的病原微生物制成杀虫剂,用以防治植物的害虫。如利用细菌性的杀螟杆菌防治玉米螟、高粱穗螟、稻纵卷叶螟、甘薯卷叶蛾等;利用真菌性的白僵菌、黑僵菌、绿僵菌等可防治鳞翅目、鞘翅目、圆翅目及直翅目的害虫。目前用白僵菌防治玉米螟、大豆食心虫、稻叶蝉及松毛虫等取得了良好效果。还有利用昆虫病毒来防治害虫的,如正在研究应用的核型多角体病毒可防治黏虫、斜纹夜蛾、菜青虫等。

3. 以虫治虫 利用害虫的天敌昆虫来防治害虫,天敌昆虫包括寄生性昆虫和捕食性昆虫两种。捕食性昆虫如瓢虫、草蛉、食蚜蝇、蜻蜓、螳螂等;寄生性昆虫如赤眼蜂、金小蜂、啮小蜂、姬蜂、小苍蜂等。用天敌昆虫防治害虫,首先要尽量创造害虫的天敌在野外生活和繁殖的有利条件，提高其对害虫的自然控制作用。也可以人工繁殖和散放害虫的天敌，以增加其种类和数量，从而达到控制害虫数量的目的。目前应用较多的方法是利用赤眼蜂防治稻纵卷叶螟，利用金小蜂防治棉铃虫，利用瓢虫防治蚜虫等。

4. 其他食虫动物　常见的有鸟类、蛙类、壁虎、蝙蝠等。其中最多的是鸟类，其次为蛙类。

（五）化学防治

化学防治是利用有毒的化学物质直接消灭病虫害，保证饲料作物及牧草的全面丰收。其优点是速效、方便、受地区及季节性限制小。但化学防治也有不少缺点，如使用不当会造成人畜受害，杀死害虫的同时，也将杀死害虫的天敌；长期使用一种农药病虫会产生抗药性；有的农药残毒大，会造成环境污染等。目前随着化学工业的发展，一些高效、低毒、低残毒的农药不断研制出来，农药使用技术也正在不断改进，因此，化学防治将作为农业病虫害综合防治中的一种重要措施继续在牧草与作物中得到应用。

农药的使用方法很多，主要包括喷雾、喷粉、泼浇、毒土、毒饵、熏蒸、种子处理等。农药的种类可根据其防治对象的不同分为杀虫剂、杀菌剂等。

1. 杀虫剂　杀虫剂是用来防治农林及储粮害虫的农药。按照它们的作用方式可以分为以下几类。

（1）胃毒剂：胃毒剂是喷洒在植物体上被害虫吞食进入消化道后，使其中毒死亡的药剂。如杀虫脒等。

（2）触杀剂：触杀剂是通过接触表皮渗入体内、使害虫中毒死亡的药剂。如辛硫磷、杀虫畏等。

（3）熏蒸剂：熏蒸剂是以气体状态通过呼吸道进入害虫体内进而使害虫死亡的药剂。如磷化铝、氯化苦等。

（4）内吸剂：内吸剂是通过植物的吸收进入植株体内，害虫吸取植物汁液时，会中毒死亡。如乐果、巴丹等。

（5）综合杀虫剂：综合杀虫剂是同时具有胃毒、触杀、熏蒸等杀虫作用的化学药剂。如敌百虫、西维因等。

2. 杀菌剂　杀菌剂是用来防治饲草病害的药剂。从作用方式来看，主要分为保护剂和治疗剂两类。保护剂是用来保护未受病菌侵害的植株的药剂。在病菌还没有接触到饲草或未侵入之前，将保护剂施用在饲草上以保护其不受病菌侵害，如波尔多液。治疗剂则用来治疗已受病菌侵害的植物的药剂。施用治疗剂后能杀死病菌，对病株有治疗作用。但已侵害的部位，一般不能再恢复原状。治疗剂如多菌灵、托布津等。

（六）农药的合理使用

农药的合理使用，要求达到节约、提高使用效果、减少对环境的污染、避免残毒、保证人畜安全等目的。

1. 选择适当的农药品种和剂型　农药的种类很多，各种农药都有一定的防治范围和防治对象，即使广谱性农药也并非对所有的病虫害都有效。如托布津是一种广谱性药剂，对稻瘟病防治效果较好，但对水稻白叶枯病无效。再如预防蚜虫、蓟马等一类刺吸口器的害虫，内吸剂最理想，触杀剂次之，胃毒剂则无效。一般情况下，油剂、乳剂效果好，粉剂则较差。但粉剂使用方便、工效高，而且在干旱缺水地区防治某些害虫（如玉米螟）的效果较其他剂型好。

2. 适时用药 做好病虫的预测预报工作，准确地掌握好病虫的发生时期、生活习性和它们的薄弱环节及饲草最易受害的时期，抓住时机及时用药，充分发挥药效。另外，适时用药还应注意气候变化，如大风时不进行喷粉；喷药后遇雨应在天晴后补喷；高温天气可增加药效，但饲草易受药害。

3. 合理掌握用药量和用药次数 掌握用药量主要指准确控制药液浓度、每公顷用药量和用药次数。用药量并不是越多越好，原因是用药过量易产生抗药性，增加生产成本，还会造成环境污染，引起作物受害。

4. 采用正确施药方法 不同的施药方法有不同的优缺点。根据各种病虫害的生活习性选用正确的施药方法，可减少农药的残留，降低成本，并可充分发挥药效，做到安全用药、合理用药，达到增产增收的目的。

第五节 收 获

收获是饲草生产的最终目的，也是确保优质高产的重要环节。

一、收获对象

(一) 籽实收获

籽实收获是以收获籽实为目的的收获，采收种子的饲草属于这一类型。如黑麦、玉米、大豆等，种子成熟期一致，一般在籽粒蜡熟末期或完熟期时收获；也有的牧草类如苜蓿，由于开花期的差异，种子成熟不一致，应分批收获或选择在大部分种子成熟时收获。

(二) 地上部收获

地上部收获是以收获地上部茎叶为主要目的的收获，牧草与青饲料属于此类。这种收获类型无固定刈割期，人们可根据栽培的目的及饲喂家畜的种类等确定收获期。如苜蓿作为牛、羊青干草时应在单位面积可消化总养分产量最高的初花期收获，而作为猪、鸡的蛋白质，以及维生素补充饲料时则应在现蕾期收获。

(三) 地下部收获

地下部收获是以获取地下部块茎、块根、直根等营养器官为主要目的的收获，如甘薯、甜菜、胡萝卜、马铃薯等饲料作物属于这一类型。这类收获也无固定收获期，但收获期的确定受外界温度等条件的影响，通常在早霜前收获。

二、收获方法

(一) 人工收获

种子的人工收获是指从收割到脱粒、晾晒、包装、归仓完全用人工或畜力进行，不用任何机械。小面积饲料作物或牧草作为青饲料或青干草使用时，其刈割、晒草的过程多用人工劳力进行作业。

(二) 机械收获

种子的机械收获又分为分段收获和联合收获。分段收获是将成熟期的饲料作物或牧草的收割、晾晒、捡拾、脱粒、包装、归仓分段用不同的机器进行，机具简单、轻便、灵活、适宜小面积作业；联合收获是用联合收获机一次完成收获和脱粒等作业，其特点是速度快、效率高、损失少，适宜大面积地块应用。

目前牧草的草产品产业化进入了一个前所未有的发展时期。机械化、现代化的草产品产业化从刈割、烘干、压捆或草粉加工全部实现了机器作业；田间干燥的干湿草捆从刈割、翻草、捡拾压捆、湿草捆拉伸膜包被全部机械化作业。牧草产业化的机械投入大，效率高，节省劳力，经济效益显著，适于大面积应用。

饲草种植制度

第一节 概　述

种植制度（cropping system）是指一个地区或生产单位的作物组成、配置、熟制与间套作、轮作等种植方式的总称。一个合理的种植制度应能体现当时、当地条件下作物种植的优化方案，达到能充分、合理、均衡地利用当地自然资源与社会经济资源，全面持续增产稳产与增收，培养地力，维护资源的可更新性，维持农田生态平衡，促进农业系统生物的良性循环，培肥地力，实现土地用养结合，促进系统生产力持续增长。传统的农作制度中通常都是不同作物的轮作或连作，将牧草引入到种植制度中，就出现了所谓的"粮草轮作"或"草田轮作"。

一、饲草在种植制度中的地位

（一）农业生产的需要，农牧结合的必要

现代意义上的农业是以种植业和畜牧业两级生产为主体组成的农业，两者之间既相互依存，又相互促进，把两者紧密结合起来的纽带，则是饲草。"没有畜牧业的农业是不完善的农业，没有林业的农业是不稳定的农业。"根据威廉斯的三大车间学说（植物生产、畜牧生产、土壤管理），畜牧业可以充分利用植物生产的副产品，其产生的粪肥又可以归还土壤提高地力。种植业和畜牧业是原始农业的一对孪生兄弟。农业（种植业、植物性生产）是第一性生产，畜牧业（动物性生产）是第二性生产。农业为畜牧业提供饲草饲料，畜牧业则为种植业提供有机粪肥，二者相互依赖，相互促进。恩格斯在《家庭、私有制和国家起源》一文中指出："野蛮时代的特有标志，是动物的驯养、繁殖和植物的种植"。粮草轮作在欧洲、美国、澳大利亚等地区和国家已被广泛采用。

我国长江流域的浙江余姚河姆渡和桐乡罗家谷遗址，出土有稻谷，以及猪、狗、水牛骨骼，说明原始农业已有农牧结合形雏发展。《管子·莫名篇》中说："务五谷，则食足；养桑麻，育六畜，则民富。"《孟子·梁惠王上》中说："五亩之宅，树之以桑，五十者可以衣帛矣。鸡豚狗彘之畜，无失其时，七十者可以食肉矣。百亩之田，勿夺其时，数口之家可以无饥矣。"充分说明春秋战国时期，小农生产自给自足经济，既种五谷，又养六畜，搞多种经营的耕作制度。

中国农业史上，用养结合的牧草轮作制度是传统耕作制度的精华。远在伏羲时代，就开始"繁滋草木，疏导泉源，豢养牺牲，伏牛乘马"，草牧结合，文明肇启。几千年以前，中国的劳动人民就开始采取利用绿肥改善土壤肥力等一系列措施来促进农业生产。汉代北方轮

作复种制已相当普遍，据《史记》和《前汉书》记载，公元前 138 年和公元前 119 年，汉武帝派张骞两次出使西域，带回良种大宛马的同时，也将苜蓿引入中国，此后在西北、华北、东北广为种植，并逐渐成为轮作牧草。文景时代，"太仓之粟陈陈相因""众庶街巷有马，阡陌之间成群"。

然而，与欧美国家不同，纵观中国农业发展历史，由于人口众多，畜牧业在农业中长期处于被动局面，饲料以利用农副产品和粮食为主，即很大程度上依赖并受制于第一性生产，形成了所谓的"跛足农业"。畜牧业结构也不合理，以耗粮型的猪为主，人畜争粮现象严重。新中国成立以来，饲草生产在曲折中发展，其重要性逐渐被社会大众所认识和接受。中国工程院院士任继周提出了"藏粮于草"，发展草地农业将是中国农业发展的必由之路。

（二）健康安全畜产品的前提

近年来，随着社会经济的发展和人民生活水平的不断提高，对食物结构的需求由以追求数量的温饱型向追求低脂肪、高蛋白、营养全面的质量型转变，对畜牧业的发展也提出了更高要求。在饲草不能满足需求的情况下，很多地方只能用营养价值极低的农作物秸秆来代替。从某种意义上讲，随着草食家畜比例的提升，未来养殖水平和规模化水平提高的空间取决于优质饲草是否充足。只有建立起与畜牧业发展相适应的新型饲草产业，才能实现畜产品优质高产，实现资源的优化配置，从而推动畜牧业健康快速发展。

从必要性而言，近年来中国畜产品安全事故的不断发生前所未有地凸显了优势饲草产业的重要性和必要性，"粮-经-饲（草）"三元种植结构的推行面临刻不容缓的局面。如 2008 年"三聚氰胺事件"的核心问题是蛋白饲草短缺的问题。当前，用于饲喂奶牛的干草主要是苜蓿、羊草和燕麦。2010 年，全国苜蓿草总产量 5.23×10^6 t，销售量 2.43×10^6 t。全国现有奶牛 1.3×10^7 头，如果每头奶牛产奶期（305 d）日喂苜蓿草 2 kg（偏低喂量，适中喂量 4 kg），则需苜蓿 7.93×10^6 t。国产苜蓿数量不够，进口苜蓿迅速增加。2011 年、2012 年、2013 年、2014 年，苜蓿进口量分别为 2.76×10^5 t、4.42×10^5 t、7.52×10^5 t 和 8.81×10^5 t。

（三）发展饲草是中国现代农业发展的需要

传统种植业大量使用农药和化肥，不仅增加了单位投入，而且造成了环境及食品污染。种植豆科饲草能够有效解决这一问题，不仅可以改善土壤肥力和结构，还能提高后茬作物的产量，形成"畜多-肥多-草多"的良性循环，实现农业生产的可持续发展。2015 年中央 1 号文件明确提出，加快发展草牧业，支持青贮玉米和苜蓿等饲草料种植，开展粮改饲和种养结合模式试点，促进粮食、经济作物、饲草料三元种植结构协调发展。加快实施退牧还草、牧区防灾减灾、南方草地开发利用等工程。

饲草饲料类群很多，生长年限可长可短，可以充分利用不同地区的光、热、水资源，我国人多地少，畜产品主要靠农区，通过粮草轮作可提高土地复种指数和生产力。再从更宏观的层面来看，当前已通过《联合国气候变化框架条约》，中国在应对的《国家方案》中，2010 年的任务要求中提出，除实现单位 GDP 能耗比 2005 年降低 20％左右，可再生能源在一次能源结构中的比重提高 10％，努力减缓 CO_2 排放外，特别提出通过实现新增草地 2.40×10^7 hm^2，治理退化、沙化、碱化草地 5.20×10^7 hm^2 的目标，以增强适应气候变化的能力。

由此可见，饲草业不仅在经济方面，而且在应对全球气候变化的生态环境方面也承担着重要的角色。

二、饲草是科学种植制度的重要内涵

科学的种植结构是现代农业发展中宏观与微观层次上建立农业耕作制度的重要一环。在我国经过了改革开放之前以粮食为主的一元种植结构，中共十一届三中全会以来的"粮-经"并重的二元种植结构，1992 年以来的"粮-经-饲"三元种植结构三个阶段后，2008 年以来，国内接连发生的"三聚氰胺""瘦肉精""苏丹红"等食品安全事件，使人们普遍意识到食品安全的极端重要性，优质牧草的栽培和种植开始成为人们关注的新焦点。

随着改革的不断深入，农业结构不合理的矛盾日益凸显，种植业效益下降，农民人均收入徘徊不前，种植业尽管还是农民收入的重要组成部分，但其比重已逐年下降；畜牧业由于减少了对大自然的直接依赖，发展速度快，稳定性较强，能较快地推动农业结构调整和优化。而大面积种植饲草作物，开发利用饲草资源，培育和建设饲草饲料产业，是大力发展畜牧业的物质基础和前提。现阶段耕地上生产的粮食 40%左右用于畜牧业发展。因此，将这部分耕地从按人所需求粮食的生产模式转变为按畜禽营养需求的包括饲料粮谷在内的饲料生产模式，只是农业生产经营方式上的改变。耕地资源利用效率提高，就生产系统而言，着眼于大食物、大粮食观而形成更多的产出。随着农业现代化进程的加快，以及农业产业结构的调整和消费与市场需求的改变，中国的畜牧业已从原来计划经济时代的传统副业畜牧业向市场经济时代的现代畜牧业和支柱畜牧业方向迅速发展。优质饲草既是现代畜牧业不可或缺的物质基础，也是种植业三元结构的重要组成。

在以获取以动物蛋白、动物营养为主的欧美国家，饲料作物是种植业的主体。特别是饲料牧草既可降低对化肥、农药的需求，而且在全球正推行低碳经济的今天，吸碳、贮碳的优越性还有益于农业生产系统向节能减排的方向发展。饲草在耕作、轮作体系中具有重要作用。作物种类和成分的增加，有助于避免连作的种种弊端，有助于防止同类病虫恶性的世代蔓延，有助于间、套、复立体种植提高耕地利用率和产出率，有助于豆科、禾本科根系交替发展，土壤理化性能的改善和有益根际微生物群落的滋生，有助于保护性耕作的推行等。

饲草作物是完善的农业生产系统实现生态循环的中间环节。中国农民长期以来靠绿肥养田、用养结合，使耕地品质得以持续的精髓经验值得汲取。保护耕地质量是农业生产中贯彻资源可持续利用的科学发展核心理念的体现，而粮、经、饲协调发展有助于这一理念的贯彻执行。

三、发展饲草能够显著提高种植业效率

以饲草为主的种植模式能够在作物生长缓慢的生育后期，增加 1～2 次生长旺盛期，提高了整个种植制度的光合效率。由于收获时期较早，茎叶蛋白质含量高，木质化和纤维化程度低，营养价值高，产量高。以四川省为例，成熟的种植模式为小麦/玉米/甘薯，大部分都种植在坡耕地，但产量不高，玉米产量为 5.15 t/hm²，粗蛋白质含量为 7.52%～8.80%，单作甘薯产量为 3.84 t/hm²，淀粉含量为 18.0%～21.8%；目前常见的饲草种植模式为多花黑麦草/青贮玉米（高丹草）或扁穗牛鞭草等多年生草场，黑麦草粗蛋白质含量为12.50%～

符号说明："-"为年内复种；"‖（或＋）"为主体形式（或非主体形式）间作；"/"为作物套作；"×"为混作；"→"为年际间轮作。下同。

14.85%，产草量为 $80\sim150$ t/hm^2，扁穗牛鞭草产量为 $75\sim125$ t/hm^2，青贮玉米为 $75\sim120$ t/hm^2，是优质的饲料作物。饲草种植比粮食种植模式（小麦/玉米/甘薯）多产出一倍以上的干物质和粗蛋白质，生产效率明显提高。

四、中国农区畜牧业饲草生产途径

（一）开发利用耕地和非耕地资源，建立专门的饲草生产基地

南方可利用短期积水的湖滩草洲，北方利用丘陵荒坡，发展饲料生产，各地都有较大的潜力。对于分布在农区、牧区的大型农牧场，应该从饲养畜禽的要求出发，建立相应完善的饲料基地，播种饲料作物、优良牧草及饲用蔬菜，如饲用玉米、苜蓿、黑麦草、三叶草、苏丹草、胡萝卜等。另外，林下种草或果园种草，既可以充分利用土地，又可以提供优质饲草，豆科牧草还可以培肥地力，反过来促进林果业生产，亦为农牧结合的重要内容。按照农作、生态、耕作和畜牧科学的理论和实践，设计和组织饲料饲草地的合理耕作，以及轮作体系，为农牧场持续发展，并为地方农牧业生产做出示范，推动并引领现代农牧业发展。

（二）利用空闲季节间套复种饲料

对于粮食高产的南北方农区，应在争取粮食高产再高产的同时，利用立体种植、提高复种指数和利用冬闲田等土地资源种植饲草作物，多养草食畜禽，减少粮耗，促进粮食供求平衡。南方三熟地区的秋闲常由于秋旱和冬闲田，可复种秋大豆、秋玉米、秋甘薯、秋杂粮做饲料，冬季可复种冬作物、绿肥或养细绿萍做饲料。在三熟不足两熟有余或两熟不足一熟有余地区，均可复种或套种一季生长期短的饲料、绿肥、蔬菜，以获得一定数量的青饲料。

第二节　国内外主要种植模式

粮草轮作一直是国内外主要饲草种植模式和牧草耕作技术研发的前沿。国内集中研究草田耕作技术对牧草产量和品质、土壤物理性状、土壤肥力和草田系统小气候特征等方面的影响，除类似国内的研究外，国际上更注重农作物种植和草地放牧相互交替、有机、可持续发展、绿色和生物多样性方面的农牧业研究。

一、国外主要饲草种植模式

早在中世纪，欧洲的农业生产普遍实行的是"二圃制"，也就是简单的农田轮歇制度，通过耕种与休闲来调控土壤生产能力。但是随着欧洲人口的增加和土地肥力的逐渐枯竭，"二圃制"已经不能承担社会发展需求，"三圃制"应运而生。"三圃制"又称"三区轮作制"，它把耕地分为面积大体相等的休闲地、春播地、秋（冬）播地三个耕区，即休闲→冬谷类（小麦或黑麦）→春谷类（或豆类）。作物在各区轮作，逐年轮换，三年一个循环。休闲地和收割完毕后的耕地，都做公共牧场，共同使用。

到 19 世纪以后，面对工业革命造成的人口膨胀与土地生产力的衰退，欧洲人发现以谷物生产为主的"三圃制"也已经满足不了日益发展的经济需求。他们从谷物产量开始下降时便意识到没有牧草和畜牧业，农业是不完备的农业，于是开始大力推行粮草轮作。

西方现代饲草种植制度起始于"四圃制"，开创了欧美种植模式之先河。早在 18 世纪，英国已开始采用"诺尔福克式"轮作（norfolk rotation）：红三叶→小麦（或黑麦）→饲用

芜菁（或甜菜）→二棱大麦（或加播红三叶），又称为"四圃制"轮作。由于农牧结合，扩大了豆科牧草种植，提高土壤肥力，作物增产，同时促进了畜牧业发展，这种模式后来相继在欧美及大洋洲推行。

19世纪30年代，澳大利亚曾在半干旱地区广泛推行"小麦-休闲"农作制，致使土壤结构破坏，肥力下降，作物产量连年降低，饲草供应不足。后来实行豆科牧草和谷物轮作，如实行"苜蓿-大麦"轮作后，大麦籽粒产量比连作提高 $17.4\%\sim40.4\%$；实行"苜蓿-小麦"轮作后小麦籽粒产量比连作提高 $18.2\%\sim33.6\%$。作物和豆科牧草轮作制的成功应用，使澳大利亚创造了世界闻名的"小麦-绵羊"农作系统，进而使该国成为小麦出口大国。

20世纪前期，苏联土壤学家 B.P. 威廉斯认为多年生豆科与禾本科牧草混播，具有恢复土壤团粒结构、提高土壤肥力的作用，因此一年生作物与多年生混播牧草轮换的粮草轮作，既可保证作物和牧草产量，又可不断恢复和提高地力，从而开辟了在人力干涉下缩短恢复地力过程的道路。

美国也经历了相似的过程，在工业快速发展时期，美国曾过度依赖化肥、农药，利用其发达的农业机械在中部地区连续多年种植玉米，传统的轮作制度被忽视。结果，土壤受到严重侵蚀，土壤肥力显著下降，病虫害及杂草猖獗，玉米产量降低，经济效益受到重创。为了保证农业的可持续发展，美国强制要求实行两年轮作制，美国 3.03×10^8 hm^2 耕地中，轮作草地达到了 27%。美国蒙大拿州用春小麦和豆科牧草轮作后，小麦产量较连作提高 40%。

目前，粮草轮作经过多年的发展，已经成为发达国家的一种基本耕作制度。大多数发达国家的粮草轮作中，牧草在农业用地中的比重达到了较高的水平，美国为 40%，法国为 $30\%\sim40\%$，荷兰为 58.8%，澳大利亚为 60%，丹麦和爱尔兰则高达 70%。粮草轮作制度保证了牧草和作物的产量，又不断恢复和提高了土壤的肥力，使得这些国家成为粮食单产和总产都比较高的国家。

由于各国自然环境与社会因素差异甚大，因此种植制度种类繁多。

（一）北美洲的饲草种植模式

发展非机械化、非现代化和绿色农牧业是近些年美国饲草耕作技术的发展趋势。

1. 加拿大东南部与美国东北部的乳用、肉用畜牧业带以大田饲料作物为主的轮作方式

① 河谷地区：苜蓿（2～3年）→籽粒玉米（2年）→蔬菜（或青贮玉米）→燕麦→冬小麦。

② 中山地区：三叶草（5年）→青贮玉米→燕麦。

③ 高山地区：三叶草（10年）→青燕麦。

2. 美国中南部半干旱区高粱种植面积也较大，盛行高粱休闲制

① 高粱→休闲→高粱→休闲。

② 高粱→高粱→休闲。

③ 高粱→小麦→休闲。

④ 高粱→棉花→休闲。

3. 玉米带常采用的轮作方式

① 玉米→玉米→玉米。

② 大豆→玉米→燕麦。

③ 三叶草→玉米→燕麦。

（二）欧洲的饲草种植模式

发展有机和可持续发展的畜牧业以及生物多样性是欧洲国家饲草耕作技术发展的前沿。

1. 粮草轮作制

（1）不同生长期下的粮草轮作制：

① 丹麦（北纬 57°，生长期 210 d）：三叶草（2 年）→燕麦→冬小麦→饲用甜菜→夏大麦→芜菁、甘蓝或马铃薯→夏大麦。

② 瑞典中部（北纬 57°～62°，生长期 180 d）：三叶草（3 年）→冬谷→豌豆→冬谷→休闲→冬谷。

③ 瑞典北部（北纬 62°～67°，生长期 150 d）：田草（5 年）→夏谷→马铃薯或夏大麦→夏大麦。

④ 拉普兰（北纬 67°以北，生长期 110 d）：田草（10 年）→马铃薯→休闲→夏大麦。

（2）不同永久性草地比重下的粮草轮作制：

① 草地短缺（永久性草地占农业用地 20%）：马铃薯→冬黑麦→夏谷→甜菜→马铃薯→冬小麦→夏谷。

② 草地饱和（草地占 40%）：马铃薯→冬黑麦→夏谷→甜菜→冬黑麦或燕麦。

③ 草地丰裕（草地占 60%）：马铃薯→冬黑麦→夏谷→马铃薯或甜菜→夏谷→冬黑麦。

④ 草地超量（草地占 80%）：马铃薯→冬黑麦→燕麦→冬黑麦。

（3）不同经营规模下的粮草轮作制（中欧黄土带）：

① 缺乏土地的家庭农场（10 hm² 农用地）：糖用甜菜→冬小麦→冬大麦或燕麦→饲料甜菜或马铃薯→冬小麦→红三叶草→燕麦。

② 土地饱和的家庭农场（20 hm² 农用地）：糖用甜菜→冬小麦→冬大麦→糖用甜菜→冬小麦→冬黑麦或燕麦。

③ 土地丰富的家庭农场（40 hm² 农用地）：糖用甜菜→燕麦→冬小麦→冬大麦→冬油菜→冬小麦→夏熟大麦→冬燕麦。

④ 雇佣劳动者的农场（200 hm² 农用地）：糖用甜菜→豌豆或豆科作物→冬小麦→冬大麦→糖用甜菜→冬小麦→夏熟大麦。

2. 谷物生产的"四圃制"和"三圃制"

（1）法国东北部、德国、波兰等国的绝大部分地区属中欧和东欧内陆地区，气候温和湿润，生长期较长，以根菜类作物（甜菜、马铃薯和大田蔬菜）和谷物种植为主，饲料作物极少，盛行"四圃制"和"三圃制"。谷物主要包括麦类（小麦、大麦、燕麦）和玉米等作物。

① 甜菜、马铃薯→谷物→谷物→谷物（四圃制）。

② 甜菜、马铃薯→谷物→谷物（三圃制）。

③ 甜菜、马铃薯→谷物（二圃制）。

④ 甜菜、马铃薯→甜菜、马铃薯等。

⑤ 玉米→马铃薯→饲料作物→牧草。

（2）俄罗斯的饲草种植模式：俄罗斯地域辽阔，自然景观与农业区域复杂多变，农业生产特点不同于欧洲其他国家。其农业区域与自然景观地带不相一致，种植体制也各有特点，常采用多年生牧草与一年生谷类作物轮作。如：

① 针叶林带的种植体制：前苏联中部的针叶林带从西向东的种植体制为：

圣彼得堡地区：农田种草（2年）→马铃薯→马铃薯→豌豆或燕麦。

雅罗斯拉夫尔地区：农田种草（2年）→亚麻或春小麦→马铃薯或豆类→燕麦→休闲→冬小麦或黑麦→夏谷。

西伯利亚地区：全休闲→夏谷（春、冬小麦）→夏谷→休闲或根菜类作物→夏谷。

② 混交林带的轮作制：针叶林带南部靠近欧洲部分的狭长地带为前苏联的混交林带，降水量为 500～700 mm，适合于多种作物栽培。从西向东的种植体制为：

莫斯科地区：农田种草→亚麻→早熟马铃薯→冬小麦→马铃薯→燕麦。

格罗得诺地区：农田种草（2年）→亚麻→马铃薯→青贮玉米→农田种草→冬谷。

白俄罗斯地区：马铃薯→冬黑麦→羽扇豆。

③ 森林草原带的轮作制：

南部森林草原地区：农田种草（3年）→玉米（或冬谷）→蚕豆（或燕麦）。

中俄罗斯地区：大麻→甜菜→大麻→马铃薯→大麻→蚕豆。

西伯利亚地区：甜菜（或马铃薯、玉米、蚕豆）→春小麦→春小麦→春小麦。

④ 南部草原带的种植体制：

库班地区：农田种饲料（2年）→水稻（2年）→蔬菜、根菜作物→水稻（2年）。

黑海滨海地区：水稻→水稻（甜菜、胡萝卜）→青饲料，苜蓿（2年）→棉花（3年）→豆类和玉米→棉花（3年），冬小麦→玉米、高粱（粒用、青饲料用）→甜菜。

乌克兰地区：苜蓿（2年）→冬小麦→玉米（或大豆、马铃薯）→糖用甜菜→饲料蚕豆→玉米→粒用玉米→冬大麦→玉米（大豆等）→荚豆→糖用甜菜→饲料豌豆。

（三）大洋洲的饲草种植模式

大洋洲的主要国家为澳大利亚和新西兰，均为发达国家，畜牧业发达，种植业以小麦、大麦和豆科牧草生产为主。澳大利亚将一年生苜蓿引入种植制度，建立小麦（或大麦）-一年生苜蓿（或三叶草）的综合性农业种植和草地放牧相互交替的农牧制度粮草轮作制，不仅促进了畜牧业的发展，同时改善了澳大利亚干旱区的生态环境，使农业生态系统进入良性循环。主要种植模式有：冬小麦→休闲→放牧地；苜蓿（1～2年）→小麦或大麦；三叶草（2～3年）→小麦或大麦；三叶草（2～4年）→小麦→小麦；三叶草（5年）→水稻（2年）→燕麦（或大麦）；苜蓿（4年）→高粱→休闲→小麦；小麦→牧草→牧草→休闲。

（四）非洲的饲草种植模式

保护当地植物和生物多样性是非洲国家饲草耕作技术发展的前沿，采用的政策主要包括植物基因资源的保护和评估、种子筛选、种子生产和种子管理等，同时非洲国家注重豆科牧草研究。

1. 北非的轮作制

① 灌溉地：三叶草-棉花→三叶草-玉米（高粱、水稻）→小麦、大麦-玉米（高粱、水稻）。

② 雨养旱地：小麦→燕麦→豆类→高粱，小麦→休闲→小麦→撂荒，休闲→小麦→轮作牧场（2年）→小麦，休闲→小麦→大麦（或燕麦、大田饲料作物）。

2. 非洲的轮种休闲制

① 非洲西部：（塞内加尔）花生→谷子→花生→谷子→休闲（5年），（摩洛哥）稻（2年）→小麦→三叶草→三叶草。

② 非洲中部：（苏丹）休闲（2年）→棉花→休闲→高粱→扁豆→休闲→棉花，（中非）

森林及灌木林休闲（7～16 年）→棉花→花生（或玉米、木薯）→木薯（2 年），芝麻→高粱/花生→高粱→休闲（17 年），（乌干达）休闲（2 年）→棉花→谷子（或棉花）→木薯（或山芋），（尼日利亚）花生→谷子→谷子。

③ 非洲东部：（肯尼亚）天然禾草（4 年）→马铃薯→蔬菜→玉米（3 年），田草（3 年）→马铃薯（或菜豆）→除虫菊（2 年）→玉米。

④ 非洲南部：（马拉维）田草（3 年）→烟草→棉花→花生→棉花→玉米（2 年），（莱索托）田草（4 年）→玉米→黍→豆类→玉米→黍→豆类→玉米→黍。

（五）亚洲的饲草种植模式

亚洲大部分国家人均土地资源少，将家畜养殖业与农牧业生产相结合，尤其对小规模生产农牧业家庭更适用，部分地区干旱、集雨和地膜覆盖种植牧草现象相当普遍，同时研究发现，游牧方式更有利于保持亚洲国家牧草稳定性和杂草的防除，新技术是提高亚洲牧民生产能力的重要手段。

1. 印度的种植体制

① 灌溉地区的主要种植模式：（西印度）晚麦-棉花（或水稻），（西、北印度）小麦-绿豆-玉米-蔬菜（马铃薯或油菜）；晚麦-木豆‖绿豆，（西、中印度）小麦-玉米（绿豆或豇豆）-玉米/大豆（高粱或珍珠粟），（东印度）马铃薯（水稻、小麦）-水稻（黄麻、绿豆、玉米），（东、南印度）豇豆-龙爪稷-水稻，棉花-水稻，（南印度）绿肥（或菜）-水稻-豆类，水稻-水稻-水稻，花生（水稻）-旱作-水稻。

② 雨养旱地的主要种植模式：（半干旱区）谷子（或高粱）‖大豆（或花生、绿豆、豇豆），谷子（或高粱）‖木豆，（东印度）亚麻（鹰嘴豆、向日葵、小麦、蚕豆、芥菜、木豆、甘薯）-玉米（水稻），（降水稀少区）高粱‖鹰嘴豆-休闲，（南印度、德干高原）鹰嘴豆（花生、木豆或高粱）-高粱或玉米，（中印度）玉米‖大豆-小麦，小麦-大豆。

2. 日本的种植体制

① 南部地区：主要是轮作周期一年的短期轮作，方式有小麦/夏大豆/粟，油菜-甘薯，小麦-秋大豆，小麦-陆稻。

② 中南部地区：小麦-甘薯→陆棉→小麦-花生（或大豆）。

③ 北部地区：甜菜（或马铃薯）→豆类→禾谷类→红三叶草。

3. 西亚的种植体制

① 伊朗：糖用甜菜-苏丹草→饲用油菜-苜蓿→苜蓿（2 年）→小麦-填闲作物。

② 巴基斯坦：甘蔗（2 年）→烟草-玉米→小麦-黄麻（或棉花）→糖用甜菜-粒用玉米，糖用甜菜-粒用玉米→小麦-黄麻→烟草-粒用玉米→小麦-黄麻（或水稻）。

（六）中美和南美的饲草种植模式

中美和南美地处热带和亚热带，光、热、水资源丰富，盛行多熟种植，其禾谷类多熟制如下：

① 中美和南美：玉米‖豆类，玉米‖豆类/蔬菜，木薯（14～18 个月）‖水稻（或玉米），木薯‖玉米（或豆类）‖甘薯（或玉米），高粱‖玉米，大豆-小麦（和玉米），马铃薯-大麦（或小麦），水稻-高粱，玉米-玉米，大豆-高粱。

② 巴西：蓖麻（1～2 年）‖玉米（4 个月）‖豆类（3 个月），木棉（4～5 年）‖玉米‖豇豆，仙人掌（6～7 年）‖玉米‖豇豆，高粱-水稻。

二、我国主要饲草种植模式

中国早在西汉时期就实行休闲轮作，北魏《齐民要术》中有"谷田必须岁易""凡谷田，绿豆、小豆底为上，芜菁、大豆为下"等记载，已指出了作物轮作的必要性。我国原始农业时期也曾实行过类似"两圃制"的撂荒制度，但自实行铁犁牛耕进入传统农业阶段后，基本上结束了撂荒制，而是以提高单位面积产量、充分利用土地的精耕细作为主，走上了土地连种制的道路，所以在当前农业生产方式的调整中，总结国外经验，推行粮草轮作，大力发展草地农业具有重要意义。

粮草轮作是指在一定耕地面积和年限内，按照规定好的顺序进行轮换种植牧草和农作物的一种合理利用土地的耕作制度。轮作中需氮素多的作物安排在豆科牧草种植之后，多年生牧草安排在中耕作物之后，有利于防止杂草和虫害的侵袭。近年来，随着畜牧业发展，粮草结合耕作模式在我国南北方发展迅速。由于我国地域辽阔，幅员广大，自然资源与社会经济条件十分复杂，土壤、气候和牧草的适应性差异较大，不同气候类型区饲草参与的种植制度也各有特点。南方逐步形成以柱花草和一年生黑麦草为主的种植模式，北方则呈现紫花苜蓿、黑麦草和沙打旺为主的种植模式。

（一）西南区饲草种植模式

1. "多花黑麦草-水稻"种植模式 这是一种在我国南方采用较为广泛的粮草轮作模式，在水稻田种植多花黑麦草，既可以节省劳力，又可以为家畜提供优质的青贮饲料。

具体做法是在9月初水稻收获后，稻田开沟，沥干水分，免耕或翻耕，9月下旬至10月上旬撒播或条播黑麦草，施复合肥75 kg/hm²，长到40～60 cm时即可刈割利用，每次刈割后及时追施尿素75 kg/hm²，一般可刈割4～5次。据研究，黑麦草根茬腐解液水提物能明显促进水稻的生长，原因可能是黑麦草根茬组织和土壤微生物相互作用的结果（杨中艺等，1994；刘建平等，2004）。

该模式适宜于西南地区海拔300～1 000 m的平坝、丘陵区、低山区、半农半牧低山区的冬闲田。

2. "水稻-南苜蓿"种植模式 四川楚雄南苜蓿固氮效果显著，根系发达，可疏松土壤，对土壤有较好的养护作用，为下一茬水稻提供氮素，有利于水稻的增产增收。该轮作技术使用免耕法，具体做法是，在水稻收获前1～2周，稻谷微黄时开沟排水，过3～5 d稻田无积水时，将南苜蓿种子均匀撒播于稻田中，待稻谷收获后种子就能发芽出苗。出苗1个月后根据长势适当灌溉和施肥，待南苜蓿长至50～60 cm即可刈割利用，一般可刈割2～3次。

该模式适宜于年均温为13～20 ℃，海拔1 500～2 000 m，年降水量≥800 mm的地区。

3. "水稻-箭筈豌豆"种植模式 箭筈豌豆是一年生豆科牧草，固氮效果显著，有利于水稻的增产增收。具体做法：水稻种植时间为5月中下旬至9月初收获完；箭筈豌豆种植时间为9月中下旬至第二年5月初收获完。

该模式适宜于西南低海拔平原地区及山间盆地（平坝）地带，即海拔300～1 000 m的平坝、丘陵区、低山区、半农半牧低山区的冬闲田。

4. "玉米-多花黑麦草"种植模式 玉米（5～9月）收获后，于9月中下旬至10月初播种多花黑麦草，条播或撒播，既能充分利用土地资源，又能为牲畜提供大量的优质饲草，补充冬春季节饲料的不足。

5. "小麦-青贮玉米"模式 每年 5 月小麦收获后,清除杂草,整地施肥,5 月中下旬播种青贮玉米。

其他南方粮草轮作模式还有:小麦(大麦)-高丹草、紫云英-水稻、意大利黑麦草×紫云英(白三叶)-水稻、水稻-光叶紫花苕子、烤烟-光叶紫花苕子、油菜-高丹草(墨西哥玉米)、油菜-青贮玉米(饲用高粱)等;早稻-晚稻-黑麦草;黑麦草-优质稻-黑麦草(广东);稻‖绿萍×鱼(湖南、四川、福建)。

专门的人工草地牧草混播常见组合:多花黑麦草＋鸭茅＋白三叶、苇状羊茅＋多年生黑麦草＋扁穗雀麦(或鸭茅)＋白三叶等。

奶牛场附近常见的青饲轮作模式:青刈大麦(或冬牧 70 黑麦)‖豌豆、多花黑麦草→青刈玉米(或苏丹草)‖大豆→秋甘蓝或胡萝卜(长江流域)。

养猪场附近常见的青饲轮作模式:多花黑麦草(或冬牧 70 黑麦)‖豌豆-南瓜‖猪苋菜-秋甘蓝(或胡萝卜)→青刈油菜‖紫云英-苦荬菜‖青刈甘薯蔓-饲用甘蓝→青刈豌豆‖饲用甜菜-油菜(长江流域)。

养鱼场附近常见的青饲轮作模式:多花黑麦草→苦荬菜‖苏丹草(或墨西哥玉米)→多花黑麦草(长江流域)。

(二)西北和华北区种植模式

甘肃省可能是中国粮草轮作试验研究最多、轮作模式最多样化的省份(李峰瑞和高崇岳,1994)。对庆阳地区 51 种种植模式系统评价后,筛选出 8 种明显优于其他种植系统的模式。其中"冬小麦/一年生豆科牧草-玉米"模式、"冬小麦＋草木樨-草木樨/冬小麦"模式比较适宜在当地推广(高崇岳等,1996);陇东地区常见的轮作方式为"紫花苜蓿(6~8年)-谷子或胡麻-冬小麦(3~4 年)",或"紫花苜蓿(3~5 年)-玉米(套大豆)-冬小麦";陇中地区:"紫花苜蓿(5~8 年)-糜或稻-马铃薯或豌豆-小麦(3 年)"。

陕西常见种植模式:"紫花苜蓿(3~5 年)-冬小麦",有农谚曰:"一亩苜蓿三亩田,连做三年劲不散",充分说明苜蓿对培肥地力的明显效果;小麦-青贮玉米(陕西关中)、油菜-毛苕子(陕西南部)有利于提高土地利用率和培肥地力。

内蒙古:"小麦(2 年)-紫花苜蓿＋油菜-紫花苜蓿(4 年)-小麦-青莜麦"。

新疆:在新开垦的生荒地上,利用苏丹草抗盐碱性能强的特点,春季 4 月中下旬种植苏丹草,然后再苏丹草收割后茬地利用松土补播机播种苜蓿,2~3 年后翻掉苜蓿再种植其他农作物。北疆常见模式:苏丹草(/苜蓿)→苜蓿→苜蓿→苜蓿→青贮玉米→冬小麦(甜菜)→冬小麦(/苜蓿);南疆可选模式:苏丹草(/苜蓿)→苜蓿→苜蓿→苜蓿→玉米→棉花→冬小麦(/苜蓿)。

其他比较常见的还有:紫花苜蓿(2 年)→冬小麦→冬小麦＋绿肥→玉米→玉米→水稻＋基肥→春小麦＋紫花苜蓿、小麦＋紫花苜蓿(3 年)→玉米→玉米→玉米→水稻→小麦＋草木樨 8 区轮作、紫花苜蓿(2 年)→冬小麦→冬小麦→绿肥→玉米→油料(油菜或油葵)＋紫花苜蓿 6 区轮作。生产数据表明,经过一个 6 区轮作周期,小麦、玉米、油料的平均产量比对照(农田)分别增产 37.74%、42.39%和 29.10%,而且经济效益显著。

河北低平原地区:①"棉花-饲用黑麦"模式,饲用黑麦一般为 9 月初至 10 月下旬播种,次年 4 月中下旬收获。选用中早熟棉花新品种,必要时采取育苗移栽技术,通过提前在饲用黑麦地灌溉，墒情合适后及时收割黑麦并播种棉花，造墒用水，5月上旬定植棉花，11月初收获。通过上述技术可以有效解决饲用黑麦与棉花茬口紧张的问题，在不影响棉花产量的前提下，饲用黑麦的生长发育时期得到了有效保障，使产量效益最大化；②"饲用黑麦-高丹草"模式，饲用黑麦一般10月播种，第二年4月中下旬收获，刈割一茬；立即播种高丹草，分别于6月中旬、8月上旬和10月上旬刈割第一、第二、第三茬，基本实现了新鲜饲草的周年供应。该模式的优点是实现了周年地面有绿色覆盖，大大提高了光能和土地利用率，鲜草产量可达225 t/hm²，单位面积粗蛋白质产出是吨粮田的2～2.5倍以上，缺点是对种植区域水肥条件要求较高。

此外"紫花苜蓿（4～5年）-谷子-玉米-棉花"或"紫花苜蓿-谷子-小麦-玉米-棉花"（王俊等，2005），都在河北轮作制度中占有明显的主导地位。

华北："青刈大麦、燕麦、黑麦-玉米、高粱、大豆"、"小麦、大麦（粒用）-青刈或青贮玉米、高粱、大豆"。

西北地区奶牛场附近常见的青饲轮作：苜蓿×油菜→苜蓿（2～3年）→饲用瓜类→青贮玉米→饲用甜菜。

（三）东北平原草田复种模式

东北平原区位于中国农牧交错带的东段，农作物用地与饲草料用地矛盾比较突出，引草入田，发展农区草业，对于缓解该地区的人地矛盾、草畜矛盾有着重要意义。优化的粮草轮作组合为：向日葵（1年）-草木樨（1～2年）玉米（1～2年）；草木樨（2年）-玉米（1～2年）-烟草（1年）-大豆（1年）-玉米（2年）（祝廷成等，2003）。轮作中加入向日葵、烟草等经济作物，可以提高粮草轮作的经济效益。

针对东北地区玉米生产中存在的黑土资源水土流失日益加剧、土地自然肥力不断下降、冬春裸露的农田极易扬尘以及常年连作等不合理的生产经营活动这种现状，把紫花苜蓿作为主要作物纳入耕作制，构建紫花苜蓿、玉米条带间作种植模式。

紫花苜蓿与玉米搭配，地上与地下部分均可互补，边际效益突出，紫花苜蓿富含蛋白质，玉米籽粒是能量饲料且玉米秸秆的营养价值居各主要农作物秸秆之首，可满足不同种类家畜的营养需求。缺点是种植时较为复杂，机械化中耕、收获不如单作方便。

奶牛场附近常见的青饲轮作模式：青刈玉米‖大豆→青刈大麦（燕麦）-青刈玉米→青刈秣食豆-甜菜、胡萝卜。

东北地区养猪场附近常见的青饲轮作：青刈大豆（或燕麦）‖豌豆-青刈秣食豆→青刈玉米-胡萝卜、芜菁。

（四）东北嫩江西岸粮草7区轮作复种模式

位于黑龙江嫩江西岸的甘南县查哈阳农场自1987年开始实行粮草轮作模式探讨，摸索出了紫花苜蓿（3年）-小麦（2年）-杂粮（1年）-甜菜或大豆（1年）的7区轮作模式，即第3年翻压一区紫花苜蓿，以后每年种植一区紫花苜蓿，翻压一区紫花苜蓿（李广运等，1993），经实践，取得了奶牛业大发展及农业增产的效果。

（五）西藏日喀则地区的4年轮作制

西藏自治区农业部门把种植绿肥作为全自治区农业技术重点推广项目之一，大面积推广粮草轮作（呼天明等，2005），推行青稞、小麦、豆类和油菜的播种面积各占1/3，3年为一个轮作周期的"三三制"，日喀则部分地区则实行"青稞-麦豌豆混作-小麦-油豌豆混作"的

4 年轮作制（魏军等，2007），由于西藏地区海拔高、气候冷凉、无霜期短等特点，较常用的一年生牧草有豌豆、草木樨、毛苕子等。

三、我国主要生态类型地区和耕作制度

耕作制度也称农作制度，指耕作土地栽种作物的总的方式。耕作制度包括种植制度和养地制度两个部分，以种植制度为中心，养地制度为基础。不同生态类型地区，其耕作制度各有特点。

（一）水浇地耕作制度

水浇地包括水田和种植旱作的灌溉地，主要分布于黄淮海平原、江淮平原、西北灌溉区、长江中下游平原等地区，一般都是重要的粮、棉、油和其他经济作物的基地。种植作物以小麦、玉米、水稻 3 大农作物为主，经济作物以棉花和油菜为主，一年两熟或两年三熟制。目前种植上逐步突破粮、经二元结构，向粮、经、饲三元种植结构发展，苜蓿、饲用玉米、黑麦草等牧草种植面积扩大，为了提高产量和品质，灌溉成为一项关键的栽培技术措施。适时深耕细耙，加强水、肥、土壤管理，用养结合，能使土壤稳定、均匀、足量、持续地满足饲草对养分的要求。

（二）旱地耕作制度（旱地农业）

旱地指没有灌溉条件、经常遭受干旱威胁、生产不稳、产量不高的非灌溉地。我国旱地面积占全部耕地面积的 3/4，主要分布于长城沿线、内蒙古东部、华北北部、黄土高原和江南广大红壤地区。华北地区非灌溉易旱农田约有 1.8×10^8 hm^2。北方旱地种植制度的特点是选择耐旱的作物和品种、适宜的播种期，以充分利用雨季降水。长城以北沿线以种植抗旱、抗风、耐旱的作物为主，如马铃薯、春小麦、谷子、青稞，另外还有蚕豆、豌豆、芝麻、向日葵、油菜等。一年一熟制，多有休闲、种植绿肥牧草及粮草轮作的传统。长城以南作物布局以玉米、棉花、冬小麦、高粱、花生、烟草为主，有一年两熟、两年三熟等种植制度。东北、西北旱地主要是春小麦、谷子、大豆、玉米；黄土高原有较大面积的旱地。南方多采用带状间套作抗御不良环境。北方旱地土壤耕作制的中心是使土壤更多地接纳雨水，保蓄在土壤中供作物利用。绝大多数地区采用伏秋深耕蓄墒、耕后耙耱保墒、播种时提墒、穴播、抗旱播种等旱地农业技术。

20 世纪 80 年代迅速发展起来的地膜覆盖技术在旱地农业上有广泛的应用，如晋中地区推广的蓄水覆盖丰产沟栽培模式，大力推广地膜覆盖。地膜覆盖的耕作措施主要是覆膜前的精细整地、施足底肥、蓄足底墒。

（三）盐碱地耕作制度

盐碱地指那些盐分含量高、pH 大于 9、难以生长植物尤其是农作物的土壤。我国盐碱化土地约 0.99×10^8 hm^2，主要分布于北方干旱、半干旱地区。华北盐碱地区作物布局的规律一般是水地麦，旱地棉、粟，洼地水稻、高粱，高地玉米、薯。熟制以一年一熟和两年三熟为主。近年来，东北、西北、华北地区盐碱地，通过灌溉洗盐种稻及水旱轮作发展很快；河北、黑龙江盐碱地通过种植苜蓿等改良土壤取得了很大成效。改土、培肥、改良生态环境是盐碱地养地制度的主要目的，需采用与水利工程、生物、物理、化学措施相结合的综合治理措施。耕作上，秋季深翻耕对积蓄降水、淋盐碱、风化土壤都是有力的措施。春天耙耱保墒，可阻止返盐，有利于作物的出苗保苗。种植上，粮草、饲料轮作倒茬，可改良土壤、培肥地力。

（四）沙地耕作制度

沙地是指土壤含沙粒在 60% 以上、黏粒很少的农田耕地。我国沙地分布广，以华北区和黄土高原区面积最大。耕作措施应以防风固沙、保土蓄水、改良沙性、提高地力为中心。种植作物主要是花生、谷子、棉花、薯类、豆类等，北方地区多两年三熟、一年两熟；南方有一年两熟、三熟等各种形式。沙地秋收后一般不耕翻，留茬过冬以防春季风蚀。近年来，在垂直风向种植防护林带或农田的宽行间种桑、柳、刺槐、紫穗槐等，也有防风固沙之效。种植沙打旺、苜蓿等豆科牧草，可改土培肥地力，同时对发展畜牧业有一定作用。

（五）山地耕作制度

我国丘陵山地多，通称"七山二水一分田"。土地地势起伏大，气候、土壤、植被的垂直地带性差异明显，种植作物也呈相应的立体结构布局。北方从低到高作物的分布规律大致是：棉花-玉米-草地-荒地。南方的规律大致是：双季稻三熟制-双季稻、果树-单季稻＋小麦（油菜）-亚热带作物（茶、竹、油菜、杉）-常绿阔叶林-落叶阔叶林-草地。种植豆科牧草和绿肥、沟施有机粪和化肥是山地培肥的重要措施。山地的土壤耕作主要是通过改变小地形，以利于水土保持和为作物创造适宜的耕作层。缓坡地等高耕作和坡地改梯田是山地水土保持耕作措施的基础。另外，水平沟种植、沟垄种植、残茬覆盖、秸秆覆盖、地膜覆盖、青草覆盖、少耕免耕等水土保持的措施，在全国各地都有不同程度的应用。

饲草田间试验技术

第一节 田间试验的意义、任务与要求

一、田间试验的意义

凡是在田间生产条件下对饲草品种和栽培技术措施等进行的科学实践活动统称为田间试验。农牧业生产受自然条件影响很大，任何一项新技术或新品种，在大面积推广应用以前，都必须通过田间试验反复证明其技术的先进性和稳定性。否则，盲目推广势必造成损失。引进外地的新技术和新品种，尽管在外地的生产中已经成功应用，但还必须结合当地气候生态条件进行田间试验，确认该项技术或品种在当地的表现是优越的，才能在生产上大面积推广。因此，田间试验是研究和验证农业技术措施的必要手段，是最基本、最直接的农业试验方法，是联系农业科学理论与农业生产实践的桥梁。

二、田间试验的任务

田间试验的任务在于通过试验研究，揭示、掌握在大田生产（或接近生产）条件下，饲草生长发育及其与各种环境条件的关系，并将所得规律应用到农牧业生产实践中去，促进农牧业生产的发展。

三、田间试验的种类

田间试验由于目的、要求和方法不同，有多种类型。通常可分为以下几种。

（一）根据试验对象的性质分类

按试验对象性质的不同，可分为品种比较试验、区域试验、栽培试验、土壤肥料试验、抗逆性试验等。

（二）根据试验因素的数目分类

1. 单因子试验 试验因子指在试验中所要研究的因素。只研究一个因子效应的试验称单因子试验，如品种比较试验，即在各种试验条件相同时，仅对供试的不同品种进行比较，品种这个因子就是唯一研究的内容。由于单因子试验是在其他因素不变的条件下分析某个因子的具体效应，所以，它是研究某个因子具体规律的有效手段。然而，与饲草生长发育有关的诸因素之间有着错综复杂的联系，如果只做单因子试验往往不能全面深刻地说明问题，因此，有时需要进行复因子试验。

2. 复因子试验 在同一个试验中，研究两个或两个以上因子效应的试验，称为复因子试验。例如，研究品种和施肥量两个因子的试验，就是复因子试验。两个因子的不同组合，

称之为处理组合。复因子试验的优点在于，不仅可以研究各个试验因子的单独效应，而且能分析出各个试验因子结合起来所产生的交互作用，所以复因子试验比单因子试验更加符合植物的生长发育状况。但复因子试验的设计和分析较复杂，条件不易控制。

（三）根据试验的期限分类

按试验期限的不同可分为一年试验和多年试验。饲草生长发育受气候及其他自然条件影响较大，因此，一年试验有较大的局限性，试验误差较大，准确度低。而多年试验结果往往比较稳定可靠，故农业生产的田间试验大都为多年试验。如苜蓿等多年生草，品种比较试验一般要求至少 3 年。

（四）根据试验地的特点分类

1. 综合性丰产栽培试验　综合性丰产栽培试验是指运用生产实践或试验总结出来的最优良的、许多因子结合在一起的栽培技术措施，进行较大面积的栽培试验。从中可以总结出适合本地区条件的成套丰产栽培技术经验，从而在生产上大面积推广。

2. 试验区或控制区试验　此类试验对试验地要求严格，如土质均匀一致，排灌条件良好，地势平坦，光照充足，附近无遮蔽或高大建筑物影响等。根据试验小区面积的大小，又分为大区试验和小区试验。大区试验面积一般在 0.03 hm² 以上，处理数目不宜过多，以免占地面积过大产生肥力不匀，增大试验误差。面积在 0.01 hm² 以下的称小区试验。研究证明，通过缩小小区面积，增加重复次数，能提高田间试验的精确度，因而应用较为普遍。

四、田间试验的基本要求

不论哪种类型的田间试验，要在难以控制的大田环境下得出比较准确的研究结论，就必须符合下列要求。

（一）代表性

试验研究的内容能够充分反映当地的自然条件和经济条件的特点，能解决生产实践中存在的关键问题，并能满足近期或长远的生产技术发展要求。

（二）准确性

田间试验的目标及结果要准确，力求做到除试验目标和研究因子之外的试验条件及控制因素一致，尽可能减少不应有的试验误差。

（三）重复性

试验的重复性是指在与试验类似的条件下进行同样的试验或生产实践能获得类似的结果。田间试验只有具备重复性，才能使试验结果广泛应用于大田推广。田间试验重复性越好，其准确度越高。为满足重复性的要求，田间试验应注意下面几个环节：①完全掌握试验所处的自然条件和栽培条件；②有准确、完整、及时的田间观察记载，以便分析产生各种试验结果的原因，找出规律；③每项试验最好在本地重复 2～3 年，以便弄清饲草对不同气候条件的反映。同时，还应在不同地区进行区域性试验，以获得比较全面、可靠的试验资料，使其用于生产的把握性更大。

第二节　田间试验设计

按照试验的目的要求和试验地的具体条件，将各试验小区在试验地上做最合理的设置和排列，称为田间试验设计。正确的田间试验设计，可以有效地减少试验误差和估算误差，这都有利于试验准确性和效率的提高。

一、试验小区的设置

试验小区的设置主要包括确定适当的处理数目、小区面积、小区形状、重复次数及设置对照区和保护行（区）等问题。

（一）处理数目

组织试验需要考虑适当的处理数目，处理数目过少，影响试验的准确性及代表性，试验效果差，意义不大；处理数目过多，用地面积大，肥力差异悬殊，工作量大，也影响试验结果的准确性。因此，一个试验的处理数目一般以 5～10 个为宜。

（二）小区面积

采用适当的试验小区面积，可以减少由于土壤肥力差异所引起的误差。一般情况下，随着小区面积的不断增大，误差逐渐减少。但是，减少不是同比例的，试验精确度的提高程度往往落后于小区面积增大的程度。小区增大到一定程度后，误差的降低就不明显了。所以，如果采用很大的小区，并不能有效地降低误差，却要多费人力和物力。对于一块一定面积的试验地，增大小区面积，重复次数必然要减少，所以要权衡得失。总的来说，增加重复次数比增大小区面积能更有效地降低试验误差，提高精确度。

试验小区面积的大小，一般变动范围为 6～60 m²，而示范性试验小区的面积通常不小于 330 m²。在确定一个具体试验的小区面积时，可根据试验性质、饲草种类及试验地土壤差异程度等进行综合考虑，灵活运用。比如，栽培试验、水肥试验及病虫害防治试验，一般小区面积宜大些，可减少相邻小区的干扰；而育种试验初期，因处理很多，或各材料量少，小区面积应减小。另外，土壤差异与小区面积的大小也有关系，土壤差异大的试验地，小区面积应大些；土壤差异小的，小区面积可以小些。饲草的种类不同，对小区面积的要求也不同。按草品种区域试验技术规程规定，禾本科矮秆窄行条播牧草（多花黑麦草、燕麦等）和豆科草本牧草（紫花苜蓿等）试验小区面积均不少于 15 m²；而禾本科高秆宽行条播饲草（玉米、杂交狼尾草等）、藤本或灌木牧草试验小区面积均不少于 30 m²。

（三）小区形状

试验小区的形状一般有两种，正方形和长方形。以哪种为好，多从下面两方面考虑。

1. 误差大小　沈阳农业大学曾做过小麦试验，结果证明：当小区面积为 96 m² 时，长宽比为 48∶2 时，误差为 7.8%；长宽比为 12∶8 时，误差为 11.5%。可见，长方形有较大的准确性。原因在于长方形不易独占肥力斑块，且处理较多时，各小区按窄边排在一起，不致占地太长，可减少趋向式肥力差异引起的误差。

2. 田间操作便利性　一般田间作业，长方形比较方便。如用机器操作，可减少机器转向的次数。所以，试验小区形状一般以长方形为好，长宽比例一般以 3∶1～5∶1 为好。大区试验的长宽比例不受此限制。对邻区边行影响较大的试验，如肥料试验、灌溉试验、病虫害防治试验等，宜采用正方形或接近正方形的小区形状，以减少边行影响的面积。

（四）重复次数

试验设置的重复次数越多，试验误差越小。但在实际运用时，并不是重复越多越好。多于一定的重复次数，误差的减少很慢，精度的增进太小，而人力和物力的花费大大增加。

重复次数的多少，一般应根据试验所要求的精确度、试验地土壤差异大小、试验材料种子数、试验地面积、小区大小等决定。大区试验一般不设重复或设2次重复；小区试验都应该设置重复。田间试验的重复次数一般为3～4次。

（五）设置对照区和保护行（区）

为了比较试验中各个处理的优劣，常设置一种处理作为各处理比较的共同标准。这种作为比较标准的处理，称为对照处理，其所在的小区称为对照区或标准小区，通常用英文缩写"CK"表示。对照区的数目多少及其在试验地中的位置，若设计得当，不仅可以减少土壤肥力所引起的差异，而且也便于田间观察评比。对照数目的多少，视试验性质及设计方法而定。数目多一些便于比较，但数目过多则不经济，占土地面积大，投入多。在试验中采用什么处理作为对照处理呢？一般采用当地生产中具有代表性的品种或技术措施作为对照，如新品种比较试验，常选取当地同类型的当家品种作为比较标准；肥料试验可用"不施肥"的处理作为对照，等等。

除了设置对照区之外，一般在一个试验及整个试验地周围，还必须设置保护行（区）。保护行（区）通常用英文缩写"G"表示，通过保护行（区），可避免人、牲畜及其他因素（如浇水时畦头泥土淤积等）对试验的影响，确保试验的准确性。保护行（区）的宽度，没有什么硬性规定，一般在试验地四周，设数行同类饲草做保护行。重复与重复之间一般不设保护行，如有必要，可设2～3行，小区与小区之间不设保护行。

二、常用的田间试验设计方法

（一）试验小区的排列方式

常见的田间试验小区排列方式有两类，即顺序排列法和随机排列法。

1. 顺序排列法 顺序排列法是将试验处理按照一定的顺序（如植株高度、成熟期早晚、施肥量大小、农药剂量大小等）在一次重复内进行排列，其他的各次重复，基本上按照相同的顺序排列。假设1、2、3、4、5个供试品种（由高到低），则图4-1中的三种排列方式都属于顺序排列法。

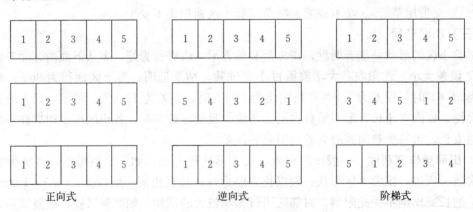

图4-1 顺序排列方式设计

顺序排列法的显著特点是，在第Ⅰ重复中，两个处理如果相邻，则在其余各重复中基本也是相邻的。这就使试验结果产生系统性误差。系统性误差就是在试验中重复出现的定向性误差。例如，在顺序排列中，相邻的两个品种1和2，假若其中品种1不抗倒伏，则在各次重复中都将因其倒伏而干扰邻区品种 2 的产量。因此，在试验结果中，品种 2 就存在着系统误差。此外，在土壤肥力比较均一的情况下，在各次重复中将相邻的处理相互比较，其准确性较高，而在各次重复中将相隔较远的处理相比较，准确性就低，这也是一种系统性误差。

顺序排列法除易产生系统性误差外，其试验结果也不适于以概率论为基础的产量分析法。但顺序排列法比较简单，试验结果分析也比较省事，而且如果排列是按照成熟期早晚、植株高矮或剂量大小等顺序排列，则小区间边行影响一般可能较小，这些都是它的优点。

2. 随机排列法　随机排列是指各个试验处理在重复内不按照一定顺序，而是随机决定其所在位置。因此，每个处理在重复内被设置在某个小区的机会均等，两个处理始终靠在一起的可能性很小，这样就有效地避免了系统性试验误差的出现。此外，随机排列法的试验结果还可以做比较精确的产量分析，用统计分析法估算出试验误差并做显著性检验，因此试验结果的准确度较高。其缺点是排列、观察及试验结果的分析都比较费事。

顺序排列和随机排列都是指处理在重复内的排列方式。至于重复在试验地上如何排列，一般可分为单排式、双排式和多排式。试验地区划时可按重复间允许有土壤肥力差异，但重复内土壤肥力应力求一致的原则设计。当试验地是一个没有明显肥力趋向式差异、长宽比例较大的窄长条形，且试验的重复数不多，处理数也不多时，可采用单排式。如果不具备这些条件，通常要根据具体情况采取双排式及多排式。重复排列的形式如图 4 - 2 所示。

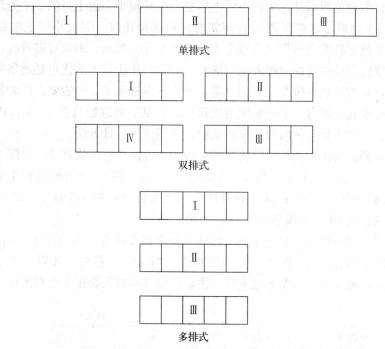

图 4 - 2　田间试验重复排列方式

Ⅰ、Ⅱ、Ⅲ、Ⅳ. 重复次数

（二）几种常用的田间试验排列

1. 顺序排列设计法

（1）对比法排列：对比法排列是适合小区试验的一种设计。它的特点是，每隔两个处理小区设置 1 个对照区，每个处理都可与其相邻的对照比较。如果处理数目是偶数，可在每一重复的开头（不包括保护区）先设 1 个处理小区，然后设 1 个对照区，以后每隔 2 个处理设 1 个对照区，排完为止，这样可节省 1 个对照区；若处理数是奇数，每一重复开头，不论是先安排处理小区还是对照小区，对照结果及数目一样。图 4-3 为 5 个处理、4 次重复、双排式对比法排列图。

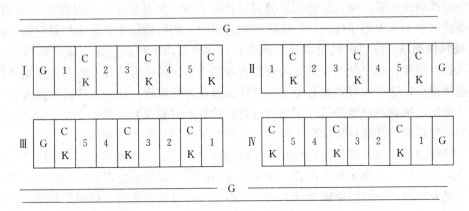

图 4-3　5 个处理、4 次重复、双排式对比法排列
Ⅰ、Ⅱ、Ⅲ、Ⅳ. 重复　1、2、3、4、5. 处理　CK. 对照　G. 保护行

对比法设计的理论根据是：邻近小区土壤肥力差异较小。由于每隔 2 个处理小区就设置 1 个对照区，每个处理小区都可以与它相邻的对照区相比较。邻近小区土壤肥力相似，因此，对比的结果就比较准确可靠，不致受土壤肥力差异的影响。由此可以看出，对比法是运用邻近小区土壤肥力较均匀的原则来减少试验误差。对比法最大的优点是通俗易懂，便于田间观察及评比，易被群众所接受。其缺点是对照小区占地太多，一般要占试验地面积的1/3。所以，当试验处理数较多时，不宜采用对比排列，当试验处理数目在 10 个以内时，可以采用对比法设计。一般少数品种的初步比较试验，采用这种设计方法。

（2）间比排列：间比排列是顺序排列的一种重要方法。它的特点是，每隔 4 个小区设置 1 个对照区。在每一次重复开头，先设 1 个对照区，以后每隔 4 个处理设置 1 个对照区，一直排完为止，最后再设 1 个对照区。如果试验的处理数目较多，而且试验的准确度要求较低，也可以每隔 9 或 19 个处理小区设 1 个对照区。

如果各重复排成多排式，最好使各个相同的处理不要排在一条直线上，可以适当错开。错开的方法可以采用逆向式（图 4-4）或阶梯式（图 4-5）排列。如果一条地上不能安排整个重复的小区，则可在第二条土地上接下去，但是开始时仍要排 1 个对照区，称为额外对照（Ex. CK）。

| CK | 1 | 2 | 3 | 4 | CK | 5 | 6 | 7 | 8 | CK | 9 | 10 | 11 | 12 | CK |
| CK | 12 | 11 | 10 | 9 | CK | 8 | 7 | 6 | 5 | CK | 4 | 3 | 2 | 1 | CK |

图 4-4　逆向、间比排列设计

| CK | 1 | 2 | 3 | 4 | CK | 5 | 6 | 7 | 8 | CK | 9 | 10 | 11 | 12 | CK |
| CK | 5 | 6 | 7 | 8 | CK | 9 | 10 | 11 | 12 | CK | 1 | 2 | 3 | 4 | CK |

图 4-5　阶梯、间比排列设计

　　间比法在排列上是在一条地上，排列的第一小区和末尾的小区一定是对照（CK）区，每两个 CK 之间排列相同数目的处理小区，因而在田间进行观察比较时也比较方便。在减少土壤肥力差异所造成的误差方面，间比法不如对比法，但也有一定程度的准确性。另外，间比法排列可以在一个试验中设置较多的处理，且对照占地面积也不大，所以在育种试验前期阶段如鉴定圃试验供试的品系（种）数多，要求不太高，而用随机区组排列有困难时，常采用此法。间比法一般不应用在品种比较试验或品种区域性试验中。

　　2. 随机排列设计法　顺序排列设计法一般只适合精确度要求不高的单因子试验和大区对比试验。试验结果若要求做精确度高的统计分析，则应采取随机排列设计法。

　　（1）单因子随机排列设计法：

　　① 随机区组设计法：随机区组设计法是一种应用广泛且又相当精确的试验设计方法。它比较全面地运用了田间试验设计时所遵循的重复原则、随机原则和局部控制原则，既能减少土壤肥力差异及其他偶然性因素所造成的试验误差，又能正确估算试验误差。随机区组设计法的特点是：将试验地中土壤肥力基本均匀的地段划成区组，每个区组中再划成若干试验小区。原则上各区组内各小区土壤肥力要求均匀，而区组之间允许有一定差异，在设置试验时，通常将一个重复的全部处理（可包括一个对照或多个对照，也可不设对照）随机地排列在一个区组内，其他区组也如此设计。

　　区组内各个处理随机排列的方法有抽签法和随机数字法。抽签法是按处理多少制成外形相同的竹签，每个竹签都编号代表一个处理，抽签时，最先抽到的竹签即为设置第一个小区的处理，其余类推。第 I 区组排列完毕，再抽第二轮决定第 II 区组的排列顺序。随机数字法是通过查随机数字表来确定各处理在各重复中的位置，现在不少计算器兼有直接输出随机数字的功能，比查表更方便些。图 4-6 是 7 个处理、4 次重复的随机区组设计示意图。

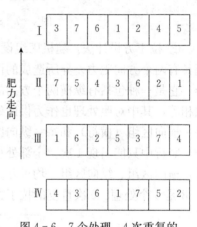

图 4-6　7 个处理、4 次重复的随机区组设计

　　在进行随机区组试验设计时应注意两方面的问题。其一是随机区组设计中各个区组或重复的排列应与土壤肥力趋向或坡向一致，这样才能符合局部控制的原则，保证区组内土壤肥力均匀。随机区组设计对于具有一个方向土壤肥力差异或缓坡试验地是比较适宜的。其二是应该满足正交设计的要求。正交设计是指一个随机排列的设计，能够直接、独立地估算出试验所要求的各种效应而不至于混杂。对于单因子随机区组设计而言，它包含着处理和区组两种不同的效应。从图 4-6 中可看出，该效应在随机区组排列设计中是可直接而独立地计算出来。将 4 个区组中所有同一处理小区的试验结果求平均数，可以从中反映出各个处理效应（如丰产能力高低、杀虫能力强弱）。因各个处理在每一区组中都占有一区，而且在每一区组中占据何区的机会均等，所以处理效应不会掺杂着区组的影响。同样道理，也可计算出 4 个区组的平均数，它反映出区组效应（区组间土壤肥力差异大小）与处理间的效应也不发生混杂。因为每个区组都包含相同的 7 个处理，且这 7 个处理在区组内又随机排列，因而区组间差异与处理影响无关。

　　随机区组在田间布置时，应综合考虑到试验精确度与工作便利等方面，并以前者为主。

设计的目的在于降低试验误差，宁使区组之间占有最大的土壤差异，而同区组内各小区间的变异也应尽可能小。一般从小区形状而言，狭长性小区之间的土壤差异为最小，而方形或接近方形的区组之间的土壤差异大。因此，通常采用方形区组和狭长性小区以提高试验精确度。在有单向肥力梯度时，也是如此，但必须注意使区组的划分与肥力梯度垂直，而区组内小区长的一边与梯度平行（图4-7）。这样既能提高试验精确度，同时也能满足工作便利的要求。如处理数较多，为避免第一小区与最末小区距离过远，可将小区布置成两排。

Ⅰ	Ⅱ	Ⅲ	Ⅳ
7	4	2	1
1	3	1	7
3	6	8	5
4	8	7	3
2	1	6	4
5	2	4	8
8	7	5	6
6	5	3	2

肥力梯度————————————→

图4-7　8个品种、4个重复的随机区组设计

②拉丁方设计法：随机区组设计只适用于一个方向土壤肥力差异的试验地，却不能控制具有两个方向肥力差异所造成的误差，而拉丁方设计能有效控制具有两个方向土壤肥力差异，它是一种包括有纵横两个方向的随机区组设计。拉丁方设计的特点是重复数与处理数必须相等，其中对照处理也作为供试处理参加排列。如5×5拉丁方表示5个处理、5次重复。每一横向区组（横行）和每一纵向区组（纵行）中，都包含全部处理，而且每一处理在每一横、竖行中只能出现1次。全部处理在横行和纵行中都按随机原则排列。从横、纵两个方向看，横向区组、纵向区组，均可互为重复，所以能控制两个方向的土壤差异，准确度高。图4-8是5个处理、5次重复的拉丁方设计图。

D	A	C	E	B
B	C	E	D	A
A	E	B	C	D
C	B	D	A	E
E	D	A	B	C

图4-8　5×5拉丁方设计

拉丁方设计是在拉丁方设计标准方上，根据横行及竖行数随机确定一个标准方，然后，再随机调换竖行、横行及处理得到所需要的拉丁方排列。

拉丁方设计的最大优点是能够更广泛地消除土壤差异所造成的误差，准确度高。但它也存在着明显的缺点：第一，因为重复数必须和处理数相等，所以不适合处理数目过多的试验。这种设计缺乏伸缩性，适应范围小，适宜的处理数目一般为5~8个。第二，拉丁方设计的形状常采用正方形，小区间斑块状肥力差异可能有所增加。第三，试验地选择时缺乏灵

活性。

（2）复因子随机排列设计法：

① 随机区组设计法：复因子试验设计也可采取随机区组法，它遵循单因子区组随机区组设计的方法、要求和局限性。唯一不同的是复因子随机区组设计法把全部处理都当作单因子试验中的处理看待，并按照随机原则分别在各区组中排列。如一个包括 4 个品种（A_1、A_2、A_3、A_4）和 3 种施肥水平（B_1、B_2、B_3）的复因子试验，处理组合数目为 $4\times3=12$ 个，其随机区组排列如图 4－9 所示。

A_1B_2	A_3B_3	A_4B_3	A_2B_2	A_1B_3	A_2B_3	A_4B_2	A_1B_1	A_2B_1	A_3B_2	A_3B_1	A_4B_1	Ⅰ
A_2B_2	A_4B_2	A_1B_1	A_4B_3	A_2B_3	A_3B_1	A_1B_3	A_3B_2	A_4B_1	A_1B_2	A_3B_3	A_2B_1	Ⅱ
A_4B_1	A_3B_1	A_1B_3	A_3B_3	A_1B_2	A_4B_3	A_2B_1	A_1B_1	A_2B_2	A_2B_3	A_4B_2	A_3B_2	Ⅲ

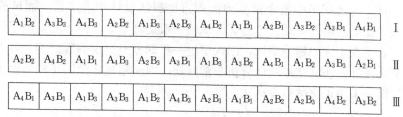

图 4－9　复因子随机区组排列

复因子随机区组排列设计法适合于因子数目不多，且每个因子的水平数也不多的试验，不适合处理组合数较多的试验。

② 裂区设计法：裂区设计法是一种随机不完全区组设计法，通常在复因子试验处理组合数目过多，而且各个试验因子重要性不等或有特殊要求时采用。

通常在下列几种情况下，应用裂区设计。

a. 在一个因素的各种处理比另一因素的处理可能需要更大的面积时，为了实施和管理上的方便而应用裂区设计。例如耕地、肥料、灌溉等试验，耕、肥、灌等处理宜作为主区；而另一因素如品种等，则可设置为副区。

b. 试验中某一因素的主效比另一因素的主效更为重要，要求更精确的比较，或二因素间的交互作用比其主效是更为重要的研究对象时，也宜采用裂区设计，将要求更高精度的因素作为副处理，另一因素作为主处理。

c. 根据以往研究，得知某些因素的效应比另一些因素的效应更大时，也适于裂区设计，将可能表现较大差异的因素作为主处理。

d. 有时一个试验（如多花黑麦草品种比较试验）已经进行，但临时又发现必须加上另一个试验因子（如刈割时期），需在已进行的试验第一区中，再划成若干个较小的区，将新增的试验因子各处理设置上去时，都适宜采用裂区设计法来安排试验。

如在品种施肥量试验中，施肥量因子不论从田间作业、试验准确度以及田间观察比较中都要求设置较大的小区，而品种因子则适宜设置在这些较大小区中划分的较小的小区上。这一试验设计若按裂区设计，设计排列如图 4－10 所示。

	B_2		**B_1**		**B_3**	
Ⅰ	A_1	A_3	A_4	A_1	A_2	A_4
	A_4	A_2	A_3	A_2	A_1	A_3

	B_1		**B_3**		**B_2**	
Ⅱ	A_4	A_3	A_1	A_3	A_2	A_1
	A_1	A_2	A_4	A_2	A_4	A_3

	B_3		**B_1**		**B_2**	
Ⅲ	A_4	A_3	A_1	A_3	A_2	A_1
	A_1	A_2	A_4	A_2	A_4	A_3

图 4－10　施肥量与品种二因素试验的裂区设计

肥料 B. 主区，品种 A. 副区；Ⅰ、Ⅱ、Ⅲ. 重复在上述例子中，设置施肥水平的9个较大的小区（3个处理、3次重复）称为主区，设置在主区上的处理为主处理。设置品种的较小的小区称为副区，设置在副区上的处理为副处理。对于品种来讲，一个主区相当于1次重复或1个区组，但它又不包含所有的9个处理组合，仅包括了3个处理组合。所以这种由主区形成的区组称为不完全区组。其中，副处理和主处理，在它们相应的重复均按照随机排列。

由此可以看出裂区设计的特点：一是对试验地利用率高，试验结果准确度高。因为裂区设计采取了在主区内划分成副区，若采用复因子随机区组排列，所有的处理组合都按照主处理设置较大的小区，上述例子中整个试验地面积将比裂区设计增大2倍。而试验地面积太大，土壤差异大，试验准确性降低。二是裂区试验一般适合于2个因子的复因子试验，若试验因子是3个，必须在主区中划分副区，副区中进一步划分成更小的区。倘若各因子处理数目较多，采用裂区设计方法其结果统计分析非常麻烦。因而超过3个因子的复因子试验不宜采用裂区设计，而可采用正交试验设计法。

第三节　田间试验的方法与步骤

一、制订田间试验计划书

田间试验活动的主要依据是田间试验计划书。试验的水平与结果都与计划书制订的正确与否有着密切的联系。因此，制订田间试验计划书时，必须遵循主客观条件，力求能体现出代表性、科学性及实用性的特点。田间试验计划书一般包括种植计划、田间种植图和田间观察记载和室内考种项目。

（一）种植计划

种植计划一般包括下列项目。

① 试验名称、地点及时间。

② 试验目的及其依据，包括现有的科研成果、发展趋势及预期效果。

③ 试验地基本情况，包括试验地面积、位置、土质、地形、前茬及水利条件等。

④ 试验处理方案，主要包括供试处理及试验材料名称等。

⑤ 试验设计，包括小区面积、长度、宽度、行数、重复次数及排列等。

⑥ 整地播种及田间管理措施。

⑦ 田间观察记载和室内考种、分析测定内容及方法。

⑧ 计划编制人及执行人姓名。

（二）田间种植图

田间种植图是试验各部分的布局和具体设计，它是试验地田间区划的依据。田间种植图必须结合试验地的具体条件妥善拟定，具体应注意以下4个问题。

1. 试验地段肥力　饲草育种试验的鉴定圃、品种比较试验和区域试验等的小区试验、土肥试验，一般宜设在试验地土壤肥力最均匀的地段；育种试验的亲本、观察材料和良种繁育区对肥力的要求可以放宽。

2. 试验小区方向　测产的小区试验，各重复内肥力应相对均匀一致，重复间允许有一定肥力差异。设置小区时，应注意肥力趋向或坡向。

3. 排灌渠道及人行道　合理安排试验地的排灌渠道及人行道、观察记载通道等的位置。

人行道宽度一般为 0.5 m。

4. 试验小区编号　每个试验小区（或每行试验观察材料）都要按顺序编号，整个试验中不得有重号，应插牌做好标记。

（三）田间观察记载和室内考种项目

观察记载是农业田间试验的一项不可缺少的重要工作。在饲草的生长发育中，只有认真地观察并记载饲草与环境条件的反应及饲草自身的特征特性，才能积累大量的资料，有助于试验结果的分析，以便得出正确结论。田间观察记载及室内考种项目如下。

1. 试验地田间栽培技术的观察记载　记载田间栽培技术，如播种、施肥、灌溉、中耕培土、防治病虫害等的时间、方法、数量及效果，有助于正确分析试验效果。

2. 气候条件的观察记载　气候条件对饲草的生长发育有很明显的影响。正确记载试验过程中的气候条件及其对饲草各生育期的影响，分析环境条件与饲草生长发育之间的变化规律，对探讨饲草的适应性、抗逆性等有着重要作用。

3. 物候期的观察记载　豆科饲草的观察记载项目主要有出苗期、分枝期、现蕾期、开花期、结荚期及成熟期等；禾本科饲草的观察记载项目有出苗期、分蘖期、拔节期、孕穗期、抽穗期、开花期、成熟期等。

4. 主要经济性状的调查　饲草经济性状的调查项目较多，如大麦幼苗习性、苗色、株形、株高、茎秆粗细、基本苗、有效穗数、每穗粒数、穗型、壳色、千粒重、粒色、饱满度等。

5. 抗逆性的观察记载　对抗逆性的观察与记载，如冻害程度、抗倒伏性、抗落粒性、抗病虫性、抗旱性等，都有极重要的生产意义。

二、田间试验的方法与步骤

（一）施基肥

试验地所施基肥必须充分腐熟，彻底拌匀，质量一致，数量统一，撒施均匀，防止新的肥力差异的产生，对于准确度要求高的单、复因子试验，施肥要求更严。若条件许可，可以采用试验一季，绿肥掩青一季，不施基肥的操作方法。

（二）整地

对试验地的平整，要求犁、耙等措施一致，达到耕深一致，土地平整，且全部措施的实施过程要短，最好能在 1～2 d 内完成。

（三）区划

整地完毕后要进行区划。区划时应根据田间种植图的各项标示，将试验地的总长、宽度丈量，然后区划出各个试验及各排、小区走道、保护行等的界线，此后用划行器进行划行或人工踩行。有灌溉条件的试验地，应先打好畦，然后再划行。试验区形状依据勾股定理确定，方法是先用标杆将试验地较长的一边取直并且固定下来，然后再丈量纵横各线，通常是把皮尺的 0、3 m、7 m、12 m 4 处分别定在直角三角形的 3 个顶点上，保证纵横各线成垂直关系，如图 4-11 所示。

试验地区划后，在每一小区前插上木（竹）牌，

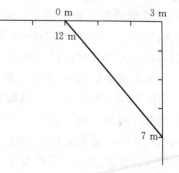

图 4-11　应用勾股定理测长边的垂线

标明区号及处理名称。

（四）播种

试验地区划完毕后，可按照计划日期进行播种。播种前必须做好种子准备工作。种子准备时应注意下面几个问题。

1. 种子质量　供试验用的种子应为经检验符合标准的种子，质量高，来源应该统一。否则，试验的准确性将受到影响。

2. 播种量　确定播种量时，若试验材料为一个饲草品种，各处理的播种量要相对一致；但试验材料较多时，由于品种之间有种子轻重、大小之差，确定播种量时，以保证单位面积上植株数目相同为原则，因而不仅要考虑千粒重的大小，而且要注意发芽率的高低。对于一些点播或穴播试验，以及条播大田试验，可根据计划要求算出每行或每小区的粒数、重量，分别装在种子袋中，袋上注明行（区）号及材料名称。播种的方法可采用条播、穴播、撒播等，不论何种方法，播种力求均匀一致。

播种前，先将种子袋按区（行）号分发在各区（行）的前边，再按计划书进行核对，无错时方可播种。播种是田间试验一项重要而细致的工作，一个试验的播种任务最好在 1 d 内完成，如果 1 d 不能完成，也要先播完一个重复，不要在一个重复内中断。同时，还要严防错播、漏播。出苗后应立即检查，发现有漏播时，应立即催芽补播，并在计划书上注明补播的区（行）号及面积等。

（五）田间管理、观察记载及收获

试验过程中各项田间管理措施，如施肥、浇水、中耕等也要求均匀一致。一个试验的田间作业最好在 1 d 完成，否则，也应该完成一个重复，第二天再完成其他重复。

进行饲草生育期记载时，应准确及时，它是掌握试验材料客观规律的重要手段。

1. 取样的方法　田间试验观察样点的选取，通常有以下方法：第一种是顺序取样法，即在试验小区内按照一定间隔取一定数量的植株作为一个调查单位。这种方法取样均匀，它一般适合穴播植物且小区总株数不多，行、株距较宽的田间试验。第二种是随机取样法，如条播牧草、饲料作物可先随机决定取样单位在哪几行，然后再决定在哪一段取样，避免人的主观意识造成的误差。第三种是五点取样（或对角线取样）法，样点应距地边至少 5 m，以避免边际影响。取点时要避开缺苗断垄或生长特殊的样点，以减少误差，提高准确度。

2. 调查项目及方法　调查项目主要有物候期、抗逆性、形态特征、生育动态及经济性状等，以不漏测规定的任何一个物候期为原则。一般每隔 2 d 观察 1 次，观察时间和顺序多固定在双日下午进行。在饲草的观察上，采用目测法和定株法进行判断。

3. 收获脱粒注意事项　当成熟期不一致时，应先收成熟早的；当缺株或漏播面积超过小区面积的 5% 时，计产时应将其从计产面积中扣除，以免造成较大的试验误差；在育种试验的品系鉴定及品种比较试验中，若有的品系在田间明显表现不好，经田间评定，可就地淘汰，不列入试验的收获范围；测定产量时，对于大区试验，若面积较大或者因其他条件限制，全区测产有困难时，可用取样测产的方法，通过样点的产量折合成公顷产量。样点面积，饲草一般为 1 m^2，样点多少依面积大小、生长均匀程度而定，通常多用五点取样法。当面积较大时，可多取样点，反之样点可适少些；当生长均匀度高时样点可少些，反之应增设样点，保证试验具有代表性。

饲草种子生产

第一节　良种繁育

一、良种繁育的意义与任务

饲草主要依靠种子进行繁殖，生产足够数量的优质种子是建立人工草地，改良草场，保持水土，美化环境以及治理国土的必要条件。草籽数量的多少，品质的优劣，直接影响着人工种草的面积、速度和效果。因此饲草的种子生产是当前草地工作中的一项基本建设，其重要性已日渐为人们所认识。

为了提高农牧业生产的效益，保护种子使用者的利益，种子生产要求生产品质优良的种子。

优良种子在下列性状方面必须表现优越：①良好的发芽能力；②本品种固有的种子色泽和种子重量，即成熟度和饱满度；③种子的整齐度；④没有传播性病虫害；⑤没有恶性杂草种子；⑥没有损伤；⑦不夹杂其他品种或其他植物的种子。只有具备以上条件的种子，才可以认定为优良种子。良种繁育在牧草育种中起着承前启后的作用，是品种选育的继续和品种推广的准备与实施。

良种繁育的主要任务有以下两个。

（一）品种更换

品种更换是指迅速繁殖新品种的种子，扩大其栽培面积，尽快更换生产上表现不良的品种，以获取高产优质的牧草和显著的经济效益。

（二）品种更新

优良品种在推广应用过程中，由于播种、收获、脱粒、晾晒、运输等环节造成种子机械混杂或由于环境条件变化使种子发生遗传变异，造成种性变劣，产量及品质下降，导致品种退化。为了保护良种的优质种性和高纯度，应该采取一定的技术措施，维持和不断提高良种的种性，用这些纯度高、质量好、数量足的种子定期更新生产上已经混杂退化了的同一品种，使大田生产上年年使用高质量的种子。

通常，在良种繁育时应注意良种更换和良种更新的有机结合。良种的更换要稳而准，不能年年更换，只有当家品种保持相对稳定，才能使更新工作保持连续性。同时，也要注意当家品种能不能更好地适应生产发展的需要。当品种性能滞后于生产需要时，及时淘汰，更换新的优良品种，确保高产稳产。

二、品种混杂退化原因与防止措施

（一）品种混杂退化的现象

品种混杂退化在饲草栽培上是一个非常明显而普遍的问题，但尚未引起人们的高度重视。品种混杂退化是指一个品种群体中混杂有不同于本品种的各种异型株，在农艺性状和经济性状等方面发生变异，使生长势减弱，成熟期不一致，抗逆性降低，产量和品质下降，失去原品种固有的特征。一个优良品种在生产上应用几年以后，往往会由于各种原因发生混杂和退化，必须予以高度重视。

（二）品种混杂退化的原因

1. 机械混杂 机械混杂是一种人为因素造成的品种混杂。在浸种、催芽、播种、收获、装运、脱粒、晾晒、包装、贮藏等作业过程中，不按良种繁育规程进行操作，使繁殖的品种中混入杂草、其他作物或其他品种的种子，而造成的混杂称为机械混杂。由于牧草种子在成熟阶段易脱粒，若收获不及时部分种子就会自然脱落于大田。如果种子生产上轮作、管理等不合理以及施用混有不同作物种子而未腐熟的厩肥和堆肥时，这些非人工播入的种子长成植株会与当季播种的牧草混在一起生长产生混杂。对已经发生混杂的种子若不及时除杂，其混杂程度会逐年增加，并增大天然杂交的机会，导致进一步的生物学混杂。

2. 生物学混杂 生物学混杂主要是指异花授粉饲草，在良种繁育时，未进行不同品种的隔离或隔离距离太近，发生天然杂交而引起的遗传性状混杂。这种混杂的结果是后代出现一些变异个体，破坏了原品种的一致性和丰产性。特别是异花授粉饲草品种，最易发生生物学混杂，而且混杂退化很快。此外，自花授粉饲草品种在一定程度上也会发生天然杂交，性状产生分离，造成退化减产。因而，良种繁育要适当地在时间及空间上进行隔离，避免天然杂交造成的混杂退化。

3. 品种本身遗传性发生变异 遗传是相对的，而变异是绝对的。目前，生产上所应用的饲草品种，大多数是用杂交方法选育而成的。这些品种的主要性状看起来很一致，但有些性状不很稳定，其后代都有不同程度的分离及组合，产生变异，形成混杂。例如短蔓的胜利百号甘薯品种，由于本身变异而产生长蔓类型的个体，使薯块淀粉含量降低，不耐贮藏，丰产性差。

4. 不正确的选择 在留种和良种繁育中，选留种子没有按优良品种的各种典型性状进行选择，杂株、劣株会越来越多，混杂退化程度加剧。如在高粱等饲料作物间苗时，往往把那些表现有杂种优势的杂种苗误认为是该品种的壮苗，而选留下来；又如玉米自交系繁殖过程中，往往将弱小的自交系苗拔掉，留下健壮的杂交苗。长期这样留种，会引起品种严重退化。

5. 栽培管理和环境条件不良 由于栽培技术或环境条件不适宜，优良品种的生长发育、优良种性不能充分发挥导致品种的某些经济性状衰退变劣。如对水肥条件要求较高的品种，长期种植在贫瘠的土壤上，丰产性能便逐渐降低。长江流域有的地区在多花黑麦草生产过程中，往往先割1～2茬草，再收种，经过几年种植以后，产草量与原品种相比明显下降。

（三）防杂保纯和防止品种退化的措施

1. 严防机械混杂，保持品种纯度及典型性 防止机械混杂，应制定一套防杂保纯措施，从种子准备到收获贮藏的全过程中杜绝各个生产环节的混杂。

（1）合理安排繁殖田：良种繁殖田不能连作，种子田不能设在道路旁边，以防意外的机械混杂。

（2）严格执行种子处理规程：种子在发放和接收时，要检查种子袋内外标签是否符合，严格检查种子纯度。播种前的种子处理，如浸种、催芽、根瘤菌接种、硬实处理、药剂拌种等，必须做到不同品种、不同等级的种子分别处理。处理前后一切用具必须洁净。机播牧草，每播完一个品种后必须清扫播种箱及用具，然后再更换另一品种。

（3）加强田间除杂：禾本科饲草宜在抽穗期和蜡熟期进行田间除杂工作，豆科饲草宜在开花期和结荚期进行。清除种子田中的病株、杂株和弱株，是预防种子混杂的重要措施。

（4）严格收获及贮藏的技术管理：种子田收获时必须单收、单打、单晒、单运、单贮藏。装袋时，袋内外均有标签，且标签上应注明种名、品种名、等级、重量、产地和生产年份等内容。入库后要加强管理，避免或尽可能降低损耗。

2. 采取隔离措施防止生物学混杂　异花授粉饲草，良种繁育必须采取严格的隔离措施，避免因风力或昆虫传粉而造成的天然杂交。自花授粉的饲草，也要进行适当的隔离。隔离的方法主要有空间隔离、时间隔离、自然屏障隔离和高秆作物隔离。

（1）空间隔离：空间隔离是在种子田周围一定范围内不种植同一牧草或饲料作物的其他品种。空间隔离的距离因牧草种类而异，异花授粉的牧草隔离距离要远一些，如虫媒花的紫花苜蓿、草木樨、红豆草、三叶草等空间隔离的距离为 1 000～1 200 m；风媒花的玉米、无芒雀麦、黑麦草、羊草、披碱草、老芒麦等牧草品种，隔离距离可为 400～500 m；自花授粉的饲草品种间隔的距离为 30～50 m。此外，还可采用边行植株不作种用的办法来减少生物学混杂。

（2）时间隔离：在种子田周围，播种开花期与种子田牧草或饲料作物不同的品种，或通过分期播种使种子田与邻近的生产大田牧草或饲料作物的开花期不一致，或提早或推迟，以避免发生天然杂交。如玉米种子田与大田播种相隔的天数一般为 30 d 左右，这样，当种子田内玉米品种雌穗抽丝时，邻近大田玉米品种或已散完花粉或尚未抽雄，以达到控制天然杂交的目的。

（3）自然屏障隔离：利用自然条件，如高山、村庄、林带等天然屏障阻隔外来花粉，避免或减少天然杂交的机会。将制种田分别安排在不同的山谷或林带里，就可达到这一目的。

（4）高秆作物隔离：当前面几种隔离均不符合标准时，可采用种植高秆作物进行隔离的补救措施。通常种植的高秆作物为高粱、大麻等。在隔离区四周种植高秆作物应因地制宜、因情而异。

3. 加强人工选择，严格去杂去劣　由于良种是重要的农业生产资料，生产上应用后，因各种各样的条件都影响其生长发育，产生变异和混杂，出现杂株、劣株，直接影响良种的使用价值。所以在良种繁育田必须加强选择，密切注意品种的典型性，严格田间检查，在饲草生长的关键时期，彻底清除杂株和劣株，最大限度地保持良种的纯度、净度，降低混杂退化的程度，发挥良种的丰产作用。去杂主要是指去掉非本品种的植株和穗粒；去劣则主要是去掉感染病虫害、生长不良、生活力低的植株和穗粒。去杂去劣工作在各级种子繁殖田中均要年年进行，而且在饲草生长发育的不同时期，分批分次进行。去杂人员还必须了解、熟悉品种的种子特征及各生育期的植物学特性和生物学特性，才能保证去杂去劣的准确度。

4. 改善栽培管理技术措施　采用先进的栽培技术管理措施，做到良种良法相结合，保持优良品种的种性，繁殖健壮饱满的种子。

5. 定期更新品种　繁殖纯度高、质量好的原种，每隔一定年限（一般为 3～4 年）用原种更新繁殖区的种子，是防止混杂退化和长期保持品种纯度和种性的一项重要措施。

三、良种繁育

(一) 原种生产

1. 原种的概念 原种是指新品种刚推广时，由育种单位提供的原始种子（育成品种的原种）经过 1 次繁殖的种子，或已经在生产上推广应用的现有良种，经过去杂去劣保纯后，与该品种原有性状一致、典型性和丰产性等方面比较优良，符合原种性质要求的种子。

2. 原种的标准 原种标准主要有下列几个内容。

(1) 性状典型一致：主要特征特性要符合原品种的典型性状，株间整齐一致，纯度高。如一些饲料作物品种的自交系原种纯度一般为 99.8%，最低要求不低于 99%。

(2) 具有性状优势：与原品种相比，由原种生长的植株，其生长势、抗逆性、丰产性等不能降低，杂交种亲本原种的配合力要保持原水平或略有提高。

(3) 种子物理品质好：种子质量好，籽粒饱满，发育健全，大小一致，发芽率高，发芽势强，没有杂草、霉烂、虫蛀和染病种子，不带检疫病虫害等。

3. 生产原种的方法 生产原种的方法很多，目前普遍采用的是单株（穗）选择、分系比较、混系繁殖法，也称为"三年三圃制"（图 5-1）。这种原种生产方法的根据是一个混杂退化的群体，有些单株并未发生变异，仍然保持最初育成推广时的典型性状和生产力。因此，把这些单株选择出来，再经 1~2 年鉴定，把确实典型、优良的单株混合繁殖，便成为提纯复壮的原种种子。其一般程序是：选择优良单株（穗）、株（穗）行比较鉴定、株（穗）系比较试验、混系繁殖。

生产原种的方法除了"三年三圃制"外，也有"二年二圃制"。"二年二圃制"是指从株（穗）行圃中选出优良株（穗）行，进而即混合繁殖生产原种的方法。二圃制简单易行，原种繁殖快；三圃制费工费时，但效果好。一般自花授粉饲草，可采取"二年二圃制"，对于异花授粉的饲草，因遗传基础复杂，一般以采用"三年三圃制"比较理想。

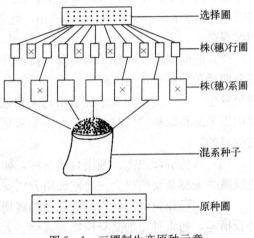

图 5-1 三圃制生产原种示意

图中标注：选择圃、株（穗）行圃、株（穗）系圃、混系种子、原种圃

(二) 原种繁殖

原种的种子量都比较少，不可能直接用于大田生产，必须进一步繁殖，扩大数量，然后再供应各生产单位使用，这就是原种繁殖。由原种圃生产的种子，称为原种一代，由原种一代繁殖的种子，称为原种二代。原种繁殖的代数和种子数量不是固定不变的，可根据饲草种子的繁殖系数高低、播种量多少、供种面积大小而定。可以繁殖原种一代，也可以繁殖二代。无论是第一代原种还是第二代原种，种子数量仍然较少，仍不能满足大田生产的需要，因此需要建立良种田，继续繁殖大田用种。由县、乡、农场等良种繁殖场按良种生产规程生产的种子，符合良种标准，称为良种。

1. 建立良种田的意义 建立良种田有以下好处：第一，便于集中种植、管理及收获，有利于避免机械混杂和生物学混杂，保证良种纯度；第二，种子田面积小，便于精耕细作、加强田间管理和精细选种，比在大田临时选种用工少、效果好，还可以不断提高良种的种性及纯度；第三，可以提高良种的繁殖系数，加速良种推广。

2. 良种田面积的确定　良种田面积大小应根据次年该牧草或饲料作物品种的播种面积、播种量、繁殖系数和贮备种子量等确定。可按下列公式进行计算：

$$良种田面积＝\frac{大田播种面积×播种量}{预计良种田产量}$$

为了保证有足够数量的良种种子和一定数量的种子贮备，良种田面积在计算上应适当加大，留有余地。一般苜蓿良种田面积为计划播种面积的 110%～120%，草木樨为 102%，苏丹草为 102%，玉米为 105%，高粱为 101%～102%，燕麦为 108%。

3. 良种田的形式　良种田的形式可根据该品种播种面积的大小、所需种子的数量而定，依情况建立一级或二级种子田。

（1）一级种子田：一级种子田是指直接利用原种繁殖的种子田。

（2）二级种子田：当种子需要量多，一级种子田不能满足需要时，可从第一年一级种子田中经过去杂去劣的单株（穗）混合脱粒，然后种植繁殖良种。二级种子田生产的种子应在去杂去劣后混合脱粒，供大田用种。用原种繁殖良种一般只能繁殖两代，超过两代的种子便不宜作为良种。

（三）加速良种繁殖的方法

为了使新品种能迅速应用到生产中去，必须加速繁殖其种子，使它的繁殖系数达到最高程度。所谓繁殖系数是指饲草种子繁殖的倍数，也就是单位面积产量与播种量之比。例如苜蓿种子产量为 225 kg/hm²，而播种量为 11.25 kg/hm²，其繁殖系数为 20。普通栽培方法，饲草的繁殖系数不高，因而需采取一些特殊的技术措施提高繁殖系数。一般加速饲草繁殖的方法有以下几种。

1. 稀植　对于那些种子数量少的饲草品种，可采用增加单株营养面积的单粒穴播或宽行稀植的方法，促使单株多分蘖、多分枝，提高繁殖系数，增加种子产量。

2. 分株繁殖和扦插　禾本科牧草在适当早播、宽行稀植的前提下，利用大量的分蘖进行分株繁殖，以增加单株产量；豆科牧草在根颈处切割进行分株繁殖。据资料报道，豆科牧草在充足光照、饱和空气湿度情况下，在开花前采取枝条扦插也可有效提高繁殖系数。

3. 异地、同地加代繁殖　利用我国海南、广东、福建等地冬季温暖的气候条件，将北方当年收获的饲草种子，在南方加代繁殖一次或若干次，加快繁殖速度。也可在低温季节将饲草栽培于温室，进行当地加代繁殖。利用牧草再生能力强的特点，一年内多次收获，可提高繁殖速度。如高粱及一些春性禾本科牧草，在收获后立即中耕、灌水及施肥，促进分蘖再生，并开花结籽，这样一年内可收获二次种子。

第二节　种子生产的栽培要点

一、种子生产的区域选择

牧草种子生产对生产地区的要求比牧草生产更为严格。不同种及品种适宜进行种子生产的地区各不相同，同一牧草在不同地区种子产量相差很大。因此，必须根据具体草种或品种的生长发育特点和结实特性，选择最适宜的地区进行种子生产，而气候条件是决定种子生产成败的首要条件。在牧草种子生产中，气候条件是决定种子产量和质量的基本因素，其不能被生产者左右，因而必须根据不同草种的生长特性选择最佳气候区进行种子生产，才能最大限度地提高牧草种子产量及质量。牧草种子生产对气候的要求为：适于种或品种营养生长所需求的太阳辐射、温度和降水量；诱导开花的适宜光周期及温度；成熟期稳定、干燥、无风的天气。

（一）温度对种子生产的影响

适宜的温度是牧草植株进行营养生长和生殖生长最基本的条件。不同的牧草生长所需的最适温度不同，只有生长在最适温度条件下，才能获得较高的结实率。多年生禾草如草地早熟禾、无芒雀麦、紫羊茅、多年生黑麦草等冷季型草种，只有在15～24℃的温度条件下才能正常生长，温度太高则会影响其生长发育。而矮柱花草、狗牙根、雀稗、象草等在较高的温度下才能正常生长，温度太低则会造成种子产量下降，如矮柱花草在最低夜温9℃以下时完全不能结籽。

（二）日照长度对种子生产的影响

低纬度的热带和亚热带地区有利于短日照植物开花，并能提高结实率。牧草中典型的短日照植物如绿叶山蚂蟥、大翼豆、圭亚那柱花草、糖蜜草等，只能在低纬度地区开花结实。另外，短日照植物中有些牧草在花芽分化时要求经过短日照及低温条件才能开花结实。

多数温带牧草的开花需经过双诱导，即植株必须经过冬季（或秋春）的低温和短日照感应或直接经短日照之后，再经过长日照的诱导才能开花，一般短日照和低温诱导花芽分化，长日照诱导花序的发育和茎的伸长，如草地早熟禾、看麦娘、鸭茅、猫尾草、翦股颖、草地羊茅等牧草。高纬度的温带地区适于长日照植物进行种子繁殖，如紫花苜蓿、白花草木樨、箭筈豌豆、白三叶、羊草、高羊茅、紫羊茅等，它们必须通过一定时期的长日照才能进行花芽分化。在临近赤道的低纬度地区，一般长日照植物不能进行种子生产。

（三）开花和成熟期需要稳定、晴朗的天气

晴朗多光照的气候条件有利于牧草的光合作用和开花授粉，尤其对借助于昆虫授粉的豆科牧草尤为重要。充足的光照还有利于抑制病害的发生，有利于营养物质向种子转移。长期遮蔽的生长环境将影响牧草的开花授粉，明显降低牧草的种子产量。另外，适量的降水对牧草种子发育是必要的，有些牧草开花需要适中的相对湿度，如老芒麦为45%～60%，羊草为50%～60%，紫花苜蓿为53%～75%。部分豆科牧草种子成熟期若湿度太低将造成荚果炸裂，引起收获前种子的大量损失。但种子成熟期和收获期过多的降水量，也将造成种子产量的大幅度下降，大部分牧草种子在成熟期要求干燥、无风、晴朗且昼夜温差大的天气。因此，种子生产地要尽量避开结实期阴雨连绵的气候区。

二、土壤选择

为了避免机械混杂和生物学混杂，一个地区最好只生产一种或少数几种牧草；品种安排在田间布局时，同一品种要连片种植，不同品种间必须严格地进行隔离；确定牧草种子生产田时，应该选择开阔、通风、光照充足、土层深厚、肥力适中、灌排方便、杂草较少、不受

畜禽危害的地块；对于豆科牧草还应该注意将种子生产田布置于邻近防护林带、灌丛及水库近旁，以利于昆虫传粉。

三、轮 作

由于同一种饲草的不同品种，甚至某些不同种间的牧草，种子的形状、大小、色泽等差异很小，很难区分，如各种披碱草、羊草、冰草等种子在外观上不易区分；一些牧草成熟时落粒性又很强，如老芒麦、黑麦草等在种子成熟过程中便开始落粒，因此，同一块地种植一种牧草后，再种植同一种的不同品种或者虽不同种但彼此间不易区分的牧草时，应间隔 2~3 年以上的时间。最好禾本科与豆科牧草之间轮换种植，这样既有利于防止前后作种子的机械混杂，又可保持和提高土壤的肥力。

四、播 种

（一）播种方式

为了迅速获得较纯的饲草种子，提高结实率和牧草种子产量，种用牧草一般多采用无保护的单播方式，这是由于保护作物对多年生牧草的生长具有一定的影响，会造成种子产量的下降。如内蒙古农业大学曾将垂穗披碱草以黍子为保护作物，紫花苜蓿以谷子为保护作物，种子产量均较无保护作物的减少 25%~34%。

（二）播种方法

牧草种子田的播种可采用点播、条播和撒播的方法。

植株高大或分蘖能力强的牧草可采用点播的方法，一般点播的株行距采用 60 cm×60 cm或 60 cm×80 cm，这种播种方法可使牧草处于阳光充沛、营养面积大、通风良好的环境中，在肥沃的土壤上能促使牧草形成大量的生殖枝。生长期内杂草非常严重的情况下可考虑撒播，这样有利于对杂草的抑制，同时，撒播草地便于机械在雨天行走，土壤不易侵蚀，管理费用较低。

对多年生牧草的种子生产最好实行条播。窄行条播的行距为 15 cm，宽行条播视牧草种类、栽培条件不同，有 30 cm、45 cm、60 cm、90 cm、120 cm 的行距。Canode（1980）曾对 5 种冷季型牧草的 3 个条播行距进行了种子产量的研究，试验表明获得最高种子产量的行距：草地早熟禾为 30 cm，紫羊茅、无芒雀麦和冰草为 60 cm，鸭茅为 90 cm。其他研究表明：一年生黑麦草的行距以 25~30 cm 为宜，无芒雀麦、蔄草、苇状羊茅等牧草的行距为 30~60 cm 时可望获得最高种子产量，紫花苜蓿、白三叶等牧草的播种行距为 25~50 cm 时种子产量最高。

（三）播种量

用于种子生产的播种量一般相当于大田牧草生产播量的一半左右，特别是宽行条播时，播量减少更多。进行种子生产时，禾本科牧草希望具有较多发育良好的生殖枝。若播量太高，植株密度过大，分蘖间竞争激烈，抑制生殖枝的生长发育，不利于种子产量的提高。豆科牧草则要求留有一定空间，以利于昆虫传粉。各种牧草宽窄行播种时的种子用量见表 5-1。

表 5-1 部分牧草种子田的播种量（kg/hm²）

牧草名称	窄行条播	宽行条播	牧草名称	窄行条播	宽行条播
紫花苜蓿	6.0	4.5	猫尾草	9.0	4.5
白花草木樨	12.0	9.0	草地羊茅	15.0	9.0
黄花草木樨	12.0	9.0	紫羊茅	12.0	7.5
红豆草	27.0	22.5	鸭茅	15.0	9.0
沙大旺	4.5	3.0	老芒麦	18.75	10.5
红三叶	6.0	4.5	一年生黑麦草	12.0	9.0
白三叶	4.5	3.0	多年生黑麦草	12.0	9.0
百脉根	6.0	4.5	无芒雀麦	15.0	10.5
多变小冠花	4.5	3.0	冰草	15～22.5	9.75～12.0
蒙古岩黄芪（去荚）	30.0	22.5	羊草	22.5	11.25
柠条锦鸡儿	9.0	7.5	披碱草	18.75	10.5
紫云英	30.0	22.5	草芦	12.0	7.5
毛苕子	37.5	30.0	草地早熟禾	12.0	7.5
矮柱花草	30.0	22.5	苏丹草	22.5	15.0
燕麦	120.0	75.0	狗尾草	7.5	4.5

　　一年生牧草田间的植株密度与播种量有密切的关系，生产中常常用播种量来控制一年生牧草的植株密度。多年生牧草的分蘖可补偿建植密度的不足，因而建植密度低时不会影响种子产量。Meijer（1984）对草地早熟禾和紫羊茅的播量与分蘖密度和种子产量关系做了研究。草地早熟禾播量为 3 kg/hm²、6 kg/hm²、12 kg/hm² 和 24 kg/hm²，紫羊茅为 4 kg/hm²、8 kg/hm²、16 kg/hm² 和 32 kg/hm² 时，播种量增加秋季分蘖数增加，但冬季不同播种量间的分蘖密度差异减少，种子收获时，每平方米可育分蘖数没有显著差异，但最高播量的种子产量显著减少，原因是播种密度大，抑制了生殖枝的发育。

五、施肥与灌溉

　　追肥和灌溉是提高种子产量和品质的重要措施。在牧草生长发育期间，适时适量追肥与灌溉，保证良好的水分和养分供应，对提高单位土地面积的生殖枝数目，减少禾本科牧草的无效分蘖和豆科牧草的落花落荚，提高结实率和千粒重，提高单位土地面积的种子产量和品质，起着非常重要的作用。

　　牧草的种类不同，所需要的肥料种类和数量不一样。禾本科牧草需要的氮肥较多，应以施用氮肥为主，配合施用磷、钾肥料；豆科牧草对氮肥需要较少，而需磷肥较多，故应多施磷肥，酌情追施少量氮肥。其次，牧草的生育时期不同，对养分的需要也不同。因此，在施肥时，肥料的种类和数量都应有所不同。如多年生冬性禾本科牧草，秋季分蘖期可酌情追施一些氮肥，以利于形成较多的秋冬分蘖。一般情况下，秋冬分蘖生育期长，有效分蘖多，成穗率高，穗大粒多，但追肥量不可过多，以免影响越冬。春季适量追施返青肥，对茎叶的迅速生长和幼穗的分化有重要作用。禾本科牧草在分蘖期应以追施氮肥为主，配合施用磷、钾肥料。进入拔节期和抽穗开花期，是禾本科牧草整个生育期内需肥量最多的时期，拔节期适量施氮肥，有利于小穗和小花的发育，促使穗大粒多；抽穗期多施磷、钾肥和少量氮肥以主攻籽粒，促进光合产物向生殖器官运输，使籽粒饱满，提高种子生活力。但切忌在抽穗开花期过量追施氮肥，以免造成贪青晚熟，影响种子产量。豆科牧草追施氮肥主要在分枝期和孕蕾期，而且要注意控制数量和增加磷、钾肥比例。现蕾开花后，由于开花结实的需要，豆科牧草对磷、钾肥的需要量较大，为了满足其需要，除了多施磷、钾肥做基肥和前期生长适当提高磷、钾肥比例外，可以在现蕾开花期根外追施磷、钾肥。韩建国等在酒泉、银川的试验表明，禾本科牧草增施氮肥有助于种子产量的提高，且高羊茅、鸭茅、多年生黑麦草最适合的施氮水平分别为 90 kg/hm²、135 kg/hm²、135 kg/hm²。对于豆科牧草，增施磷肥能有效地提高种子产量，研究表明紫花苜蓿最佳的磷肥（P_2O_5）施用量为 360 kg/hm²。张新全在四川宝兴试验提出，鸭茅播种量为 2 g/m²，行距为 45～60 cm，进行配方施肥（氮水平为120 kg/hm²，氮磷钾比例为 3∶1∶2），较利于鸭茅种子产量和品质的提高。

一些微量元素对种子生产具有显著的促进作用。如硼对豆科牧草种子生产具有重要意义。硼能影响叶绿素的形成，对子房的形成、花的发育和花朵的数量都有重要的作用。新西兰的研究表明，增施硼可提高苜蓿、红三叶和白三叶的种子产量。植物缺硼时，子房形成数量少，且形成的子房和花发育不正常或脱落。作为根外追肥，在现蕾期每公顷用硼 3.75～4.5 kg 兑水喷洒即可。

种子田的灌溉，通常结合追肥进行，在有灌溉条件的地方，禾本科牧草应浇好越冬水、返青水、拔节水、抽穗开花水及籽粒灌浆水。豆科牧草分别于越冬前、返青期、现蕾开花期及结实期灌溉。

六、人工辅助授粉

大多数栽培牧草，特别是多年生豆科和禾本科牧草，属于异花授粉的植物，在自然授粉情况下结实率不高，如不同种类的禾本科牧草结实率为 20%～90%。为了获得丰产优质种子，在生产实践上常采用人工辅助授粉。

禾本科牧草为风媒花植物，借助于风力传播花粉。对禾本科牧草的人工辅助授粉，必须在大量开花时进行。其方法是：于牧草开花时，用人工或机具于田地的两侧，拉一绳索或线网从草丛上面掠过。这样一方面植株被碰撞摇动可促进花粉的传播；另一方面落于绳索或线网上的花粉，在移动时可带至其他花序上，从而使牧草达到充分授粉的目的。此外，空摇农药喷雾器或小型直升机低空飞行都可使植株摇动，起到辅助授粉的功效。人工辅助授粉通常进行一次或两次，两次间隔的时间一般为 3～4 d。

豆科牧草大部分为虫媒花，蜜蜂（*Apis mellifera*）、碱蜂（*Nomia melanderi*）和切叶蜂（*Megachile rotundata*）等是豆科牧草的主要授粉者。前苏联利用蜜蜂传粉使红三叶和红豆草的种子产量提高 35%～40%；美国利用蜜蜂给紫花苜蓿传粉，其种子产量增加 300%～400%；匈牙利 20 世纪 70 年代，凡用蜜蜂授粉的农庄，种子产量增加 58%。切叶蜂或碱蜂对紫花苜蓿花柱的打开和传粉起着非常重要的作用，几乎每一次采花都能引起花的张开和异花传粉。对于一些蜜蜂传粉较差的牧草种类或品种，野生蜂能达到辅助授粉提高种子产量的目的。因此在有条件的地区，豆科牧草的种子田应尽可能设立在林带、灌丛及水库近旁，以便蜜蜂进行辅助授粉。

七、植物生长调节剂的运用

植物生长调节剂可明显增加牧草种子的产量。禾本科牧草的倒伏情况比较严重,往往造成大量受精合子败育。美国和欧洲国家的专家试验表明,无芒雀麦、鸭茅、猫尾草等牧草施用矮壮素(CCC),可缩短节间长度,减轻倒伏,从而提高种子产量;高羊茅、紫羊茅、多年生黑麦草施用生长延缓剂氯丁唑(PP333)可抑制节间生长,增加抗倒伏能力,减少种子败育,增加花序上的结实数,使种子产量显著提高;多年生黑麦草小穗分化期施 $1\sim$ 2 kg/hm^2 氯丁唑可使种子产量增加 50%~100%。草地早熟禾秋施 0.22 kg/hm^2 氯丁唑,使种子产量增加 75%。生长调节剂还可使牧草成熟期趋于一致,减少种子成熟不一致及其脱落的损失。白三叶种子生产田施氯丁唑可增加花序数,增加成熟花序的比例,增加种子产量。生长调节剂可抑制白三叶的营养生长,但花梗长度不缩短,从而减少了叶的遮阳,为传粉创造了良好条件,而且有利于种子成熟和收获。

八、牧草种子的收获

牧草种子的收获在种子生产中是一项时间性很强的工作,必须给予极大的重视,并事先要做好一切准备及有关组织工作。

(一)种子收获的时间

牧草种子田有的利用第一茬草采收种子,有的利用再生草收种。多年生禾本科牧草可以利用第一茬草收种,特别是一些强冬性或长寿命的下繁禾草。尤其注意草地早熟禾和豆科牧草中的紫花苜蓿、红三叶等,国内外均有从第二茬草采收种子的,这样可以获得较高产量、较好品质的种子。原因是:①牧草第一茬草刈割后再生草不致徒长,发育正常;②牧草开花授粉处于夏秋季节,气候适宜,有利于结实,病虫害也少。但适于从第二茬草采收种子的地区,生育期不应少于 180 d,而且第二茬草种子成熟距第一茬的刈割时间不应少于 90~120 d。

牧草种子适宜收获期的确定,应根据种子的成熟度、落粒性以及收获方法综合考虑。种子含水量可作为牧草种子成熟收割的主要指标。对于大多数禾本科牧草,当种子含水量达到 45% 时便可收获。多年生黑麦草和苇状羊茅种子收获的最适时期是种子含水量为 43% 时,种子含水量低于 43%,落粒损失便增加。一般种子成熟期含水量每天降低 1.5%。种子含水量的测定应在开花结束 10 d 之后每隔 2 d 取 1 次样进行测定或用红外线测定仪于田间直接测定。当用联合收割机收获种子时,一般在完熟期进行,而用人工或马拉机具收获时,可在蜡熟期收获。与禾本科牧草不同,确定收割豆科牧草种子田的最适日期,国内外基本上都是凭肉眼观察草层的成熟特征来判断,如荚果和种子(苜蓿)以及冠茎和种子(三叶草)的色泽。

(二)种子收获的方法

牧草种子的收获可以用联合收割机、马拉机具收获或人工刈割。用联合收割机收获时,应选择晴朗无雾的天气,这样种子易于脱粒,减少收获时的损失,并且联合收割机的行走速度不超过 1.2 km/h。用普通割草机或人工收割,最好在清晨有雾时进行,防止因干燥引起搂集、捆束和运输中种子的损失。

豆科牧草种子成熟时,植株还未停止生长,茎叶长久处于青绿状态,给种子收获带来很多困难。因此，种子收获之前要进行干燥处理，常用飞机或地面喷雾器对田间生长的植株喷施化学干燥剂，在喷后 $3\sim5$ d，直接用联合收割机进行收割。现在国内苜蓿种子生产使用的干燥剂有百草枯、K_2CO_3 等。

第三节 种子加工与贮藏

牧草种子成熟后，首先需要对种子进行清选加工。种子加工主要包括干燥和清洗。牧草的种子，从收获到再次播种，要经过一段时间的贮藏。贮藏方法的正确与否及贮藏条件的好坏，都关系到牧草种子的品质，影响到下周期牧草的生产。因而，种子贮藏与大田繁育同等重要。一般情况下，贮藏期短，种子品质下降幅度小；贮藏期长则容易丧失种子生活力，但这并非绝对的。种子生活力的生存期限，主要取决于种子的贮藏品质、贮藏条件及管理水平。

一、牧草种子的干燥

牧草种子收获之后含水量仍然较高，不利于保藏。因此，刚收获后的种子必须立即进行干燥，使其含水量达到规定的标准，以达到减弱种子内部生理生化作用对营养物质的消耗、杀死或抑制有害微生物、加速种子的成熟、提高种子质量的目的。

种子的干燥方法有自然干燥和人工干燥法。种子的自然干燥是利用日光暴晒、通风、摊晾等方法降低种子的含水量，适于小批量种子。刈割成草条的牧草在草条上将种子自然干燥一段时间后进行脱粒。有些牧草刈割后常捆绑成草束，将种子留于植株上自然干燥。草条上干燥的牧草，在干燥期翻动 $1\sim2$ 次，之后进行脱粒。如脱粒后的种子含水量仍较高时，应进行暴晒或摊晾，以达到贮藏所要求的含水量。

在现代牧草种子生产中，为了加快种子干燥进度或气候潮湿地区，常采用人工干燥法，即采用烘干机、烘干塔和干燥机。人工干燥时，种子温度应保持 $30\sim40$ ℃，如果种子含水量较高时，最好进行两次干燥，采取先低温后高温，使种子不致因干燥而降低其质量。

二、牧草种子的清选

种子清选通常是利用牧草种子与混杂物物理特性的差异，通过专门的机械设备来完成。若待清选牧草种子中的附着物和杂质较多、较大，以及对种子在加工过程中的流动性和机械设备运行的安全性有不良影响的，应进行预清选。普通应用的是种子颗粒大小、外形、密度、表面结构、极限速度和回弹等特性。清选机就是利用其中一种或数种特性的差异进行清选的，常采用的清选方式有风筛清选、比重清选和表面特征清选。

（一）风筛清选

风筛清选是根据种子与混杂物在大小、外形和密度上的不同而进行清选的，常用气流筛选机进行。

种子由进料口加入，靠重力流入送料器，送料器定量把种子送入气流中，气流首先除掉轻的杂物，如茎叶碎片、脱落的颖片等，其余种子撒布在最上面的筛面上，通过此筛将大混杂物除去，落下种子流入第二筛面，在第二筛面上按照种子大小进行粗清选，接着转到第三筛进行精筛选，种子落入第四筛进行最后一次清选，种子在流出第四筛时，将轻的种子和杂物除去，可根据所清选牧草种子的大小不同选择不同大小形状的筛面。

风筛清选法只有在混杂物的大小与种子体积相差较大时，才能取得较好的效果。如果差异很小，种子与杂物不易用筛子分离。这时，需要选用其他清选方法。

（二）密度清选

密度清选是按种子与混杂物的密度和密度差异来清选种子。大小、形状、表面特征相似的种子，其重量不同可用密度清选法分离；破损、发霉、虫蛀、皱缩的种子，大小与优质种子相似，但密度较小，利用密度清选设备，清选的效果特别好。同样，大小与种子相同的沙粒、土块也可被清选除去。密度清选法常用设备为密度清选机，其主要工作部件是风机和分级台面。种子从进料口加入，清选机开始工作，倾斜网状分级台面沿纵向振动，风机的气流由台面底部气室穿过网状台面吹向种子层，使种子处于悬浮状态，进而使种子与混杂物形成若干密度不同的层，低密度成分浮起在顶层，高密度的在底层，中等密度的处于中间位置，台面的振动作用使高密度成分顺着台面斜面向上做侧向移动，同时悬浮着的轻质成分在本身重量的作用下向下做侧向运动，排料口按序分别排出石块、优质种子、次级种子和碎屑杂物。密度清选机的使用中，需要大量的实践获得充足的经验，才能对清选机分级台面的工作状态做出令人满意的调整。

（三）表面特征清选

依种子和混杂物表面特征的差异进行种子清选。表面特征清选常用的设备有螺旋分离机和倾斜布面清选机。

螺旋分离机适用于豆科牧草种子中圆形或椭圆形种子，其主要工作部件是固定在垂直轴上的螺旋槽，待清选的种子由上部加入，沿螺旋槽滚滑下落并绕轴回转，球形光滑种子滚落的速度较快，故具有较大的离心力，飞出螺旋槽，落入档槽内排出。非球形或粗糙种子及其杂质，由于滑落速度较慢，就会沿螺旋槽下落，从另一口排出。

倾斜布面清选机靠一倾斜布面的向上运动将种子和杂质分离。待清选的种子及混杂物从设在倾斜布面中央的进料口喂入，圆形或表面光滑的种子，可从布面滑下或滚下，表面粗糙或外形不规则的种子及杂物，因摩擦阻力大于其重力在布面上的分量，所以会随布面上升，从而达到分离的目的。布面清选机的布面常用粗帆布、亚麻布、绒布或橡胶塑料等制成。分离强度可通过喂入量、布面转动速度和倾斜角来调节，这些需要特定的种子来确定。

三、影响种子贮藏的环境条件

一般入库的干燥种子都处于休眠状态，其生命活动极为微弱，但没有停止，而在进行着呼吸作用。种子贮存期间，呼吸作用强，则所消耗的有机物质就多。种子贮存的环境，对种子的呼吸作用和种子品质有着重要影响。

（一）空气相对湿度

空气相对湿度是指在同一温度条件下绝对湿度占饱和湿度的百分比。当仓库空气相对湿度超过种子平衡水分时，种子就会从空气中吸收水分，使种子内部水分逐步增加，呼吸作用加强，消耗贮存物质增多。反之，当空气相对湿度下降至种子平衡水分以下时，种子会蒸发水分而干燥，呼吸作用减弱，消耗物质减少。据试验观察，在 20 ℃条件下，当空气相对湿度为 60%～70%时，各种作物种子的平衡水分含量为 9.5%～15.2%，大体上接近种子的安全贮藏水分标准。另外，前苏联的研究证明，豆科牧草种子的吸湿性高于禾本科牧草。在高湿度条件下，种子会很快丧失发芽能力。因此，从种子的安全贮藏出发，一般认为仓库内的相对湿度应控制在65％以下。

（二）温度

温度是影响种子生命力强弱的重要因素。在低温条件下，种子呼吸作用微弱。随着温度的升高，种子呼吸作用增强，生活力降低，影响种子的发芽能力。因此，降低仓储温度是延长种子贮存寿命和提高贮存质量的重要措施。一般来说，贮藏温度每降低5℃，种子的寿命就增加1倍，即仓储温度27℃以下的种子寿命将比仓储温度32℃的种子寿命增长1倍。另外，仓库温度经常较剧烈地变动，也易打破种子休眠，导致种子生活力下降。因此，根据种子生理状态的要求，在常规库藏条件下，种子温度须控制在15～20℃。

（三）通气状况

空气中除含有N_2、O_2和CO_2等气体外，还含有水蒸气及热量。如果种子长期贮藏在自然条件下，吸湿增温使种子呼吸作用由弱变强，渐渐丧失生活力。干燥种子适宜贮藏在密闭条件较好的仓库内。密闭是为了相对隔绝O_2，抑制种子的生命活动，减少物质消耗，保持种子的生命潜力。同时，密闭也是为了减少外界水蒸气和热量进入仓库内。当仓库内温度、湿度高于大气时，就应该打开门窗通风，必要时采用机械鼓风来加速库内温湿度的下降。

除此之外，仓库内应保持清洁干净，避免昆虫、微生物及仓鼠活动。

四、饲草种子的贮藏方法

饲草种子的贮藏方法主要是库藏，有常规库藏、低温贮藏两类。

（一）常规库藏

1. 袋装贮藏 袋装贮藏是指饲草种子以纺织纤维制成的袋子（如麻袋）贮放种子，垛堆于库内贮藏。此法适应于用同一仓库存放多个品种，不易造成机械混杂。堆垛方式有多种，可依仓库条件、贮藏目的、种子品种、入库季节和气温高低等情况灵活运用。主要方式有实垛法、通风垛法、非字形及半非字形垛法等。

无论袋装种子采用何种堆垛方式，为了管理和检查的方便，堆垛时应距离墙壁0.5 m，垛与垛之间留有0.6 m宽的操作道（实垛贮满例外）。有条件的仓库，还应将种子放在距地面15 cm以上的垫板上堆贮，防止地潮。垛高和垛宽依种子干燥程度及种子状况而定。含水量较高的种子，垛宜窄，便于通风散湿散热；含水量低的种子堆垛可适当加宽。堆垛方向应与库房的门窗平行。如门窗是南北对开，堆垛方向则应从南到北，这样便于管理。打开门时，利于空气流通。

2. 散装种子堆放贮藏 在种子数量大、仓容不足或缺乏包装材料及用具时，大都采取散装堆放贮藏种子的方式。此法适宜存放充分干燥、净度高的种子。

（二）低温贮藏

低温贮藏是将饲草种子置于一定的低温条件下贮藏。低温必须达到能有效地抑制微生物、酶及害虫的活动，显著地减弱种子的呼吸程度，延长种子寿命的目的。低温贮藏是一种较为普遍、较为理想的贮藏方法，包括自然低温贮藏和人工机械制冷贮藏两种方法。

1. 自然低温贮藏 自然低温贮藏主要有冬季冷却低温贮藏和地下贮藏等方法。

（1）冬季冷却低温贮藏：由于饲草种子的导热性能差，因而在寒冷的冬季，首先将种子置于低温下降温，待种子温度降到一定程度后，迅速将冷却种子入库，密闭隔热。此法对保持低温、防止种子发霉及虫害有作用。如内蒙古自治区常在寒冷季节将安全含水量以下的种子，冻至 $-10\,℃$ 以下，趁冷将种子入圆仓或其他仓库，上面覆盖塑料薄膜，薄膜上再置干沙子（水分含量低于 0.4%）或草木灰压住，起到隔热密闭的作用。利用这种方法可使种子堆中心温度长年保持在 $10\,℃$ 左右，达到长期安全贮藏的目的。

（2）地下贮藏：地下贮藏是指用地下或半地下仓库贮藏种子，也可用废弃矿井、窖洞、山洞等作为贮藏场所。地下仓库传热速度较慢，有利于控制种子温度和湿度。据美国研究资料报道，在一个矿井坑道的 570 m 深处，空气的常年温度维持在 $9\sim11.5\,℃$，相对湿度在 90% 左右，放置用复合膜包装且充入 CO_2 的种子，其效果就如同种子采用了真空包装。但地下贮藏一定要注意防鼠害，提高包装质量，以免吸潮发霉。这种贮藏方法适宜于我国北方地下水位较低的地区。

2. 人工机械制冷低温冷却贮藏　这是一种现代化的贮藏手段，它利用制冷机械，自动调节仓库的温度、湿度及空气状况，能有效地减弱种子呼吸作用，抑制微生物活动，提高种子质量和延长种子寿命。这种方法在许多发达国家普遍应用，我国也有一定程度的应用。

此外，还有充气包装贮藏。主要是在种子包装袋中充入 CO_2、N_2 及其他惰性气体，降低包装袋内氧气含量，抑制呼吸作用，降低消耗，提高保存质量，延长种子贮存寿命。

五、种子入库前的准备

种子入库之前，要对仓库认真打扫并进行消毒，避免品种混杂和被微生物及昆虫感染。

（一）清仓

包括清理仓库和内外整洁两方面。清理仓库包括对仓库经常使用的器材、用具及铺垫物等的打扫、洗刷、消毒，清除仓库内墙壁、梁柱、地板等孔洞内的害虫及种子。当种子出库之后或入库之前，对仓库内墙壁全面粉刷，保持整洁美观。库外应经常铲除杂草，排去污水，保持周围环境干净。

（二）消毒

种子入库前，仓库均应消毒。消毒方法有喷洒和熏蒸两种。用敌敌畏消毒时，80%敌敌畏乳油用量为 $100\sim200\,mg/m^3$。具体方法包括：①喷雾，即用 80%敌敌畏乳油 $1\sim2\,g$ 兑水 1 kg，配成 0.1%～0.2% 的稀释液喷雾；②挂条，将在 80%敌敌畏乳油中浸泡的宽布条或纸条，挂在仓库内，行距 2 m，条距 $2\sim3\,m$，挥发杀虫。施药后紧闭门窗 $3\sim4\,d$。消毒后，通风 24 h 以上，种子方可入库，以保人身安全。

六、种子入库后的管理

种子进入贮藏期后，尽管仓储环境条件干燥、密闭、低温，不利于种子生命活动，但种子的生命活动却没有停止，只是生命活动十分缓慢。长时间的贮藏会使贮存条件发生变化，比如温度升高、湿度增加和出现虫霉。因此贮藏期必须加强管理，定期检查种子的温度、水分、空气湿度、虫鼠害等情况，及时解决所发生的问题，保证种子质量。

（一）防潮隔湿

种子吸湿的途径主要有 3 个方面，即从空气中吸潮、地面回潮和漏进雨雪。因此，防潮隔湿应着重抓好这 3 个环节。

1. 密封　对库房或种子堆进行严密封闭。封闭程度越高，库内温度、相对湿度越稳定，防潮、防湿、防虫、防霉、防热效果越好。密封时除门窗关严，还要使用密封材料。密封方式有整库密封、按垛密封、货架密封、按件密封等。

2. 吸湿 利用吸湿剂或空气冷却去湿机等方法来吸收或凝结排除空气中的水蒸气，从而降低库内相对湿度，保持库房干燥。其中用除湿机调节湿度最理想，也可以利用吸湿剂，如石灰、硅胶、铝胶、木炭、氯化钙、甘油等。

库房漏水淋湿种子所造成的损失最大。要经常对库房进行检修，特别是夏秋多雨季节，对已淋失的种子需妥善处理。

（二）合理通风

通风是调节库内温度和湿度简便易行的有效方法。通风绝不是简单的开启门窗，让库内外空气自由交换就了事。要正确掌握库内外空气自然流动规律，对比库内外温度、湿度情况，并参考风力、风向，有计划地通风。对于种子贮存而言，主要是借通风降低库内温度及湿度。

通风方式有自然通风、机械通风、长期通风和临时通风等。自然通风是借助自然界对仓库等建筑物的压力与库内外温差而造成的重力作用，促使库内外空气交换。机械通风是在仓库上部装设排风扇，下部装设送风扇，以加强库内外空气交换。通常把自然通风和机械通风结合进行，以达到降低库内温度及湿度的效果。长期通风是根据种子特性和季节特点，采取季节性长时间通风，如冬季低温干燥可采用此种方式。临时通风是根据种子贮藏过程中库内外具体温度和湿度变化而采取的短期通风。

通风必须和密闭结合起来，才具有良好的效果，否则通风将失去作用。

（三）种子库的管理

种子入库后，为了安全贮藏，建立健全的管理制度十分必要。

1. 专人及专账制度 饲草的种子库要挑选责任心强、业务水平较高的人员专职管理，并建立种子堆卡片和保管账，做到品种、等级、产地、数量等的账、卡、物相符。

2. 清洁制度 仓库内外要经常打扫、消毒，保持干净整齐。要求仓内六面光，仓外三不留（不留杂草、垃圾、污水）。种子出仓时，做到出一仓清一仓，防止混杂和感染病虫害。

3. 检查制度 检查内容如下。

（1）种子温度检查：检查种子温度应采用定期、定层、定点、定时的"四定"检查法。定期，即依种子情况和季节，规定期限检查；定层是仓内散装堆放的种子应按照高度在上、中、下三层检查，上层距堆顶 0.5 m，下层离堆底 0.5 m；定点是固定在每层的四角及中央五点测定，散装面积较大时可分段设点，并增加检查点，袋装的按垛分层检查；定时是在规定时间进行检查。温度测定的时间和周期，依种子含水率和季节而定，如表 5-2 所示。

表 5-2 种子温度检查时间及次数

种子含水率	夏季和秋季		冬季		春季	
	新收获的种子	已完成后熟的种子	0 ℃以上	0 ℃以下	5～10 ℃	10 ℃以上
≤15%	每日	3 d	5～7 d	15 d	5 d	3 d
>15%	每日	每日	3 d	7 d	3 d	每日

（2）种子含水量的测定：测定种子含水量也采取"三层五点十五处"取样方法，样点种子混匀后测试。对于感觉上有怀疑的部位可单独测试。检查水分的周期取决于种子温度。种温在0℃以下时，每月检查1次；在0℃以上时，每月检查2次。在每次整理种子后也应检查1次。

（3）发芽率检查：一般每月检查4次，但应根据气温的具体变化，在高温或低温之后，以及药剂熏蒸前后，都应相应增加1次，最后1次不得迟于种子出仓前10 d做完。

（4）虫、霉、鼠、雀害检查：检查害虫的方法一般采用筛检法。经过一定时间的振动筛选，把筛下来的活虫按每千克的只（条）数计算。检查周期为：4～10月气温上升季节，每月筛检2次；11月到翌年3月，每月筛检1次。检查霉烂的方法常采用鼻闻、目测的感官检验法，检查部位一般是种子易潮的墙脚、底层、上层及沿门窗易漏雨等部位。检查鼠、雀害是观察仓内是否有鼠雀粪便和足迹，平时应将种子堆表面整平，以便发现足迹。一经发现，就要捕捉消灭，还要堵塞漏洞。

（5）仓库设施检查：检查仓库地坪的渗水、房顶的漏洞、灰壁的脱落等情况，特别是遇到暴风、雷雨等天气更要加强检查。同时，要对门窗和防雀网、闸鼠板等进行检查，以确保良种万无一失。

栽 培 篇

豆科牧草

第一节　豆科牧草概述

豆科（Fabaceae 或 Leguminosae）是有花植物第三大科，全世界约有 630 属，18 860 种。我国有 172 属，1 485 种，13 亚种，153 变种，16 变型。豆科植物原产热带，现已遍布世界各地。豆科牧草是栽培牧草中的重要一类。豆科牧草的应用历史大概可以追溯到 6 000 多年以前，由于其所具有的重要特性，早在远古时期就用于农业生产中。

豆科牧草种类虽不如禾本科牧草多，但在农牧业生产中却占有举足轻重的地位。世界上一些发达国家在种植业中非常重视对豆科牧草的利用，豆科牧草或豆科牧草与禾本科牧草混播的人工草地面积大多占总播种面积的 20％～30％。如美国的农用土地中，有 70％用于种植牧草，其中豆科牧草占有相当大的比例。豆科牧草不仅在农牧业生产中占有重要地位，而且在生态环境建设及其综合利用等方面还具有重要的利用价值。

在世界上一些农业发达国家的种植业结构中，豆科作物占 25％～33％，其中澳大利亚占 50％以上、美国占 27％、印度占 29％、前苏联占 25％，而我国仅占约 18％。具有世界意义的几种豆科牧草，如苜蓿、三叶草、草木樨、百脉根、胡枝子、山蚂蝗等的栽培面积逐年扩大，产草量也有较大幅度的提高。特别是在放牧混播草地中，多以豆科与禾本科牧草混播为主，而豆科牧草中则以白三叶的利用率最高，其次为红三叶、苜蓿等牧草。

（一）经济价值

1. 豆科牧草是家畜重要的蛋白质饲料　饲草是牲畜的粮食，是发展畜牧业的物质基础。目前，我国牲畜饲草主要来源于天然草场、农副产品（秸秆、麸皮等）和人工草地。天然草地由于受地理位置、年度及季节的变化影响，其产量及品质极不稳定，在一些地区靠天养畜易发生家畜"夏饱、秋肥、冬瘦、春亡"的现象，主要是冬春季节饲草料不足和饲草料品质差所造成的。农副产品主要是作物秸秆，其质量远不如牧草，在冬春季节饲草不足的情况下，仅能保证家畜的维持需要。在我国西北地区通过人工栽培牧草，特别是利用紫花苜蓿、沙打旺、红豆草等豆科牧草建立人工草地或改良天然草地，能使产草量提高 2～5 倍以上，同时使粗蛋白质的产量比当地天然草地高出 10 倍以上，不仅解决了牲畜冬春季草料不足的问题，而且可根据牲畜的营养需要，保证饲草的平衡供应。

蛋白质含量是衡量饲草料品质的重要指标之一。大力种植豆科牧草是平衡饲料中蛋白质不足的最为廉价的方法，也是发展节粮型养殖业的必由之路。豆科牧草干物质中蛋白质占 14％～19％，含有各种必需的氨基酸，同时富含钙、磷、胡萝卜素和各种维生素如维生素 B_1、维生素 B_2、维生素 C 等；其干草茎叶含氮 2.5％～3.5％，平均高于禾本科牧草

1.1%～2.1%。适期利用的豆科牧草粗纤维含量低，适口性好，易消化，为各种家畜所喜食。利用豆科牧草补播改良天然草地或建立混播人工草地，可有效地改善草地的营养状况，提高草地生产力，促进草地畜牧业健康稳定地发展。

2. 种植豆科牧草改土肥田，提高后茬作物的产量和品质 豆科牧草大都具有较高的地上和地下生物量，同时根系具有较强的固氮能力，根系入土较深，能将深层土壤中的钙质吸收到表层土壤中，使土壤形成稳固的团粒；豆科牧草根的分泌物较禾本科牧草的分泌物具有更强的酸性，有助于土壤中复杂的有机物质或无机物的溶解，使其变为可给态养料，供植物吸收利用。豆科牧草的这些特性均会对土壤的理化特性和养分状况、土壤微生物数量及区系动态、田间生态环境等产生良好的影响。

豆科牧草在不施用氮肥的情况下，也可借助根瘤菌的共生固氮作用正常生长发育并形成一定的产量。在有利的共生条件下，豆科牧草在其生长期内能吸收空气中的氮 $300～400\ kg/hm^2$，形成蛋白质 $3\ 000\ kg/hm^2$ 以上。其根部和地上茬残留在土壤中的氮素达 $75～100\ kg/hm^2$。

3. 种植豆科牧草固土护坡，防风治沙，改善生态环境 大多数豆科牧草不仅根系发达，而且茎叶繁茂，覆盖度大，可减轻雨水对表土的冲刷及地表径流，具有较强的水土保持作用。例如，春种的小冠花，生长 8 个月后单株平均覆盖面积达 $0.7～0.9\ m^2$，生长近 2 年的小冠花植株覆盖面积可达 $2.3\ m^2$。随着生长年限的延长，地上部覆盖面积逐年扩大而形成茂密的草层，它是豆科牧草中理想的水土保持植物。在我国西北部，特别是陕北及内蒙古中西部一带，一般在沙梁地区或不易修梯田的坡耕地上建立豆科灌木柠条绵鸡儿草场，由于柠条绵鸡儿的抗风沙能力强，在其灌丛基部一般都聚集 $30～70\ cm$ 的积土，在坡耕地上逐渐形成了灌木生物地埂。因此，生产中人们常利用抗逆性强的豆科牧草，恢复植被，改善生态环境。

此外，有些豆科牧草还是良好的蜜源和观赏绿化植物，如红豆草、紫穗槐、胡枝子等；还有的豆科牧草含有药用的化学成分，可兼做药用植物，如甘草、黄芪等。

（二）形态特征

1. 根 大多数豆科牧草的根系为轴根型，主根粗壮，入土深达 2 m 或更深。根与地上茎相连处的膨大部位称根颈，位于近土表处，其上有新生芽，多数新生枝条从根颈处发生，如紫花苜蓿、扁蓿豆等。有些豆科牧草则很少从根颈处发生新生芽，主要是在每个枝条的叶腋处产生新枝条，如草木樨，沙打旺等。还有部分豆科牧草的根系为根蘖型，其主根粗短，入土深 1 m 左右，在 5～30 cm 的土层内生有许多横向水平根，其上可形成新的根蘖芽，并向上发育成新的地上枝条，如黄花苜蓿、小冠花、鹰嘴紫云英等。

豆科牧草的根系上常生有根瘤，其着生部位、形态、大小、数量因不同牧草种类及生育期而不同。根系的生长发育受栽培环境条件影响较大。一般在干旱及地下水位较低的地区，根常生长较深；而在地下水位较高且有灌溉条件的地区，豆科牧草的根系生长较浅。

2. 茎 草本类豆科牧草的茎大多为草质；灌木类豆科牧草的新生嫩茎为草质，随生长而逐渐木质化。一般呈圆形或有棱角近似方形，表面光滑或有毛，茎中空或充实。常见豆科牧草茎的生长形态有 4 种。

（1）直立型：其主茎垂直地面向上生长而分枝则沿与主茎呈锐角的方向向上生长，如草木樨、红豆草等。茎的顶芽位于近冠层顶部的茎尖，当顶芽因刈割或放牧去掉后，植株则从低节叶腋芽或根颈上再生。

施，适当配以化学和生物防治等方法进行综合治理。虫害主要有黑潜蝇、食心虫、苜蓿籽蜂和金小蜂等，可采取早期刈割、刈后青贮及耕作措施综合防控，大面积发生时要及时采用高效低毒农药进行防治。

播种当年可刈割 1～2 次，其后可刈割 2～3 次。青饲在株高 50～60 cm 时刈割，青贮或调制干草在现蕾期刈割。开花后茎秆迅速木质化，严重影响饲用品质。刈割留茬 5～10 cm。春播当年每公顷产鲜草 15～45 t，此后可达 75 t 以上。种子易脱落，应适时采种，当茎下部荚果呈深褐色时即可收获，产种量为每公顷 375～450 kg。

（四）饲用价值

沙打旺营养价值高（表 6-8），几乎接近紫花苜蓿。氨基酸含量丰富，特别是必需氨基酸的含量占到氨基酸总量的 25%。适口性较好，但不如紫花苜蓿和红豆草等豆科牧草。

表 6-8　沙打旺营养成分（%，以风干重计）

（引自苏盛发，1985）

生育期	水分	粗蛋白质	粗脂肪	粗纤维	无氮浸出物	灰分	钙	磷
孕蕾期	8.31	22.33	1.99	21.36	36.09	9.92	1.99	0.229
开花期	7.45	13.27	1.54	37.91	32.73	7.10	1.78	0.658
结荚期	7.51	10.91	1.42	39.59	33.98	6.53	1.76	0.201

沙打旺可青饲、放牧，调制青贮、干草和干草粉等，其干草的适口性优于青草。冬季严禁放牧，以免影响返青。

沙打旺株体内含有脂肪族硝基化合物，在家畜体内可代谢为 β-硝基丙酸和 β-硝基丙醇等有毒物质。饲喂反刍动物比较安全，对单胃动物和禽类，沙打旺属低毒牧草，仍可在日粮中占有一定比例。据试验，在鸡日粮中，不宜超过 6%；在兔日粮中，草粉比例占 40% 时，发育也较正常。沙打旺经青贮后，有毒成分减少，与玉米按 1∶1 混贮效果更佳。

二、紫 云 英

学名：*Astragalus sinicus* L.　英文名：Chinese milkvetch

别名：翘摇、红花草、米布袋。

紫云英原产于中国，栽培历史悠久，早在公元 261～303 年就有种植紫云英的相关记载，明清时期长江流域即大面积种植，现已在长江流域及以南各地广泛栽培，近年又推广至陕西、河南及徐淮各地。紫云英是我国水田地区主要的冬季绿肥牧草，又是美味蔬菜、高级蜜源、观赏花卉、制茶和中药原料。

（一）植物学特征

紫云英为豆科黄芪属一年生或越年生草本植物（图 6-5）。主根肥大，侧根发达，密集于 15～30 cm 土层内，侧根上密生深红色或褐色根瘤。茎长 30～100 cm，直立或匍匐，分枝 3～5 个。奇数羽状复叶，小叶 7～13 片，倒卵形或椭圆形，全缘，顶端微凹或微缺。总状花序近伞形，腋生，小花 7～13 朵，花冠淡红或紫红色。荚果细长，顶端喙状，横切面为三角形，成熟时黑色，每荚含种子 5～10 粒。种子肾形，黄绿色至红褐色，有光泽，千粒重 3.0～3.5 g。

（二）生物学特性

紫云英喜温暖湿润气候，不耐寒，发芽适温为 22～23 ℃，生长适温为 15～20 ℃。喜沙壤土或黏壤土。不耐瘠薄和盐碱，较耐酸，适于 pH5.5～7.5 的土壤。忌积水，耐旱性较差。在福建长汀，9 月下旬播种，10 月上旬齐苗，10 月底分枝，3 月初开花，4 月底至 5 月初种子成熟，生育期 210 d 左右。

（三）栽培技术

紫云英多与水稻轮作，又是棉花等的良好前作。一般在 9 月上旬到 10 月中旬进行秋播，稻田套播时以两者共生期 25～30 d 为宜。播前晒种 4～5 h，再将种子和细沙按 2∶1 的比例拌匀擦种，或用浓硫酸浸种 12 min，均可提高发芽率。种子萌发需较湿润的土壤，含水量 30% 左右为宜，而生长期间则以 20%～25% 为宜，生长期间要做好水分调控管理，以利紫云英的生长。未播过紫云英的土壤应接种根瘤菌。播种量 30 kg/hm²，撒播、条播、点播均可。

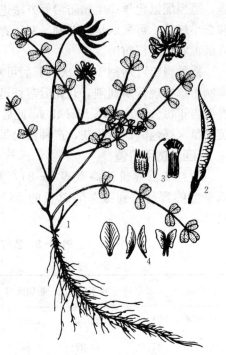

图 6-5　紫云英
1. 植株　2. 荚果　3. 雌蕊、雄蕊及花萼
（展开）　4. 花冠各片
（引自南京农学院，1980）

紫云英对磷、钾肥反应敏感，其中磷肥宜做底肥。播前每公顷施氮（N）75 kg、磷（P_2O_5）60 kg 和钾（K_2O）60 kg 做底肥，播种时每公顷施用钙镁磷肥 75 kg 做种肥，苗期追施氯化钾 90 kg/hm²，开花前再喷施硼、钼肥可有效增加紫云英草产量。

紫云英的留种田应选择排水良好、肥力中等、非连作的沙质土壤。每公顷播种量 15 kg，施过磷酸钙 150 kg 及 225～450 kg 草木灰，并在现蕾开花期喷硼、钼肥 1 次。当荚果 80% 变黑时即可收获，种子产量为 600～750 kg/hm²。紫云英主要病害有菌核病和白粉病，虫害主要有蚜虫、蓟马、潜叶蝇等，应做好综合防控。

（四）饲用价值

紫云英茎叶柔嫩，产量高，干物质中蛋白质含量高，适宜在盛花期刈割（表 6-9）。

表 6-9　紫云英不同收获期营养成分的含量（%）

（引自任继周等，1989）

收获期（日/月）	生长阶段	干物质	占干物质				
			粗蛋白质	粗脂肪	粗纤维	无氮浸出物	灰分
13/4	初花期	9.81	28.44	5.10	13.05	46.08	8.34
20/4	盛花期	9.93	25.28	5.44	22.16	38.27	8.86
30/4	结荚期	11.05	21.36	5.52	26.61	37.83	8.68

紫云英可青饲，也可调制干草、干草粉或青贮饲料。多用以喂猪，为优等猪饲料。

牛、羊、马、兔等亦喜食，鸡及鹅则少量采食。株体内硒含量丰富，属于良好的有机硒源。

三、鹰嘴紫云英

学名：*Astragalus. cicer* L.　英文名：Cicer milkvetch 或 Chickpea milkvetch
别名：鹰嘴黄芪。

鹰嘴紫云英原产于欧洲，我国 20 世纪 70 年代初从美国、加拿大引入，是优良的饲用、水土保持和蜜源植物。

鹰嘴紫云英为多年生根蘖型草本植物。具发达根茎，茎匍匐或半直立，奇数羽状复叶。总状花序腋生，有花 5～40 朵，花冠白色或浅黄色。荚果膀胱状，幼嫩时有黄色茸毛，成熟时呈黑褐色，前端有钩尖，形似鹰嘴，内含种子 3～11 粒。种子肾形，黄色，有光泽，千粒重 7～8 g。

鹰嘴紫云英性喜冷凉湿润气候，抗寒耐热。400 mm 的降水量即生长良好，适宜的年降水量为 500～600 mm。耐瘠薄、耐酸，不耐盐碱和水渍。适宜在排水良好、土层深厚的酸性和中性土壤上种植。在北京地区生长期达 240～250 d。幼苗生活力弱，再生性差，5 年以后产量下降。

鹰嘴紫云英种子硬实率高，播前需擦破处理。北方以寄籽播种或春播为宜，亦可夏播，南方要求不严。条播行距 30～40 cm，播种量 7.5～15.0 kg/hm^2，播深 2～3 cm。刈割期为初花期，放牧利用在株高 30～40 cm 时进行。

鹰嘴紫云英的饲用品质可与苜蓿媲美，且含皂素低，食后不会引起瘤胃臌气。青饲、放牧、调制干草或青贮均可。

第五节　小　冠　花

学名：*Coronilla varia* L.　英文名：Crownvetch 或 Purple crownvetch
别名：多变小冠花、绣球小冠花。

小冠花原产于地中海沿岸地区，欧洲中南部、亚洲西南部和北非，前苏联等地均有分布。目前美国、加拿大、荷兰、法国、瑞典、德国、匈牙利、波兰等国家均有栽培。我国最早于 1948 年从美国引入，又于 1964 年、1973 年、1974 年和 1977 年先后从欧洲和美国引进，分别在江苏、山西、陕西、北京、河南、河北、辽宁、甘肃等地试种，表现良好。

小冠花除饲用外，因其根系发达，适应性强，覆盖度大，能迅速形成草层，是很好的水土保持植物。同时，小冠花多根瘤，固氮能力很强，是培肥土壤的良好绿肥植物。它的花期长达 5 个月之久，也是很好的蜜源植物。另外，其花多而鲜艳，枝叶繁茂，可作为美化庭院、净化环境的观赏植物。

（一）植物学特征

小冠花是豆科小冠花属多年生草本植物，株高 70～130 cm（图 6-6）。根系粗壮发达，侧根主要分布在 0～40 cm 的土层中，黄白色，具多数形状不规则的根瘤，侧根上生长有许多不定芽的根蘖。茎直立或斜生，中空，具条棱，草层高 60～70 cm。奇数羽状复叶，具小叶 9～25 片，小叶长圆形或倒卵圆形，长 0.5～2.0 cm，宽 0.3～1.5 cm，先端圆形或微凹，基部楔形，全缘，光滑无毛。伞形花序，腋生，总花梗长达15 cm，由 14～22 朵小花分两层呈环状紧密排列于花梗顶端，形似冠，花初为粉红色，后变为紫色。荚果细长呈指状，长 2～6 cm，荚上有节 3～12 个，荚果成熟干燥后易自节处断裂成单节，每节有种子 1 粒。种子细长，长约 3.5 mm，宽约 1 mm，红褐色，千粒重 4.1 g。

（二）生物学特性

小冠花喜温又耐寒，生长的最适温度为 20～25 ℃，超过 25 ℃和低于 19 ℃时生长缓慢。种子发芽最低温度为 7～8 ℃，25 ℃发芽出苗最快，开花的适宜温度为 21～23 ℃。耐寒性强，在陕北 −21～−30 ℃的低温条件下能安全越冬，在山西右玉能忍耐 −32～−42 ℃的低温。在山西太谷，12月中旬平均气温为 −2.78 ℃时植株才完全枯黄。

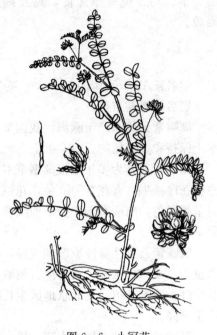

图 6-6 小冠花

(引自贾慎修，1987)

小冠花根系发达，抗寒性很强，一旦扎根，干旱丘陵、土石山坡、沙滩都能生长。经测定，在轻壤土 0～10 cm 处含水量为 5%，10～20 cm 处含水量为 10%，土壤容重 1.5 g/cm³ 时幼苗照样能够出土生长。在黄土高原地区，种植在 25°坡地上的小冠花，在 7～8 月降水量为 39.2 mm，0～30 cm 和 50～100 cm 处的土壤含水量分别为 3.6%～5.0%和 6.0%～8.0%，在最高气温为 36.4 ℃的炎热干旱条件下，其叶片仍保持浓绿，但耐湿性差，在排水不良的水渍地，根系容易腐烂死亡。

小冠花对土壤要求不严，在贫瘠土壤上也能生长，适宜中性或弱碱性、排水良好的土壤，不耐强酸，土壤含盐量不超过 0.5%时，幼苗均能生长，以 pH 6.8～7.5 最适宜。

小冠花一般春季 3 月下旬返青，4 月中旬分枝，5 月下旬现蕾开花，花期长，7 月底开始有种子成熟，结实后植株仍保持绿色，直到秋末冬初。在山西太谷小冠花的生育期为 110～145 d，生长期为 210～250 d。

小冠花根系发达，繁殖力强。侧根上生长有很多根蘖芽，根蘖芽在生长期间不断地长出地面形成植株。据山西农业大学测定，一株用种根繁殖的小冠花，第二年母株周围长出子株 1 019 株，还有 2 289 个根蘖芽正待长出。小冠花根系的这些特性，决定它具有很强的耐寒、抗旱和无性繁殖能力。

（三）栽培技术

1. 种子处理 小冠花种子硬实率高达 70%～80%，播前一定要进行种子处理，其方法主要有：擦破种皮，硫酸处理，温汤处理以及用高温、低温、变温处理等降低种子硬实率。

2. 播种 小冠花种子小，苗期生长缓慢，因此播前要精细整地，消灭杂草，施用适量的有机肥和磷肥做底肥。必要时灌一次底墒水，以利出苗。

（1）种子直播：根据各地气候条件，小冠花在春、夏、秋季均可播种，以早春雨季播种最好，夏季成活率较低，秋播应在当地落霜前 50 d 左右进行，以利于安全越冬。播种量为 4.5～7.5 kg/hm²。条播、穴播或撒播均可。条播时行距为 100～150 cm；穴播时，株行距各为 100 cm。种子覆土深度 1~2 cm。

（2）育苗移栽：可用营养钵育苗，当苗长出 4~5 片真叶时移栽大田。1 kg 种子可育苗 0.6 hm²，雨季移栽最好。

（3）扦插繁殖：小冠花除种子播种外，也可用根蘖或茎秆扦插繁殖。根蘖繁殖时将挖出的根切去茎，分成有 3~5 个不定芽的小段，埋在湿润土壤中，覆土 4~6 cm。用茎扦插时选健壮营养枝条，切成 20~25 cm 长带有 2~3 个腋芽的小段，斜插入湿润土壤中，露出顶端。插后浇水或雨季移栽成活率高。用根蘖苗或扦插成活苗移栽时，每 1~1.5 m² 移栽 1 株，即每公顷用苗 6 000~9 000 株，种子田尤其适宜稀植。

3. 田间管理　小冠花幼苗生长缓慢，在苗期要注意中耕除草。育苗移栽后应立即灌水 1~2 次，中耕除草 2~3 次。其他发育阶段和以后各年，可不需要更多管理。

4. 收获　小冠花青草适宜刈割时期是从孕蕾到初花期，刈割高度不应低于 10 cm。采收种子，由于花期长，种子成熟极不一致，从 7 月便可采摘，到 9 月中旬才能结束，且荚果成熟后易断裂，可利用人工边成熟边收获。如果一次收种，应在植株上的荚果 60%~70% 变成黄褐色时连同茎叶一起收割。

（四）饲用价值

小冠花茎叶繁茂柔嫩，叶量丰富，茎叶比为 1：（1.98~3.47），无怪味，各种家畜均喜食。可以青饲，调制青贮或青干草，其适口性不如苜蓿。其营养物质含量丰富，与紫花苜蓿近似（表 6-10）。特别是含有丰富的蛋白质、钙以及必需氨基酸，其中赖氨酸含量较高。其青草和干草，无论是营养价值还是对反刍家畜的消化率，都不低于苜蓿。小冠花和苜蓿相比较，羊更喜食小冠花。用小冠花青草饲喂肉牛，其饲养效果与用苜蓿作日粮饲喂肉牛无显著差异。据美国 Burn J. C. 等连续两年在小冠花草地上的放牧试验，在整个放牧季节里，肉用犊牛和母牛平均日增重达 0.96 kg，比放牧在苇状羊茅草地上的分别高 0.29 kg 和 0.65 kg。但小冠花草地耐牧性差，据试验，连续放牧 4 年，草丛则被削弱，应在连续放牧之后围栏割草，待恢复生机后再行放牧，可延长草地的寿命。

表 6-10　盛花期小冠花与紫花苜蓿营养成分比较（%）

（山西农业大学牧草室）

牧草	干物质	占干物质					钙	磷
		粗蛋白质	粗脂肪	粗纤维	无氮浸出物	粗灰分		
小冠花	18.80	22.04	1.84	32.38	34.08	9.66	1.63	0.24
紫花苜蓿	20.01	21.04	4.45	31.28	34.38	8.84	0.78	0.21

小冠花由于含有 3-硝基丙酸（3-nitropropanoic acid，NPA），非反刍家畜饲喂量不能超过总日粮的 5%（Robert 等，2003）。据山西农业大学试验表明，用小冠花鲜草饲喂家兔，试验 3~4 d 家兔开始发病，其症状为精神沉郁，食欲不振，被毛蓬乱，体温偏低。进而出现神经症状，头向后仰，右前肢前伸，左前肢后蹬，口腔流涎，吞咽困难，多在发病后 1~3 d 死亡。小冠花鲜草不能单独饲喂单胃家畜，尤以幼兔危害为大。小冠花与苜蓿、沙打旺各 1/3 饲喂，或与半干青草饲喂后，无不良反应。对牛羊等反刍家畜来说，无论青饲、放牧或饲喂干草，均无毒性反应，还可获得较高的增重效果，是反刍家畜的优良饲草。

小冠花产草量高，再生性能强。在水热条件好的地区，每年可刈割 3～4 次，每公顷产鲜草 60～110 t。黄土高原山坡丘陵地，每公顷可产鲜草 22.5～30.0 t。

第六节 野豌豆属

野豌豆属（*Vicia* L.）又名蚕豆属、巢菜属，全世界有 230 种，广泛分布于温带地区。我国有 43 种 4 变种 6 变型，广泛分布于全国各省区，西北、华北、西南较多。有不少栽培种在生产上应用，如蚕豆（*V. faba*）、箭筈豌豆（*V. sativa*）、毛苕子（*V. villosa*）、光叶苕子（*V. villosa* var. *glabrescens*）、匈牙利苕子（*V. panllonica*）、红花苕子（*V. fulgens*）、山野豌豆（*V. amoena*）和广布野豌豆（*V. craca*）等作为牧草推广栽培。目前栽培的以毛苕子和箭筈豌豆为最多。

一、毛 苕 子

学名：*Vicia villosa* Roth 英文名：Hair vetch 或 Winter vetch

别名：长柔毛野豌豆、柔毛苕子、毛叶苕子。

毛苕子原产于欧洲、中亚、伊朗，广布于东、西两半球的温带，主要是北半球温带地区。在前苏联、法国、匈牙利栽培较广。美洲在北纬 33°～37° 为主要栽培区，欧洲北纬 40° 以北尚可栽培。毛苕子在我国栽培历史悠久，分布广阔，以安徽、河南、四川、陕西、甘肃等省栽培较多，东北、华北也有种植，是世界上栽培最早、在温带国家种植最广的牧草和绿肥作物。

（一）植物学特征

毛苕子为一年生或越年生草本植物，全株密被长柔毛（图 6-7）。主根长 0.5～1.2 m，侧根多。茎四棱，细软，长达 2～3 m，攀缘，草丛高约 40 cm。每株分枝 20～30 个。偶数羽状复叶，小叶 7～9 对，顶端有分枝的卷须；托叶戟形；小叶长圆形或披针形，长 10～30 mm，宽 3～6 mm，先端钝，具小尖头，基部圆形。总状花序腋生，花梗长，10～30 朵花着生于花梗上部的一侧，花紫色或蓝紫色。萼钟状，有毛，下萼齿比上萼齿长。荚果矩圆状菱形，长 15～30 mm，无毛，含种子 2～8 粒。种子球形，黑色，千粒重 25～30 g。

（二）生物学特性

毛苕子属春性和冬性的中间类型，偏冬性。其生育期比箭筈豌豆长，开花期较箭筈豌豆迟半月左右，种子成熟期也晚些。

毛苕子喜温暖湿润的气候，不耐高温，

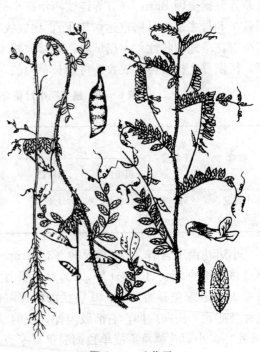

图 6-7 毛苕子
（引自南京农学院，1980）

当日平均气温超过 30 ℃时，植株生长缓慢。生长的最适温度为 20 ℃。耐寒性较强，能耐
−20 ℃的低温。耐旱能力也较强，在年降水量不少于 450 mm 的地区均可栽培。但其种子发
芽时需较多水分，表土含水量达 17％时，大部分种子能出苗，低于 10％则不出苗。不耐水
淹，水淹 2 d，会导致 20％～30％的植株死亡。

毛苕子喜沙土或沙质壤土。如排水良好，即使在黏土上也能生长。在潮湿或低湿积水的土
壤上生长不良。耐盐性和耐酸性均强，在土壤 pH 6.9～8.9 时生长良好，在土壤 pH 8.5，含
盐量为 0.25％的苏北垦区和在 pH 5～5.5 的江西红壤土上都能良好生长。毛苕子耐阴性较强，
在果树林下或高秆作物行间均能正常生长。在山西右玉 4 月上旬播种，5 月上旬分枝，6 月下
旬现蕾，7 月上旬开花，下旬结实，8 月上旬荚果成熟。从播种到荚果成熟约需 140 d。

（三）栽培技术

1. 轮作　毛苕子可与高粱、谷子、玉米、大豆等轮作，其后茬可种水稻、棉花、小麦
等作物。在甘肃、青海、陕西关中等地可春播或与冬作物、中耕作物以及春种谷类作物进行
间、套、复种，于冬前刈割做青饲料，根茬肥田种冬麦或春麦。也可于次年春季翻压做棉
花、玉米等的底肥。在种过毛苕子的地上种小麦，可增产 15％左右。

2. 播种　毛苕子根系入土较深，为使根系发育良好，必须深翻土地，创造疏松的根层。
播前要施厩肥和磷肥，特别需要施用磷肥，我国各地施用磷肥都有明显的增产效果。如淮北
地区，每公顷施过磷酸钙 300 kg，比不施磷的增产鲜草 0.5～2 倍，每千克磷增产鲜草 20～
75 kg，起到了以磷增氮的效果。

毛苕子春播、秋播均可。南方宜秋播，在江淮流域以 9 月中、下旬播种为宜。播种过
迟，生长期短，植株低矮，产量低。西北、华北及内蒙古等地多为春播，以 4 月初至 5 月初
较适宜。冬麦收获后复种亦可。

毛苕子的硬实率为 15％～30％，播量应适当加大。一般收草用的播量为 45～60 kg/hm²，
收种用的播量为 30～37.5 kg/hm²。播前进行种子硬实处理能提高发芽率。单播时撒播、条
播、点播均可，以条播或点播较好。条播行距为 20～30 cm，点播穴距 25 cm 左右，收种行
距 45 cm。播深 3～4 cm。

毛苕子茎长而细弱，单播时茎匐匐蔓延，互相缠绕易产生郁闭现象。以牧草为目的者可
与禾本科牧草如黑麦草、苏丹草或与燕麦、大麦等麦类作物混播。与意大利黑麦草混播比例
以（2～3）∶1 为佳，每公顷用毛苕子 30 kg，意大利黑麦草 15 kg；与麦类混播比例 1∶
（1～2），每公顷用毛苕子 30 kg，燕麦 30～60 kg。混播方式以间行密条播为好。采用间、
套、混种毛苕子各地有别。四川、湖南在油菜地间作毛苕子，先撒播毛苕子，然后点播油
菜；江苏与胡萝卜套种，7～8 月先种胡萝卜，9 月再条播毛苕子；陕西关中在玉米最后一次
中耕除草时套种毛苕子，翌年 4 月下旬至 5 月初收制干草，或翻压后做棉田绿肥；甘肃在玉
米行内或小麦灌 2～3 次水后套种毛苕子。苕子与苏丹草混播时，鲜草中的蛋白质含量要比
单播苏丹草提高 64％；毛苕子与冬黑麦混播，产草量比毛苕子单播时增产 39％，比冬黑麦
单播时增产 24％。

3. 田间管理　在播前施磷肥和厩肥的基础上，生长期可追施草木灰或磷肥 1～2 次。在
土壤干燥时，应于分枝期和盛花期灌水 1～2 次。春季多雨地区应进行挖沟排水，以免茎叶
萎黄腐烂，落花落荚。受蚜虫危害时可用 40％乐果乳剂 1 000 倍稀释液喷杀。

4. 收获　毛苕子青饲时，从分枝盛期至结荚前均可分期刈割，或草层高度达 40～50 cm

时即可刈割利用。调制干草者，宜在盛花期刈割。毛苕子的再生性差，刈割越迟再生能力越弱，若利用再生草，必须及时刈割并留茬 10 cm 左右，齐地刈割会严重影响再生能力。刈割后待侧芽萌发后再行灌溉，以防根茬水淹死亡。与麦类混播者应在麦类作物抽穗前刈割，以免麦芒长出降低适口性并对家畜造成危害。

毛苕子为无限花序，种子成熟参差不齐，当茎秆由绿变黄，中下部叶片枯萎，50%以上荚果变成褐色时即可收种，每公顷可收种子 450～900 kg。

（四）饲用价值

毛苕子茎叶柔软，蛋白质含量丰富（表 6 - 11），无论鲜草或干草，适口性均好，各种家畜都喜食。可青饲、放牧或刈割干草。四川等地将毛苕子制成苕糠，是喂猪的好饲料。据广东省农业科学院试验，用毛苕子草粉喂猪，料肉比为 5∶1。毛苕子于早春分期播种，5～7 月分批收割，以补充该阶段青饲料的不足。毛苕子也可在营养期用于短期放牧，再生草用来调制干草或收种子。南方冬季在毛苕子和禾谷类作物的混播地上放牧奶牛，能显著提高产奶量。但在毛苕子单播草地上放牧牛、羊时要防止瘤胃臌气的发生。

表 6 - 11　毛苕子的营养成分（%，以干物质计）

（西北农学院）

生育期	干物质	粗蛋白质	粗脂肪	粗纤维	无氮浸出物	粗灰分
开花期	14.80	23.38	5.81	22.03	41.35	7.43

二、箭筈豌豆

学名：*Vicia sativa* L.　英文名：Common vetch 或 Spring vetch

别名：救荒野豌豆、普通苕子、春箭筈豌豆、大巢菜。

箭筈豌豆原产于欧洲南部和亚洲西部。我国甘肃、陕西、青海、四川、云南、江西、江苏、台湾等省（区）的草原和山地均有野生分布。现在西北、华北地区种植较多，其他省（区）亦有种植，其适应性强，产量高，是一种优良的草料兼用作物。

（一）植物学特征

箭筈豌豆是一年生或二年生草本植物（图 6 - 8）。主根肥大，入土不深，侧根发达。根瘤多，呈粉红色。茎较毛苕子粗短，有条棱，多分枝，斜生或攀缘，长 80～120 cm。偶数羽状复叶，具小叶 8～16 枚，顶端具卷须，小叶倒披针形或长圆形，先端截形凹入并有小尖头。托叶半箭头形，一边全缘，一边有 1～3 个锯齿，基部有明显腺点。花 1～3 朵生于叶腋，花梗短；花冠蝶形，紫色或红色，个别白色。荚果条形，稍扁，长 4～

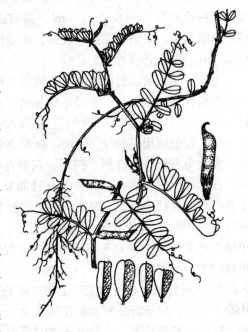

图 6 - 8　箭筈豌豆
（引自陈默君、贾慎修，2002）

6 cm，每荚含种子 7～12 粒。种子球形或扁圆形，色泽因品种不同而呈黄色、粉红、黑褐或灰色，千粒重 50～60 g。

（二）生物学特性

箭筈豌豆性喜凉爽，抗寒性较毛苕子差，当苗期温度为−8 ℃，开花期为−3 ℃，成熟期为−4 ℃时，大多数植株会受害死亡。耐旱能力和对土壤的要求与毛苕子相似。耐盐力略差，适宜的土壤的 pH 为 5.0～6.8，对长江流域以南的红壤、石灰性紫色土、冲积土都能适应。箭筈豌豆为长日照植物，缩短日照时数，会造成植株低矮，分枝多，不开花。

（三）栽培技术

箭筈豌豆是各种谷类作物的良好前作，它对前作要求不严，可安排在冬作物、中耕作物及春谷类作物之后种植。北方宜春播或夏播，南方宜 9 月中下旬秋播，迟则易受冻害。箭筈豌豆种子较大，用作饲草或绿肥时，每公顷播种量为 60～75 kg，收种时为 45～60 kg。播种深度 3～5 cm。箭筈豌豆单播时容易倒伏，影响产量和饲用品质，通常与燕麦、大麦、黑麦、苏丹草等混播，混播时箭筈豌豆与谷类作物的比例应为 2∶1 或 3∶1，这一比例的蛋白质收获量最高。箭筈豌豆的播种方式、方法及播后田间管理与毛苕子相似。

箭筈豌豆收获时间因利用目的不同而不同。用以调制干草的，应在盛花期和结荚初期刈割；用作青饲的则以盛花期刈割较好。如利用再生草，注意留茬高度，在盛花期刈割时留茬 5～6 cm 为好；结荚期刈割时，留茬高度应在 13 cm 左右。种子收获要及时，过晚会炸荚落粒，当 70％的豆荚变成黄褐色时清晨收获，每公顷可收种子 1 500～2 250 kg，高者可达 3 000 kg。

（四）饲用价值

箭筈豌豆茎叶柔软，叶量大，营养丰富，适口性好，是各类家畜的优良牧草。茎叶可青饲、调制干草和放牧利用。籽实中粗蛋白质含量高达 30％（表 6 - 12），较蚕豆、豌豆种子蛋白质含量高，粉碎后可做精饲料。箭筈豌豆籽实中含有生物碱和氰苷两种有毒物质。生物碱含量为 0.1％～0.55％，略低于毛苕子。氰苷经水解酶分解后放出氢氰酸，不同品种的含量为 7.6～77.3 mg/kg，高于卫生部规定的允许量（即氢氰酸含量＜5 mg/kg）。饲用需做去毒处理，如氢氰酸遇热挥发，遇水溶解即可降低，即其籽实经烘炒、浸泡、蒸煮、淘洗后，氢氰酸含量可下降到规定标准以下。此外，也可选用氢氰酸含量低的品种或避开氢氰酸含量高的青荚期饲用，并禁止长期大量连续饲喂，均可防止家畜中毒。

表 6 - 12　箭筈豌豆的营养成分（％）

（引自焦彬，1985）

样品	水分	占干物质					钙	磷
		粗蛋白质	粗脂肪	粗纤维	无氮浸出物	粗灰分		
鲜草	79.60	18.63	2.45	26.96	41.67	10.29	0.27	0.07
干草	11.00	14.94	1.24	28.31	48.54	6.97	1.18	0.32
干草	全干	16.14	3.32	25.17	42.29	13.07	2.00	0.25
种子	全干	30.35	1.35	4.96	60.65	3.69	0.01	0.33

第七节　柱花草属

柱花草属（*Stylosanthes* Swantz）植物 48 种，原产墨西哥、中美洲及南美洲热带地区，巴西中部是该属的生物多样性中心，占全部种的 45%。现广泛分布于亚洲、非洲和南美洲的热带、亚热带地区。我国于 20 世纪 60 年代引种栽培，主要有圭亚那柱花草、矮柱花草、柱花草、加勒比柱花草和灌木状柱花草等，现已推广到华南和西南地区。

一、圭亚那柱花草

学名：*Stylosanthes guianensis*（Aubl.）Sw. 英文名：Common stylo 或 Brazilian lucerne

别名：巴西苜蓿、热带苜蓿、笔花豆。

圭亚那柱花草原产于南美洲北部。20 世纪 60 年代以来，先后引入我国试种的有斯柯非（*S. guianensis* cv. Schofield）、库克（*S. guianensis* cv. Cook）、奥克雷（*S. guianensis* var. *intermedia*. cv. Oxly）、恩迪弗（*S. guianensis* cv. Enaeavour）和格拉姆（*S. guianensis* cv. Graham）等品种，其中奥克雷、格拉姆更耐低温，抗病性更强，且开花早，易留种，故而发展更快。在广西南部和西部及广东主要用于改良天然草地。

（一）植物学特征

圭亚那柱花草为多年生丛生性草本植物（图 6-9）。主根发达，深达 1 m 以上。茎直立或半匍匐，草层高 1~1.5 m。粗糙型的茎密被茸毛，老时基部木质化，分枝多，长达 0.5~2 m。羽状三出复叶，小叶披针形，中间小叶稍大，长 4.0~4.6 cm，宽 1.1~1.3 cm，顶端极尖。托叶与叶柄愈合包茎呈鞘状，先端二裂。细茎型的茎较纤细，小叶较小，很少细毛。花序为数个花数少的穗状花序聚集成顶生复穗状花序，花小，蝶形，黄色或深黄色。荚果小具喙，2 节，只结 1 粒种子。种子椭圆形，两侧扁平，淡黄至黄棕色，大小因品种而不同，长 1.8~2.7 mm，宽约 2 mm，千粒重 2.04~2.53 g。

图 6-9 圭亚那柱花草

（二）生物学特性

圭亚那柱花草属于热带牧草，喜温怕冻，15 ℃以上可生长，−2.5 ℃便冻死。适宜生长在北纬 23°至南纬 23°，海拔 200~1 000 m，年降水量 500~1 700 mm 的地区，亚热带地区也可在霜冻线以上的高坡地生长。耐旱性很强，也可忍受短时间水淹，但不能在低洼积水地生长。圭亚那柱花草对土壤适应性广，有较强的吸取钙和磷的能力，是热带豆科牧草中最耐贫瘠和酸性土壤的草种。可耐 pH 4.0 的强酸性土壤，能在热带砖红壤、潜育土和灰化土上生长，干燥沙质土至重黏土均生长良好，但以排水良好、质地疏松的微酸性土壤为最好。圭亚那柱花草为短日照植物，晚熟类型在 12 h 以下的日照时才开花，最适日照是 10 h。

在广西南宁地区，3 月下旬或 4 月上旬播种时，播后 1~2 周出土，5 月中下旬进入分枝期，11~12 月开花，1~2 个月后种子成熟。

（三）栽培技术

1. 种子处理 圭亚那柱花草种子硬实率为 30%~75%，播前须进行机械擦破种皮处理，或用 80 ℃ 热水浸种 1～2 min，可使发芽率提高到 95%。

2. 整地和播种　可进行半翻耕，用重耙或旋耕机处理地表，或行全翻耕。播种宜在 2 月下旬至 4 月。多条播，行距 50 cm，播深 1～2 cm，播量每公顷 5～8 kg；也可点播，行距 50～80 cm，株距 30～40 cm；还可育苗移栽。苗床应选土质肥沃，排水良好，阳光充足的地方，精细整地后，按每 100 m² 250～300 g 的播量进行密播，将催芽处理过的种子均匀撒播在苗床上，待苗高 5～20 cm 时，趁阴雨天气，按行株距 80 cm×80 cm，每穴 2 株进行移栽。育苗移栽较直播容易成功。播种时最好结合施肥，每公顷施含钼的过磷酸钙 200～400 kg。除单播外，也可混播，圭亚那柱花草与大黍、无芒虎尾草、狗尾草、毛花雀稗等禾本科牧草混播可持久混生，不仅能抵御杂草入侵，而且自身能侵入天然草地。

3. 田间管理　圭亚那柱花草早期生长缓慢，尤其是出苗后 6 周内，往往为杂草掩盖，因此应加强苗期除草工作。

4. 收获　播后 4～5 个月，草层高 40～50 cm 时，可进行第一次刈割，留茬至少 30 cm，以利再生。播种当年可刈割 1～2 次，每公顷产鲜草 30 000～45 000 kg，或干草 6 750～9 750 kg。因花期长，种子成熟不一且易落粒，所以应分期分批采收，或在上部花苞种子大部分成熟时一次性收获。

（四）饲用价值

据分析圭亚那柱花草全株干物质含粗蛋白质 8.06%～18.1%，粗纤维 34.38%～37.7%。在昆士兰分析，含粗蛋白质 11.8%，可消化率为 52.6%，粗纤维可消化率为 42.2%，干物质消化率为 48.4%。其所含养分及消化率均低于紫花苜蓿（紫花苜蓿蛋白质的消化率达 81.7%），营养物质含量如表 6-13 所示。

粗糙型的圭亚那柱花草生长早期适口性比较差，到后期逐渐为牛喜食；细茎型的适口性很好，生长各时期都为牛、羊、兔等家畜喜食，叶量较丰富，开花期茎叶比例为 1：0.76，茎占总重约 56.71%。

表 6-13　圭亚那柱花草的营养物质含量（%）

（引自贾慎修，1989）

品种	生育期	占干物质					钙	磷
		粗蛋白质	粗脂肪	粗纤维	无氮浸出物	粗灰分		
斯柯非	开花	8.06	2.24	34.38	50.87	4.45		
格来姆	分枝	14.72	2.81	30.19	43.51	8.77	1.46	0.25
格来姆	开花	15.32	1.44	31.91	42.93	8.40		

除放牧、青刈外，调制干草也为家畜喜食。10～11 月茎叶达到最高产量，此时又是少雨季节，利于调制干草过冬。收种脱粒后的茎秆，牛也喜欢吃，含有粗蛋白质 6.55%，比稻草还高。此外，还可制成优良的干草粉，在尼日利亚每年刈割 45 cm 以上部分的枝条打成干草粉，含粗蛋白质 17.17%，可作为商品出售。草粉青绿色，有香味，与水调和富于黏稠性，猪很喜欢吃。

圭亚那柱花草根瘤多,每公顷可固氮 180～216 kg,茎叶又易腐烂分解,可作良好的绿肥覆盖作物。

二、矮柱花草

学名:*Stylosanthes humilis* H. B. K　英文名:Townsville stylo 或 Townsville lucerne
别名:汤斯维尔苜蓿。

矮柱花草原产于巴西、委内瑞拉、巴拿马和加勒比海沿岸,自然群落分布于北纬 23°至南纬 28°、自海平面到海拔 1 500 m 的范围内,在热带地区主要用作改良天然草地。我国 1965 年引种,现扩大到北纬 26°地区。

(一) 植物学特征

矮柱花草为一年生草本植物。根深,粗壮,侧根发达,多根瘤。平卧或斜生,草层高 50～70 cm,茎细长,达 105～150 cm。羽状三出复叶,小叶披针形,花黄色,荚果稍呈镰形,黑色或灰色,上有凸起网纹,先端具弯喙,内含 1 粒种子。种子棕黄色,荚果成熟时不开裂,带荚种子千粒重 3.66 g。

(二) 生物学特性

矮柱花草性喜温暖,最适宜生长在 27～33 ℃,年降水量 635～1 500 mm 的地方。抗旱力强,可耐长期干旱。耐酸和耐瘠薄性特别强,可在 pH 4.0～6.5 的强酸性土壤上生长,也可在黏重的砖红壤土、水稻土、新垦土等地生长。

在广西桂林以南地区,一般 2 月初播种,早春转暖开始出土,幼苗生长缓慢,持续时间长,到 5 月中旬高才 15 cm,6～7 月高达 45 cm 左右,并覆盖地面,10 月上旬开花,花荚期长,12 月初种子成熟,生育期约 250 d。由于分枝多,茎叶稠,到生长后期可形成厚密覆盖,此时对杂草有很强的抑制能力。

(三) 栽培技术

矮柱花草对栽培条件要求不严,在退化草地或不宜农作的荒地和休耕地上均可种植。但因种子带荚壳(荚果不自然开裂),硬实率为 74%～99%,自然发芽率仅为 2%～35%,故播前需进行破除荚壳和破损种皮的机械处理,使发芽率提高到 11%～70%。1～5 月均可播种,条播行距 40～50 cm,每公顷播量约 3 kg。播后 15～30 d 出土,幼苗生长慢,苗期持续近百天,应注意通过中耕除草防止杂草为害。矮柱花草和圭亚那柱花草一样也可进行育苗移栽建植草地。当年可刈割 1～2 次,每次刈割后留茬 25 cm,每公顷产鲜草 22 500～45 000 kg,其中叶量占饲草产量的近 40%。种子一般每公顷产 225～375 kg,高的可达 750 kg 以上。

(四) 饲用价值

矮柱花草适口性良好,可评为上等质量牧草。鲜草为牛、羊等喜食,开花至结荚期仍可保持良好的适口性和较高的营养价值。矮柱花草富含营养成分,所含粗蛋白质与红三叶草的含量接近。营养生长期长,在不同的物候期都含有较高的营养成分,对家畜的发育、肥育和过冬保膘起到很好的作用。据广西畜牧研究所分析,其营养成分含量如表 6-14 所示。澳大利亚测定不同生育期矮柱花草绵羊的干物质采食量为每千克代谢体重($W^{0.75}$)43.1～58.9 g,干物质消化率为 60%～62%。

表 6 - 14　矮柱花草的营养成分含量（%）

（引自贾慎修，1987）

	占干物质				
	粗蛋白质	粗脂肪	粗纤维	无氮浸出物	粗灰分
开花期	11.27	2.25	25.49	54.80	6.19
成熟期	10.15	3.73	36.28	46.08	3.77
干草粉	10.14	3.73	36.28	45.78	4.06

第八节　草木樨属

草木樨属（*Melilotus* Adans.）植物约有 20 种，系一年生或二年生草本植物，起源于欧亚大陆，美洲、非洲和大洋洲早已引种栽培，我国在西周早期就已将草木樨属植物作为战马的饲料。我国现有 9 种草木樨，生产上栽培面积较大的主要有白花草木樨（*M. albus* Desr.）和黄花草木樨［*M. officinalis*（L.）Pers.］。

一、白花草木樨

学名：*Melilotus albus* Desr.　英文名：White sweetclover

别名：白甜车轴草、白香草木樨。

白花草木樨原产于亚洲西部，现广泛分布于欧洲、亚洲、美洲、大洋洲等地，我国 1922 年引进，主要在东北、华北、西北等地栽培。白花草木樨除做饲草利用外，还是重要的水土保持植物、绿肥、蜜源和药用植物。此外在我国某些地区还用作燃料。白花草木樨是我国北方改良盐碱地和瘠薄地的先锋植物，也是退耕还草、改良天然草地和水土流失治理时的首选草种之一。

（一）植物学特征

白花草木樨为二年生草本植物（图 6 - 10）。主根粗壮，深达 2 m 以上，侧根发达。茎粗直立，圆而中空，高 1～4 m。羽状三出复叶，小叶细长，椭圆形、矩圆形、倒卵圆形等，边缘有疏锯齿。花白色，总状花序腋生。荚果卵圆形或椭圆形，无毛，含种子 1～2 粒。种子椭圆形、肾形等，黄色以至褐色，千粒重 2.0～2.5 g。全株与种子均具有香草气味。

（二）生物学特性

白花草木樨具有较强的抗旱、耐寒、耐瘠薄、耐盐碱能力，抗逆性胜于紫花苜蓿。

图 6 - 10　白花草木樨

1. 根　2. 枝及花序　3. 叶　4. 雄蕊　5. 花
6. 旗瓣　7. 翼瓣　8. 荚果　9. 种子

白花草木樨耐寒性较强，在日均地温稳定在 3.1～6.5 ℃时即开始萌动，第一片真叶期可耐−4 ℃的短期低温，成株可在−30 ℃的低温下越冬。抗旱能力强，土壤含水量 10%～12%时种子即可萌芽，在分枝期土壤含水量降到 5.8%时仍能缓慢生长，在年降水量 300～500 mm 的地方生长良好。对土壤要求不严，除低洼积水地和酸性土壤不宜种植外，其他土壤均可种植。耐瘠薄，在有机质含量 0.01%的粗沙土上，株高仍达 1.3～1.5 m。特别喜富含石灰质的中性或微碱性壤土，适宜的 pH 为 7～9。其耐碱性是豆科牧草中最强的一种，甚至超过禾本科牧草。在含盐量 0.20%～0.30%的盐碱土上生长良好，且具有抑制返盐和脱盐的作用。生长第二年的白花草木樨收获后 0～10 cm 土层的含盐量可减少 9.32%，10～20 cm 减少 21.60%，20～30 cm 减少 49.57%，因此可用白花草木樨改良盐碱土壤。

白花草木樨播后 5～7 d 可以发芽。播种当年地上部生长缓慢，不开花或少量开花。翌年早春返青后生长迅速，并在 5～7 月开花结实。根据生育期的长短，白花草木樨可以分为三个类型：生育期 80～100 d 者为早熟型，100～120 d 者为中熟型，120～135 d 者为晚熟型。一般植株高大的属晚熟型，它们的高度达 3.0～3.5 m，产量较高；早熟型较低矮，一般高度为 1.2～2.0 cm，产量较低；中熟型介于早、晚熟型之间。

（三）栽培技术

1. 播种　播前应精细整地，并施足磷、钾肥。种子硬实率高，需划破种皮或冷冻低温处理，或用 10%的稀硫酸浸泡 30～60 min。在盐碱地播种时，用 1%～2%的氯化钠溶液浸种 2 h，可提高出苗率 17%～30%。此外用 1%的钼酸铵溶液浸种 10 h，可显著提高草木樨鲜草的产量。

春、夏、秋季播种均可，也可寄籽播种。草木樨生长年限短，在北方早春土壤解冻时趁墒播种较为适宜，但在春旱多风地区，以 6 月上中旬雨水较多时播种为宜，秋播不要过迟，以免影响越冬。播种量为每公顷 11.25～22.75 kg，留种田 7.5～15.0 kg。以条播为主，牧草田行距 15～30 cm，采种田 30～60 cm。播深 2～3 cm。播种后要进行镇压，防止跑墒。白花草木樨可与农作物轮作、间作或与林木间作，也可与其他牧草混播。

2. 田间管理　播种当年要及时中耕除草，以利幼苗生长。当出现第一片真叶时需中耕除草，在苗高 5～6 cm 和 10～15 cm 时进行第二、第三次中耕除草。在分枝期、刈割后要追施磷、钾肥，并及时灌溉、松土等。追施磷肥可显著增加产草量和种子产量，在河北坝上地区施用五氧化二磷 270 kg/hm^2 和 360 kg/hm^2 时，可使其产草量和种子产量分别达到最大值。种子田要注意在现蕾至盛花期保证水分充足，而在后期要控制水分。常见的病虫害有白粉病、锈病、根腐病、黑绒金龟子、象鼻虫、蚜虫等，应采用综合措施进行防控。

3. 收获　青饲在株高 50 cm 时开始刈割，调制干草在现蕾期刈割，开花后刈割茎秆木质化严重，影响饲用品质。白花草木樨刈割后新枝由茎叶腋处萌发，因此要注意留茬高度，一般为 10～15 cm。早春播种当年每公顷可产鲜草 15～30 t，第二年 30～45 t，高者可达 60～75 t。采种均在生长的第二年进行。种子成熟不一致，易脱落，采收要及时。当有 2/3 的荚果变成深黄褐色或褐色，下部种子变硬时，可在有露水的早晨采收。一般每公顷收种子 600～900 kg。

（四）饲用价值

白花草木樨质地细嫩，营养价值较高（表6-15），含有丰富的粗蛋白质和氨基酸，是家畜的优良饲草，可青饲、放牧利用，也可以调制成干草或青贮饲料后饲喂。青饲喂奶牛每日每头50 kg，羊7.5～10.0 kg，猪3.0～4.5 kg。草木樨种子营养价值高，可做蛋白质饲料，喂前先浸泡24 h，去除苦味，或炒熟，磨碎后饲喂。

饲喂时要注意与其他饲草饲料的合理搭配。据研究，玉米秸＋草木樨＋精饲料（27.5：27.5：45）组合效应最高，该组合通过营养素间的互补，提高了日粮的整体发酵水平。

表6-15　白花草木樨的营养成分（生长第二年）（%）

（中国农科院草原研究所）

生育期	水分	干物质	占绝对干物质					钙	磷
			粗蛋白质	粗脂肪	粗纤维	无氮浸出物	粗灰分		
分枝期	9.72	90.28	17.58	1.95	30.04	42.24	9.24	2.28	0.1
开花期	7.20	92.80	15.58	1.01	36.84	39.97	6.60	—	3

白花草木樨株体内含有香豆素（cumarin），其含量为1.05%～1.40%，具有苦味，影响适口性。因此，饲喂时应由少到多，数天之后，家畜开始喜食。草木樨调制成干草后，香豆素会大量散失，所以其干草的适口性较好。香豆素在霉菌的作用下，可转变为双香豆素，抑制家畜肝中凝血原的合成，破坏维生素K，延长凝血时间，致使出血过多而死亡。因此，霉变的草木樨不能饲喂。

二、黄花草木樨

学名：*Melilotus officinalis* Desr.　英文名：Yellow sweetclover

别名：黄甜车轴草、香草木樨、金花草。

黄花草木樨原产于欧洲，在欧洲各国被认为是重要牧草。我国东北、华北、西北、西藏、四川和长江流域以南都有野生种，其中西北、华北和东北等地栽培较多。

黄花草木樨与白花草木樨有着相似的经济利用价值、栽培和利用技术。因其抗逆性高于白花草木樨，因而在白花草木樨不能很好生长的地区，可以种植黄花草木樨，但产量略低。在黄花草木樨提取物中含有抑制植物病源真菌的活性物质，可防治多种蔬菜及作物的真菌病害，因此近年来成为开发安全、高效、无污染植物源杀菌剂的重要材料。

第九节　其他豆科牧草

一、银合欢

学名：*Leucaena leucocephala*（Lam.）de Wit.　英文名：Leucaena

别名：萨尔瓦多银合欢

银合欢原产于墨西哥的尤卡坦半岛一带，现广泛分布于世界上的热带、亚热带地区。我国最早引进银合欢的是台湾省，至今已有300多年的历史，华南热带作物学院于1961年引种，现已在海南、广东、广西、福建、云南、浙江、湖北大面积栽培。

（一）植物学特征

银合欢是常绿灌木或小乔木，植株高大，高 3~10 m（图 6-11）。叶互生，偶数二回羽状复叶，羽片 6~8 对，小叶 11~23 对；小叶长 1.7 cm，宽 5 mm，中脉偏 1/3；总叶柄上有一大腺体。头状花序 1~2 个腋生，球形，直径约 2.7 cm，具长柄；每个花序有小花 10~160 多朵，花白色。荚果扁平带状，长 10~24.5 cm，每荚含有种子 10~27 粒，成熟时开裂。种子褐色，扁平光亮。花期 3~4 月及 8~9 月，结实期 3~6 月及 11~12 月，种子千粒重 60.8 g。

图 6-11　银合欢
（引自陈默君、贾慎修，2002）

（二）生物学特性

银合欢适应性强，虽是热带植物，但耐寒力强。生长最适温度为 25~30 ℃，在 10 ℃以下，35 ℃以上停止生长。银合欢根系发达，耐旱能力强，在年降水量 250 mm 的地方也能生长，在年降水量 650~3 000 mm 的地区生长良好，但不耐水淹。对土壤要求不严，最适合种植在中性或微碱性（pH 6.0~7.7）的土壤上，在岩石缝隙中也能生长。耐盐能力中等，当土壤含盐量为 0.22%~0.36% 时，仍能正常生长。耐高铝、低铁，但锰含量过高（550 mg/kg 以上）时生长受阻。再生力较强，每年割 4~6 次，每公顷每年产鲜嫩枝叶 45~60 t。

（三）栽培技术

银合欢可用种子及插条繁殖。种子硬实率达 80%~90%，直接播种的出苗率极低，播种前需采用 80 ℃热水恒温浸种 3 min 或 98% 的浓硫酸浸种 5 min 对银合欢种子进行处理，以提高发芽率，最好用根瘤菌拌种。

选择土层深厚的石灰性土种植较为理想。在机耕整地后种子直播，也可以育苗移栽。种子直播宜在 3 月，多条播，行距 60~80 cm，播种量 15~30 kg/hm²，播种后覆土 2~3 cm。育苗地则应选向阳地起平畦，畦宽 1.2 m，苗床要经常保持湿润，并注意除草，以防幼苗荫蔽致死。幼苗长至 30~50 cm 时，便可以移栽。移栽时每穴深 0.5 m，直径 0.5 m，株行距 1 m×1 m。施基肥，每公顷用有机肥 30~40 t，过磷酸钙 225~375 kg，石灰 1~1.5 t。移栽后每日淋水 1 次，直到成活。苗期及时除草，待植株长到 1~1.5 m 高时，即可进行第一次刈割，留茬 30~50 cm。收割后要注意施用氮肥和磷肥，以促进再生，50 d 后，植株高度 1.2 m 时，可以再行收割。

（四）饲用价值

银合欢叶量大，鲜嫩枝为总重量的 60% 以上。叶和嫩枝含丰富的蛋白质、脂肪、矿物质和各种微量元素，是理想的蛋白质饲料，可青饲、干饲、青贮和放牧家畜（表 6-16）。其叶片含大量叶黄素和胡萝卜素，可沉积在鸡皮肤和蛋黄中，使之变成消费者喜好的深橘色。茎可以喂牛，叶粉是猪、鸡、兔的优质补充饲料。

表 6-16　银合欢的营养成分含量（%）

（引自贾慎修，1992）

采样部位	干物质	占干物质					钙	磷	镁	钾
		粗蛋白质	粗脂肪	粗纤维	粗灰分	无氮浸出物				
叶片	35.69	26.69	5.10	11.40	6.25	50.56	0.80	0.21	0.38	1.80
嫩枝	30.90	10.81	1.44	46.77	6.01	34.97	0.41	0.18	0.41	2.45
荚果壳	80.99	10.75	1.06	37.06	4.99	46.14	0.61	0.06	0.81	1.37
种子	82.78	32.69	3.33	15.70	4.25	44.03	0.32	0.37	0.35	1.43

　　银合欢虽然是热带地区中一种不可多得的饲料，但其叶和荚含有毒素——含羞草素（amino acid mimosine，β-CN-羟基-4-氧吡啶基-α-氨基丙酸），生长顶端含羞草素含量可达干物质的 12%，幼叶则为 3%～5%，当它进入瘤胃后便分解为强烈的致甲状腺肿物质 3，4-二羟基吡啶（DHP），从而导致家畜中毒。反刍家畜如果大量采食银合欢，会出现中毒症状。首先是脱毛，其次是食欲减退，体重下降，唾液分泌过多，步态失调，甲状腺肿大，繁殖性能减退和初生幼畜死亡等。

　　许多研究表明，用银合欢饲喂畜禽时，在反刍动物日粮中，不能超过 25%；在非反刍动物日粮中不能超过 15%；对于放牧的反刍家畜，其干物质日采食量应控制在其体重的 1.7%～2.7%。

二、绿叶山蚂蟥

学名：*Desmodium intortum*（Mill.）Urb.　英文名：Greenleaf desmodium 或 Beggar-lice

别名：旋扭山绿豆。

绿叶山蚂蟥原产于巴拿马、哥伦比亚、危地马拉、委内瑞拉、厄瓜多尔和秘鲁等国家。澳大利亚引入作为沿海地区改良草地的重要牧草之一。我国 1974 年从澳大利亚引入，在广西、广东栽培，生长良好。

（一）植物学特征

绿叶山蚂蟥是豆科山蚂蟥属多年生热带草本植物。根系发达，主根入土较深，侧根发达。茎粗壮，分枝长 1.3～8 m，直径 5～8 mm，匍匐蔓生，密生茸毛，茎节着地即生根。三出复叶互生，卵状菱形或椭圆形，长 2～7 cm，宽 1.5～5.5 cm，小叶软纸质，叶面常有棕红色或紫色斑点，两面被柔毛。总状花序腋生，花冠淡紫红色。荚果弯曲，每荚含种子 8～12 粒，种子肾形，千粒重 1.3 g。

（二）生物学特性

绿叶山蚂蟥喜欢温热湿润环境，最适宜生长在气温 25～30 ℃，年降水量＞900 mm，旱季短于 6 个月的地区。耐热性强，在夏季高达 40 ℃的情况下，能正常生长。不耐严寒，生长温度的低限为 15 ℃，一般轻霜冻嫩枝叶易受冻害。喜光照，为短日照植物，但也耐荫蔽，所以宜于果园间种或同大型禾草混种。适应的土壤范围很广，从沙壤土到黏壤土都能生长，适宜的土壤 pH 为 5～7，不耐盐。

（三）栽培技术

绿叶山蚂蟥可种子及扦插繁殖。种子播种前需进行硬实处理，并用根瘤菌剂拌种，宜3～4月播种，条播行距25～30 cm，播深1～2 cm，每公顷播量7.5～11.25 kg；扦插时宜选生长1年的中等老化枝条做插条，扦条下部浸根瘤菌泥浆最佳，雨季扦插容易成活。施肥有显著的增产效果，因此可结合整地每公顷施厩肥7 500～15 000 kg，磷肥150～225 kg做基肥。绿叶山蚂蟥幼苗期生长较弱，应及时中耕除草。

（四）饲用价值

绿叶山蚂蟥产草量高，播种当年可刈割2～3次，每公顷产鲜草60 t左右。其叶质柔软，适口性较好，猪、兔、鱼均喜食。茎叶营养价值高，可放牧利用，也可调制干草，现已成功地将人工干燥的叶片作为苜蓿粉的代用品，用于喂饲牛羊。其营养成分见表6-17。

表6-17 绿叶山蚂蟥的营养成分含量（%）

（引自任继周等，1989）

类别	水分	粗蛋白质	粗脂肪	粗纤维	无氮浸出物	粗灰分
鲜草	83.93	2.54	0.30	5.49	6.23	1.51
干草	10.54	14.14	1.66	30.55	34.69	8.42

三、红 豆 草

学名：*Onobrychis viciaefolia* Scop.　英文名：Sainfoin

别名：普通红豆草、驴喜豆、驴食草。

红豆草原产于法国，主要分布于欧洲、北非、亚洲西部和南部。法国是红豆草栽培最早的一个国家，至今已有400多年的栽培历史。17世纪在德国、18世纪在意大利、18世纪末19世纪初在美国栽培。前苏联是生产红豆草的主要国家之一。我国新疆天山北坡海拔1 000～2 000 m的半阴坡有野生种分布。1944年由王栋教授从英国带回第一批种子在我国试种，新中国成立以后又先后从前苏联、匈牙利、加拿大、美国引种，在华北、西北、东北地区栽培，表现很好，是北方干旱、半干旱地区有栽培前途的优良牧草。

（一）植物学特征

红豆草为多年生草本植物（图6-12）。根系强大，主根入土深达3～4 m，侧根发达。茎直立，高30～120 cm，多分枝，粗壮，中空，被短柔毛。奇数羽状复叶，小叶13～19片，几无小叶柄；小叶呈长圆形、长卵圆形或披针形，长10～25 mm，宽3～10 mm，上面无毛，下面被覆短柔

图6-12 红豆草

（引自陈默君、贾慎修，2002）

毛。总状花序腋生，明显超出叶层，具小花 25～75 朵，花冠粉红色至深红色。荚果半圆形，压扁，果皮粗糙有明显网纹，边缘有呈鸡冠状突起的尖齿，深褐色，不开裂，内含种子 1 粒。种子肾形，光滑，暗褐色，千粒重 15～18 g，带荚种子千粒重 20～24 g。

（二）生物学特性

红豆草喜欢干燥温暖的气候，抗旱能力超过紫花苜蓿，但抗寒性不及紫花苜蓿。对土壤要求不严，最适宜生长在富含石灰质土壤上；能在干燥瘠薄的沙土、砾土等土壤上良好生长；但不宜栽种在酸性土、碱性土和地下水位高的地区，也不宜在重黏土上生长。

红豆草为春播型牧草，播种当年即可开花结实，但是第一年种子产量低，第二至第五年种子产量最高。花期长达 2 个月之久，同一花序上有花蕾、花和发育不同程度的豆荚，种子成熟很不一致。红豆草属于严格的异花授粉植物，自花不实。在自然条件下，红豆草结实率较低，通常为 30%～50%。因此提高红豆草的结实率，是种子生产的重要问题。红豆草的再生性不如苜蓿，再生草仅占总产量的 30%～35%。寿命一般为 7～8 年，产量最高年份为第二至第四年，5～6 年以后则逐渐衰退，草群稀疏。在条件较好的情况下，可生长 10～20 年。

（三）栽培技术

红豆草是轮作中的一种优良牧草。其根系强大，入土深，种后能给土壤中留下大量有机质和氮素，是各种禾谷类作物的良好前作。红豆草不宜连作，一次种后，需隔 5～6 年再种，否则易发生病虫害，生长不良，产量下降。播前整地要精细，清除杂草，施足基肥，以磷、钾肥和有机肥做基肥。播种时间春秋皆宜，一年一熟地区宜春播，一年两熟地区宜秋播。干旱地区春播不易出苗，可在雨季播种。红豆草可带荚播种，做割草时每公顷播量为 75～90 kg，作为采种用时为 45～60 kg/hm²。割草用的行距为 20～30 cm，种子田行距为 50～70 cm，播深 3～4 cm。在干旱地区播后及时镇压，可使出苗提前 2～3 d，且出苗均匀整齐。红豆草在苗期生长缓慢，易受杂草危害，应及时除草。每次刈割或放牧后，施肥并结合灌溉，以促使再生和提高产量。

红豆草适宜的刈割时期为盛花期，这时单位面积的蛋白质产量最高。每年可刈割 2～3 次，以第一茬产量最高，第二茬只有第一茬草的 1/2，留茬高度一般为 5～6 cm。红豆草种子产量较高，每公顷可收种子 900～1 125 kg。红豆草落粒性很严重，以植株中下部荚果变成褐色时收获为宜。

（四）饲用价值

红豆草不论是青草还是干草，都是家畜的优质饲草，各类家畜都很喜食。其营养丰富，粗蛋白质含量与红三叶、紫花苜蓿相近，较白三叶略低些（表 6 - 18）。

表 6 - 18　红豆草各生育期的营养成分（%）

（引自陈宝书，1983）

生育期	水分	占干物质					钙	磷
		粗蛋白质	粗脂肪	粗纤维	无氮浸出物	粗灰分		
营养期	8.49	24.75	2.58	16.10	46.01	10.56	1.87	0.25
孕蕾期	5.40	14.45	1.60	30.28	43.73	9.95	2.36	0.25
开花期	6.02	15.12	1.98	31.50	42.97	8.43	2.08	0.24
结荚期	6.95	18.31	1.45	39.18	33.48	7.58	1.63	0.15
成熟期	8.03	13.58	2.15	35.75	40.90	7.63	1.80	0.12

收获种子后的秸秆，亦是马、牛、羊的良好粗饲料。红豆草产量较高，在北京地区生长2～4年的红豆草，每公顷产干草12～15 t。从干物质的消化率来看，红豆草高于苜蓿，低于白三叶和红三叶。其干物质消化率在开花至结荚期一直保持在75％以上，进入成熟期之后消化率才降至65％以下。红豆草最大的优点是供反刍家畜放牧或青饲时不引起瘤胃臌气，这是由于红豆草含有较高的浓缩单宁。

四、百 脉 根

学名：*Lotus corniculatus* L 英文名：Birdsfoot trefoil

别名：五叶草、鸟趾豆、牛角花。

百脉根原产于欧洲和亚洲的湿润地带。17世纪欧洲已确认百脉根的农业栽培价值，并被广泛用于瘠薄地的改良利用和饲草生产。美国在130年前引入栽培，目前已种植93多万公顷。现分布于整个欧洲、北美、印度、澳大利亚、新西兰、朝鲜、日本等地。我国华南、西南、西北、华北等地均有栽培，在四川、贵州、云南、湖北、新疆等地有野生种。各地引种试验表明，百脉根是我国温带湿润地区一种极有希望的豆科牧草。

（一）植物学特征

百脉根为多年生草本（图6-13）。主根粗壮，侧根发达。茎丛生，高60～90 cm，无明显主茎，斜生或直立，分枝数达70～200个，光滑无毛。三片小叶组成复叶，托叶大，位于基部，大小与小叶片相近，被称为五叶草。伞形花序顶生，有小花4～8朵，花冠黄色。荚果长而圆，角状，聚于长柄顶端散开，状如鸟趾，固有"鸟趾豆"之称，长2～5 cm，每荚有种子15～20粒。种子肾形，黑色、橄榄色或墨绿色，千粒重1～1.2 g。

（二）生物学特性

百脉根喜温暖湿润气候，有较强的耐旱力，其耐旱性强于红三叶而弱于紫花苜蓿，适宜的年降水量为210～1 910 mm，最适年降水量为550～900 mm。对土壤要求不严，在弱酸性和弱碱性、湿润或干燥、沙性或黏性、肥沃或瘠薄地均能生长，最适土壤pH为6.0～6.5，可耐pH为5.5～7.5。耐水渍，在低凹地水淹4～6周情况下又表现受害。百脉根耐热能力很强，在高达36.6 ℃的气温持续

图6-13 百脉根

（引自贾慎修，1987）

19 d的情况下，仍表现叶茂花繁，其耐热性较苜蓿和红豆草强。抗寒力较差，北方寒冷而干燥的地区不能越冬。

在温带地区，百脉根全生育期为108～117 d。百脉根耐牧，耐践踏，再生力中等，病虫害少。

（三）栽培技术

百脉根种子细小，幼苗生长缓慢，竞争力弱，易受杂草抑制，要求播前精细整地，创造

良好的幼苗生长条件，苗期应加强管理。百脉根种子硬实率达 50% 以上，播前应进行硬实处理，以提高出苗率。百脉根要求专性根瘤菌，播前要进行根瘤菌接种。

春播、夏播、秋播均可，但秋播不宜过迟，否则幼苗易冻死。播种量为 6～10 kg/hm²，条播行距 30～40 cm，播深 1～1.3 cm。百脉根可与无芒雀麦、鸭茅、高羊茅、早熟禾等禾本科牧草混播，既可防止百脉根倒伏和杂草入侵，又能组成良好的放牧场或割草场。百脉根的根和茎均可用来切成短段扦插繁殖。

百脉根以初花期刈割最好，其产量较低，一般每年可收获 2～3 次，在山西瘠薄山坡地上，生长第三年每公顷产鲜草 27.35 t，第四年为 29.40 t；在浙江山区，生长第二年每公顷产鲜草 21 t。在江苏扬州每年可收获 5 次，鲜草产量为 63 t。百脉根每年春季只从根颈产生一次新枝，放牧或刈割后的再生枝条多由残枝腋芽产生，因而控制刈割高度和放牧强度以保持 6～8 cm 留茬为宜，是其再生性良好的关键。百脉根由于花期长，种子成熟不一致，又易裂荚落粒，有条件的地方可分批采收，也可在多数荚果变黑时一次刈割收种，每公顷产种子225～525 kg。

（四）饲用价值

百脉根茎细叶多，具有较高的营养价值（表 6-19）。其适口性好，各类家畜均喜食，特别是羊极喜食。百脉根的干物质消化率在分枝前期为 75.2%，分枝后期为 73.5%，孕蕾期为 67.5%，盛花期为 60.9%，种子开始形成时为 53.7%。

表 6-19 百脉根的营养成分（%）

（引自贾慎修，1987）

生育期	水分	占鲜草						磷	分析种类
		粗蛋白质	粗脂肪	粗纤维	无氮浸出物	粗灰分			
开花期	82.91	3.6	0.65	6.17	7.37	1.31		0.09	鲜草

百脉根是春天返青早，耐炎热，夏季其他牧草生长不佳时，百脉根仍生长良好，可提供较好的牧草，除放牧外，尚可青饲、青贮或调制干草。收获期对营养成分的影响不很大，据分析，干物质中蛋白质含量在营养期为 28%，开花期为 21.4%，结荚期为17.4%，盛花期茎叶比为 1∶1.32，种子成熟后茎叶仍保持绿色，并不断产生新芽使植株保持鲜嫩，草层枯黄后草质尚好。百脉根由于含有抗臌胀物质——单宁，反刍家畜大量采食不会引发瘤胃臌气。

五、达乌里胡枝子

学名：*Lespedeza davurica*（Laxm.）Schindl. 英文名：Dahurian lespedeza

别名：兴安胡枝子、牛枝子、牛筋子。

达乌里胡枝子原产中国、朝鲜和日本，分布于我国的东北、华北、西北至云南，黄土高原地带是其分布的几何中心和多度中心。达乌里胡枝子除做饲草外，很大程度上作为水土保持植物；用叶子代茶，可做饮料；因含黄酮类化合物及脂肪醇等，可做药用植物。

（一）植物学特征

达乌里胡枝子为多年生草本状半灌木（图 6-14）。茎斜生，高 40～95 cm，分枝繁密，老枝灰褐色，嫩枝绿色，密被软柔毛。羽状三出复叶互生，小叶披针状长圆形，长 1.5～

3.5 cm，宽 0.8～2 cm，先端钝圆，具 0.1～0.2 mm 的短刺尖，表面无毛，背面伏生短柔毛。总状花序腋生，较小叶短或等长，花萼筒状，萼齿 5 个，披针形，几与花瓣等长，有白色柔毛；蝶形花冠，黄白色至黄色；5～13 个荚果簇生，单个荚果小而扁平，包于宿存萼内，倒卵形或长倒卵形，伏生白色柔毛，内含 1 粒种子；种子卵形，长约 2 mm，光滑，绿黄色或褐色，千粒重 2.0 g。

图 6-14　胡枝子
(引自贾慎修，1987)

(二) 生物学特性

达乌里胡枝子为温带中旱生草本状小半灌木，较喜温暖、耐旱、耐阴、耐瘠薄，适应性强，对土壤要求不严格。主要生长于森林草原和草原地带的干山坡、丘陵坡地、沙质地，为草原群落的次优势种或伴生种。春季气温稳定在 3～5 ℃时，开始萌发或返青。经过 10～20 d 后，气温上升至日均温度为 10 ℃左右时，植物开始产生分蘖或分枝。在山西地区 4 月中旬返青，返青初期生长缓慢，4 月下旬至 5 月上旬进入分枝期，分枝后期生长加快，7 月中下旬现蕾，现蕾后生长速度减慢，7 月下旬至 8 月下旬开花，花期约 1 个月，有的植株不开花亦结实，9 月中旬开始结实，9 月下旬至 10 月上旬种子成熟，10 月下旬开始枯黄。整个生育期 110～150 d，生长期 150～200 d。

(三) 栽培技术

达乌里胡枝子现已在华北、西北进行人工栽培，播期多选择在土壤水分充足的早春或雨季。播前先去除荚壳，然后擦破种皮破除硬实，以提高发芽率。每公顷播种量为 15 kg，撒播可增至 22.5 kg，播深 2～3 cm，条播行距 30～50 cm。播种当年生长缓慢，苗期生长更慢，应注意中耕除草 1～2 次，当年可结实但种子产量低。第二年以后生长很快，当株高 40～50 cm 时即可刈割利用，再生性较弱，每年可刈割 2～3 次，每公顷产鲜草 15～22.5 t。可青饲，也可调制成干草，制干草时在开花期刈割为好。种子收获应在荚果变黄时收获，每公顷可收种子 500～600 kg。

(四) 饲用价值

达乌里胡枝子叶量丰富，适口性好，适宜青饲或放牧利用，是牛、马的良好饲草，羊喜食，尤以山羊更喜食，调制成草粉也是猪、鸡、兔的优质饲料。达乌里胡枝子营养价值高，粗蛋白质含量为 13.6%～21.9%（表 6-20），且氨基酸含量丰富，种类齐全，其中赖氨酸 1.00%，氨基酸总量高达 17.99%，除天门冬氨酸、苏氨酸、蛋氨酸外，其他氨基酸含量均高于苜蓿中的含量，其中赖氨酸、胱氨酸的含量几乎是苜蓿的 2 倍，丙氨酸、亮氨酸含量是苜蓿的 1.5 倍。幼嫩的达乌里胡枝子粗蛋白质含量超过 20%，消化率为 54%～55%，是全年消化率最高的时期；开花后粗蛋白质含量降到 15.3%，木质化程度明显提高，消化率降低到 40%，枯黄后只剩高度木质化的茎秆，粗纤维增加到 47%以上，干物质消化率不足 26%，家畜基本不采食。达乌里胡枝子含有浓缩单宁，在家畜采食后不会引起家畜瘤胃膨气，但影响其适口性及消化率。

表 6 - 20　达乌里胡枝子的化学成分表

（引自贾慎修，1987）

发育期	水分/%	占风干物质/%							胡萝卜素/(mg/kg)
		粗蛋白质	粗脂肪	粗纤维	无氮浸出物	粗灰分	钙	磷	
营养期	10.26	20.55	3.04	22.30	36.68	7.17	2.19	0.52	9.85
初花期	13.23	19.29	2.73	29.47	28.07	7.21	2.86	0.26	86.50
花期	13.11	18.05	4.92	24.26	33.03	6.63	2.36	0.53	38.50
花谢	15.03	12.09	2.61	32.31	32.58	5.38	1.64	0.25	96.10
果期	12.72	6.54	3.75	18.08	58.91	6.30	1.98	0.12	—

六、柠条锦鸡儿

学名：*Caragana korshinskii* kom.　英文名：Korshinsk peashrub

别名：柠条、毛条、大白柠条。

柠条锦鸡儿在我国分布于内蒙古西部、陕西北部、山西北部及甘肃、宁夏等地区的沙地，国外仅蒙古有分布。其适应性广，抗逆性强，是荒漠、荒漠草原地区的优良灌木饲料；柠条锦鸡儿根系强大而入土深，可作为防风固沙、保持水土的环保植物；花冠鲜艳及花期长，是很好的蜜源植物；根、花、种子均可入药，有滋阴养血、通经、镇静、止痒等效用，也是很好的药用植物。

（一）植物学特征

灌木，株高 1.5～3 m，也有达 5 m 者（图 6-15）。根系发达，一般入土深 5～6 m，最深可达 9 m，水平伸展可达 20 余 m。树皮金黄色，有光泽，小枝灰黄色，具条棱，密被绢状柔毛。羽状复叶，小叶 12～16 个，倒披针形或矩圆状倒披针形，两面密生绢毛。花单生，黄色，萼钟状。荚果披针形或矩圆状披针形，稍扁，革质，深红褐色。种子为不规则肾形，褐色或黄褐色，千粒重 55 g。

（二）生物学特性

柠条锦鸡儿为喜沙的旱生植物，极耐干旱，耐酷热，也耐严寒，抗逆性特强。在 -39 ℃的低温下能安全越冬，在夏季沙地表面温度高达 45 ℃时仍能正常生长。其分布区的自然条件为年降水量 150 mm 以下，≥10 ℃的年积温为 3 000～3 600 ℃。柠条锦鸡儿抗风蚀、耐沙埋的能力也很强，根系被风蚀裸露后一般也能正常生长，株丛被沙埋后反而促进分枝生长。

柠条锦鸡儿播种当年生长缓慢，在停止生长前株高达 1 cm 以上时即可越冬，第二至第三年生长加快，株高可达 1 m 左右，第四年即可开花结实。在内蒙古

图 6-15　柠条锦鸡儿

（引自贾慎修，1989）

西部地区,柠条锦鸡儿于4月上旬开始返青,5月下旬至6月上旬开花,6月上旬至7月中旬结实,7月中下旬种子成熟,10月上旬枯黄。

(三) 栽培技术

柠条锦鸡儿适宜种植在固定、半固定沙地或覆沙地上,除严重的风蚀地段外,一般播前均应进行耕翻整地。柠条锦鸡儿种子贮藏第三年发芽率就会显著下降,为正常发芽率的30%～40%,到第四年几乎全部失去发芽能力。为此,播前应测试种子用价,必须保证种子的发芽率不低于80%,纯净度不低于90%。播种以6～7月雨季进行为宜,播种量为3.75～7.50 kg/hm²,覆土厚度约3 cm,条播行距1.5～2.0 m,穴播或撒播均可。播后应及时镇压以利抓苗,并可防止风蚀。柠条锦鸡儿在幼苗阶段生长缓慢,因此,播后应严格封育3年,严禁放牧或刈割,待第四年成株后才能利用。

柠条锦鸡儿常见的虫害有柠条豆象、柠条小蜂、柠条象鼻虫等,主要在开花结实期危害种子的发育和形成,严重时危害率达50%以上。防治方法,在柠条锦鸡儿开花期喷洒50%的百治屠1 000倍溶液毒杀成虫,也可于现蕾至始花期喷洒80%的磷铵1 000倍溶液或50%的杀螟松500倍溶液毒杀幼虫。

柠条锦鸡儿的寿命较长,可一年种植多年利用。当其生长8～10年后,植株衰老,生长缓慢,有枯枝现象或病虫害严重时,应及时进行平茬,以促进萌蘖分枝、促进茎叶生长、更新复壮株丛,延缓衰老。方法是在立冬至翌年春季解冻前,把地上的枝条全部用锋利的刀具割掉,有条件的可用灌木平茬机刈割。

(四) 饲用价值

柠条锦鸡儿枝叶繁茂,产草量高,营养丰富,适口性好,是家畜的良等饲用灌木。绵羊、山羊及骆驼均喜食其幼嫩枝叶和花,夏秋因木质化加剧而采食较少,秋霜后因茎枝干枯变脆家畜亦乐意采食,但马和牛采食较少。其蛋白质含量较高(表6-21),营养期赖氨酸含量(0.701%)比脱水苜蓿的(0.60%)还高,有机物消化率为55.9%。生活5年以上的人工柠条锦鸡儿草地,每公顷可食枝叶干重产量达2 250～3 000 kg,种子产量240～300 kg。柠条锦鸡儿草地可终年放牧利用,尤其在冬春季节及干旱年份的夏季,凭其顽强的生命力和抗旱性能,依然能正常生长成为各类家畜的"保命草"。粗老枝条经粉碎加工成草粉,可作为绵羊、山羊冬春补饲的良等草料。

表6-21 柠条锦鸡儿的营养成分(%)

(引自贾慎修,1989)

生育期	水分	占干物质					钙	磷
		粗蛋白质	粗脂肪	粗纤维	无氮浸出物	粗灰分		
营养期	6.60	14.12	2.25	36.92	40.04	6.67	2.34	0.34
开花期	6.51	15.13	2.63	39.67	37.18	5.39	2.31	0.32

七、塔落岩黄芪

学名:*Hedysarum laeve* Maxim. 英文名:Smooth sweetvetch

别名:羊柴、杨柴。

塔落岩黄芪分布于我国内蒙古中西部、宁夏东部和陕西北部的沙地上,现为北方重要的栽培牧草，也是良好的防风固沙植物。

（一）植物学特征

塔落岩黄芪为灌木，株高 100～150 cm（图 6-16）。根系发达，入土深达 2 m，具地下横走根茎。茎直立，当年枝条绿色，老龄后呈灰褐色。奇数羽状复叶，有小叶 9～17 枚，披针形或椭圆状披针形。总状花序腋生，具 4～10 朵花，花紫红色；花萼钟形，萼齿长短不一；花冠蝶形，旗瓣倒卵形，先端微凹，翼瓣小，龙骨瓣长于翼瓣而短于旗瓣。荚果椭圆形，有 1～3 节，多发育 1 节，内含种子 1～3 粒，以 1 粒多见。种子圆球形，黄褐色，千粒重 11 g。

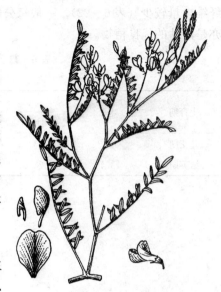

图 6-16　塔落岩黄芪
（引自贾慎修，1987）

（二）生物学特征

塔落岩黄芪为长寿命沙生植物，喜沙质土壤，生于流动半流动、半固定及固定沙地上。耐旱、耐寒、耐热、耐瘠薄和抗风沙能力极强，在年降水量 250～350 mm、干旱、风大、沙多的严酷条件下仍能正常生长，冬季可忍受 -35 ℃以下的严寒，夏季能耐 45 ℃以上的沙地高温，在瘠薄的沙质土壤上仍能获得较高产量，成年植株不怕风蚀沙埋，抗风沙能力可与沙打旺相比。但幼苗不耐风蚀沙埋，耐旱性也弱，耐盐性更差，在土壤含盐量 0.3%～0.5% 时就难以出苗。

塔落岩黄芪第一至第二年地上部生长缓慢，主要生长根系；3 年后才形成产量，生活第四至第六年产量最高且稳定。在内蒙古鄂尔多斯市黄土高原地区，4 月下旬返青，5 月下旬开始现蕾，6 月下旬开始开花，7 月初开始结实，生育期约 100 d。

（三）栽培技术

塔落岩黄芪以荚果播种，因荚果皮坚韧不易透水，故发芽率极低，不到 30%。为此播前需进行机械处理，剥去果皮，可使发芽率提高到 60% 以上。播前应耕翻耙糖土地，北方以雨季或雨季来临前播种为宜，春墒好、风沙小的地区也可抢墒春播，但要注意春旱对幼苗的危害。条播行距为 30～45 cm，每公顷用去壳种子 30～45 kg，覆土 2 cm。点播、撒播或飞播均可，不管何种方式，均要注意播后镇压，以促使种子与土壤紧密接触，保证出苗效果。

种子少时，可进行催芽育苗移栽。方法是先将种子浸泡 24 h，捞出后拌入湿沙，保持湿润，待少量种子萌动后，按每 100 m² 苗床撒播 600 g 种子，第二年春季刚解冻时或秋季冻结之前移栽，移栽时选取健壮株苗挖出，截取 15～20 cm 长的小段根茎，埋入湿润土中即可萌发新枝。

塔落岩黄芪不耐牧，且再生性不强，生活第一至第二年不可利用，3 年后可于每年冬季轻度放牧 1～2 次，或于秋季刈割 1 次，年内避免重牧或多次刈割。塔落岩黄芪落粒性强，采种要及时，应分期分批进行。

（四）饲用价值

塔落岩黄芪枝叶繁茂，营养价值高，适口性好，骆驼终年喜食，羊喜食其叶、花及果实，尤其花可补饲羔羊，花期刈割调制的干草为各类家畜所喜食。其粗蛋白质含量高，而粗纤维含量较少（表 6 - 22）。一般每公顷可产干草 2 250～3 750 kg，种子 150 kg。除饲用外，亦是治沙的优良植物。

表 6 - 22　塔落岩黄芪的营养成分（%）

(引自贾慎修，1987)

生育期	水分	占干物质				
		粗蛋白质	粗脂肪	粗纤维	无氮浸出物	粗灰分
开花期	7.73	23.64	4.01	15.56	49.84	6.95
结荚期	13.44	23.51	4.37	29.40	34.42	8.31

禾本科牧草

第一节　禾本科牧草概述

　　禾本科为单子叶植物，有10 000余种。我国有1 400～1 920种，是我国被子植物的第二大科。禾本科牧草是草原植被的重要组成部分。我国南方草山草坡中60％以上，及北方草原地区40％～70％为禾本科植物。禾本科牧草也是我国重要的栽培牧草，既有多花黑麦草、鸭茅、苇状羊茅和草地早熟禾等常见的冷季型牧草，也有苏丹草、象草、大黍和狗牙根等全世界广泛栽培的暖季型牧草。在我国山地、平原和滩涂等各类生境条件下，都可以选择到适宜的禾本科牧草栽培利用。

　　禾本科牧草一般的形态特征为：须根系；茎（包括匍匐茎和根茎）具有明显的节和节间；叶由叶片和叶鞘两大部分组成；以小穗为单位构成穗状花序或圆锥花序；颖果（图7-1）。

　　禾本科牧草大多由种子（颖果）繁殖，如多花黑麦草、高羊茅、鸭茅、苏丹草，等等。但有些牧草如狗牙根、草地早熟禾等同时也可以匍匐茎或根茎进行营养繁殖。在生产上，大多数牧草以种子为播种材料，少数牧草（如象草）可用茎节育苗、移栽。

　　禾本科牧草具有旺盛的分蘖力。一般情况下，主茎第四叶展开时植株基部便可生长出第一个分蘖。按"单位节"的理论（图7-2），禾本科牧草每个节上着生有1个分蘖芽。这些分蘖芽可生长成新分蘖，但有部分分蘖芽休眠。禾本科牧草在节间拔长生长以前，分蘖集中着生在植株基部。可以理解为有许多节重叠在一起，每个节上着生1个分蘖。这个集中产生分蘖的地方（靠近地表）称为分蘖节。植株以产生新分蘖为主的时期称为分蘖期。当植株生长到一定时间，节间开始拔长，植株迅速增高，显现出具有节和节间的茎。从开始拔节到抽穗的生长时期称为拔节期，是禾本科牧草生长最快的时期。一年生牧草开始拔节后，大多数分蘖便很快进入拔节生长。此时，新分蘖的产

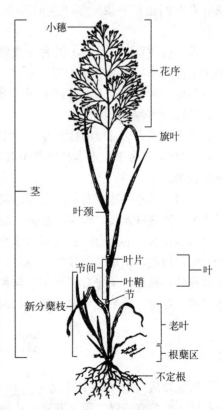

图7-1　禾本科牧草植株模式
（引自 Robert F. Barnes 等，2003）

小穗
花序
旗叶
茎
叶颈
节间
新分蘖枝
叶片
叶鞘
节
叶
老叶
根蘖区
不定根

生则逐渐减少、停止。在拔节后期，一些小分蘖还会枯死。多年生牧草则不同，在一些较大的分蘖陆续进入拔节生长的同时，植株基部依然在产生新的分蘖。着生于节间拔长的节上的分蘖芽一般休眠，但有少数禾本科牧草，如多年生黑麦草、青绿黍等，在节间拔长的节上也有部分芽生长为"空中分蘖"。一些具有匍匐茎（如狗牙根）和根茎（如草地早熟禾）的禾本科牧草，在节间拔长的节上的芽可长成新的植株，是其营养繁殖的重要方式。

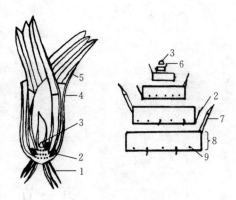

图 7-2　禾本科植物"单位节"
1. 根　2. 分蘖芽　3. 生长点　4. 叶鞘　5. 叶片
6. 叶原基　7. 叶　8. 单位节　9. 根原基
（引自西村修一等，1984）

茎的每一个节上着生一片叶。幼叶卷曲或折叠在下位叶的叶鞘内，随叶鞘的伸长而生长。叶片尖端露出下位叶叶鞘后便开始展开。拔节前，各个分蘖上后展开叶片比早展开叶片长；拔节后，叶片长度则随节位的升高而缩短。抽穗前，茎顶端展开的最后一叶称为剑叶或旗叶。剑叶的光合作用能力和持续时间对种子生产具有较大的影响。

禾本科牧草除少数为自花授粉（如苏丹草）和可单性结实（如大黍）外，大多为异花授粉或常异花授粉植物。多花黑麦草、苏丹草等各分蘖的抽穗时间比较一致，种子成熟收获时间也较一致。多年生牧草则陆陆续续地抽穗、开花、结实，种子收获常要分期进行。

禾本科牧草不同分蘖上的种子成熟进度差异很大，在同一个穗上也不一致。一般位于穗的中下部的小穗先开花、灌浆、成熟。牧草种子的落粒性很强，即种子成熟后就会自行脱落。因此，种子收获不能等所有种子成熟后再进行，只能是在大多数种子将要成熟时就收获，以减少落粒损失。

按生长发育对环境温度的反应，禾本科牧草分为冷季型和暖季型。冷季型禾本科牧草都是 C_3 植物，而暖季型禾本科牧草中有许多是 C_4 植物。一般，暖季型牧草的生长速度大于冷季型牧草。

一般，禾本科牧草对氮素营养的需要量较其他养分高。氮能促使分蘖和茎叶的生长。施氮充足，则茎叶繁茂，饲草产量高，品质好；反之，则生长不良，饲草品质差。

禾本科牧草的光合产物大多贮藏在叶鞘和茎中。在拔节前，收割或放牧主要利用其叶片和叶鞘，因此，饲用品质较好。拔节、抽穗后，茎中纤维成分和木质素含量增加，尤其在抽穗开花后，抽穗茎的光合产物主要向种子转运，导致该茎的饲用品质逐渐降低。与暖季型禾本科牧草相比，冷季型禾本科牧草的饲用品质较好。

第二节　黑麦草属

黑麦草属（*Lolium* L.）系一年生或多年生草本植物。植株直立生长。叶片长而狭，叶面平展，叶背有光泽。穗状花序。小穗含数个至数十个小花，小穗无柄，两侧压扁以其背面对向穗轴。小穗轴脱节于颖之上及各小花之间。小花外稃背部圆形，无芒或有芒，内稃与外稃等长或稍短。颖果腹部凹陷，与内稃黏合不易脱离。

黑麦草属植物约有 10 种，主要分布在世界温带湿润地区。其中，多花黑麦草与多年生黑麦草为世界性栽培牧草，在我国也有广泛种植。

一、多花黑麦草

学名：*Lolium multiflorum* Lam. 英文名：Italian ryegrass

别名：意大利黑麦草、一年生黑麦草。

多花黑麦草原产于欧洲南部、非洲北部及小亚细亚等地。13 世纪已在意大利北部草地上种植利用，故名意大利黑麦草。现分布于世界温带与亚热带地区，我国长江流域以南农区有大面积栽培。

（一）植物学特征

多花黑麦草根系发达致密，分蘖较多，直立，株高可达 130 cm 以上（图 7 - 3）。叶片长 10～20 cm，宽 6～8 mm，色较淡，幼叶展开前卷曲；叶耳大，叶舌膜状，长约 1 mm；叶鞘开裂，与节间等长或较节间短，植株基部叶鞘红褐色。穗长 17～30 cm，每穗小穗数可多至 38 个，每小穗有小花 10～20 朵，多花黑麦草之名即由此而来。种子扁平略大，千粒重1.98 g。外稃披针形，背圆，顶端有 6～8 mm 微有锯齿的芒，内稃与外稃等长。发芽种子幼根在紫外线下发出荧光。

（二）生物学特性

多花黑麦草适于生长在温和而湿润的地区，亦能在亚热带地区生长。尚耐寒，不耐热。喜壤土或沙壤土，亦适于黏壤土，在肥沃、湿润而土层深厚的地方生长极为茂盛，鲜草产量很高。耐湿和耐盐能力较强。

多花黑麦草寿命较短，通常为一、二年生。秋播次年抽穗结实，夏季大多数植株即死亡。但在水土条件适宜的情况下亦可成为短期多年生牧草。在温带禾本科牧草中，多花黑麦草为生长最迅速的草种，冬季如气候温和亦能生长，在初冬或早春即可供应鲜草。

图 7 - 3　多花黑麦草
1. 植株　2. 花序　3. 小穗　4. 种子
（引自南京农学院，1980）

多花黑麦草与多年生黑麦草的杂交种，类似多花黑麦草，产量略低。

（三）栽培技术

多花黑麦草在长江以南各地主要利用冬闲田和季节性非耕地种植。南方各地的试验证明，早秋播种不仅在入冬前可以刈割一茬，而且次年春季生长快，产量高。因此，播种多花黑麦草应在前茬作物收获后及时早播。可撒播，亦可条播。为确保播种季节，也可在前茬作物将要收获前套播。播种量 15～22 kg/hm²。条播时行距 20 cm 左右，播深 1～2 cm。多花黑麦草生长迅速，产量高，宜单播，亦可与红三叶、白三叶、苕子、紫云英等混播。旱田可用多花黑麦草 8 kg/hm² 与毛苕子 30～38 kg/hm² 或箭筈豌豆 45～60 kg/hm² 混合，在秋季条播或套在前茬作物中播种。水稻区则用多花黑麦草 15 kg/hm² 与紫云英 45 kg/hm² 套播于水稻田中。如建立 3 年以上的人工草地，宜少用多花黑麦草，以免阻碍苗期生长较缓慢的多年生牧草，并在多花黑麦草夏季死亡后留下隙地，给杂草以侵入的机会。

多花黑麦草喜氮肥。施足基肥是多花黑麦草高产的重要措施之一。此外，春季返青时和各茬刈割后还应及时追施氮肥。但氮肥要少量多次施入，不可猛施。以防多花黑麦草植株体内积累硝态氮，危害家畜健康。灌溉可明显提高产量，据报道每立方米水可增产干物质 1～2 kg。

多花黑麦草春季生长迅速，产量高。秋播次年可收割 3～5 次，鲜草产量为 60～90 t/hm²。在良好的水肥条件下，收割时期可提前至拔节后期至始穗期，鲜草产量可达 100 t/hm² 以上。但多花黑麦草产草主要集中在春季，在南京秋播时次年春季的鲜草产量可占总产草量的 85% 以上。多花黑麦草种子产量高，每公顷可收种子 750～1 500 kg。种子易脱落，应在穗轴基部尚带绿色，种子含水 40% 左右时及时收获。

(四) 饲用价值

多花黑麦草草质好，柔嫩多汁，适口性好，牛、羊、兔、鹅均喜食，也是草食鱼的好饲料。多花黑麦草营养价值高，尤其是在营养生长期，粗蛋白质含量可达 200 g/kg，酸性洗涤纤维低于 220 g/kg，中性洗涤纤维低于 400 g/kg，纤维素含量低，消化率高，可满足日产奶量 35 kg 的高产奶牛的营养需要。据报道每增草鱼长 0.5 kg，需黑麦草 11 kg，而苏丹草则需 10～15 kg。黑麦草属牧草的主要营养成分含量见表 7-1。

多花黑麦草利用以刈割青饲、制干草或青贮饲料。多花黑麦草直接青贮时因水分含量高，青贮难度较大。但适当凋萎，降低青草含水量后青贮或使鲜草与低水分、高糖分的农副产品混贮则可达到满意的青贮效果。

表 7-1　黑麦草属主要栽培牧草营养期化学成分（%）

（引自陈默君、贾慎修，2002）

草种	水分	占干物质					钙	磷
		粗蛋白质	粗脂肪	粗纤维	无氮浸出物	粗灰分		
多花黑麦草	81.7	13.66	3.82	21.31	46.46	14.75	0.09	0.06
多年生黑麦草	—	18.60	4.10	20.10	43.40	13.80	0.46	0.35

二、多年生黑麦草

学名：*Lolium perenne* L.　英文名：Perennial ryegrass

别名：英国黑麦草、宿根黑麦草、黑麦草。

多年生黑麦草原产于南欧、北非和亚洲西南部。1677 年英国首先栽培，现在英国、西欧各国、新西兰、澳大利亚、美国及日本等广泛栽培。我国南方、华北、西南地区亦有栽培，主要用于山地建立人工草地及城镇草坪绿化。

(一) 植物学特征

多年生黑麦草为中生植物（图 7-4）。须根稠密，主要分布于 15 cm 的表土层中。分蘖众多，丛生，单株栽培情况下分蘖数可达 300～600 个。分蘖集中着生在植株基部，但在部分茎的拔长节上也可产生分蘖。秆直立，高 80～100 cm。叶狭长，长 5～12 cm，宽 2～4 mm，深绿色，展开前折叠在叶鞘中；叶耳小；叶舌小而钝；叶鞘近地面红色或紫红色。穗细长，最长可达 30 cm。含小穗数可达 35 个，小穗长 10～14 mm，每小穗含小花 7～11 朵。颖果扁平，外稃长 4～7 mm，背圆，有脉纹 5 条，质薄，端钝，无芒或近似无芒；内稃和外稃等长，顶端尖锐，质地透明，脉纹靠边缘，边有细毛。千粒重 1.5～2.0 g。

（二）生物学特性

多年生黑麦草喜温凉湿润气候，适宜在夏季气温不超过 35 ℃、冬季气温不低于－15 ℃的地区种植。光照好、温度较低有利于分蘖发生，温度过高则分蘖停止或生长不良，甚至死亡。多年生黑麦草为短期多年生牧草，但其耐寒耐热性均差，在我国东北、内蒙古等冬季严寒的地区不能越冬或越冬不稳定；在南方夏季高温地区大多不能越夏。在适宜的生境条件下可生长两年以上，但在我国不少地区只能作为越年生牧草利用。多年生黑麦草不耐阴，与其他植株较高的牧草混播时，往往一年后即被淘汰。

多年生黑麦草在年降水量 500～500 mm 的地方均可生长，而以 1 000 mm 左右最为适宜。排水不良或地下水位过高时不利于生长；不耐旱，高温干旱对其生长更为不利。

对土壤要求比较严格，喜肥不耐瘠；最适宜在排灌良好、肥沃湿润的黏土或黏壤土栽培。适宜的土壤pH 为 6～7。

图 7-4　多年生黑麦草
1. 植株　2. 花序　3. 小穗　4. 种子
（引自南京农学院，1980）

多年生黑麦草育成品种较多，根据品种的分蘖和生长特性，可将品种分为如下两大种类型。草坪型：分蘖众多，叶细，株矮，生长慢，宜用作草坪绿化。牧草型：植株较高，直立，分蘖略少，叶大，生长快，刈后再生良好，可用于刈割，也可用于放牧。

（三）栽培技术

春秋季均可播种而以早秋播种为宜。多年生黑麦草早期生长较其他多年生牧草快，秋播后如天气温暖湿润，在初冬即可生产相当数量的分蘖。播种翌年达最盛时期，杂草亦难侵入。单播时播种量以 15 kg/hm² 为宜。晚播或青刈利用时适当增加播种量，收种时播种量可略少。条播、撒播均可，条播以行距为 20 cm 为宜，覆土 1～2 cm。南方雨水较多地区应开好排水沟。

增施氮肥可提高多年生黑麦草饲草产量和粗蛋白质含量，并可减少饲草纤维素含量。据研究，在施氮量 336 kg/hm² 情况下，每千克氮素可生产干物质 24.2～28.6 kg，粗蛋白质 4 kg。在收割前 3 周施硫酸铵 128 kg/hm² 时，穗及茎叶中胡萝卜素含量较不施氮肥者多 1/3～1/2。

多年生黑麦草常与其他草种混播建立人工草地。短期多年生人工牧草地适于与红三叶、苜蓿、鸡脚草、猫尾草等混播。草坪可与苇状羊茅等混播，也可作为狗牙根等草坪的追播材料。多年生黑麦草与寿命长的牧草混播时，其植株量不应超过总株数的 25%，因其苗期生长较快，会使其他多年生牧草生长受抑制而减少。原南京农学院进行的多年生黑麦草与苜蓿混播试验的初步结果表明，二者混播的播种量以 15 kg/hm² 苜蓿和 11 kg/hm² 多年生黑麦草较为适宜。与红三叶混播试验初步结果表明，二者混播以 12 kg/hm² 多年生黑麦草与 12 kg/hm² 红三叶为宜。混播皆以在秋季播种为佳。

进行多年生黑麦草种子生产时宜条播、早播和降低播种量，生境条件适宜，可在早春进行1～2茬刈割，利用再生草收获种子。种子成熟后易于脱落，应在种子含水量40%前后及时收获，种子产量为750～1 000 kg/hm²。

（四）饲用价值

多年生黑麦草生长速度较其他多年生牧草快。长江中下游地区9月底播种者，越冬前株高已可达15～20 cm，有8～10个分蘖。次年春3月底株高达30 cm以上，4月下旬抽穗，6月上旬结实成熟。

用于放牧时应在草层高20～30 cm以上时进行。刈割调制干草者，以抽穗至盛花时刈割为宜。一个生长季节可刈割2～4次，鲜草产量45～60 t/hm²。一般在暖温地带两次刈割应间隔4周左右。通常第一次刈割后利用再生草放牧，耐践踏，即使采食稍重，生机仍旺。刈割和放牧留茬高度以5～10 cm为宜。

多年生黑麦草的质地，无论鲜草或干草均为上乘，其适口性也好，为各种家畜所喜食。就多年生黑麦草和多花黑麦草相比，二者不相上下。

多年生黑麦草实际饲用价值甚好，在美国冬季温和的西南地区常用来单播，或于9月份与红三叶等混种，专供肉牛冬季放牧利用。放牧时间可达140～200 d。牛放牧于单播草地可增重0.8 kg，混播草地上增重0.9 kg。如将多年生黑麦草干草粉制成颗粒饲料，与精饲料配合做肉牛肥育饲料，效果更好。周岁阉牛喂以多年生黑麦草颗粒饲料占日粮的40%、60%和80%时，日增重分别为0.99、1.00和0.1 kg。

第三节　鸭茅属

鸭茅属（*Dactylis* L.）全世界约有8种，主要分布于欧亚温带和北非地区。我国仅有鸭茅1种。

鸭　茅

学名：*Dactylis glomerata* L.　英文名：Orchardgrass 或 Cocksfoot
别名：鸡脚草、果园草。

鸭茅原产于欧洲、北非及亚洲温带地区，现在全世界温带地区均有分布。鸭茅是世界上第四个重要的牧草，栽培历史较长。美国18世纪60年代引种栽培，目前已成为大面积栽培的牧草之一。此外，鸭茅在英国、芬兰、德国亦占有重要地位。在我国，鸭茅野生种分布于新疆天山山脉的森林边缘地带，以及四川峨眉山、二郎山、邛崃山脉、凉山及岷山山脉海拔1 600～3 100 m的森林边缘、灌丛及山坡草地，并散见于大兴安岭东南坡地。我国栽培鸭茅品种除驯化当地野生种外，多引自丹麦、美国、澳大利亚、新西兰和俄罗斯等国。目前四川、贵州、云南、重庆、青海、甘肃、陕西、山西、河南、吉林、湖南、湖北及新疆等省（区）均有栽培。

鸭茅多叶高产，耐阴，适应性广，一旦长成可成活多年。耐牧性强。可供青饲、制干草或青贮料，为世界重要的禾本科牧草之一。我国南方各地试种情况良好，是退耕还草中一种比较有栽培意义的牧草。

（一）植物学特征

鸭茅系多年生草本植物（图7-5）。根系发达。疏丛型，茎基部扁平，光滑，株高1～

1.3 m。幼叶在展开前呈折叠状,横切面呈 V 形。基叶众多,叶片长而软,叶面及边缘粗糙。无叶耳。叶舌明显,膜质。叶鞘封闭,压扁呈龙骨状。叶色蓝绿至浓绿色。圆锥花序,长 8～15 cm。小穗着生在穗轴的一侧,密集呈球状,簇生于穗轴顶端,形似鸡足,故名鸡脚草。每小穗含 3～5 朵花。小花两颖不等长,外稃背部突起呈龙骨状,顶端有短芒。异花授粉。种子较小,千粒重 1.0 g 左右。

(二)生物学特性

　　鸭茅喜温和湿润气候,最适生长温度为 10～31 ℃。昼夜温差大对生长有影响。昼温22 ℃,夜温 12 ℃最宜生长。耐热性差,高于 28 ℃生长显著受阻。耐阴,在果树下生长良好,因此又称"果园草"。在入射光线 33％被阻断长达 3 年的情况下,对产量和存活无致命的影响,而白三叶在同样的情况下仅两年即死亡。但鸭茅生长喜光,增大光照度和增加光照持续时间,均可增加产量、分蘖和养分的积累。鸭茅的抗寒能力及越冬性差,对低温反应敏感,6 ℃时即停止生长,冬季无雪覆盖的寒冷地区不易安全越冬。

　　鸭茅生长的最适宜土壤为湿润肥沃的黏土或黏壤土。在较瘠薄和干燥土壤也能生长,但在沙土则不甚相宜。适宜于在年降水量 480～750 mm 的地区生长,但不耐水淹。能耐旱,其耐旱性强于猫尾草。略能耐酸,适宜的土壤 pH 4.5～8.2。对氮肥反应敏感。

图 7-5　鸭　茅
1. 植株　2. 花序　3. 小穗
4. 小花　5. 种子
(引自南京农学院,1980)

　　在良好的生态条件下,鸭茅是长寿命的多年生牧草,一般可生存 6～8 年,多者可达 15 年。但以生长第二、三年的植株产草量最高。在几种主要多年生禾本科牧草中,鸭茅苗期生长最慢。南京、武昌、雅安 9 月下旬秋播者,越冬时植株小而分蘖少,叶尖部分常受冻凋枯;次年 4 月中旬迅速生长并开始抽穗,抽穗前叶多而长,草丛展开,形成厚软草层;5 月上中旬盛花,6 月中旬结实成熟。3 月下旬春播者,生长很慢,7 月上旬个别抽穗,一般不能开花结实。鸭茅在广西、重庆等夏季炎热的低海拔高温高湿地区越夏困难,在山西中南部地区可以越冬。此外,鸭茅再生能力强,放牧或刈割以后,再生很迅速。

(三)栽培技术

　　1. 整地　鸭茅苗期生长缓慢,分蘖迟,植株细弱,与杂草竞争能力弱,早期中耕除草又易伤害幼苗。所以,整地宜精细,以求出苗整齐。

　　2. 播种　春、秋播种均可。秋播宜早,以免幼苗遭受冻害,不利越冬。长江以南各地,秋播不应迟于 10 月中下旬,可用冬小麦或冬燕麦做保护作物同时播种,以免受冻害。宜条播,行距 15～30 cm,播种量 11.25～16.5 kg/hm²。种子空粒多,应以种子用价计算实际播种量。覆土宜浅,以 1 cm 左右为宜。

　　鸭茅可与苜蓿、白三叶、红三叶、杂三叶、黑麦草、苇状羊茅等混播。在能生长红三叶的地区,鸭茅与红三叶混播时,红三叶并不妨碍鸭茅收取种子,而收种后的产草量及质量均有提高。鸭茅丛生，如与白三叶混播，白三叶可充分利用其空隙匍匐生长并供给鸭茅以氮素使其生长良好。鸭茅与豆科牧草混播时，按立苗 2：1 计算，鸭茅用种量为 7.50～10.00 kg/hm²。

3. 田间管理

施肥：鸭茅是需肥最多的牧草之一，尤以施氮肥作用最为显著。在一定限度内牧草产量与施氮肥量成正比关系。据试验，每公顷施氮量为 562.5 kg 时，鸭茅干草产量最高，达 18 t/hm²。如施氮量超过 562.5 kg/hm² 时，不仅降低产量，而且减少植株数量。

病虫害的防治：鸭茅一般虫害较少。常见病害有锈病、叶斑病、条纹病、纹枯病等，均可参照防治真菌性病害的方法进行处理。引进品种夏季病害较为严重，一定要注意及时预防。提早刈割，可防治病害蔓延。以本地野生鸭茅选育的品种，如"滇北""宝兴""川东"鸭茅，其耐热性和抗病性均明显优于国外引进品种。

4. 收获 鸭茅生长发育缓慢，产草量以播后 2～3 年产量最高。南京地区 9 月底播种者，越冬前分蘖很少，株高仅 10 cm 左右。越冬以后生长较快。越夏前一般可刈割 2～3 次，每公顷产鲜草约 37.5 t，高者可达 67.5 t。春播当年通常只能刈割 1 次，每公顷产鲜草 15 t 左右。刈割时期以刚抽穗时为最好。延期收割不仅茎叶粗老，严重影响牧草品质，且影响再生草的生长。据试验，初花和花后 2 周收割的再生草产量比刚抽穗刈割分别少 15% 和 26%。

5. 收种 为提高种子的产量和品质，以利用头茬草采种为好。鸭茅种子约在 6 月上中旬成熟。当穗梗发黄，种子易于脱落时即应收割。割下全株或穗头，晒干脱粒。据四川农业大学在雅安市以"宝兴"鸭茅等品种试验，秋播次年每公顷可收种子 350～375 kg，第三年可达 600 kg。

（四）饲用价值

1. 营养价值 在第一次刈割以前，鸭茅所含的营养成分随成熟度而下降。再生草基本处于营养生长阶段，叶多茎少，所含的营养成分约与第一次刈割前孕穗期相当，但也随再生天数的增加而降低。营养生长期向成熟阶段生长过程中，植株蛋白质含量减少，粗纤维含量增加（表 7-2）。因而消化率下降。据研究，在营养生长期内鸭茅的饲用价值接近苜蓿，盛花期以后的饲用价值只有苜蓿的一半。鸭茅再生草基本处于营养生长阶段，因此它的饲用价值仍很高。

表 7-2 不同生长时期鸭茅营养成分含量（%）

（引自南京农学院，1980）

生长阶段	干物质	占干物质				
		粗蛋白质	粗脂肪	粗纤维	无氮浸出物	粗灰分
营养生长期	23.9	18.4	5.0	23.4	41.8	11.4
抽穗期	27.5	12.7	4.7	29.5	45.1	8.0
开花期	30.5	8.5	3.3	35.1	45.6	7.5

牧草品质与矿物质组成有关。以干物质为基础计算，鸭茅钾、磷、钙、镁等的含量随生长时期的递进而下降，铜在整个生长期内变动不大。第一茬草含钾、铜、铁较多，再生草含磷、钙和镁较多。大量施氮可引起过量吸收氮和钾而减少镁的吸收。牧草中的镁缺乏可引起牛缺镁症（统称牧草搐搦症），鸭茅含镁较少，饲喂时应予以注意。

2. 饲用方法 鸭茅长成后多年不衰，耐牧性强，最适于做放牧之用。尤宜与白三叶混种以供放牧，如管理得当，可维持多年。白三叶衰败后，可对鸭茅草地重牧，然后再于秋季补播豆科牧草使草地更新。据美国一个州 10 年的数据统计，单纯鸭茅牧地（每公顷每年施氮肥 225 kg），每头牛每天增重 490 g，而鸭茅、白三叶混种草地，每头牛每天增重 508 g。在一个生长季节内，每公顷可获肉牛增重 640.5 kg。另据报道，在鸭茅牧地放牧肥育羔羊时，每天每只羊平均增重 0.27 kg，每公顷可使肥育羔羊增重 525 kg。

第四节 雀麦属

无 芒 雀 麦

学名：*Bromus inermis* Leyss. 英文名：Smooth bromegrass 或 Awnless brome

别名：禾萱草、无芒草。

无芒雀麦原产于欧洲，其野生种分布于亚洲、欧洲和北美洲的温带地区，多分布于山坡、路旁和河岸。目前在我国的东北、华北和西北等地种植较多。无芒雀麦是优良的水土保持植物和矿区、裸山的复绿植物，也是优良的草坪、滑草场滑道和地被植物。在我国北方，无芒雀麦是建造人工草地和补播退化草场的重要草种，适宜于建立高产的专业化干草生产基地。

（一）植物学特征

无芒雀麦为多年生根茎型草本植物。须根系，具横走的短根茎，主要分布在 20～30 cm 的表土层中。茎直立，圆形，高 80～120 cm，由 4～6 节组成。叶片条带状，柔软，表面光滑，长 15～40 cm，宽 0.5～1.5 cm，叶片上面灰绿色、背面绿色，通常无毛，幼时绿色，干后变绿褐色，不内卷。叶鞘闭合，紧包茎，长度超过上部节间，光滑；无叶耳，叶舌膜质，短而钝；圆锥花序，长 10～30 cm，穗轴每节轮生 3～6 个支花序梗，上面着生 1～3 个小穗（如图 7-6）。小穗轴节间有小刺毛；小穗狭长卵形，内有小花 4～5 个；颖披针形，边缘膜质，第一颖长 4～7 mm，具 1 脉，第二颖长 6～9 mm，具 3 脉；外稃宽披针形，第一外稃具 5～7 脉，无毛或基部微粗糙

图 7-6 无芒雀麦
1. 植株 2. 小穗 3. 花序 4. 颖 5. 小花

通常无芒或背部近顶端具长 1～2 mm 的短芒；内稃较外稃短，脊具纤毛。花药黄色，长 3～5 mm。颖果狭长卵形，长 9～12 mm，千粒重 3.2～4.0 g。

（二）生物学特性

1. 生长发育对环境条件的要求

（1）温度：无芒雀麦为喜温耐寒植物。当 5 cm 处土层温度稳定在 3～5 ℃时返青；平均气温达 10 ℃以上，地温 10～12 ℃时分蘖和拔节；气温达 22～25 ℃时，日增长高度达 1.5～2.0 cm。种子发芽的最低温度为 7～8 ℃，最适温度为 20～25 ℃，最高温度为 35 ℃。在 22～26 ℃的温度条件下，有 5～6 d 即发芽出苗。

无芒雀麦耐寒性强，返青幼苗能忍受-3～-5℃的霜寒，成株直至秋末土壤结冻才停止生长。在我国北方9月降霜前后，无芒雀麦再生株叶色浓绿，生长茂盛，个别枝条抽穗开花，秋霜频频生长更旺，即为一般牧草少有的"秋繁"现象。其生长期长达200多天，在冬季能忍受-45℃的低温而安全越冬。耐热性也较强，当日最高温度为35～36℃时，仍能正常生长，并可获得很高的产量。

（2）水分：抗旱耐涝，凡年降水量450～600 mm的地方，均能满足水分要求。在北方早春干旱季节，无芒雀麦能有效利用秋冬降水，迅速返青和生长。在生长期间即使60 d连续高温干旱，只会出现叶片卷曲和发黄，但根系不会死亡，灌水后会迅速生长出新的枝条。适宜的空气湿度和充足的土壤水分，对开花和授粉有利，可提高种子产量和品质。

无芒雀麦种子由颖壳包被，发芽时需吸收种子重量80%～100%的水分。出苗至拔节期生长较慢，需水量较少，拔节至孕穗期生长最快，需水量最多，为全生育期总需水量的40%～50%。开花以后需水量渐少，干燥的气候条件对种子成熟有利。

耐涝性极强，2年以上的无芒雀麦植株，被水淹没30 d，撤水后仍可正常恢复生长。

（3）光照：无芒雀麦为喜光植物。据测定，在6月长日照（17 h）条件下，日增高度2.2 cm。通常在长日照条件下开花结实，但播种当年和刈割之后，仍有少数植株能在短日照条件下抽穗开花，对日照长短不甚敏感。

具一定的耐阴性，在疏林和密草丛中向日生长。能充分利用弱光，但植株过密则生长不良，久之则逐渐退化，植株低矮。

（4）土壤：无芒雀麦对土壤要求不严，适宜生长在微酸至微碱性土壤上，pH 5.5～8。喜肥性强，在土层深厚，富含有机质各种类型的黑钙土上生长良好。耕土层较浅，土质瘠薄的土壤，无芒雀麦长势较差，但都能形成草层，获得一定的产量。

2. 重要的生长发育特性

（1）旺盛的生命力：无芒雀麦幼苗耐杂草。种植第一年即使不防除杂草，苗虽然生长弱小、缓慢，但地下根系仍可很好生长，翌年早春返青，迅速生长，抑制杂草萌发和生长。无芒雀麦根系生命力强，有较强扩张能力，建造人工草地容易成功。

耐践踏，抗碾压。无芒雀麦厚密的根茎层具有较好的弹性和韧性，成为既抗践踏，又耐碾压而不易衰退的牧草。

（2）良好的结实性：无芒雀麦具良好的结实性。无芒雀麦春播后生长100 d以上时，有20%～30%的植株抽穗开花，产生少量种子；次年有70%～80%的植株抽穗开花，产种子量多；第四年全部抽穗开花，种子产量达最高峰；第五年以后抽穗植株逐渐减少，种子产量随之降低。如果加强肥水管理，维持旺盛的生命力，生长多年的草地种子产量仍然较高。在东北的中部，无芒雀麦于6月上中旬抽穗，6月下旬至7月上中旬开花。同一花序的花，自下而上依次开放，全部开花期持续1周左右。开花时间为每天13：00～17：00。也见有重复开花的现象，至全部授粉为止。

无芒雀麦成熟后不自然落粒，便于选择合适的天气收获种子。充分成熟的种子，进入休眠或半休眠状态，越冬后能整齐地发芽出苗。在干燥冷凉的库房中贮存种子，能保持发芽力达3～4年。

（三）栽培技术

1. 整地 无芒雀麦种子发芽要求充足的水分和疏松的土壤，必须有良好的整地质量。

大面积种植必须适时进行耕翻或旋耕等土壤耕作，翻地深度应为 15～20 cm。土壤耕作可以在秋末或播种前进行，并及时耙地和压地，创造良好的种子播种、出苗和幼苗生长条件。

2. 施肥　无芒雀麦为喜肥牧草。单播需氮较多。氮肥充足时，叶片宽大肥厚，颜色浓绿，生长快，分蘖多，产量和品质均好。无芒雀麦对磷、钾肥的需求也多。磷、钾肥可促进旺盛生长，增加对氮的利用率。多施磷、钾肥不仅提高产量，抗倒伏，还有提高抗病虫害的能力。充足的基肥（60～90 t/hm²），可维持肥效 3～5 年，提高产草量。无芒雀麦用做草坪草时，基肥可使草层厚，颜色绿，观赏期长，耐修剪，延长利用年限。岗坡地、荒地和沙地等瘠薄地种植，增施有机肥效果更为明显。

追肥对无芒雀麦有良好的增产作用。可在分蘖至拔节期和刈割后进行，一般施尿素 225～300 kg/hm²。并适当追施磷肥。

3. 播种

（1）品种：选用优良品种种植，是提高产量的先决条件。

① 当地野生品种：我国北方野生无芒雀麦品种资源非常丰富，主要分布于东北的黑龙江至西北的新疆各地，这些野生品种大部分适应当地的土壤气候条件，抗逆性强，可在秋季采集野生种子进行扩繁，用于大面积无芒雀麦种植。

② 育成品种：从 1987 年至 2013 年，我国国家草品种审定委员会共登记 7 个无芒雀麦新品种。可根据品种特性和播种当地的生态条件选用适宜的品种。

③ 引进品种：近年来，我国从加拿大等国引入多种无芒雀麦，经过一定时间的品种对比试验和适应性观察，可以推广种植。

（2）种子处理：采种时，野生无芒雀麦颖果常在穗上由小枝相互粘连，影响播种。所以，播种前要重新脱打至成单粒，去除杂质后播种。

（3）播种期：在我国北方可春播（4 月中旬至 5 月下旬）、夏播（6 月上旬至 7 月中旬）和秋播（7 月下旬至 8 月上旬）。在早春土壤墒情较好时，可进行春播，但要注意及时灭除杂草。在春季干旱地区，可选择夏播，雨热同期，有利于出苗和小苗生长。播种前彻底灭除杂草，种植容易成功。在华北和西北较温暖地区也可以进行秋播。播种方式与夏播相同。但为了幼苗能安全越冬，播种期不应晚于 8 月上旬。

（4）播种技术：

① 单播：无芒雀麦竞争力强，形成草层快，多采取单播。行距 30～40 cm，条播。播种量 15.0～22.5 kg/hm²。播深 3 cm 左右。播后镇压 1～2 次。

② 混播：无芒雀麦适宜与紫花苜蓿、沙打旺、野豌豆、百脉根、红三叶等豆科牧草混播，借助豆科牧草的固氮作用，可促进无芒雀麦良好生长。可 1∶1 或 2∶2 间行播种，或混种。混播比例和播种量可根据种植目的进行调整。与紫花苜蓿混播时，播种量为无芒雀麦 7.5 kg/hm²，紫花苜蓿 11.25 kg/hm²。

4. 田间管理

（1）中耕除草：无芒雀麦苗期生长较慢，要及时防除杂草。方法一是夏秋播种，播前及时灭除杂草，效果明显；还可以在苗期使用化学除草剂，可有效灭除阔叶杂草。

（2）防除病虫害：无芒雀麦易感麦角病、白粉病、锈病以及受黏虫、草地螟等危害。麦角病不仅会降低种子产量，还能引起家畜中毒。发生白粉病、锈病时可喷洒石灰硫黄合剂、灭菌灵等杀菌剂防治。病害多发地带要注意轮作倒茬，选育抗病品种，发生虫害时要及时喷洒敌杀死、敌敌畏等杀虫剂防治。

（3）更新复壮：无芒雀麦生长3年以后，由于根茎相互交错，结成草皮，致使土壤水分不足，通透不良，植株低矮，抽穗植株减少，鲜草和种子产量都降低，必须及时更新复壮。可在春季萌发前或第一次收获后，用深松犁或圆盘耕耙作业，切断根茎，破坏草皮，以促进旺盛生长。

（4）草坪保护和修剪：用作草坪草时，要设围栏保护，以防过度践踏引起退化。春季在株高30～40 cm时，贴地剪割一次。每年修剪2～3次。

（四）收获、调制和饲用

1. 放牧 无芒雀麦放牧地，每年可在株高达30～40 cm时第一次放牧，以后间隔40 d左右放牧。在东北中部和南部，一年可放牧3～4次，北部可放牧2～3次。要分区轮牧，防止乱牧和重牧。北部寒冷地区生育时间短，刈割利用之后，因再生草低矮不宜再刈割时，也可在晚秋停止生长时进行茬地放牧。

2. 青刈舍饲 无芒雀麦鲜草柔嫩汁，营养丰富，适口性好，是家畜的优良青饲料。春、夏季节可在孕穗至开花初期进行第一次刈割；第二次刈割在孕穗前后，第三次刈割在拔节后期停止生长时进行（表7-3）。东北北部无霜期短，只能刈割一次，放牧一次；而东北南部、华北、西北各地无霜期较长，可刈割2～3次。刈割后抽穗株率降低，各次产草量也依次下降。两次刈割时，在总产草量中各次产量比率是：第一次约为50%，第二次约为40%，第三次为残茬，约为10%左右。

表7-3 无芒雀麦不同生育期营养成分（%）

生育期	水分	干物质	占干物质					可消化蛋白质	总消化养分
			粗蛋白质	粗脂肪	粗纤维	无氮浸出物	粗灰分		
拔节	78.4	21.6	19.0	4.2	35.0	36.2	5.6	15.7	94.4
孕穗	77.0	23.0	17.0	3.0	35.7	40.0	4.3	12.6	86.9
抽穗	76.9	23.1	15.6	2.6	36.4	42.8	2.6	13.0	90.9
开花	73.6	26.4	12.1	2.0	37.1	45.4	3.4	10.6	90.9
成熟	70.7	29.7	10.1	1.7	40.4	44.1	3.7	7.7	75.8

3. 青贮 无芒雀麦为富含碳水化合物的青贮原料；可调制成优质青贮饲料。在孕穗至结实期刈割，经消失部分水分后青贮，可调制成酸甜适口的半干青贮饲料。窖贮或袋贮均可。与豆科牧草混贮品质更好。

4. 调制干草 调制干草是无芒雀麦的基本利用方式。在抽穗至开花期，选持续晴朗天气，贴地刈割。割下就地摊成薄层晾晒，3～4 d就能晒制成品质量优良的干草。也可用木架或铁丝架等搭架晾晒。一般每50 kg鲜草，可晒得28～30 kg干草。干后叶片不内卷，颜色深暗，但草质柔软，不易散碎，是家畜的优良贮备饲草。

5. 采种 无芒雀麦有良好的结实性，种子成熟后不易自动落粒，因此采集种子比较容易。当花序小穗变为浅褐色并干燥后，应及时收割晾干，脱粒。一般种子产量为225～300 kg/hm²。

第五节 赖草属

一、羊 草

学名：*Leymus chinensis*（Trin.）Tzvel. 英文名：Chinese leymus

别名：碱草。

羊草主要分布于北纬 36°～62°，东经 129°～132°，其中中国境内占一半以上。我国主要分布在东北平原、内蒙古高原东部和西北省区的半干旱半湿润地区。土壤类型大多为黑钙土、栗钙土、碱化草甸土和柱状碱土。天然羊草草地是我国重要的饲料基地，在我国的畜牧业发展中，特别是在奶牛业的发展中，起到举足轻重的作用。同时是我国温带草原地带的优势种，也是欧亚草原区东部草原的基本类型。

（一）植物学特征

羊草是禾本科赖草属多年生草本，株高 60～80 cm，最高达 1 m 以上（图 7-7）。茎由 2～3 节组成，直立，有发达的根和根茎。须根斜伸或垂直向下，密集成网状，入土深 1.0～1.5 m。根茎横走，组成厚而密集的根茎层。

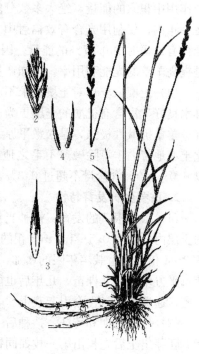

羊草每茎有叶 3～5 枚，挺拔竖立。叶鞘紧包茎，通常长于节间，光滑，有叶耳，叶舌截平，纸质；基部叶鞘残留呈纤维状。叶片长 7～14 cm，宽 3～5 mm；宽叶型种叶宽可达 1 cm，质地较厚而硬，表面及边缘粗糙，背面光滑或有毛；叶色因生态类型和环境不同有较大差异，可分为黄绿色和蓝绿色两大类。黄绿色型为退化型，叶片狭而短，叶面无蜡质，产量较低；蓝绿色型叶片宽而长，表面似有白色蜡质，产量较高；叶片干后均内卷，叶卷紧密，不易破碎；曝露面小，不易失绿。

图 7-7 羊 草
1. 植株株丛 2. 小穗 3. 小花
4. 颖 5. 花序

羊草为穗状花序，直立或微弯，长 12～18 cm，宽 6～9 mm。穗轴强壮，边缘具纤毛；节间长 6～10 mm，长为 18 mm。穗型差异较大，按小穗着生方式可分为全部单生，中、上部或中、下部对生及全部对生三个类型。小穗长卵型，长 10～20 mm，内有 5～10 个小花，绿色，熟时由微紫色渐变为黄色。小穗轴节间光滑，长 1.0～1.5 mm。颖锥状，不覆盖小穗，第一颖比第二颖短。外稃基部裸露，质地较厚硬，1 脉，边缘有微细纤毛。外稃披针形，光滑，顶端渐尖或呈芒状的小尖头，基盘光滑；内外稃等长，先端常微二裂，上半部的脊上有微细的纤毛。花药黄色或紫色。子房阔卵形，柱头羽毛状。颖果长椭圆形，褐色，长 5～7 mm，千粒重 2 g 左右。

（二）生物学特性

1. 生长发育对环境条件的要求

（1）温度：羊草喜温耐寒，分布于北半球的温带和寒温带，以寒冷地方为多。冬季

－42 ℃而又少雪的地方都能安全越冬。早春冰雪融化不久后返青，到 4 月上中旬株高可达 10 cm 以上，并随着温度的升高而迅速生长。早春返青期和晚秋上冻前，能忍受－6～－5 ℃ 的霜寒。种子发芽的最低温度为 8 ℃左右。20～25 ℃时出苗快且整齐。从返青到种子成熟，所需积温为 1 200～1 400 ℃。

（2）水分：羊草为中旱生植物，在年降水量 300 mm 的干旱地区，生长仍较好；在 500～600 mm 的地方生长更好。由于根茎系统发达，能从土壤深处吸收水分和养分，所以抗旱和耐沙能力较强。不耐涝，即使短时间的水淹也能引起烂根死亡。

（3）光照：羊草为喜光植物。由于叶面积指数低，种群的光能利用率低。在一年内净光合作用中积累的能量，绝大多数分配到地下部分，用来维持正常的生长。据报道，羊草种群在一年内，仅利用光合有效辐射中 1.79% 的能量，其中经济价值最大的活枝条部分仅用了光合有效辐射中 0.37% 的能量。因此，积极选择和培育宽叶型品种，确定合理的种植密度，是提高羊草的光能利用率，增加产量的根本措施。

（4）土壤：羊草对土壤要求不严，除低洼内涝地外，大部分土壤都能种植。土层深厚，排水良好，富含有机质的土壤更为适宜。在瘠薄的山地棕壤土和白浆土地上种植，生长也很好。羊草抗碱性极强，是松嫩平原大面积碱性草地的优势种，碱草之名即由此而来。在盐渍化土壤地带，羊草除碱斑不毛之地外，到处都能生长。适应的土壤 pH 为 5.5～9.0，其中以 6.0～8.0，含盐量不超过 0.3%，钠离子含量低于 0.02% 的碱性土壤为最适宜。

2. 重要生长发育特性

（1）根和根茎的发育：播种当年幼苗生长缓慢，翌年返青后生长加快，到第三年在 1 m² 的土层内，可有 0.5～1.0 mm 粗的根茎数千条，重量达 2 kg 以上，是同龄猫尾草、鸡脚草的 3～4 倍。随着栽培年限的增加，羊草根茎越来越多，根茎层也越来越厚。播种当年，即使每平方米只有几棵苗，几年后也能长成密密的一片。但是，随着生长年限的增加，根茎层紧密，通透不良，也会引起衰退。

（2）生育时期和特征：播种后 10～15 d 出苗，从开始出苗至出苗盛期的 5～6 d 为出苗期。胚芽出土后先长出第一枚如同针状的细叶，经 3～4 d 可达 3～4 cm，一周后开始出现第二枚真叶。到出现第五枚真叶约 30 d 为真叶期。从出苗到真叶期，植株生长缓慢，竞争力弱，易受草害。当根基部的节上出现新芽和小根茎时为分蘖期。当出现 1～3 个分蘖和 3～4 条根茎时，第一个节间开始伸长，随之进入拔节期。从分蘖到拔节需 20～30 d。以后迅速生长，根茎不断增殖和延长，新的根株不断出现。

在东北的中部和北部，羊草于 3 月下旬或 4 月上旬返青，4 月中旬展叶，4 月下旬分蘖拔节，6 月上旬抽穗，6 月中下旬开花，7 月上旬种子达乳熟期，7 月中旬成熟。从返青到种子成熟，需 100～110 d。羊草生长发育各期的表现，因地区和气候条件不同而异。某些干旱年份，羊草 5 月下旬就开始抽穗，7 月上旬种子成熟。

（3）开花结实习性：羊草穗上的小穗向外开张，松弛，小花膨胀，当外稃开张，50% 以上的小花花药伸出的时期为开花期。开花最适宜温度为 25～30 ℃，最适相对湿度为 50%～60%。低温和阴雨天气开花均受阻。一日以内 15:00～17:00 开花最盛，上午开花的很少。当花药伸出下垂时，羽毛状柱头伸出，接受花粉。经 2 h 左右，花药逐渐枯萎，由橘红色变成橘黄色，内外颖闭合，开花结束。

羊草授粉后子房膨大，经 15～20 d 种子达到乳熟期，小穗由绿转紫。25～30 d 后种子达到蜡熟期，小穗紧缩而饱满，红色消失，转为黄绿色。经 30～35 d 种子完熟。完熟期穗头干枯，小穗为黄色。种子成熟 7～8 d，种子即自行脱落。蜡熟末至完熟初期，种子的胚已充分成熟，此时种子不易脱落，为采种适期。

（三）栽培技术

1. 整地　羊草种子出苗率低，小苗细弱，易受草害，良好的整地措施和较高的整地质量是保苗的关键环节。退耕还牧地种植羊草，宜进行秋翻秋整。耕翻深度不少于 20 cm。翻地后及时耙地，将土块耙碎耙细，并压地（糖地）保墒。在退化草地补播，宜在雨季进行，边耙地边播种边压实土壤。春季补播往往由于土块过大而不利种子出苗。

2. 施肥　羊草利用年限长，产量高，需肥多。施肥对羊草的增产效果极其显著。羊草需氮肥多，无论基肥还是追肥，都要以氮肥为主。基肥可施入农家肥 37.5～45 t/hm²，翻地前均匀撒入。充足的基肥不但可以提高土壤肥力，还可以有效改良盐碱土，使羊草产量提高 50% 以上。

在羊草生长期间追施化肥，增产效果尤为显著。据大庆牧工商联合企业公司试验，在羊草占 82.9% 的天然草地，6 月追施硝酸铵 225 kg/hm²、过磷酸钙 300 kg/hm²，追肥 5 d 后叶色由黄绿转为浓绿，生长速度显著加快，植株日增高 0.39 cm，比对照增加 61.0%；追肥当年干草产量提高 64.8%，第二年增产 31.9%。

3. 播种

（1）种子处理：羊草种子成熟不一，发芽率较低，又多秕粒和杂质，播前必须严加清选。清选方法以风选和筛选为主，清除空壳、秕粒、茎秆、杂质等，纯净率达 90% 以上才能播种。

羊草大面积播种时，为了提高播种质量，可把清选好的羊草种子进行包衣处理。

（2）播种期：羊草播种可分为春播或夏播。杂草较少，整地质量良好的地可进行春播。春旱区在 3 月下旬或 4 月上旬抢墒播种；非春旱区在 4 月中下旬播种。在杂草较多的地块播种前要除草，在 6 月中旬至 7 月上旬播种。北方大部分地区宜进行夏播，播种期为 6 月中下旬。以保证有 70 d 以上的生育期为宜。在黑龙江省肇东县，7 月 20 日以后播种的羊草，虽然出苗率较高，但越冬前仅有 2～3 枚真叶，根 40～50 条，基本未产生根茎，越冬后死苗率达 80% 以上。在华北、西北、内蒙古等地，夏播羊草一般不要迟于 7 月中旬。

（3）播种量：羊草种子发芽率较低，又易伤苗，所以要正确掌握播种量。根据羊草种子成熟情况和实际发芽率，以每公顷播种 37.5～45.0 kg 为宜。整地质量较差，杂草较多，种子品质不良，每公顷可增至 52.5～60.0 kg。

羊草宜与紫花苜蓿、草木樨、沙打旺、野豌豆等豆科牧草混播。混播时因羊草根茎发达，竞争力强，非根蘖性豆科牧草往往处于劣势，经 3～4 年即自行消失。为此，应适当增加豆科牧草的播种量，以每公顷羊草 30.0～37.5 kg，紫花苜蓿、草木樨或沙打旺等 37.5～45.0 kg 为宜。

（4）播种方法：羊草除大面积飞播采用撒播外，无论单种还是混种，都采用条播法（渠堤坡面或冲刷沟壁播种的，要横向开沟条播），行距 30 cm。与豆科牧草混播，可同行播种也可间行播种。覆土 2～3 cm。播种后镇压 1～2 次。

4. 田间管理

（1）防除杂草：羊草幼苗生长缓慢，易被杂草抑制，及时消灭杂草，对立苗和保苗都有重要意义。对大面积人工羊草草地，可适当延迟播种期（最晚不晚于 7 月上旬）。在播种前灭除杂草，达到控制杂草的目的。在羊草幼苗生产期间，可利用选择性化学除草剂，灭除阔叶杂草。对退化补播改良的羊草草地，播种当年可在幼苗生长期间，采用化学除草剂，灭除阔叶杂草。生长第二年由于羊草返青较早，生长快，杂草会逐渐较少。

（2）浅翻轻耙更新：退化型羊草地，翻耙更新改良，是恢复草地生命力，提高产草量的基本措施。多年利用的羊草草地，根茎盘根错节，土壤通透性差，株数减少，柱高变矮，产量逐年下降。可在早春或晚秋，土壤水分充足、地下部分养分贮存丰富、越冬芽尚未萌发时，用犁浅耕 8～10 cm，耕后用圆盘耙斜向耙地 2 次，切断根茎。该措施可促进羊草旺盛生长，可使退化的老羊草草地恢复活力，产量成倍增加。一般，羊草草地每隔 5～6 年就要浅翻轻耙 1 次。但是，在土壤干旱、沙化、碱化较重和豆科草占优势的羊草草地，一般不宜采用这种方法。

（四）收获、调制和饲用

1. 收获　羊草营养价值丰富（表 7-4），适口性好，是天然优质牧草。既可以放牧利用，也可以作为基本草场收获大量的优质青干草，作为冬春饲草或者商品草。

表 7-4　羊草不同时期营养成分含量

（内蒙古农牧学院）

生育期	占干物质/%					钙/%	磷/%	胡萝卜素/(mg/kg)
	粗蛋白质	粗脂肪	粗纤维	无氮浸出物	粗灰分			
分蘖期	20.3	4.1	35.6	33.0	7.0	0.39	1.02	59.00
拔节期	18.0	3.1	47.0	25.2	6.7	0.40	0.38	85.87
抽穗期	14.9	2.9	35.0	41.4	5.8	0.43	0.34	63.00
结实期	5.0	2.9	33.6	52.1	6.4	0.53	0.53	49.30

羊草的播种期不但影响到产草量和草质量，还影响到草地杂草、雨季生长以及晾晒等多个方面。黑龙江羊草草地 6 月 20 日、7 月 5 日、7 月 20 日、8 月 5 日、8 月 20 日和 9 月 20 日 6 个刈割期的对比试验结果表明，6 月刈割后，草地杂草大量增加，每平方米增加 75 株，变成了杂草地；7 月 5 日至 8 月 5 日刈割地块，由于正值雨季，羊草刈割后伤口进水后死亡率大大增加，平均产草量下降 83.35%；8 月 20 日刈割则单位面积总营养物质产量最高，是最佳收割时期。9 月 20 日与 8 月 20 日刈割差异不显著。因此羊草草地的最佳刈割时期为 8 月下旬至 9 月中旬。

羊草留茬高度影响当年的产草量和翌年的返青和产草量。黑龙江留茬高度为 3 cm、6 cm、9 cm、12 cm 的刈割试验结果表明，不同月份刈割应有对应的留茬高度。在 8 月中旬刈割的最佳留茬高度为 8～10 cm。收割之前留意天气预报，避开降雨，有利于晾晒和养分的保存。晴朗天气下，自然晾晒 1～3 d，期间翻晒 1～2 次，即可进行打捆。小面积草地也可把干草聚集成草堆，随时进行机械打捆作业。

2. 采种　羊草种子是建造人工草地的基本生产资料。东北和内蒙古等地，羊草开花后约经 30 d 种子成熟。在 7 月中下旬，当穗头开始变黄，籽粒变硬时即可采收。可机械收种，也可人工收种。一般每公顷产种子 150～200 kg。

二、赖 草

学名：*Leymus secalinus*（Georgi）Tzvel.　英文名：Common leymus

别名：宾草、阔穗碱草、老披碱草。

赖草在我国北方和青藏高原半干旱、干旱地区均有分布，但面积不大。赖草常出现在轻度盐渍化低地上，是盐化草甸的建群种。在低山丘陵和山地草原中，有时作为群落的主要伴生种出现。

（一）植物学特征

赖草为多年生禾草，具发达的根茎，繁殖力强；在农田中出现时，因其发达根茎为颇难清除的杂草，故有"赖草"之称。茎秆直立粗硬，单生或呈疏丛状，生殖枝高 45~100 cm，营养枝高 20~35 cm，基部叶鞘残留呈纤维状。叶片细长，长 8~30 cm，宽 4~7 mm，深绿色，平展或内卷。穗状花序直立，小穗排列紧密，下部呈间断状。与羊草的区别是，赖草穗轴每节通常着生小穗 2~4 枚，颖短于小穗。

（二）生物学特性

赖草为中旱生植物，耐寒耐旱，比羊草有更广泛的生态适应区域。从暖温带、中温带的森林草原到干草原、荒漠草原、草原化荒漠，以至 4 500 m 以上的高寒地带都有赖草分布。赖草土壤适应性广，具有较强的耐盐性。春季萌发早，一般 3 月下旬至 4 月上旬返青，5 月下旬抽穗，6~7 月开花，7~8 月种子成熟。

（三）栽培技术

赖草通过引种驯化，可培育为干旱地区轻度盐渍化土壤刈牧兼用的栽培草种。例如，在宁夏贺兰山东麓荒漠草原区，用赖草根茎移栽建植人工草地的试验表明，栽后 9 d 出苗，23 d 分蘖，35 d 拔节，65 d 抽穗，70 d 开花，100 d 成熟；平均每株分蘖数 88 个，茎叶比 1：1.97；当年刈割 3 茬，每公顷鲜草产量近 41 t，各茬分别为总产量的 38.8%、50.1% 和 11.1%，至秋季每公顷种子产量为 622.5 kg。

（四）饲用价值

赖草幼嫩时为山羊、绵羊喜食，夏季适口性降低，秋季又见提高，可作为家畜的抓膘牧草。牛、骆驼终年喜食。在自然状态下，叶量较少而质地粗糙，丛生性差，产量低；结实率低，采种困难。其优点是具有一定程度的耐盐渍化，土壤生态适应幅度广；水肥条件稍好时能茂盛生长，属中等品质的饲用植物。通过引种驯化，可培育为适应我国西北干旱地区，轻度盐渍化土壤刈牧兼用的栽培草种。赖草除做饲用外，根可入药，具有清热、止血、利尿作用。赖草也可用作治理盐碱地、防风固沙或水土保持的草种。

第六节　披碱草属

披碱草属（*Elymus* L.）牧草在全世界约有 239 种，多分布于欧洲、亚洲及北美洲的温带和寒带。我国有 88 种，广泛分布于草原及高山草原地带，属内栽培种除老芒麦（*E. sibiricus* L.）和披碱草（*E. dahuricus* Turcz.）外，尚有垂穗披碱草（*E. nutans* Griseb.）和肥披碱草（*E. excelsus* Turcz.）。

一、披 碱 草

学名：*Elymus dahuricus* Turcz.　英文名：Dahurian wildrye

别名：直穗大麦草、青穗大麦草。

披碱草广泛分布于中国东北、华北、西北和西南各地区。多生于干旱草原、草甸、田野、山坡及路旁等。我国自 1958 年以来，先后在河北、新疆、青海和内蒙古等地，对披碱草进行驯化栽培。结果表明，披碱草生长发育良好，是一种优良的栽培牧草。目前，在东北、西北、华北和青藏高原有较大面积栽培，在草地建设、生态环境改善和防风固土等方面发挥重要作用。

（一）植物学特征

披碱草为多年生疏丛型禾草（图 7-8），须根系发达，根深可达 110 cm，多集中在 15～20 cm 的土层中。茎直立，疏丛型，株高 70～85 cm，最高达 120 cm，具 3～6 节，基部各节略膝曲。叶鞘无毛，包茎，大部越过节间，下部闭合，上部开裂。叶片披针形，扁平或内卷，上面粗糙，呈灰绿色，下面光滑，叶缘具疏纤毛。叶舌截平。穗状花序，直立，长 14～20 cm，除穗轴先端和基部各节仅有 1 小穗外，每节生 2 小穗，上部小穗排列紧密，下部较疏松；小穗含 3～5 朵小花，全部发育；颖披针形，具短芒；外稃背部被短毛，芒粗糙，成熟时向外展开；内稃与外稃几乎等长。颖果长椭圆形，褐色，千粒重 4.0～4.5 g。

图 7-8　披碱草

1. 植株下部　2. 小穗　3. 小花
4. 小花　5. 花序

（二）生物学特性

1. 生长发育对环境条件的要求

（1）温度：披碱草抗寒性强，在黑龙江、青藏高原和内蒙古等地均能安全越冬。由于分蘖节距地表较深，同时又有枯枝残叶覆盖，所以能忍耐-40 ℃以下的低温。据试验，在我国东北 1 月平均温度为-25.4 ℃，最低气温为-41.2 ℃的条件下，越冬率达 99%。

（2）水分：披碱草根系发达，喜水，抗旱性强。叶片具旱生结构，在干旱时卷成筒状，可减少水分蒸发，所以干旱条件下仍可获较高的产量。当 2～25 cm 处土层含水量仅有 5.1% 时，披碱草仍能生存。

（3）土壤：披碱草耐盐碱、抗风沙，可在 pH 为 7.6～8.7 的土壤上良好生长。

（4）光照：披碱草喜光，不耐阴，在林下及光线微弱地块生长不良。

2. 重要生长发育特性

（1）种子及萌发：新收获的披碱草种子有 40～60 d 的后熟期，一般不需进行种子处理。在北方室温条件下，披碱草种子的寿命为 2～3 年，属短命种子类。

种子萌发的最低温度为 5 ℃，最高温度为 30 ℃，超过 30 ℃时种子不能萌发，萌发的最适温度为 20～25 ℃。在适宜的水、热条件下，一般萌发迅速而整齐，如在 25 ℃条件下，水分充足时，3 d 后即可萌发，6 d 后 80％以上的种子均可萌发。

在大田播种条件下，4 月下旬播种，播后 7～8 d 萌发，种子萌发时先长出胚根。披碱草有种根 4 条，第一条种根在播后的第八天出现，第二条种根在第十天，第三条在第十六天，第四条则在第二十八天出现。播后的 38 d 左右，开始生出节根（次生根或永生根）。播种当年，节根入土深度可达 70 cm，次年达 110 cm 以上。在灌溉条件下，生长 3 年的植株，在100 cm 土层中，根量的 70％分布于 0～10 cm 的土层中，0～20 cm 土层中的根量占总根量的87％。

（2）幼苗生长及发育：披碱草在播种当年苗期生长很慢，春播条件下，播种当年部分枝条可进入花期，但不能结实，至第二年后即可完成整个生育期。一般在北方 4 月中下旬或 5月初返青，此时日平均气温为 9～11 ℃，7 月中旬开花，8 月上旬种子成熟。生育期为 100～126 d。在生育期内，从返青至种子成熟所需≥10 ℃的积温为 1 700～1 900 ℃，从返青至开花为 1 300～1 600 ℃。披碱草一般单株分蘖可达 30～50 个，最多可达 100 个。

（3）生长利用年限：披碱草属短期多年生禾草，寿命 5～8 年。产草量以生长第二年为100％的话，生长第三年为 84.6％，生长第四年为 76.4％，生长第五年为 26.5％。由此可见，披碱草一般只能利用 3～4 年，以后产量急剧下降，但管理得当，利用合理，其寿命和高产持续期都会相应地延长。

（三）栽培技术

1. 选地整地　披碱草对土壤要求不严，除了极度贫瘠的流动沙土及重度盐碱地块外，大部分地块都可种植。尤喜土质疏松，排水良好的壤土。播种之前要精细整地，耙碎耙细大的土块，为种子出苗创造良好的土壤条件。有条件地区可结合整地施入基肥 37.5～45 t/hm²。

2. 种子处理　披碱草种子具长芒，不经处理则种子易成团，不易分开，播种不均匀，所以播种前要去芒。可用去芒器或环形镇压器碾轧断芒。

3. 播种期　春、夏、秋三季均可播种，但在北方旱作地区，夏季最易成功。播种期一般为 6 月中旬至 7 月中旬。播前彻底灭除杂草一次，利用此季节雨热同期的气候特点，种植当年不但可保证顺利出苗和保苗，还可以获得一定的产草量。但播种期最晚不迟于 7 月下旬。

4. 播种方法　披碱草宜采用单播，条播行距 30 cm，覆土 2～4 cm，播种后要重镇压，以利保墒出壮苗。播种量 30～45 kg/hm²。种子田可适当降低播种量，以防植株过密影响种子产量。

5. 田间管理　披碱草苗期生长缓慢，可于分蘖期间进行除杂草同时疏松土壤，促进良好的生长发育。翌年可在雨季追施氮肥 150～300 kg/hm²。披碱草病害较少，但易遭鼠害。抽穗开花期恰是幼鼠长牙之时，常咬断茎秆，造成缺苗，所以要及时灭鼠。

（四）收获、调制和饲用

1. 种子收获　披碱草种子成熟后易脱落，延迟收获易落粒减产，甚至颗粒无收。在穗轴变黄，有 50％的种子成熟时收获为好。大面积采收种子时，可用联合收割机收割。每公顷可产种子 375～1 500 kg。脱粒后要清选，晾干入库保存。

2. 干草调制　披碱草主要做刈割调制干草用，以营养价值最高的抽穗期刈割为宜。在旱作条件下，一年只能刈割 1 次。产干草 2 250～6 000 kg/hm²。为了不影响越冬，应在霜前 1 个月结束刈割，留茬以 8～10 cm 为好，以利再生和越冬。

披碱草的营养成分如表 7-5 所示。

表 7-5　披碱草的化学成分（%）

生育期	水分	占干物质					钙	磷
		粗蛋白质	粗脂肪	粗纤维	无氮浸出物	粗灰分		
抽穗期	8.91	11.65	2.17	39.08	42.00	5.70	0.38	0.21
开花期	8.80	9.72	1.36	39.30	41.88	7.74	0.54	0.20
开花后期	7.74	6.44	1.73	41.37	44.03	6.43	0.35	0.28
成熟期	9.00	6.15	1.73	36.84	48.90	6.38	0.29	0.22

二、老 芒 麦

学名：*Elymus sibiricus* L.　英文名：Siberian wildrye

别名：西伯利亚披碱草、垂穗大麦草。

我国老芒麦野生种主要分布于东北、华北、西北及青海、四川等地，是草甸草原和草甸群落中的主要成员之一。俄罗斯、中亚、西伯利亚、远东及北美等地均有分布。我国最早于 20 世纪 50 年代由吉林省开始驯化，目前已成为北方地区一种重要的栽培牧草。

图 7-9　老芒麦
（引自贾慎修，1987）

（一）植物学特征

老芒麦为多年生疏丛型禾草（图 7-9），须根密集发达，入土较深。茎秆直立或基部稍倾斜，株高 70～150 cm，具 3～6 节。分蘖能力强，分蘖节位于表土层 3～4 cm 处，春播当年可达 5～11 个。叶片狭长条形，长 15～20 cm，宽 5～16 mm，粗糙扁平，无叶耳，叶舌短而膜质，上部叶鞘短于节间，下部叶鞘长于节间。穗状花序疏松而弯曲下垂，长 12～30 cm，每个穗轴节 2 小穗，每小穗 4～5 朵小花。颖狭披针形，粗糙，内外颖等长，外稃披针形，顶端具芒，芒长 15～20 mm，稍展开或向外反曲。颖果长椭圆形，易脱落，千粒重 3.5～4.9 g。

（二）生物学特性

老芒麦耐寒性很强，能耐-40 ℃低温，可在青海、内蒙古、黑龙江等地安全越冬。从返青到种子成熟，需≥10 ℃有效积温 700～800 ℃。旱中生，在年降水量 400～600 mm 的地区可旱作栽培，但干旱地区种植需有灌溉条件。老芒麦对土壤要求不严，在瘠薄、弱酸、微碱或富含腐殖质的土壤上均生长良好，也能在轻微盐渍化土壤中生长。

老芒麦春播当年可抽穗、开花、甚至结实，从返青至种子成熟需 120～140 d。播种当年以营养分蘖为主，可达到植株总分蘖数的 3/4；第二年后以成穗分蘖占绝对优势，达植株总分蘖的 2/3。

（三）栽培技术

老芒麦为短期多年生牧草，适于在粮草轮作和短期饲料轮作中应用，利用年限 2～3 年。后作宜种植豆科牧草或一年生豆类作物，也可与山野豌豆、沙打旺、紫花苜蓿等豆科牧草混播。

　　老芒麦播前需施足基肥，每公顷施 22.5 t 厩肥和 225 kg 碳酸氢铵；深翻土地（如春播，应在前一年夏秋季翻地），并耙糖，使地面平整。春、夏、秋季播种均可。有灌溉条件或春墒较好地方，可春播；无灌溉条件的干旱地方，以夏秋季播种为宜；在生长季短的地方，可采用秋末冬初寄籽播种。春播应防止春旱和一年生杂草的危害；秋播则应在初霜前 30～40 d 播种，过晚则苗期时间短，植株养分贮备不足，易造成越冬死亡。

　　老芒麦种子具长芒，播前应去芒。播种时应加大播种机的排种齿轮间隙或去掉输种管，时刻注意种子流动，防止堵塞，以保证播种质量。宜条播，行距 20～30 cm，收草者播量 22.5～30.0 kg/hm²，收种者为 15.0～22.5 kg/hm²，覆土 2～3 cm。

　　老芒麦属上繁草，适于刈割利用，宜抽穗至始花期进行。北方大部分地区，每年刈割 1 次；水肥良好地区，可年刈 2 次，年产干草 3 000～6 000 kg/hm²。老芒麦种子极易脱落，采种宜在穗状花序下部种子成熟时及时进行，可产种子 750～2 250 kg/hm²。

（四）饲用价值

　　老芒麦草质柔软，适口性好，各类家畜均喜食，尤以马和牦牛更喜食，是披碱草属中饲用价值最高的一种牧草。老芒麦叶量丰富，一般占鲜草总产量的 40%～50%，再生草中达 60%～80%。营养成分含量丰富，消化率较高，夏秋季节对幼畜发育、母畜产仔和牲畜增膘都有良好的效果。叶片分布均匀，调制的干草各类家畜都喜食，特别是冬春季节，幼畜、母畜最喜食。牧草返青早，枯黄迟，绿草期较一般牧草长 30 d 左右，从而提早和延迟了青草期，对各类牲畜的饲养都有一定的经济效果，其营养成分含量如表 7-6 所示。

表 7-6　老芒麦各个生育期的营养成分含量（%）

（引自贾慎修，1987）

生育期	水分	占干物质				
		粗蛋白质	粗脂肪	粗纤维	无氮浸出物	粗灰分
孕穗期	6.52	11.19	2.76	25.81	45.86	7.80
抽穗期	9.07	13.90	2.12	26.95	38.84	9.12
开花期	9.44	10.63	1.86	28.47	42.81	6.99
成熟期	6.06	9.06	1.68	31.84	44.22	6.60

第七节　冰草属

　　冰草属（*Agropyron* Gaertn.）牧草广泛分布于欧亚大陆温带草原及荒漠草原地区，集中分布于俄罗斯、土库曼斯坦、乌兹别克斯坦、乌克兰、哈萨克斯坦、蒙古和中国等一些欧亚国家。世界上有 90 种，大都为重要饲用植物。我国有 5 种。我国目前栽培面积较大的有冰草、蒙古冰草、沙生冰草及引种的西伯利亚冰草等，其中冰草和蒙古冰草为北方人工草地重要的栽培草种，并成为改良天然草场的主要补播草种。

　　本属植物具有极强的抗寒性、耐旱性和抗病性，适应性广，喜沙质土壤，耐瘠薄。春季返青早，青绿持续期长，枯黄期晚，冬季保存率高。茎叶柔软，营养成分含量较高，适口性好，各种家畜均喜食。特别是用作早春和晚秋放牧，在畜牧业生产中有重要意义。

一、冰　草

学名：*Agropyron cristatum* (L.) Gaertn.　英文名：Crested wheatgrass

别名：扁穗冰草、野麦子、羽状小麦草。

冰草是世界温带地区最重要的牧草之一，广泛分布于俄罗斯东部、西伯利亚西部及亚洲中部寒冷、干旱草原上。俄罗斯、美国和加拿大引种栽培较早（1906 年），培育出了不少优良新品种，在生产上大面积应用。我国主要分布在东北、西北和华北干旱草原地带，并是该地区草原群落的主要伴生种，也是改良干旱、半干旱草原的重要栽培牧草之一。

（一）植物学特征

冰草为多年生疏丛型草本植物（图 7-10）。须根系发达，入土较深，达 1 m 左右，密生，外具沙套，有时有短根茎。茎秆直立，具 2～3 节，抽穗期株高 40～60 cm，成熟期 60～80 cm，甚至可达 1 m 以上。基部的节微呈膝曲状，上被短柔毛。叶披针型，长 15～25 cm，宽 0.4～0.7 cm。叶背较光滑，叶面密生茸毛，叶鞘短于节间且紧包茎，叶舌不明显。穗状花序直立，长 2.5～5.5 cm，宽 8～15 mm。小穗水平排列呈箆齿状，含 4～8 花，长 10～13 mm。颖舟形，常具 2 脊或 1 脊，被短刺毛，颖为小穗长度的一半；外稃长 6～7 mm，舟形，被短刺毛，顶端具长 2～4 mm 的芒，内稃与外稃等长。种子千粒重 2 g。

图 7-10　冰　草
（引自陈默君、贾慎修，2002）

（二）生物学特性

冰草是草原区旱生植物，具有高度的抗寒抗旱能力，适于在干燥寒冷地区生长。在年降水量 230～380 mm 的地区生长良好。冰草对土壤要求不严，在轻壤土、重壤土、沙质土均可生长，有时在黏质土壤上也能生长，最适宜在草原地区的栗钙土壤上生长，不宜在酸性强的土壤或沼泽、潮湿的土壤上种植。

冰草一般能活 10 年以上。分蘖能力很强，播种当年分蘖可达 25～55 个，并很快形成丛生状。冰草播种当年很少抽穗结实，基本处于营养生长阶段，第二年生长发育整齐，结实正常。产草量和种子产量均在播种第二年最高（表 7-7）。栽培冰草开花期草产量高，再生草产量也是开花期最高。冰草种子成熟后，易自行脱落，采集种子应在蜡熟期进行。

表 7-7　冰草产量及种子产量

（引自贾慎修，1987）

生长年限	株高/cm	鲜草产量/（kg/hm²）	干草产量/（kg/hm²）	种子产量/（kg/hm²）
1	42	5 505	1 095	—
2	78	15 480	4 770	1 620
3	71	8 550	2 445	825

冰草喜冷凉气候，早春返青早，在北方各省（区）4月中旬开始返青，5月末抽穗，6月中下旬开花，7月中下旬种子成熟，9月下旬至10月上旬植株枯黄。一般生育期为110～120 d。冰草不耐夏季高温。夏季干热时停止生长，进入休眠，秋季再开始生长。所以春秋两季为冰草的主要生长季节。

（三）栽培技术

冰草播前需要精心整地，深翻、平整土地，施入有机肥做底肥。在寒冷地区可春播或夏播，冬季气候较温和的地区以秋播为好。播种量每公顷11.5～22.5 kg。一般条播，亦可撒播，条播行距20～30 cm，覆土2～3 cm，播后适当镇压。还可与苜蓿、红豆草和早熟禾等牧草混播。冰草易出苗，但幼苗生长缓慢。应加强田间管理，促进幼苗生长。在生长期及刈割后，灌溉及追施氮肥，可显著提高产草量并改善品质。利用3年以上的冰草草地，于早春或秋季进行松耙，可促进分蘖和更新。

（四）饲用价值

冰草草质柔软，营养价值较高，是优良牧草之一（表7-8）。既能用作青饲，也能晒制干草、制作青贮或放牧。在幼嫩时马和羊最喜食，牛和骆驼也喜食。冰草对于反刍家畜的消化率和可消化成分较高（表7-9），在干旱草原区把它作为家畜催肥的牧草。每年可刈割2～3次。一般每公顷产鲜草15 000～22 500 kg，可晒制干草3 000～4 500 kg。冰草的适宜刈割期为抽穗期，延迟收割，茎叶变得粗硬，适口性和营养成分均降低，饲用价值下降。

由于冰草的根系呈须状，密生，具沙套，并且入土较深，因此它还是一种良好的水土保持植物和固沙植物。

表7-8 冰草的化学成分（%）

（引自陈默君、贾慎修，2002）

生育期	水分	占干物质					钙	磷
		粗蛋白质	粗脂肪	粗纤维	无氮浸出物	粗灰分		
营养期	9.71	22.41	5.31	25.86	37.81	8.61	0.59	0.44
抽穗期	11.50	19.13	4.11	31.24	38.25	7.27	0.44	0.37
开花期	9.65	10.68	4.77	36.20	41.60	6.75	0.41	0.44

表7-9 饲料干物质中消化能和代谢能含量及有机物质消化率

（引自贾慎修，1987）

	粗蛋白质/%	粗脂肪/%	有机物质消化率/%	消化能/（MJ/kg）	代谢能/（MJ/kg）
抽穗期	16.12	3.14	63.93	11.17	8.92

二、蒙古冰草

学名：*Agropyron mongolicum* Keng. 英文名：Mongolian wheatgrass

别名：沙芦草。

蒙古冰草原产于我国北部沙漠以南边缘地带，内蒙古、山西省西北部、陕西省北部、甘肃、宁夏一带均有分布；在国外，欧洲、中亚和蒙古也有分布。近年来内蒙古畜牧科学院、内蒙古农业大学等驯化选育野生种，培育出适合在干旱草原和荒漠地带种植的栽培品种。

（一）植物学特征

蒙古冰草为多年生草本植物。根须状，长而密集，具沙套及根状茎。茎直立，疏丛型，株高 50～100 cm。基部节常膝曲。叶片灰绿色，叶缘常收缩内卷，长 10～20 cm，宽 4～5 mm；叶舌不明显，叶鞘紧包于茎，常短于节间。穗状花序，长 10～18 cm；每穗有 20～30 个小穗。小穗排列较疏松，每小穗含 3～8 朵小花。颖果椭圆形，光滑。种子千粒重 1.9 g。

（二）生物学特性

蒙古冰草耐旱耐寒，能在年降水量 200～300 mm 的地区生长，内蒙古、宁夏、甘肃等地区可安全越冬。耐风沙，即使春季大风将其 2/3 的根系刮出地面，仍可存活。蒙古冰草为典型的旱生植物，其生命力强，适应性广，耐瘠性强，但不耐夏季高温。蒙古冰草在北京地区种植，夏季高温时停止生长，地上部 40% 的茎叶枯黄，再生草很差，待秋季气候冷凉才恢复生长。蒙古冰草可在高原沙质土及沙壤质栗钙土上生长，在壤土及黏壤质褐土上能生长良好。

蒙古冰草根系发达，可深入到土壤 100～150 cm，集中分布于 20～60 cm 的土层中。播种当年虽然地上部分生长缓慢，但根系生长很快；当地上株高生长仅 30 cm 时，根系已达 80～100 cm。蒙古冰草在锡林浩特地区 4 月下旬返青，发育快，5 月底至 6 月初抽穗开花，7 月下旬至 8 月初种子成熟，10 月下旬枯黄。但在播种当年，幼苗可延迟到 11 月上旬才枯黄。蒙古冰草是一种生产性能良好的牧草。叶量较大。据呼和浩特地区测定，抽穗开花期的叶量可占株丛总重量的 43.54%。

（三）栽培技术

蒙古冰草种子发芽率高，易建植。播前需良好整地，翻耕平整，施入基肥，同时应注意消灭杂草及防治地下害虫。在风沙较大以及草场沙化的地区，最好不翻耕而直接播种。种子小，一般为条播，行距 20～30 cm，播深 3～4 cm，每公顷播种量 15～22.5 kg。也可撒播，播量增加到 37.5～45 kg。在干旱草原及沙漠区应在 7～8 月趁雨季抢墒播种。在土壤水分适宜的条件下，应尽可能早播，以利幼苗扎根生长。蒙古冰草自然竞争力强，在沙蒿和锦鸡儿灌丛中，混生植株比单独生长快得多。因此，与伏地肤、野生黄花苜蓿等豆科牧草混播能提高单位面积牧草产量。

（四）饲用价值

蒙古冰草营养价值较高（表 7-10），有机物质消化率也较高（表 7-11），是干旱草原地区的优良禾草之一。鲜草为牛、马、羊等所喜食，适于放牧；亦可用于调制干草，适宜的利用期为抽穗期。刈割过迟，草质粗糙老化，适口性降低。秋季家畜喜食再生草，冬季牧草干枯时牛羊喜食。

表 7-10　蒙古冰草的营养成分（%，以干物质计）

（引自陈宝书，2001）

生育期	粗蛋白质	粗脂肪	粗纤维	无氮浸出物	粗灰分
抽穗期	19.03	2.02	35.97	35.42	7.56
开花期	10.18	1.80	42.10	38.96	6.96
结实期	8.90	2.11	41.36	41.68	5.95

表 7-11　饲料干物质中消化能和代谢能含量及有机物质消化率

(引自陈宝书，2001)

生育期	粗蛋白质/%	粗脂肪/%	有机物质消化率/%	消化能/（MJ/kg）	代谢能/（MJ/kg）
抽穗期	13.07	3.08	55.15	9.49	7.37

蒙古冰草是良好的固沙植物，也是改良沙化草场的理想牧草，适宜作为退化草场人工补播的草种。

三、沙生冰草

学名：*Agropyron desertorum*（Fisch. ex Link）Schult.　英文名：Desert wheatgrass

别名：荒漠冰草。

沙生冰草原产于俄罗斯东部、西伯利亚和中亚细亚草原。我国吉林、辽宁省西部、内蒙古、山西、甘肃、新疆等省区均有野生。美国 1907 年从中亚引进，加拿大 1911 年从西伯利亚引进，现已成为美国西部大草原及加拿大中部干旱地区的重要栽培牧草之一。

（一）植物学特征

沙生冰草为多年生疏丛型草本。具根茎，须根外具沙套。茎秆直立，无毛，抽穗期高 50～60 cm，成熟期高 80～90 cm。叶片长 15～20 cm，宽 0.6～0.8 cm。穗状花序直立，圆柱形，长 6～8 cm，有小穗 30～45 个。沙生冰草形态特征与冰草相似，但它们的穗状花序的形状不同。沙生冰草的花序狭窄，小穗斜上，不呈篦齿状排列。种子千粒重 2.57 g。

（二）生物学特性

沙生冰草抗寒耐旱，降水量要求为 150～400 mm，可在我国东北、内蒙古、新疆等地的干旱荒漠草原种植。沙生冰草返青早，在北京地区栽培 3 月中旬返青，在呼和浩特地区 4 月中旬返青。早春生长快，分蘖多，长势好。夏季高温期间，植株生长停滞，秋凉后再生长，枯萎期晚，放牧期长，尤其适合春秋放牧。

沙生冰草通常生长于沙地、沙质坡地及沙丘间低地。

（三）栽培技术

在栽培技术上，沙生冰草与冰草基本相同。沙生冰草的种子比较大，发芽率较高，出苗整齐。但幼苗期生长缓慢，应加强杂草管理，以免受影响。

（四）饲用价值

沙生冰草生长势强，植株繁茂，产草量较高；叶片多，叶量大，草质较优（表 7-12）。可用于放牧、刈割青饲，或晒制干草。适宜的刈割期为抽穗期，不宜过迟或过早，过迟影响草质，过早影响产量。

表 7-12　沙生冰草的化学成分表（%）

(引自贾慎修，1987)

生育期	水分	占干物质				
		粗蛋白质	粗脂肪	粗纤维	无氮浸出物	粗灰分
开花期	11.62	9.66	2.83	43.36	26.88	5.65
结实期	11.13	23.00	4.56	33.82	22.97	4.52

四、西伯利亚冰草

学名：*Agropyron sibiricum*（willd）Beauv. 英文名：Sibirian wheatgrass

西伯利亚冰草原产于西伯利亚西部及中亚的沙地和荒漠地区，我国内蒙古锡林郭勒盟和陕西北部也有分布。华北、东北、内蒙古等地引种栽培。

（一）植物学特征

西伯利亚冰草茎秆直立，粗壮，疏丛型，为上繁草，抽穗期高 70～90 cm。抽穗茎 4～5节。叶线形或披针形，长 20 cm，宽 4～6 mm。穗状花序疏松，长 7～12 cm，宽 1～1.5 cm，微弯曲。小穗呈覆瓦状排列。小穗含 9～11 花，基部具小苞片。颖卵状披针形，不对称，具尖头。外稃背部无毛或粗糙，顶端具短尖头；内稃略短于外稃，脊具纤毛。

（二）生物学特性

西伯利亚冰草抗寒性强，在我国吉林、内蒙古地区均能越冬。耐旱，降水量 150～400 mm 的地区均能生长。对土壤要求不严格，在排水良好，酸碱适中的各种土壤上生长良好。

（三）栽培技术

西伯利亚冰草春、秋播种均可，播种量 11～22 kg/hm²，条播行距 30～40 cm，覆土 3～4 cm。也可与苜蓿和沙打旺等豆科牧草混播。由于种子大，出苗快。分蘖前生长较慢。耐瘠薄，对氮肥敏感，施氮肥能提高产量。

（四）饲用价值

茎叶柔软，营养价值高，为牛、羊、马等各种家畜喜食。早春晚秋均可放牧。全草既能晒制干草，亦能青饲。在干旱和半干旱地区建立人工草场，改良沙地草场上利用前途广阔，属优等牧草。

第八节 羊茅属

羊茅属（*Festuca* L），又名狐茅属，全世界有百余种，广泛分布于寒温带地区。我国有23 种，大都可饲用或用于草坪绿化。我国饲用栽培的羊茅属牧草主要是苇状羊茅和草地羊茅。

一、苇状羊茅

学名：*Festuca arundinacea* Schreb. 英文名：Tall fescue

别名：高羊茅、苇状狐茅。

苇状羊茅原产于欧洲、非洲西部及部分亚洲地区，天然分布于乌克兰的伏尔加河流域、北高加索、土库曼山地，西伯利亚，远东等地。我国新疆有野生种。20 世纪 20 年代初开始在英、美等国栽培，目前是欧美重要的栽培牧草之一。我国于 20 世纪 70 年代引进，现已成为北方暖温带地区建立人工草地和补播天然草场的重要草种，尤其是作为草坪草种在国内外应用十分广泛。

（一）植物学特征

苇状羊茅为多年生疏丛型禾草（图 7-11）。须根入土深，且有短根茎。放牧或频繁刈割易絮结成粗糙草皮。茎直立而粗硬，株高80～150 cm。叶条形，长30～50 cm，宽6～10 mm，上面及边缘粗糙。圆锥花序开展，每穗节有1～2个小穗枝，每小穗4～7朵小花，呈淡紫色，外稃顶端无芒或呈小尖头。颖果倒卵形，黄褐色，千粒重2.5 g。

（二）生物学特性

苇状羊茅耐旱耐湿耐热，在年降水量450 mm以上的地区可旱作，可耐夏季38 ℃高温。但耐寒性差，低于−15 ℃无法正常生长，在东北和内蒙古大部分地区不能越冬。对土壤要求不严，可在pH 4.7～9.5的土壤上生长，但以pH 5.7～6.0、肥沃、潮湿的黏重土壤为最好。

在北京地区，苇状羊茅3月中下旬返青，6月上旬开始抽穗开花，至6月下旬种子成熟，生育期90～100 d。种子成熟后，植株基部仍能发生大量新分蘖。植株直到12月下旬才枯黄，绿色期长达270～280 d。

（三）栽培技术

苇状羊茅为根深高产牧草，要求土层深厚，底肥充足。因此，播种前应深翻耕地，并按30 t/hm² 厩肥

图7-11　苇状羊茅
（引自陈默君、贾慎修，2002）

施足基肥，土壤速效磷和速效钾分别不低于30 mg/kg和100 mg/kg，速效氮为40～60 mg/kg。播前需耙糖1～2次。

苇状羊茅容易建植，可根据各地条件进行春、夏、秋播。冬季严寒地区一般春播，在早春地温达5～6 ℃时即可进行；春季风大干旱严重地方或春播谷类作物的土地上宜进行夏、秋播，但要保证幼苗越冬前已分蘖。苇状羊茅短根茎具侵占性，宜单播，也可与白三叶、红三叶、紫花苜蓿和沙打旺等豆科牧草混播。条播行距30 cm，播量15.0～30.0 kg/hm²。混播则酌量减少。苇状羊茅苗期不耐杂草，所以除草是关键，除播前和苗期加强灭除杂草外，每次刈割后也应进行中耕除草。另外，追肥灌溉是提高产量和品质的一个重要手段，尤其每次刈割后。单播应追施氮肥（75 kg/hm² 尿素或150 kg/hm² 硫酸铵），若能结合灌水效果更好。混播的则应施用磷肥，以促进豆科牧草生长。

苇状羊茅枝叶繁茂，生长迅速，再生性强，水肥条件好时可刈割4次左右。鲜草产量22.5～60.0 t/hm²，干草产量7.5～20 t/hm²，种子产量375～525 kg/hm²。由于开花结实后草质粗糙适口性差，需注意掌握好收割利用期。青饲以分蘖至拔节后期刈割为宜，晒制干草可在抽穗期刈割。种用的苇状羊茅，可于早春先放牧，后利用再生草收种。60%～70%的种子变为黄褐色时应及时收种。值得注意的是苇状羊茅的种子寿命很短，贮藏4～5年后发芽率急剧下降，播种前一定要检验其活力，调整播种量。

（四）饲用价值

苇状羊茅叶量丰富，草质较好，如能掌握利用适期，可保持较好的适口性和利用价值（表7-13）。

表 7 - 13　苇状羊茅和草地羊茅抽穗期的营养成分（%）

（引自陈默君、贾慎修，2002）

草种	水分	占干物质					钙	磷
		粗蛋白质	粗脂肪	粗纤维	无氮浸出物	粗灰分		
苇状羊茅	70.0	15.40	2.00	26.00	44.60	12.00	0.68	0.23
草地羊茅	70.0	9.09	1.20	30.00	51.99	7.72	0.20	0.06

在抽穗期刈割，鲜草和干草牛、马、羊均喜食。该草耐牧性强，春季、晚秋以及收种后的再生草均可用来放牧，但要适度。一方面，重牧会影响苇状羊茅的再生；另一方面苇状羊茅植株内含吡咯碱（perloline），食量过多会使牛退皮、皮毛干燥、腹泻，尤以春末夏初容易发生，此称为羊茅中毒症。

此外，苇状羊茅被广泛应用于各种绿化场景和运动场，与草地早熟禾并列为最主要的草坪草种。

二、草地羊茅

学名：*Festuca pratensis* Huds.　英文名：Meadow fescue

别名：牛尾草、草地狐茅。

草地羊茅原产于欧亚温暖地带，广泛分布于亚欧和美国等地，世界温暖湿润地区或有灌溉条件的地方均有栽培。我国也有野生种，但栽培的均为引进品种。我国 20 世纪 20 年代引进草地羊茅，现在东北、华北、西北及山东等地均有栽培，尤其适于北方暖温带或南方亚热带高海拔草山温暖湿润地区种植。

草地羊茅寿命长，适应性广，耐践踏，再生力强，具有很好的饲用价值和水土保持价值。

（一）植物学特征

草地羊茅为疏丛型短根茎的多年生禾本科牧草，须根粗而密集，短根茎繁殖能力较差。抽穗茎直立强硬，株高 50～130 cm。叶鞘短于节间，叶舌不明显，叶片扁平，硬而厚，长 10～50 cm，宽 4～8 mm，上面粗糙，下面光滑有光泽。圆锥花序疏散，小穗披针形，含5～8 朵小花，外稃无芒，顶端尖锐。颖果很小，千粒重 1.7 g。

（二）生物学特性

草地羊茅性喜湿润，较苇状羊茅抗旱性差，在年降水量 600～800 mm 的地区旱作良好，否则应有灌溉条件。比苇状羊茅稍耐寒，在北京地区可安全越冬；东北地区有雪覆盖时也能越冬。对土壤要求不严，尤其对瘠薄、排水不良、盐碱度较高或酸性较强的土壤均有一定抗性，能在 pH 9.5 的土壤上生长，但在石灰质和沙性土壤上需有足够水分才能生长良好。

草地羊茅属典型的冬性牧草，播种当年只分蘖不抽茎，第二年当气温上升到 2～5 ℃时开始返青，北方 6 月上旬抽穗，下旬开花，7 月中旬种子成熟，生育期 100～110 d。播后 2～4 年饲草产量最高，可保持 7～8 年高产，水肥及管理条件好时可达 12～15 年。种子寿命较长，贮藏 5～6 年仍可保持 50% 的发芽率，9～10 年后才全部丧失活力。

（三）栽培技术

草地羊茅种子细小，应精细整地，适当覆土，覆土厚度以 1～2 cm 为宜。我国北方宜春播或夏播，南方以秋播多见。可与苜蓿、红三叶及鸭茅、多年生黑麦草等混播，效益显著高于单播。条播行距 30 cm，播量 15.0 kg/hm²。当年苗期应注意中耕除草，且要封闭禁用。第二年开始正常刈割和收获种子，草地羊茅再生性强，水肥条件好时年可刈割 3～5 次，以抽穗期刈割为宜。耐牧性很强，年内首牧应在拔节期进行，频繁轮牧既可防止草丛老化，又可形成稀疏草皮。种子落粒性强，收种宜在蜡熟期进行。一般干草产量 4.5 t/hm² 以上，种子产量 450～600 kg/hm²。

(四)饲用价值

草地羊茅草质粗糙，营养中等，但适时刈割仍为各种家畜所喜食，尤其适于喂牛，以抽穗期刈割为宜，可青饲或调制成干草和青贮饲料。因其适应性广，寿命长，再生力强，耐践踏，是一种优良的放牧牧草。为保证适口性，应在孕穗前进行放牧利用。

长期在草地羊茅草地放牧的牛，有时发生营养性疾病"牛尾草足病"，症状与麦角、硒中毒相似，表现四肢僵直，行动迟缓，拒食，沉郁，倦怠，呼吸快，体重迅速下降，继之四肢与尾发生干性坏疽，表皮脱落。牛易感染此种疾病，其他家畜则不受其影响。

第九节　高粱属

高粱属牧草有 20 余种，分布于热带、亚热带和温带地区。中国现知有 11 种。其中，苏丹草、苏丹草和甜高粱的杂交种是我国各地主要栽培的高粱属牧草。

一、苏丹草

学名：*Sorghum sudanense* (Piper) Stapf.　英文名：Sudangrass

别名：野高粱。

苏丹草原产于北非苏丹高原地区，非洲东北、尼罗河流域上游、埃及境内都有野生种分布。全世界约 30 种。目前，欧洲、北美洲和亚洲大陆均有栽培。我国于 20 世纪 30 年代开始引进，已作为一种主要的一年生禾草在全国各地广泛栽培。

(一)植物学特征

苏丹草为高粱属一年生禾本科牧草（图 7-12），根系发达，入土深达 2 m 以上，60%～70%的根分布在耕作层，水平分布 75 cm，近地面茎节常产生具有吸收能力的不定根。茎高 1.5～3 m，分蘖少者 3～5 个，多者可达 20 个以上。叶条形，长 45～60 cm，宽 4～4.5 cm，每茎长有 7～8 枚叶片，表面光滑，边缘稍粗糙，主脉较明显，上面白色，背面绿色。无叶耳，叶舌膜质。圆锥花序，长 15～80 cm，花序类型因品种不同分为周散型、紧密型和侧垂型

图 7-12　苏丹草

1. 株丛的一个分蘖枝　2. 花序分枝一段　3. 孪生小穗
4. 穗轴顶端共生的 3 小穗（腹面）　5. 种子（颖果）

（引自南京农学院，1980）

三种。每枚梗节对生 2 个小穗，其中 1 个无柄，结实，成熟时连同穗轴节间和另一个有柄不孕小穗一齐脱落，顶生小穗常 3 枚，中央的具柄，两侧的无柄。外稃先端具 1~2 cm 膝状弯曲的芒。颖果扁平，倒卵形，紧密着生于颖内，红黄褐色。千粒重 10~15 g。

（二）生物学特性

1. 生长发育和环境条件的关系　苏丹草喜温不耐寒，尤其幼苗期更不耐低温，遇 2~3 ℃气温即受冻害。种子发芽最低温度为 8~10 ℃，最适温度为 20~30 ℃。

由于苏丹草根系发达，且能从不同深度的土层吸收养分和水分，所以抗旱力较强。生长期遇极度干旱可暂时休眠，雨后即可迅速恢复生长。不过，产量与生长期供水状况密切相关，尤其是抽穗开花期需水较多，应合理灌溉。应注意的是，苏丹草不耐湿，水分过多，易遭受各种病害，尤易感染锈病。

苏丹草刈割后再生枝条发生于分蘖节、基部第一茎节以及未被损伤枝条的生长点，其中由分蘖节形成的枝条约占全部再生枝条的 80％以上，其再生性良好，这也是构成其多刈性和丰产性的重要原因。

苏丹草对土壤要求不严，只要排水良好，在沙壤土、重黏土、弱酸性和轻度盐渍土上均可种植，而以在肥沃的黑钙土、暗栗钙土上生长最好。因其吸肥能力强，在过于瘠薄的土壤上生长不良。

2. 生长发育　适宜条件下，播后 7~8 d 齐苗。苗期根生长快而茎叶生长慢，当根系入土 50 cm 时，地上株高才 20 cm 左右。约 1 个月出现 5 片叶片时，开始分蘖，而且整个生育期间能不断形成分蘖，最多时高达 100 个以上。此后茎叶旺盛生长。80~90 d 后开始开花，开花顺序是由圆锥花序顶端向下延伸，每个花序的开花期平均 7~8 d。其小花开放多在清晨和温暖的夜间进行，要求最适气温 20 ℃，相对湿度 80％~90％。由于分蘖多，整个植株开花延续很长时间，有时直至霜降为止。

苏丹草为异花授粉植物，种子成熟极不一致，往往同一圆锥花序的下面小花还在开放，而最上部的小穗已处于乳熟期。

苏丹草为短日照作物，生育期 100~120 d，要求积温 2 200~3 000 ℃。在内蒙古呼和浩特地区，4 月底播种，5 月初齐苗，6 月上旬分蘖，6 月末拔节，7 月中下旬开始抽穗和开花，9 月大部分种子才成熟。

（三）栽培技术

1. 种子处理　选取粒大、饱满的种子，并在播前进行晒种，打破休眠，提高发芽率。在北方寒冷地区，为提早出苗，可采用催芽播种技术。即在播前 1 周，用温水处理种子 6~12 h，后在 20~30 ℃和湿润环境下堆放，直到半数以上种子微露嫩芽时播种。

2. 轮作　苏丹草对土壤养分和水分的消耗量很大，是多种作物的不良前作，尤忌连作，故收获后要休闲或种植一年生豆科牧草。玉米、麦类和豆类作物都是其良好的前作，但以多年生豆科牧草或混播牧草为最好。生产中，苏丹草可与秣食豆、豌豆和毛苕子等一年生豆科植物混种。

3. 播种　苏丹草喜肥喜水，播种前应行秋深翻，并按每公顷 15.0~22.5 t 施足厩肥。在干旱地区或盐碱地带，为减少土壤水分蒸发和防止盐渍化，也可进行深松或不翻动土层的重耙灭茬，翌年早春及时耙糖或直接开沟于春末播种。

苏丹草为喜温作物，需在地下 10 cm 处土温达 10~12 ℃播种，北方多在 4 月下旬至 5

月上旬播种。多采用条播，干旱地区宜宽行条播，行距 45～50 cm，每公顷播量 22.5 kg；水分条件好的地区可窄行条播，行距 30 cm 左右，每公顷播量 22.5～30.0 kg。播种深度4～6 cm。播后及时镇压以利出苗。另外，混播可提高草的品质和产量，每公顷播种量为 22.5 kg 苏丹草及 22.5～45.0 kg 豆类种子。也可分期播种，每隔 20～25 d 播 1 次，以延长青饲料的利用时间。

4. 田间管理　苏丹草苗期生长慢，不耐杂草，需在苗高 20 cm 时开始中耕除草，封垄后则不怕杂草抑制，可视土壤板结情况再中耕 1 次。苏丹草根系强大，需肥量大，尤其是氮磷肥，必须进行追肥。在分蘖、拔节及每次刈割后施肥灌溉，一般每次 112.5～150.0 kg/hm² 硝酸铵或硫酸铵，附加 150.0～225.0 kg/hm² 过磷酸钙。据内蒙古巴彦淖尔盟草原试验站对苏丹草追施硫铵和尿素的结果，干草产量分别提高 87.3% 和 69.3%。

5. 收获　青饲苏丹草最好的利用时期是孕穗初期，这时，其营养价值、利用率和适口性都高。若与豆科作物混播，则应在豆科草现蕾时刈割，刈割过晚，豆科草失去再生能力，往往第二茬只留下苏丹草。调制干草以抽穗期为最佳，过迟会降低适口性。青贮用则可推迟到乳熟期。利用苏丹草草地放牧，以在草高达 30～40 cm 时较好，此时根已扎牢，家畜采食时不易将其拔起。在北方生长季较短的地区，首次刈割不宜过晚，否则第二茬草的产量低。

收种用的苏丹草，采种应在穗变黄时及时进行。因苏丹草是风媒花，极易与高粱杂交，故其种子田与高粱田应间隔 400～500 m 以上。

（四）饲用价值

苏丹草株高茎细，再生性强，产量高，适于调制干草。在内蒙古呼和浩特地区灌溉条件下，年刈 3 次，干草总产量为 16.25 t/hm²；旱作条件下，干草产量为 7.5 t/hm²。

苏丹草作为夏季利用的青饲料最有价值。此时，一般牧草生长停滞，青饲料供应不足，造成奶牛、奶羊产奶量下降，而苏丹草正值快速生长期，鲜奶产量高，可维持高额的产奶量。苏丹草饲喂肉牛的效果和紫花苜蓿、高粱差别不大。另外，苏丹草用作饲料时，极少有中毒的危险，比高粱安全。

苏丹草茎叶产量高，含糖丰富，尤其是与高粱的杂交种，最适于调制青贮饲料。在旱作区栽培，其价值超过玉米青贮料。

苏丹草营养丰富，且消化率高。营养期粗脂肪和无氮浸出物较高，抽穗期粗蛋白质含量较高（表 7 - 14），粗蛋白质中各类氨基酸含量也很丰富。另外，苏丹草还含有丰富的胡萝卜素。

表 7 - 14　苏丹草的化学成分（%）

（引自陈默君、贾慎修，2002）

生育期	水分	占干物质				
		粗蛋白质	粗脂肪	粗纤维	无氮浸出物	粗灰分
营养期	10.92	6.51	2.91	31.44	50.11	9.03
抽穗期	10.00	7.04	1.58	37.91	43.57	9.90
成熟期	16.23	5.13	1.75	40.80	42.85	9.47

苏丹草也是池塘养鱼的优质青饲料之一，有"养鱼青饲料之王"的美称。据肖贻茂研究，在华中地区每公顷产鲜草 150 t，用以喂鱼，可生产鱼肉 6 000 kg。

二、高丹草

学名：*Sorghum bicolor* × *Sorghum sudanense*　英文名：Sorghum-Sudangrass Hybrid

高丹草为高粱-苏丹草杂交种的简称，是以高粱雄性不育系为母本、苏丹草为父本组配的杂种一代。它结合了双亲的优点，具有产草量高、品质优、抗逆性强、适应性广和再生性强等特点，在生产中逐渐替代苏丹草种植。

日本自 1963 年开始研究开发高丹草，1971 年选育出农林交青刈 1 号（605A×Sweet sudan），1975 年选育出农林交青刈 2 号（390A×Regs Hegari）。美国从 20 世纪 60 年代开始这一研究，近年已将高丹草作为青贮玉米的替代作物推广。澳大利亚、土耳其和国际半干旱作物研究所（印度）也一直在开展高丹草品种的选育工作。我国自 20 世纪 80 年代开始研究利用高粱与苏丹草的杂种优势，并选育出一系列杂交组合。皖草 2 号（Tx623A×S722）于 1998 年通过全国牧草品种审定委员会审定，成为我国第一个利用高粱和苏丹草杂种优势培育的饲草品种。至今，我国已有一批新品种如晋草 1～7 号系列品种（山西省农业科学院），辽草 1～3 号系列品种（辽宁省农业科学院），冀草 1～3 号（河北省农业科学院），蒙农青饲 1～2 号（内蒙古农业大学），吉草 1～3 号（吉林省农业科学院），天农青饲 1～2 号（天津农学院），皖草 3 号（安徽科技学院）等通过各省区或国家审定，应用于生产。与此同时，国外的育成品种也不断进入中国，如健宝、苏波丹、乐食等。

（一）植物学特征与生物学特性

高丹草属高光效、多用途、多抗性的 C_4 作物。生育期 130 d 左右，刈割期株高 1.0～3.0 m，叶鞘绿色、浅紫色或紫色，幼苗叶片绿色或紫色；刈割期叶片呈绿色，叶长约 90 cm、叶宽约 6 cm，茎秆直径 1.0～1.7 cm，叶片数 12～20 片，叶脉颜色因品种不同呈现白色至灰色直至褐色；植株长相似高粱，籽粒偏小，白色或紫褐色，穗形松散，根系发达，分蘖数 0～6 个。拔节期刈割，全年可刈割 5～6 次；抽穗期刈割，全年可刈割 3～4 次。

据报道，高丹草的株高、叶长、单株鲜重均超过高亲苏丹草，叶宽则相当于高粱，分蘖数略低于苏丹草，但大大超过双亲平均值；其株高和单株鲜重等性状，从一开始就表现出超过高亲的优势，而叶宽和分蘖数又表现为接近高亲（图 7-13）。

图 7-13　高丹草

从左起：父本苏丹草、高丹草杂交种、母本高粱不育系

（二）栽培技术

1. 田块选择与整地　高丹草适应范围十分广泛，对土壤要求不严，盐碱地、湿地、旱地均可，但以沙壤土为佳。高丹草的前茬可为冬闲田或水稻、油菜、小麦等。水田、旱地、坡地以及塘埂均可种植，但以田面平整、耕层深厚、排灌方便及保水保肥性能好的田块产量高。低洼田需开好环田沟和十字沟，并做到沟沟相通，排水通畅。精细整地，确保田间平整，土体细碎，上虚下实，上无坷垃，下无卧垡，并且墒情良好。

2. 播种　高丹草在活动积温达到 2 300 ℃以上区域均可种植。种子发芽的最低温度为

$8\sim10$ ℃，最适温度为 $18\sim20$ ℃，最高温度为 $40\sim45$ ℃。在生产上可将 10 cm 深土温稳定超过 12 ℃作为春季适时播种的温度指标。无霜期短的地区可春播，无霜期长的地区春播种植可通过多次刈割增加产量，也可夏播，但随播期推迟，刈割次数减少，总产量下降。

条播、穴播或撒播均可。播种深度 $2\sim3$ cm。有条件的地区，可先浇底水，待土层干爽，进入宜耕期，及时耕作，足墒下种，以确保全苗。

做青草饲料时，播种量 $15\sim22.5$ kg/hm^2，留苗密度为 $22.5\sim30$ 株/m^2；做青贮饲料时，播种量 15 kg/hm^2，留苗密度为 $7.5\sim15$ 株/m^2。

3. 田间管理　间苗一般在 $2\sim3$ 叶期进行；$4\sim5$ 叶期根据计划密度的要求，进行一次性定苗，用农具或手工除去多余的、拥挤的苗。播种前，一般要求施经无害化处理的有机肥 30 000$\sim$45 000 kg/hm^2，纯氮 16.0 kg、P_2O_5 11.5 kg 做基肥；以后每次刈割后 $2\sim3$ d，追施粪水或氮肥，追施纯氮 $34.5\sim103.5$ kg/hm^2，并及时浇灌水，可保下茬早发快长，产量高。防积水，遇涝应及时开沟排水。

4. 病虫草防治　选用抗（耐）病品种，实行轮作，培育无病虫害壮苗，使用经无害化处理的有机肥。出苗后如有杂草危害，应中耕 $1\sim2$ 次，清洁田园。高丹草对除草剂较敏感，慎用。

发芽期及苗期地下害虫如蚂蚁、小地老虎、金针虫和蛴螬危害会导致田间缺苗断垄，甚至严重影响产量。蚜虫重发年份，要注意防治蚜虫。使用农药要严格执行 GB 4285—1989 和 GB/T 8321—2002，使用低毒、低残留、广谱、高效农药。注意交替使用农药，禁止使用敌敌畏，以防药害。

5. 刈割利用　春播，在出苗后 60 d 左右可达到抽穗期刈割标准，以后每 45 d 左右即可刈割一次。作为养鱼青饲料时，一般在株高 $0.8\sim1.0$ m 时刈割为好；作为草食牲畜鲜喂饲草时，在株高 1.0 m 到抽穗期均可刈割。作为青贮饲料时，宜在齐穗期刈割并连同籽粒青贮。刈割时应避开连阴雨天，否则易烂茬，影响再生。

可采用机械或人工刈割，刀口以 45°斜割为宜。留茬高度 $10\sim20$ cm，以利再生。

高丹草不耐践踏，幼苗不宜放牧。因系杂交一代，不宜自行留种，否则会造成严重减产。

多年试验结果表明，高丹草刈割总鲜草产量极显著超过苏丹草，甚至较苏丹草增产达 90％以上。高丹草粗蛋白质占鲜重或占干重的百分比都超过了甜高粱、玉米和苏丹草；高丹草的粗脂肪占鲜重或占干重的百分比也都超过了玉米和苏丹草，占干重的百分比接近于甜高粱；而高丹草粗纤维占鲜重或占干重的百分比几乎都比甜高粱、玉米和苏丹草低，因此奶牛可能更易消化吸收。

在安徽寿县、江苏泗洪、北京房山等地比较草鱼对高丹草和苏丹草采食的试验结果表明，草鱼先吃杂交种，吃完后再吃苏丹草；高丹草的茎叶可被吃光，而苏丹草的茎秆却被留下来。在安徽阜阳黄牛配种站、九里沟奶牛场进行高丹草对奶牛适口性调查，结果无论是青刈拟或青贮后喂肉牛或奶牛效果均很好。在安徽科技学院养殖科技园进行高丹草奶牛饲喂试验结果表明，该草青贮后草质柔软，稍有甜味，气味芳香，奶牛喜食，维持高额产奶量时间长。

第十节 狗牙根属

狗牙根属（*Cynodon* Richard）又名行仪芝属，系低矮的多年生草本。本属有21种，多分布于热带、亚热带和暖温带地区；既可作为牧草用，也是水土保持和环境绿化的优良草种。我国有2种，均可做家畜饲料。其中，普通狗牙根（*C. dactylon* L.）遍及黄河以南各省（区）及台湾省。

狗 牙 根

学名：*Cynodon dactylon*（L.）Pers. 英文名：Bermudagrass

别名：行仪芝、铁线草、绊根草、爬地草。

狗牙根原产于非洲和欧洲南部，分布在热带、亚热带和温带沿海地区。在美国的南部、非洲、欧洲、亚洲的南部各国均有分布。在我国广泛分布于黄河以南各省区。

1987年以来我国审定推广的狗牙根品种以草坪型居多，牧草型较少，鄂引3号狗牙根是湖北省农业科学院畜牧兽医研究引进的牧草型品种，主要用于放牧、刈割、边坡防护及生态修复等。岸杂1号狗牙根则是我国1976年引进，南方各省生产表现良好，系美国佐治亚州海岸平原试验站1967年从海岸狗牙根和肯尼亚-58号狗牙根杂交一代种中选育出的一个优良品种，主要分布在美国北纬33°以南的东南沿海地区。

（一）植物学特征

狗牙根为多年生草本（图7-14）。具根状茎或匍匐茎，带缩合节，节间长短不等，缩合节两节的节间很短，不到1 mm，就像在一个节上着生两片叶子。匍匐茎平铺地面或埋入土中，长达2 m多，圆柱状或略扁平、光滑、坚硬，节处向下生根，上部数节直立，光滑细硬。株高10～30 cm，成株可达45 cm。叶鞘稍松，扁平而短。叶片平展，披针形，长不足6 cm，宽1～4 mm，表面粗涩，背面光滑。叶舌短，具小纤毛。穗状花序，3～7枚呈指状排列于茎顶，长2～7 cm，绿色或稍带紫色；小穗排列于穗轴的一侧，长2～2.5 mm，每小穗仅1小花，成覆瓦状排列两行；颖片等长，1脉成脊，短于外稃；外稃具3脉，脊上有毛；内稃约与外稃等长，具2脊。

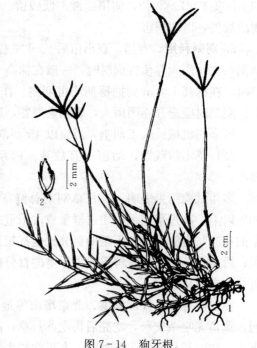

图7-14 狗牙根
1. 植株 2. 小穗

（二）生物学特性

狗牙根性喜温热湿润气候，日平均温度24℃以上的地区生长最好。耐寒性较差，6～9℃几乎不生长，一经轻霜，叶即转黄。日均温-2～-3℃时，其茎、叶落地死亡。耐旱，但干旱条件下产量很低。耐长时期的水淹，在年降水量600～1 800 mm的热带地区分布最广。较干旱地区仅在江、河、湖岸等低湿地生长。耐牧性和耐刈性都很强。耐阴性较差，与植株较高的牧草混种时，往往因受荫蔽而逐渐被淘汰。狗牙根在各种土壤中皆能生长，但以湿润而排水良好的壤土到黏土土壤最为适宜。

（三）栽培技术

狗牙根可用种子或营养体繁殖。由于其种子发芽率低，故一般多采用根茎和匍匐茎进行营养繁殖。由于栽培狗牙根的目的不同（饲用、保持水土、环境绿化等），其具体栽培技术也有一定差异。此处只就其共同点分述如下：

1. 播种　狗牙根种子小，故整地需特别细致，并行滚压，使地面平整紧实。因种子在日均温 18 ℃以上时发芽最好，所以通常春播。一般撒播，播种量 5.25～11.75 kg/hm²。播种时可用泥沙拌种，混合撒播，使种子和土壤良好接触；覆土宜浅，利于种子萌发。

2. 无性繁殖　无性繁殖即用匍匐茎或用成片草皮切割移植。栽植土壤要求潮湿、肥沃、无杂草。

（1）分株移栽法：挖取狗牙根的草皮，切成小块，在整好的土地上挖穴栽植。注意使植株及芽向上。

（2）切茎撒压法：早春将狗牙根的匍匐茎挖起，切成长 6～10 cm 的小段，混土撒于整好的土地里，然后用石滚镇压，使其与土壤接触，便可成活发芽生长。栽植后视土壤墒情适当浇水以利成活。

3. 施肥　狗牙根施肥与否，其产量差异甚大。据报道，施肥者的产量比未施肥者高出 1 倍多。所以，狗牙根要注意合理施肥。在种植前可施用有机肥做底肥，利用之后追施氮肥。狗牙根因有匍匐茎蔓延，历时稍久，往往形成丛密草皮，生长衰退。此时，应该用切土机或圆盘耙，切破草皮，或用其他适当中耕器耙碎草皮，使空气、水分和肥料等均能渗入土中，刺激新茎的发生。如于切破草皮后，施用恰当肥料，尤能促进生长，恢复其旺盛的生机。

（四）饲用价值

狗牙根植株低矮，较耐践踏，适于放牧利用。如气候适宜，水肥充足，植株较高，亦可刈割晒制干草和青贮。刈割一般应在草高 35～50 cm 时进行，每 4～6 周刈 1 次，最后一次应在初霜来临前 8 周。产草量较其他禾草低，平均每公顷产干草 2 250～3 000 kg，亦有高达 5 250～6 000 kg 的报道。狗牙根草质柔软，味淡，其茎微甜，叶量丰富，黄牛、水牛、马、山羊及兔等牲畜均喜食，幼嫩时亦为猪及家禽所采食。狗牙根的粗蛋白质、无氮浸出物及粗灰分等的含量较高，特别是幼嫩时期，其粗蛋白质含量占干物质的 17.58%（表 7 - 15）。

表 7 - 15　狗牙根的化学成分及可消化养分（%）

（引自贾慎修，1987）

样品	生育期	水分	占风干物质							可消化蛋白质	总消化养分
			粗蛋白质	粗脂肪	粗纤维	无氮浸出物	粗灰分	钙	磷		
干草	—	9.40	7.95	1.99	28.59	53.74	7.73	0.37	0.19	3.70	44.21
鲜草	—	65.00	10.29	2.00	28.00	49.71	10.00	0.14	0.07	1.90	20.80
干草	营养期	69.30	17.58	1.95	43.64	22.54	14.65			—	—
鲜草	开花期	—	8.80	1.60	27.40	47.90	14.30			7.10	—

此外，狗牙根有匍匐茎蔓延地面，且茎叶茂盛，可长成丛密草皮，用于防止水土流失，非常有效。它也是铺设停机坪、各种运动场、公园、庭院、绿化城市、美化环境的良好植物。

第十一节　狼尾草属

一、象　草

学名：*Pennisetum purpureum* Schumach.　英文名：Elephantgrass 或 Napiergrass
别名：紫狼尾草。

象草原产于非洲、澳洲和亚洲南部等地，是热带、亚热带地区普遍栽培的多年生高产牧草。抗战前，我国从印度、缅甸等国引入广东、四川等地试种，目前在我国南方各省已有大面积栽培利用。长江以北的河北、北京等地也在试种。

（一）植物学特征

象草为多年生草本植物，植株高大，一般 1.8～3.6 m，高者达 5 m 以上（图 7-15）。须根，根系发达，分布于 40 cm 左右的土层中，最深者可达 4 m。茎秆直立，粗硬，丛生，中下部茎节生有气生根，分蘖能力强，通常 50～100 个。叶片的大小和毛被，因品种而异。一般叶长 40～100 cm，宽 2～4 cm。叶面稀生细毛，边缘粗糙呈细密锯齿状，密生刚毛，中肋粗硬。叶鞘光滑无毛。圆锥花序圆柱状，长 15～30 cm，着生于茎顶端，金黄色或紫色，主轴密生柔毛，稍弯曲。刚毛长达 2 cm，粗糙。每穗约由 250 个小穗组成，小穗通常单生，每小穗有 3 小花。种子成熟时易脱落。种子结实率和发芽率低，实生苗生长缓慢，故一般采用无性繁殖。

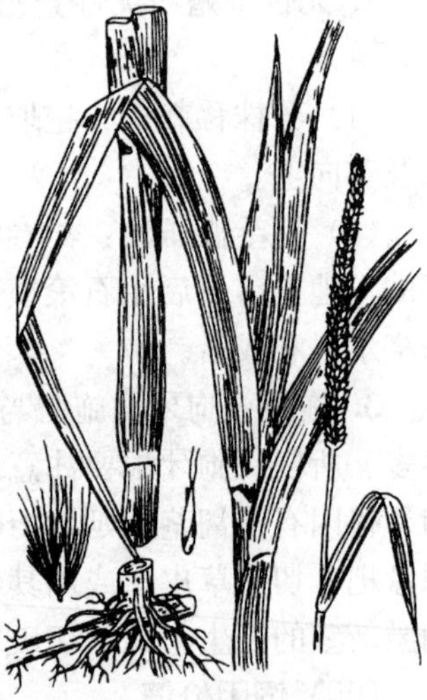

图 7-15　象　草
（引自贾慎修，1987）

（二）生物学特性

象草喜温暖湿润的气候和肥沃的土壤。适宜在南北纬 10°～20°的热带和亚热带地区栽培。气温 12～14 ℃时开始生长，25～35 ℃生长迅速，8 ℃以下时生长受抑制，5 ℃以下停止生长，经霜易遭冻害。对土壤要求不严，在沙土、黏土、微碱性土壤以及酸性贫瘠的红壤上均能种植，而以土层深厚肥沃的土壤生长最佳。喜肥，尤其对氮肥敏感，生长需肥水多，可在厩肥堆上生长。根系发达，耐旱性较强，但只有水分充足，才能获得高产。

在广东、广西和福建等地区种植，一般 3～12 月均能生长，高温多雨季节生长最佳。云、贵、川、湘、赣等省生长时期稍短，以上地区一般均能越冬。浙、皖等省以北种植，生长期为 4～10 月，一般不能越冬，需保苗越冬，第二年重栽。

（三）栽培技术

热带地区生长的象草能抽穗结实，但结实少，种子成熟不一致，发芽率低。通常采用无性繁殖。选择上层深厚，疏松肥沃，排灌水便利的土壤种植。深耕翻，施足基肥。山坡地种植，宜开成水平条田。新垦地应提前 1～2 月翻耕、除草，使土壤熟化后种植。

选择粗壮，无病害的种茎切段。每段 3～4 节。成行斜插于土中，行距 80 cm，株距 50～60 cm，覆土 4～6 cm。顶端一节露出地面。亦可育苗移栽。植后灌水，经 10～15 d 即可成苗。粤、桂地区 2 月，云、贵、川、湘、闽等省 3 月，苏、浙、皖等省 4 月栽种为宜。1 次种植后，能连续多年收割利用，5～6 年更新 1 次。

出苗后应及时中耕除草，注意灌溉，以保证全苗、壮苗。苗高约 20 cm 时，即可追施氮肥，促进分蘖发生和生长。

在能越冬地区，可使种茎在地里越冬，供第二年春季栽植；冬季较冷不能越冬地区，应在霜前，选干燥高地挖坑，将生长健壮的植株割去茎稍，平放入坑内覆土 50 cm，地膜覆盖保种，或可采用沟贮、窖贮或温室贮等办法越冬。

（四）饲用价值

象草植后 2.5～3 个月，株高 100～130 cm 时即可开始刈割。南方一般每年可割 5～8 次。高温多雨地区，水肥充足，每隔 25～30 d 即可刈割一次。留茬高 6～10 cm。一般每公顷鲜草产量 35～75 t，高者可达 150 t 左右。每次刈后追肥、灌溉、中耕除草，利于再生。鲜嫩时刈割为宜，过迟刈割，茎秆粗硬，品质下降，适口性降低。

象草不仅产量高，且营养价值也较高。根据广西畜牧所、华南农业大学分析，其化学成分含量如表 7-16 所示。

表 7-16　象草的化学成分（%）

（引自陈默君、贾慎修，2002）

生育期	水分	占干物质					钙	磷
		粗蛋白质	粗脂肪	粗纤维	无氮浸出物	粗灰分		
营养期	85.7	14.04	2.57	31.09	42.44	9.86	0.25	0.25
拔节期	83.5	7.86	1.07	34.55	48.26	8.26	0.14	0.22
孕穗期	82.1	5.72	0.80	37.89	48.63	6.96	0.14	0.14

适时收割的象草，柔嫩多汁，适口性好，牛、羊、马均喜食。亦可养鱼。一般多用青饲，亦可青贮，晒制干草和粉碎成干草粉。

二、御　谷

学名：*Pennisetum americanum*（L.）Leeke　英文名：Pearlmillet 或 Cattail millet

别名：珍珠粟、蜡烛稗、非洲粟、猫尾粟、唐人稗和美洲狼尾草。

御谷原产于非洲中部热带地区，公元前 1 200 年印度就有栽培，现在广泛栽培于热带干旱地区。适应性很广，宜在北纬、南纬 14°～32°的地区种植。

（一）植物学特征

御谷一年生草本植物。根系发达，基部茎节可生不定根。茎秆粗壮，直立，株高1.25～3 m，每株分蘖 5～20 个，多者达 30 个，丛状。叶片平展，披针形，长 60～100 cm，宽 2～3 cm。每茎有叶片 10～15 个，叶缘粗糙，上面有稀疏毛，有时生刚毛。叶鞘多与节间等长，上部的边缘有细毛；叶鞘与叶片连接处色暗，常有细毛。叶舌膜质，具长纤毛。圆筒状圆锥花序，长 40～50 cm，主穗轴坚硬，密生柔毛。小穗有短柄，两小穗合成一簇，长 0.35～0.45 cm，倒卵形，中部膨大，围以刚毛。第一花雄性，其外稃较第二颖稍长或等长，具5～7 脉，顶端及边的上部有纤毛，其内稃与外稃等长，遍生细毛。第二花两性，外稃长 0.3～0.35 cm，具 5～7 脉，顶端粗糙钝圆，薄边上有纤毛，内包同形的内稃，遍生细毛。种子长约 0.3 cm，成熟时自内外颖突出而脱落。千粒重 4.5～5.1 g。

（二）生物学特性

御谷喜温热，但对温热条件适应幅度大，在我国年均温 6～8 ℃，≥10 ℃积温 3 000～3 200 ℃的温带半湿润、半干旱地区均能生长。种子发芽最适温度 20～25 ℃，生长最适宜温度 30～35 ℃。耐旱性较强，在降水量 400 mm 地区可以生长。但在干旱地区和瘠薄土壤上生长需灌溉，否则生长不良，产量低。抗寒性较差，在早春霜冻严重地区，不宜早春播种。耐瘠薄，对土壤要求不严，可适应酸性土壤，亦能在碱性土壤上定居。喜水肥，尤对氮以敏感。御谷为短日照作物，由南向北推移，生育期延长。南昌地区 4 月中下旬播种，7 月初抽穗开花，8 月初结实，生育期仅 120 d。北方地区御谷生育期在 130～140 d 以上。

（三）栽培技术

御谷的栽培方法与高粱或玉米近似。收种者播种宜稀，条播行距 50～60 cm，株距 30～40 cm。收鲜草者宜密，行距 40～50 cm，株距 20～30 cm。播深 3～4 cm，播后覆土镇压。每公顷播种量青饲用 15～22.5 kg，收种用 4～8 kg。栽培管理与玉米、高粱同。

（四）饲用价值

御谷茎秆坚硬，节较短，木质素多，汁液少，且缺糖分，质地优于象草，但不及高粱。青饲和调制干草，应在抽穗前或抽穗初期刈割，这时茎叶柔嫩，粗纤维少，营养价值较高（表 7-17）。一般株高约 1 m 时刈割，年可刈割 3～4 次；气候条件适宜时，生长茂盛，年可刈割 5～6 次。在肥沃土壤上，鲜草产量不亚于高粱。但在瘠薄土壤，则产量较高粱为低。一般年产鲜草 45～60 t/hm²，高者可达 100～120 t/hm²。调制青贮饲料时，收割可稍迟，最晚亦不应迟于抽穗中期。种子成熟时易脱落，且易受鸟害，故应注意保护和及时采收。

表 7-17　宁杂 3 号美洲狼尾草干草营养成分（%）

（引自顾洪如等，1999）

样品	水分	占干物质				
		粗蛋白质	粗脂肪	粗纤维	无氮浸出物	粗灰分
青干草	11.7	17.44	4.98	39.64	29.90	8.04
秸秆	12.5	6.7	1.7	33.0	36.8	1.9

三、杂交狼尾草

学名：*Pennisetum americanum*×*P. purpureum*　英文名：Hybrid penisetum

以御谷为母本，象草为父本的杂交种称杂交狼尾草（*P. americanum*×*P. purpureum*）；以象草为母本，御谷为父本的杂交种称皇草或王草（*P. purpureum*×*P. americanum*）。杂交狼尾草为禾本科狼尾草属多年生草本植物，株高 3.5 m 左右，有时可达 4 m 以上。根深密集，茎直立粗硬，丛生，分蘖 10 个左右，每茎 22～25 个节。叶互生，披针形，长 60～80 cm，宽 2.5 cm左右，叶边缘密生刚毛，表面着生稀毛，中肋明显；叶鞘和叶片连接处有紫纹。圆锥花序顶生，密集成穗状。小穗近无柄，2～3 枚簇生成束，每簇下方围以刚毛组成的总苞。

杂交狼尾草喜温暖湿润气候，生长最适温度为 25～35 ℃。耐旱、耐湿，也耐盐碱。在土层深厚和保水良好的黏性土壤生长最好，适宜于我国长江流域以南种植，主要在海南、广东、广西、福建、江西、江苏、浙江等省（区）栽培。生产上采用分根和茎段扦插繁殖。

杂交狼尾草产量高，一般每公顷产 150 t 鲜草。叶比象草多，茎叶质地也较象草柔嫩，饲用价值亦高于象草。干物质中含粗蛋白质 8.5%～9.4%。但草质易粗老，叶片上密生刚毛，适口性较差。

四、东非狼尾草

学名：*Pennisetum clandestinum*. Hochst. Ex Chiov.　英文名：Kikuyu grass

别名：铺地狼尾草、隐花狼尾草。

东非狼尾草原产于非洲东部的肯尼亚，分布于哥斯达黎加、哥伦比亚、夏威夷、澳大利亚及南非等热带和亚热带地区。我国南方试种表现良好。

多年生草本。根系发达，深达 3 m，地表 15 cm 土层处根系密集。具粗壮的地下茎和匍匐茎，长达 2 m 以上。草层矮密集，多叶，草层高度达 46 cm。叶呈浅绿色，叶长 15 cm，宽 5 mm，有软毛，无叶耳，叶舌为一环毛。花茎很短，一般高 10～15 cm。花序往往包在顶端叶内。种子棕黑色，长 2 mm。喜温暖湿润气候，要求年降水量 1 000～1 600 mm 的地区，适宜生长温度为 16～21 ℃，当温度低于 7 ℃时停止生长。在肥沃排水良好土壤中生长良好。耐贫瘠，酸性及盐碱土壤亦能生长。冬季休眠，但仍保持青绿。可用匍匐茎栽植，亦可用种子春播，播种量 2～4 kg/hm²。与三叶草混播效果良好。一般放牧利用，亦可刈割晒制干草。东非狼尾草饲用价值较高。干物质中含粗蛋白质 15.1%，粗脂肪 2.7%，粗纤维 29.8%，中性洗涤纤维 65.3%，酸性洗涤纤维 35.1%，粗灰分 10.0%。

第十二节　其他禾本科牧草

一、猫 尾 草

学名：*Phleum pratense* L.　英文名：Timothy

别名：梯牧草、鬼蜡烛、梯英泰。

猫尾草原产于欧洲、亚洲及北非的温带地区，是美国、俄罗斯、澳大利亚、新西兰和日本等国家广泛栽培的主要牧草之一，主要分布在北纬 40°～50°寒冷湿润地区。美国 1720 年前就作为牧草栽培，起初由农场主 Timothy Hanson 栽培，故得名。我国新疆等地有野生种，我国东北、华北和西北均有栽培。猫尾草是世界上应用最广、饲用价值最高的主要牧草之一。

（一）植物学特征

猫尾草为多年生疏丛状草本（图 7 - 16）。须根发达，稠密，但入土较浅，常在 1 m 以内。茎直立，粗糙或光滑，株高 80～100 cm，基部之节间甚短，最下一节膨大呈球状的贮存器官。叶片扁平，长 20～40 cm，宽 5～10 mm，略粗涩。叶鞘松弛，短于或下部长于节间；叶舌膜质，白色，长 2～3 mm，无叶耳。圆锥花序柱状，淡绿色，长 5～10 cm，宽 6～10 mm；每小穗有 1 小花，扁平，颖上脱节；颖膜质，长约 3.5 mm，脊有毛，上端截形而生 1 mm 长的硬芒；外稃膜质，透明，截形，有 7 条脉；内稃略短于外稃。种子圆形，细小，长约 1.5 mm，宽 0.8 mm，淡棕黄色，表面有网纹，易与稃分开。种子千粒重 0.36～0.40 g。

（二）生物学特性

猫尾草性喜寒冷湿润气候，适于在年降水量 700～800 mm 的地区生长，抗旱性较差，而较耐水淹。对温度要求不高，温度高于 5 ℃时开始返青，最适生长温度 22～25 ℃，低于 5 ℃时停止生长。春季耐寒性较强，于北方温暖潮湿的地区生长良好。对夏季干旱和过热的气候抵抗力弱，在南方各省（区）多不适于生长，即使生长，也仅能收获 1 次。

猫尾草对土壤要求不严，可生长于多种不同的土壤上，而以黏土及壤土为最适宜，在沙土上也可生长。耐酸，能在 pH5.5～7.0 的土壤上生长，但在强酸性土壤和含石灰质多的土壤上生长不良。

猫尾草茎的基部于秋后扩大呈球状，越冬后伸长成为新枝条，而在其基部生根，于当年内发育长大，入冬再由茎的基部扩大为球状。一般生活年限为 5～6 年，第三、第四年生长最茂盛，产量最高。频刈和过牧会削弱地上部分的发育；过低刈割，会使新生分蘖的发育减弱，寿命缩短。

猫尾草冬性牧草，播种当年极少抽穗。在甘肃武威地区播种，第二年 3 月下旬返青，6 月下旬抽穗，8 月上旬种子成熟。猫尾草为异花授粉植物，开花时间持续 10～15 d，1 d 内日出至中午开花最多。开花顺序是穗上部 1/3 先开花，穗上部授粉较穗下部早 3～4 d，种子成熟亦早。

图 7 - 16 猫尾草
1. 植株 2. 颖果 3. 小花
（引自耿以礼，1965）

（三）栽培技术

猫尾草春、秋两季播种皆可，有春雨地区可春播，秋季多雨地区可秋播。播前要求整地精细，每公顷施用农家肥 15 t 做底肥。既可单播，也可混播。条播，收草用的行距 20～30 cm，单播播种量 8.50～12.0 kg/hm²；收种用的行距 30～40 cm，播种量 3.75～7.00 kg/hm²。种子粒小，覆土宜浅，一般 1～2 cm，播后镇压。猫尾草与红三叶混播效果较好，也可和黑麦草、鸭茅、牛尾草、苜蓿、白三叶等混播。猫尾草对水肥敏感，灌水结合施肥可提高产量，一般每公顷追施氮肥 150 kg、磷肥 37.5 kg、钾肥 75 kg。

（四）饲用价值

猫尾草是饲用价值较高的牧草之一，其营养成分与消化率如表 7 - 18、表 7 - 19 所示。调制干草以盛花期至乳熟期刈割较好；成熟后由于叶片干枯脱落，产量和品质均降低；刈割过早产量较低，且调制也较困难。生活第一年的头茬草开花盛期茎占 59.2%，叶占 29.2%，花序占 10.6%。

表 7 - 18 猫尾草化学成分表（%）

（引自贾慎修，1987）

生育期	占干物质					钙	磷
	粗蛋白质	粗脂肪	粗纤维	无氮浸出物	粗灰分		
开花期	7.48	1.93	32.03	52.33	6.23	—	—
结实期	6.85	3.03	33.37	51.14	5.61	0.32	0.14

表 7 - 19　猫尾草干物质中消化能和代谢能含量及有机物质消化率

（引自贾慎修，1987）

草种	粗蛋白质/%	粗脂肪/%	有机物质消化率/%	消化能/（MJ/kg）	代谢能/（MJ/kg）
猫尾草	5.70	2.66	58.05	9.77	8.19

猫尾草在潮湿地区一年可刈割 2 次，每公顷产鲜草 37 500～60 000 kg。干旱地区年仅刈割 1 次，产草量低。在甘肃河西走廊内陆灌区，第一年每公顷产鲜草 9 000 kg，第二年 35 250 kg，第三年 31 500 kg；若不灌溉则严重缺株，产量下降。猫尾草的适口性较好，马、骡最喜食，牛亦乐食，羊采食稍差。除调制干草外，也可供放牧，但仅限于再生草，并多见于混播草地。通常在第一、第二年用于刈割、调制干草，第三、第四年用于放牧。猫尾草也可用于青贮。

二、扁穗牛鞭草

学名：*Hemarthria compressa* （L. f.） R. Br.　英文名：Whip grass 或 Jove grass

别名：牛鞭草、牛籽草、铁马鞭、马鞭梢、扁担草。

牛鞭草属（*Hemarthria* R. Br.）在全世界有 12 种，主要生长在亚洲及北非的热带、亚热带、北半球的温带湿润地区。在阿富汗、安哥拉、澳大利亚、孟加拉国、不丹、印度及日本等国家也有分布。我国有 4 种，即扁穗牛鞭草 [*H. compressa* （L. f.） R. Br.，分布于广东、广西、海南、云南、四川、福建及台湾等地]、牛鞭草 [*H. altissima* （Poir.） Stapf. et C. E. Hubb，分布于东北、华北、华中、华南及西南等地]、小牛鞭草 [*H. protensa* Steud.，分布于广东、广西、云南]、长花牛鞭草 [*H. longiflora* （Hook. f.） A. Camus，分布于海南和云南]，均可做饲草，其中扁穗牛鞭草和牛鞭草是非常优良的牧草资源，具有适应性广、优质高产、耐刈割、适口性好、抗病虫能力及竞争性强等众多优点。扁穗牛鞭草已成为当前四川、重庆、广西、云南等省退耕还草的重要草种之一。

（一）植物学特征

扁穗牛鞭草为多年生草本，高 70～100 cm，有根茎（图 7 - 17）。茎秆直立，稀有匍匐茎，下部暗紫色，中部淡绿色，多分枝。茎上多节，节处折弯。叶片较多，叶线形或广线形，长 10～25 cm，直立或斜上，先端渐尖，两面粗糙，叶鞘长至节间中部，鞘口有疏毛，无叶耳，叶舌小，钝三角状，高 1 mm。总状花序单生或成束抽出，

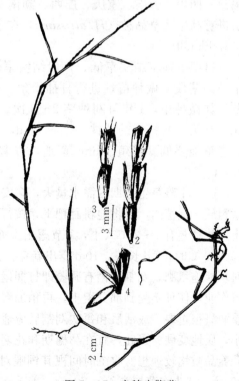

图 7 - 17　扁穗牛鞭草

1. 植株　2. 总状花序一部分（腹面）

3. 总状花序一部分（背面）　4. 无柄小穗

（引自耿以礼，1959）

花序轴坚韧，长 5～10 cm，节间短粗，宽 4～6 mm。节上有成对小穗，1 个有柄，1 个无柄，外形相似，披针形，长 5～7 mm。有柄小穗扁平，与肥厚的穗轴并连，有 1 朵两性花，发育良好。无柄小穗长圆状披针形，嵌入坚韧穗轴的凹处，内含 2 朵花，1 为完全花，1 为不育花，不育花有外稃，外稃薄膜质，透明。颖果蜡黄色。

(二) 生物学特性

扁穗牛鞭草喜温暖湿润气候，在亚热带冬季能保持青绿。既耐热又耐低温，极端温度 39.8 ℃生长良好，－3 ℃茎叶仍能保持青绿。在海拔 2 132.4 m 的高山地带，能在雪的覆盖下越冬。该草适宜于在年平均气温 16.5 ℃的地区生长，气温低影响产量。在低湿地带生长旺盛，为稻田、沟底、河岸、湿地、湖泊边缘常见的野生禾草。扁穗牛鞭草在各类土壤上均能生长，但以酸性黄壤产量更佳。在四川，扁穗牛鞭草 7 月中下旬抽穗，8 月上中旬开花，9 月初结实，9～10 月种子成熟。结实率较低，种子小，不易收获。生产上广泛采用无性繁殖，繁殖系数为 98～105。

扁穗牛鞭草再生性好，每年刈割 4～6 次。每次刈割后 50 d 即可生长到 100 cm 以上。刈割促进分蘖，第一次刈割后分蘖数增加 153.1～174.5 倍。

(三) 栽培技术

栽培的牛鞭草大都是 20 世纪 60 至 70 年代以后从野生种驯化培育而成的。目前四川农业大学育成 3 个扁穗牛鞭草品种，即 "广益" "重高" 和 "雅安" 扁穗牛鞭草，现已在福建、四川、云南、重庆、广西、湖南、湖北等地区广泛应用。此外，我国先后从美国引进有高牛鞭草品种（*H. altissima*）在个别省区推广种植，如 Redalta、Greenalta、Begalta 和 Floralta。

扁穗牛鞭草结实率低，一般结实率仅 1‰～2‰。现均用生长健壮的茎段（带 2～3 个节的茎段）做种苗，进行扦插繁殖。全年均可种植，但以 5～9 月栽插为宜。越冬的草地如做种用，1 年可刈种茎 2～3 次。四川农业大学以 "雅安" 扁穗牛鞭草品种试验，在 6 月第一次扦插的植株，生长 60 d，即到 8 月，又可刈茎再繁殖 1 次，不过产草量较比老草地要低。繁殖 1 hm² 草地，以栽 75 万株（穴距 10 cm×15 cm）计，约需种茎 2.0 t。

由于牛鞭草生长期内需水量大，多安排在排灌方便的土壤上种植。其对整地要求不严，耐粗放。栽植前，要将地耕翻耙平，按行距开沟，深 8 cm 左右。按顺序排好种茎，然后覆土，使种茎有 1～2 节入土，1 节露出土面。抢在雨前扦插或栽后灌水，成活率很高。气温 15～20 ℃时，7 d 长根，10 d 露出新芽，移栽成活率极高。在美国，刈割种茎前 2～3 周时，对草地施氮肥。刈割后稍有凋萎即打捆运至种植地，将种茎均匀撒在地表，随即用圆盘耙进行作业，使种茎受到部分覆土，再稍加碾压。若土表没有足够的湿度，则需灌溉，尤其在夏季灌溉很重要。成活后和每次刈割后应适当追施氮肥，以提高产草量。开花后，茎叶生长量小，质地变硬。因此，宜在孕穗期和花期前利用。一般在拔节到孕穗期刈割，此时产草量、营养品质均较理想。收割时间视其饲喂对象和利用方式而定。青饲禽类、猪在草层高 20～30 cm，喂牛在草层高 40～70 cm，养羊在草层高 35～60 cm，用于青贮在株高 80～100 cm 时刈割。

牛鞭草与多种豆科牧草混播效果良好。据美国研究资料报道，在牛鞭草草地秋季套播，以红三叶的产量较高，虽然其根分泌物对于牛鞭草的生长有一定抑制作用。在夏威夷，海拔

914 m 的地方，牛鞭草"Begalta"品种和白三叶混播也获成功。

（四）饲用价值

牛鞭草作为饲用植物，营养成分丰富。据四川农业大学分析，扁穗牛鞭草的营养成分如表 7-20 所示。"广益"扁穗牛鞭草随着生长日数的增加，发育趋向成熟，干物质中粗蛋白质、粗脂肪、灰分的含量呈下降趋势。相反，木质素的含量在不断地增加。

表 7-20　"广益"扁穗牛鞭草不同发育期的营养物质含量（%）

（引自贾慎修，1989）

生育期	水分	占干物质					钙	磷
		粗蛋白质	粗脂肪	粗纤维	无氮浸出物	粗灰分		
拔节期	86.6	17.28	3.78	31.64	35.58	11.72	0.53	0.26
结实期	63.4	6.65	1.68	34.67	50.29	6.71	0.23	0.11

扁穗牛鞭草含糖分较多，味香甜，无异味，马、牛、羊、兔等均喜食。拔节期刈割，其茎叶较嫩，也是猪、禽、鱼等的良好饲草。一般青饲为好。青饲有清香甜味，各种家畜都喜食。调制干草不易掉叶，但脱水慢、晾晒时间长，遇雨易腐烂。青贮效果好，利用率高。优质青贮牛鞭草的气味芳香、适口性好，特别适合饲喂产奶牛。

三、狗　尾　草

学名：*Setaria viridis*（L.）Beauv.　　英文名：Green bristlegrass 或 Green foxtail

别名：莠、谷莠子、绿毛莠、绿狗尾草。

狗尾草属（*Setaris* Beauv.）又名粟属或莠属，约有 130 种，广布于全世界热带与温带地区。我国有 15 种、3 亚种、5 变种，多为优良牧草，卡松咕噜狗尾草（*Setaria anceps*. Stapf. Ex. Massey cv. Kazungula）为我国引种的高产栽培牧草。

狗尾草为野生牧草，广布于世界各地，我国南北各省普遍生长。适应性强，干湿地均可生长，常见于荒地、林间隙地、路旁、沟坡、田埂和旱田等处。4 月中旬生长，7 月上旬开花，8~9 月种子成熟。

一年生草本植物。茎直立或基部膝曲，高 20~90 cm，基部稍扁，带青绿色。叶鞘较松弛，无毛或被柔毛。叶片条状披针形，长 5~30 cm，宽 2~15 mm，两面稍粗涩或有毛，边缘亦有毛，有时成波状皱纹。圆锥花序呈圆筒状，直立或上部弯曲，长 5~10 cm。小穗 2 至数枚簇生于缩短的分枝上，长 2~3 mm。刚毛绿色或紫色，种子成熟后与刚毛分离而脱落。颖果椭圆形或长圆形，顶端锐，长约 1 mm，千粒重 0.9~1.0 g。

狗尾草茎叶柔软，鲜草、干草均是良等牧草。产草量较高，一般每公顷产鲜草 3 750~4 500 kg，每株鲜重达 40 g 左右。适口性好，为各种家畜喜食。狗尾草的叶占 21.5%，叶鞘占 19%，茎占 59.5%；茎多叶少，秋季秆易粗硬，降低经济价值。幼嫩时及再生草质地柔软，羊最喜食。拔节期含粗蛋白质和粗脂肪最高，开花期营养成分中等，故宜拔节期放牧。如晒制干草或青贮宜在开花期刈割。据中国农业科学院兰州畜牧所分析，狗尾草在不同阶段所含化学成分如表 7-21 所示。

表 7 - 21 狗尾草在不同阶段的化学成分（%）

（引自任继周等，1989）

生育期	水分	占干物质					钙	磷
		粗蛋白质	粗脂肪	粗纤维	无氮浸出物	粗灰分		
营养期	10.25	20.27	3.82	21.21	44.69	10.01	0.41	0.31
拔节期	11.91	20.57	2.80	28.95	37.68	10.02	0.47	0.20
孕穗期	11.39	14.99	2.39	29.03	43.58	10.01	0.44	0.21
开花期	12.50	11.74	2.30	32.61	43.05	10.31	0.19	0.26
成熟期	11.53	5.51	1.66	33.34	49.25	10.24	0.37	0.22

四、大　黍

学名：*Panicum maximum* Jacq.　英文名：Guinea grass

别名：坚尼草、几内亚草。

大黍原产于非洲，现在非洲、印度、斯里兰卡、印度尼西亚、澳大利亚、美国南部等地区都有栽培。我国的广东、广西、台湾等地均有栽培。大黍易栽种，生长快，产量高，适口性好，在我国南方各省（区）值得推广。

大黍为禾本科黍属多年生草本植物，具发达的须根和短根状茎。茎较粗壮，直立，高达 2~3 m，通常每茎有 4~8 节。叶条形，长 20~60 cm，宽 1~2 cm，平展，边缘粗糙。圆锥花序直立散开，小穗灰绿色，长圆形。谷粒淡黄色，具横皱纹，长约 2.5 mm，千粒重 1.5 g。种子成熟不一致，边熟边落，采种较困难。

性喜湿热气候，温度低至 -2.2 ℃时受冻害，成株 -7.8 ℃即可冻死。在广东、广西，除冬季生长缓慢外，其余月份都生长良好，尤在 6~9 月高温多雨季节，生长迅速。大黍适应性强，耐旱，耐酸，亦耐瘠薄，在土壤 pH 4.5~5.5 的地区也能生长。在中等以上肥力的土壤中生长良好，是热带地区的一种优良牧草。花期较长，可达 150 d 以上。种子发芽率低，仅 45%~48%。

大黍可用种子直播或分株繁殖。一般在华南地区，春季 2 月下旬至 3 月上旬播种，拌以草木灰或磷肥撒播。条播行距以 50~60 cm 为宜，播种量 7.5 kg/hm²。亦可与豆科牧草混播，播种量为 3.75~4.50 kg/hm²。大黍生长发育需肥水多，最好在种植前结合整地施厩肥做底肥，刈割后应追施速效氮肥，以提高产量。

大黍一般都用于放牧或刈割后直接饲喂，各种家畜喜食，尤适于喂牛。株高 80 cm 时即可刈割，一般每月刈割 1 次，在高温多雨季节，20 d 即可刈割 1 次。如在抽穗后刈割，则茎秆木质化，质地坚硬粗老，适口性差，营养成分含量也下降。刈割时留茬高度以 5 cm 为宜。再生力强。在华南，大黍每年刈割 4~7 次，每公顷可产鲜草 45~60 t，若水肥条件较好可达 75 t 以上。大黍的营养成分如表 7 - 22 所示。

表 7 - 22 大黍鲜草的化学成分（%）

（引自任继周等，1989）

草样	干物质	可消化蛋白质	总消化养分	各种养分的平均总含量						
				粗蛋白质	粗脂肪	粗纤维	无氮浸出物	粗灰分	钙	磷
鲜草	26.8	0.8	13.8	1.4	0.4	11.5	10.5	3.0	—	—

五、巴哈雀稗

学名：*Paspalum notatum* Flügge　英文名：Bahiagrass

别名：百喜草。

巴哈雀稗为多年生草本，原产于古巴及墨西哥。在美国南部、中南美有广泛分布。根深而发达，有短而粗壮的匍匐茎，株高 30～75 cm。叶缘常有茸毛，总状花序 2 枚，长约 6.5 cm，种子卵形。

巴哈雀稗喜温热，耐干旱，耐潮湿。能在疏松的沙地生长，且由于其匍匐茎蔓延，可形成坚固稠密的草皮。最适生长温度为 20～25 ℃，宜生长在年降水量 750 mm 以上的地区。耐寒性较黍强，冬季如不太冷，仍能越冬。适应性广，各种土壤都能生长，而适宜沙壤土。结种多，但不易发芽。播种前整地宜精细，播期以春末夏初为好。播种量为 2～5 kg/hm²，播种深度不宜超过 1 cm。亦可利用匍匐茎繁殖。

巴哈雀稗耐牧性强，适于放牧利用。如能加以适当施肥，草地可历久不衰。据美国佐治亚州 4 年的研究，5 个品种的风干物产量为 5 947～7 240 kg/hm²。其营养价值较差，鲜草开花期含干物质 30.0%，其中含粗蛋白质 2.4%，粗脂肪 0.5%，粗纤维 9.4%，无氮浸出物 14.1%，粗灰分 3.60%。

因巴哈雀稗能形成稠密的草皮，在南方也常用作水保和绿化植物。

禾谷类饲料作物

第一节 玉 米

学名：*Zea mays* L. 英文名：Maize 或 Corn

别名：玉蜀黍、苞谷、苞米、玉茭、玉麦、棒子、珍珠米。

玉米是 7 000 多年前在墨西哥和中美洲由墨西哥类蜀黍（teosinte）或野生玉米（*Z. mays* subsp. *mexicana*）驯化而来。玉米是世界上分布最广的作物之一，其栽培面积仅次于小麦。玉米在美国栽培最多，其次是中国、巴西，而单产最高的国家为奥地利、意大利、美国和加拿大。

在我国，玉米分布也极为广泛，除南方沿海等湿热地区外，全国各地均适宜，但主要集中分布在东北、华北和西南山区的 13 个省、自治区。2010 年我国栽培玉米面积最大的为黑龙江、吉林、河北三省，其次为山东、河南、内蒙古。玉米是一种高产作物，其栽培面积和总产量，在粮食作物中仅次于水稻和小麦，约占第三位。

玉米主要作为饲料，其次作为工业原料和粮食。玉米的籽实是最重要的能量精饲料，其中 70%～80% 作为饲料，10%～15% 作为工业原料，10%～15% 为人类食用。收获籽实后的秸秆如能及时青贮或晒干，也是良好的粗饲料。玉米植株高大，生长迅速，产量高；茎含糖量高，维生素和胡萝卜素丰富，适口性好，饲用价值高，适于做青贮饲料和青饲料。玉米在畜牧生产上的地位，远远超过它在粮食生产上的地位，有"饲料之王"的美称。

(一) 植物学特征

玉米为禾本科玉米属一年生草本植物。须根系发达，其主体根系分布在 0～40 cm 的土层中，随着生育期的延迟，后期深层根量增加，最深可达 150～200 cm，故能从深层土壤中吸收水分和养分。近地面的茎节上轮生有多层气生根，除具有吸收功能外，还可支持茎秆不致倒伏。玉米根系发育与地上部生长相适应，根系发育健壮，则可供给地上部良好生长所需水分和养分。

玉米茎扁圆形，粗壮直立，其高度 1～4 m，也有低于 0.5 m 和高于 7 m 以上的类型。一般低于 2 m 的为矮秆型，2.7 m 以上的为高秆型，2～2.7 m 的为中秆型。茎上有节，节间基部都有一腋芽，通常只有中部的腋芽能发育成雌穗，基部节间的腋芽有时萌发成为侧枝，侧枝一般不能正常结实，收籽粒用的应早期除去，以免消耗养分，影响主茎生长。

玉米叶互生，叶片数一般与节数相等，多在 13～25 片，早熟品种为 14～16 片，中熟品种为 17～19 片，晚熟品种为 20～24 片。叶由叶鞘、叶片、叶舌三部分组成。叶鞘紧包着节间，其长度，在植株的下部分比节间长，而上部的比节间短，有保护茎秆和贮藏养分的作用；叶舌（也有无叶舌品种）着生于叶鞘与叶片交接处，薄而短，能防止雨水、害虫等侵入叶鞘；叶片外伸，一般长70~100 cm，宽6~10 cm，叶缘呈波浪状，光滑或有绒毛。

玉米雌雄同株，雄花序（又称雄穗）着生在植株顶部，为圆锥花序；雌花序（又称雌穗）着生在植株中部的一侧，为肉穗花序。雄花先开，借风力传粉，为典型的异花授粉植物。因此，玉米自交系或单交种制种田，都必须进行隔离。

玉米籽粒有硬粒型、马齿型、中间型等。硬粒型玉米籽粒近圆形，顶部平滑，光亮，质硬，富角质，含有大量蛋白质，多为早熟种；马齿型玉米籽粒为扁平形，顶部凹陷，光亮度较差，质软，富淀粉质，含蛋白质较少，多为晚熟种；中间型玉米介于硬粒、马齿型之间。籽粒大小差异很大，大粒种千粒重可达400 g以上，最小的千粒重仅50 g。颜色主要为黄、白色，其中黄色玉米胡萝卜素含量丰富。饲料玉米一般为黄玉米。

（二）生物学特性

玉米为喜温作物，对温度的要求因品种而异。中、早熟品种需有效积温为1 800~3 000 ℃，而晚熟品种则需3 200~3 300 ℃，所以夏玉米不能播种过晚，籽粒玉米要保证有130 d生育期，青刈玉米也要有100 d生育期。玉米种子一般在6~7 ℃时开始发芽，但发芽缓慢，由于在土壤中存留时间长，容易受到土壤微生物的侵染而霉烂。且苗期不耐霜冻，出现-2~-3 ℃低温即受霜害，所以春玉米不能播种过早。生产上通常把土壤表层5~10 cm处的日均温稳定在10~12 ℃时作为春玉米的适宜播期；夏玉米的播种越早越好。在适期播种范围内，早播有利于产量的提高。玉米拔节期要求日温度在18 ℃以上，抽雄、开花期要求26~27 ℃，灌浆成熟期保持在20~24 ℃。玉米生育期内适温的控制主要通过选择适宜播期进行，如河南中部地区春玉米在4月中旬播种，夏玉米在6月20日前播种。

玉米单株体积大，需水多，但不同生育时期对水分的要求不同。出苗至拔节期间，植株矮小，生长缓慢，耗水量不大，这一阶段的生长中心是根系。由于植物根系具有"向水性"，为了促进根向纵深发展，应控制土壤水分在田间持水量的60%左右。拔节以后，进入旺盛生长阶段，这时茎和叶的生长量很大，雌雄穗不断分化和形成，干物质积累增加，对水分的需求多，故拔节孕穗期土壤含水量宜占田间持水量的70%~75%。抽穗至吐丝期是玉米新陈代谢最旺盛、对水分要求最高的时期，对缺水最为敏感，有人称之为"水分临界期"。如水分不足，气温又高，空气干燥，抽出的雄穗在2~3 d内就会"晒花"，甚至有的雄穗不能抽出，或抽出的时间延长，造成严重减产甚至颗粒无收。这个时期土壤水分宜保持在田间持水量的80%~85%。灌浆成熟期是籽粒产量的形成阶段，一方面需要水分做原料进行光合作用，另一方面光合产物需要以水分为溶媒才能顺利运输到籽粒，保证籽粒高产，要保持土壤水分达田间持水量的70%~80%。完熟期水分为60%左右。

玉米是需肥较多的作物。一生中对氮的需要量远比其他禾本科作物高，钾次之，对磷的需要量较少。在6 000~9 000 kg/hm² 的条件下，每生产100 kg玉米籽粒需吸收N 2.49 kg、P_2O_5 1.03 kg、K_2O 2.38 kg，氮、磷、钾的比例为2.4∶1∶2.3，因此应以施氮肥为主，配合施用磷钾肥料。但玉米不同生育期吸收氮磷钾的速度和数量不同，玉米除施足基肥外，生长期间应分期追肥。一般来说，拔节至开花期生长快，吸收养分多，是玉米需肥的关键时期，充足的营养有利于促使玉米穗大粒多。春、夏玉米对肥料的吸收速度各异，夏玉米追肥的关键时期是拔节至孕穗期；春玉米吸收氮较晚而平稳，到抽雄开花期达到高峰，所以春玉米除拔节、孕穗期施肥外，应适量多施粒肥，以满足后期对肥料的要求。

玉米为喜光作物，间作时，应搭配株矮耐阴的豆类和马铃薯等阴性植物。玉米又为短日照植物，长期在短日照条件下开花很快，但植株矮小产量低；长期处在长日照条件下，抽穗开花延迟，但 18 h 仍能开花结实。因品种不同对光照反应差别很大，并与温度有密切关系，大多品种要求 8~10 h 的光照和 20~25 ℃的温度。

玉米在各类土壤中均可种植，质地较好的疏松土壤保肥保水力强，能使玉米发育良好，有利于增产。土壤酸碱性宜保持在 pH 5~8，而以中性为宜，不适宜在过酸、过碱的土壤中生长。

玉米的生育期一般为 80~140 d。目前生产上推广的玉米单交种，生长期一般夏播 95~100 d，春播 105~120 d。

（三）栽培技术

1. 轮作　玉米对前作要求不严，在麦类、豆类、叶菜类等作物收获之后均宜种植。它是良好的中耕作物，消耗地力较轻，杂草较少，故为多种作物如麦类、豆类、根茎瓜菜及牧草的良好前作。

玉米忌连作，连作时会使土壤中某些养分不足，而且易感染黑粉病、黑穗病等病害，降低籽粒产量。青贮玉米连作，由于黑粉病多，也会降低青贮饲料的品质。

2. 选地与整地　玉米要选地势平坦、排灌水方便、土层深厚、肥力较高的地块种植。青刈、青贮玉米要种在圈舍附近或村庄周围的肥沃地块。

玉米为深根性高产作物，要深耕细耙，创造具有良好水热条件而又疏松的耕层。耕翻深度一般不能少于 18 cm，黑钙土地区应在 22 cm 以上。春玉米整地包括秋季整地和春季整地，秋季整地，要求在前作收获后立即灭茬，施入有机肥进行早秋耕、深中耕。沙土及壤土耕后及时耙糖保墒；黏土地可耕后不耙，通过冬季冻融交替熟化土壤，早春进行镇压耙糖保墒；前作收获晚，来不及秋中耕的土壤，应结合施肥进行早春耕，翻后及时耙地。夏玉米播种时，正是"三夏"大忙季节，因此要争分夺秒抢时抢墒播种。若前作收获早，劳力充足，可采用耕、耙、种全套作业；前作收获晚或劳力紧张时，麦收后可不进行任何耕作，采用铁茬播种机顺麦垄带茬条播，同时可将肥料施入，播后灌水出苗。麦后秸秆覆盖免耕直播已成为夏玉米区的主体种植方式。

3. 播前准备

（1）品种选择：目前生产上普遍推广的玉米单交种，各地可根据利用目的、气候及土壤条件等加以选用。收籽用的高产玉米，春玉米适宜的密植幅度不同，耐密植的紧凑型中早熟单交种，密度为 65 000~75 000 株/hm²；紧凑型中晚熟和平展型中早熟单交种 60 000~67 500株/hm²；平展型中晚熟杂交种应控制在 45 000~55 000 株/hm²。肥水好的取上限，一般田取中下限。市面上出售的 F_1 代种子，经种植后产生的 F_2 代种子不能做种用。

青刈、青贮的玉米，要选杂种优势强，植株高大，茎叶茂盛，青饲料产量高，抗倒伏的中晚熟玉米单交种，并且要加大播种量。高产栽培密度，耐密植的中早熟紧凑型单交种，密度为 75 000~90 000 株/hm²；中晚熟紧凑型单交种 60 000~75 000 株/hm²；中晚熟平展型杂交种应控制在 52 500~60 000 株/hm²。

（2）种子处理：

① 晒种：可增加种皮透性和吸水力，提高酶的活性，促进养分转化。其方法是选择晴天把种子摊在干燥向阳的地上或席上，连续晒 2~3 d。晒种过程中要经常翻动，保证晒匀。

② 浸种：可提高种子发芽率，出苗快、齐。具体方法为：用温水（55～58℃）浸泡4～5 h，或用冷水浸种 6～12 h，或用 500 倍磷酸二氢钾浸种 12 h，捞出后放在室内摊成薄层，保持温度 20～25 ℃，至种子"露白"时即播种。但需注意，在土壤干旱而又无灌溉条件的情况下，不能浸种，因为浸过的种子胚芽已经萌动，播在干土中易造成种子死亡。

③ 拌种：为了防止病害，在浸种后用福美双、粉锈宁等药剂拌种，可减少玉米丝黑穗病的发生。

4. 播种

（1）播种期：玉米的播种期因地区不同差异很大。黑龙江、吉林5月上中旬；辽宁、内蒙古、华北北部及新疆北部多在 4 月下旬至 5 月上旬；华北平原及西北各地在 4 月中下旬；长江流域以南则可适当提早。小麦等作物收获后播种夏玉米时，应抓紧时间抢时抢墒播种，愈早愈好。特别是河南、河北、陕西等一年两熟无霜期较短的地区，夏玉米早播是夺取高产的关键技术之一。

青贮玉米播种期与收子玉米相似，在能保证籽粒正常成熟的生长期内播种愈早愈好。青刈玉米可分 3～4 期播种，每隔 20 d 播 1 次，并分批收获，以均衡供应青饲料，最晚一批青刈玉米的播种可比收子玉米晚 20 d 左右。一般春玉米生育较缓慢，夏玉米生长较快，这主要是气温高低所致。如东北地区 5 月播种的青刈玉米于播后 60～70 d 可以利用，7 月播种的玉米 30～40 d 即可利用。

（2）播种方法：

① 单播：籽实玉米采用宽窄行种植或等行距播种。等行距种植时，行距 60～70 cm，株距随密度而定。宽窄行种植时，宽行 80～90 cm，窄行 40～50 cm。东北、华北、西北和内蒙古一带多采用垄作，行距 60～70 cm，株距 30～40 cm，每穴下种 3～4 粒。青贮玉米的行距与子料玉米相似，因播量较大，可适当缩小株距进行点播或条播。青刈玉米要求密度大，应条播，行距 40 cm 左右。一般收子田每公顷条播用种量为 45～60 kg，点播为 40～55 kg，青贮玉米适当增加播种量。

② 间作：玉米为高株喜阳植物，与耐阴株矮的或蔓生的豆科作物、马铃薯等间作，能有效利用空间和地力，提高单位面积产量。常见的组合是玉米、大豆或秣食豆间作；玉米、马铃薯间作；玉米、甜菜或南瓜间作。以收玉米为主时，一般种 2 行玉米、间种 2 行豆类等作物；以收豆类等间作作物为主时，可种 2 行玉米间种 4 行大豆等作物。玉米和豆类等其他作物间作，其产量高于单作。

③ 套种：在河南、河北、山东、陕西等地，夏玉米适宜生育期短，用套种的方法可延长玉米生育期。玉米可选用中、晚熟品种，以提高产量。通常在冬小麦田套种玉米。其方法是：冬小麦按丰产要求的行距播种，一般每隔 3 行留出宽 30 cm 左右的套种行，麦收前 15 d 左右套种玉米。在高水肥条件下，为了保证小麦高产，可将套种行缩小至 20～25 cm，玉米的套种时间缩短到麦收前 10 d。在小麦和玉米共生期间，玉米因受遮阳和吸收水分、养分较少，生长较差，麦收后应马上中耕及浇水施肥，加强管理，促其尽快生长。

（3）播种深度：播种深度适宜、深浅一致，才能保证苗齐、苗全、苗壮。适宜的播种深度由土质、墒情、气候条件和种子大小而定，一般以 5～6 cm 为宜。大种子宜深；小种子宜浅。土壤黏重、墒情好时，应适当浅些，多为 4～5 cm；质地疏松、易干燥的沙质土壤或天气干旱时，应播深 6～8 cm，但最深不宜超过 10 cm。

（4）防治地下害虫：出苗前常有蝼蛄、蛴螬等危害种子和幼芽，可用高效低毒的辛硫磷50％乳剂 50 mL，加水 3 kg，拌和玉米种子 15 kg，拌后马上播种，防治蝼蛄和蛴螬，保苗效果达 100％。

5. 田间管理

（1）适时补苗、定苗：播后要及时检查苗情，凡是漏播的，在其他的刚出苗时就要立即催芽补播或移苗补栽，力争全苗。为合理密植提高产量，收子和青贮玉米要适时间定苗。间苗在 3～4 片真叶出现时进行，间去过密的细弱苗，每穴留 2 株大苗、壮苗。定苗在有 5～6 片真叶时进行，每穴留 1 株。间苗、定苗最好在晴天，因为受病虫危害和生长不良的幼苗，在阳光下照射发生萎蔫，易于识别。

（2）中耕除草：苗期不耐杂草，及时中耕除草是玉米增产的重要条件。玉米在苗期一般中耕 2～3 次，苗高 8～10 cm 以后每隔 10～15 d 都应中耕除草 1 次，直到封垄为止。春玉米和耕耙全套作业播种的夏玉米，苗期第一到第二次中耕宜浅锄 3～5 cm，拔节前的 1 次中耕稍深；套种和硬茬播种的夏玉米第一次中耕结合灭茬宜深，第二到第三次只宜浅锄 3～5 cm，拔节前 1 次中耕宜深，可切断一部分细根，促新根产生。玉米的中耕除草现在多以除草剂代替，可应用苞卫或莠去津等进行化学除草，一般在玉米播种前或播后出苗前 3～5 d 进行，但莠去津等除草剂残留期长，对种植苜蓿等豆科牧草不利。

（3）蹲苗促壮：收子玉米和青贮玉米的苗期在底墒充足和肥力较好的情况下，不灌水，勤中耕，控上促下，虽幼苗生长速度有所降低，但苗生长健壮，称为蹲苗。一般出苗后开始，拔节前结束。春播玉米约 1 个月，夏播玉米 20 d 左右。蹲苗可促使根系下扎，扩大吸收水分和养分的范围，并使节间粗壮，增强抗旱性和抗倒伏能力，有利于高产。

（4）防治病虫害：

① 防治地下害虫：玉米苗期常见的害虫为地老虎（土蚕或截虫）、蝼蛄和蛴螬，特别是地老虎最为猖獗。我国中原地区第一代地老虎幼虫正好为害春播玉米、苦荬菜等作物。幼龄幼虫为害嫩芽嫩叶，食叶肉形成孔洞，大龄幼虫常从近地面处咬断幼苗，造成缺苗断垄现象。幼虫多生长在根际附近，昼伏夜出。蝼蛄在地下活动为害时，常在地面形成不规则的隧道，使作物根部与土壤分离而干枯死亡，除咬食种子外并能取食或咬断作物地下根颈部分，被害处呈乱麻状。为有效地防治地老虎等的为害，可采用如下措施。

人工捕捉：清晨天刚亮地老虎尚未钻入地下时进行；白天在玉米断苗处可扒出幼虫；中耕松土时发现幼虫要及时杀灭。

灌水：灌水时，地老虎因怕淹而浮出水面，小面积玉米地可人工拣拾，此法非常有效。

施用农药：用 50％辛硫磷乳剂 1 000 倍水溶液浇灌根际，15 min 内即有中毒的 3～5 龄幼虫爬出地面，施药后 48 h 全部死亡。采用敌百虫毒草毒饵诱杀可兼治地老虎和蝼蛄，方法是：将 90％敌百虫结晶 750 g 溶解在少量水中，拌和切碎的鲜草 375 kg 或炒香的饼肥颗粒 75 kg/hm² 制成毒草或饼肥毒饵，傍晚撒于田间作物根部附近地面，防治效果显著。

② 防治玉米螟：在玉米心叶期和穗期，常发生玉米螟为害。玉米螟钻入心叶、玉米茎秆及穗内蛀食，故称为玉米钻心虫。在心叶期为害时，展开的叶片有成排的孔，蛀食茎秆或穗时常在表面留下孔洞。心叶期发生玉米螟时，用 50％辛硫磷 50 mL 加水 25～50 kg 灌心叶，每千克药液可浇灌玉米、高粱 100 株左右，施药后 1 d，杀虫效果达 100％，30 d 后仍有效。穗期发生玉米螟用 50％辛硫磷或 90％敌百虫 1 000 倍液喷杀均有良好效果。此外，

穗期可发生金龟子（蛴螬成虫）为害，用40%异硫磷1 000倍液喷洒效果良好，连续用药2～3次。

（5）追肥：玉米追肥主要为速效氮肥。按照玉米不同生育时期对肥料的需求，通常要追施苗肥、拔节肥、穗肥和粒肥。

① 苗肥：苗肥是从出苗后至拔节前追施的肥料。在北方春玉米区基肥施量少、生长势差的田块，酌情追施75～150 kg/hm² 硫酸铵或适量其他速效氮肥。夏玉米往往硬茬播种或在小麦田套种，未施基肥，在苗期可补施有机肥料和磷钾肥。拔节肥是指拔节后10 d左右追施的肥料。穗肥一般施在大喇叭口时期，即棒三叶（果穗部位叶及上下两叶）已经抽出而未展开，心叶丛生，状如喇叭，最上部展开叶与未展开叶之间显出软而具弹性的雄穗时。拔节肥和穗肥的施用，应根据具体情况决定。

② 拔节肥和穗肥：在土壤较肥沃、施基肥的情况下，如果追肥数量不多，可不施拔节肥，而将此部分肥料集中在大喇叭口期施穗肥，即生产上所谓的"一炮轰"。

前期幼苗生长正常，追肥数量多，生育期长的品种，分期追施拔节肥和穗肥效果好，且采用前轻后重（轻施拔节肥、重施穗肥）的施肥方法有利于增产。拔节肥占追肥总量约30%～40%，穗肥可占60%～70%。例如，每公顷追施450 kg硫酸铵，可考虑施拔节肥150 kg、穗肥300 kg。

麦田套种玉米采用"前重后轻"的追肥方式有利于高产。这是由于玉米和小麦共生期间，玉米的生长在一定程度上受到小麦的影响，幼苗生长细弱。因此，丰产的关键就是重施拔节肥，促进玉米早发快长，追肥的30%～40%用于穗肥，防止后期脱肥早衰，有利于增产。据北京农科院研究，套作玉米采用"前重后轻"的施肥方法比"前轻后重"增产16%。

③ 粒肥：粒肥是在抽雄开花期追施的肥料。为了防止春玉米的后期脱肥，可结合浇水，追施粒肥。粒肥用量不宜过多，一般占用肥总量的10%～15%。夏玉米前期追肥正常的情况下可不必施粒肥。

苗肥、拔节肥、穗肥及粒肥的施用仅限于收籽粒的玉米。对于青饲、青贮玉米，全部磷、钾肥和氮肥总量的30%做基肥；在3～4片叶时追施10%的氮肥，施小苗不施大苗，可考虑施少量苗肥，促均衡生长；追施45%～50%氮肥作为拔节肥，促进中上部茎叶生长，主攻大穗；在吐丝期追施10%～15%氮肥，防早衰，使后期植株仍保持青绿。

（6）灌溉：有灌溉条件的地方，一般每次施肥都结合浇水。干旱时要注意灌溉，播种前灌好底墒水以利于出苗，大喇叭口期结合追肥进行浇水，特别是抽穗开花期不能缺水。在灌浆成熟期，及时浇水有利于籽粒饱满。

（7）其他管理措施：玉米产生分蘖或发生黑粉病时要早期除蘖（青贮、青刈玉米不必除蘖）和剥掉病瘤。在雄花盛开期和雌穗吐丝期进行人工去雄和辅助授粉，籽粒产量可增加10%左右。去雄不应超过全田株数的一半，一般选晴朗无风的上午进行。

6. 适时收获

（1）籽粒玉米：在籽粒变硬发亮、苞叶干枯松散的完熟期收获为宜，但粮饲兼用玉米应在蜡熟末期至完熟初期进行收获。中晚熟玉米，在苞叶变白的蜡熟中、末期收获，此时籽粒中的干物质已达最高点，而秸秆仍鲜绿多汁，适宜青贮。黑龙江省推广的"东农246"和"龙单3号""龙单4号"，河南推广的"安豫8号""郑州958"等玉米即属此类优良的粮饲兼用玉米，一般每公顷产籽粒6 000～8 000 kg。

（2）青刈玉米：青刈玉米做猪饲料时，可在株高 50～60 cm 拔节以后陆续刈割饲喂，到抽雄前后割完；做牛的青饲料时，宜在吐丝到蜡熟期分批刈割。一般每公顷可产青料 37.5～60 t。玉米再生力差，只能 1 次低茬刈割。早期刈割的，还能复种一茬其他青刈作物。

（3）青贮玉米：青贮玉米是重要的贮备饲料，带果穗青贮的宜在蜡熟期收获，此时，单位面积土地上的可消化养分产量最高。青贮玉米栽培面积较大，收获需要进行数天，可提前到乳熟末期开始刈割，到蜡熟末期收完。调制猪或犊牛的青贮饲料时，宜在乳熟期刈割。收子用玉米，若利用其秸秆青贮，可在蜡熟末期或完熟初期收获，以保证有较多的绿叶面积。

7. 留种 玉米为异花授粉植物，天然杂交率在 95％以上，易因天然杂交而影响种子质量。北方青贮用玉米多为晚熟品种，往往霜前不能成熟，种子发芽率受到影响。为此，留种时要注意以下问题。

（1）隔离种植：为防止玉米良种的天然杂交退化，应按良种繁育技术操作规程进行，实行严格的隔离种植。

（2）育苗移栽：在东北北部，晚熟品种实行育苗移栽等方式提早播种，获得发芽率高的优质种子。育苗可用简易苗床，于移植前 40～50 d 育苗，苗高 10～15 cm 即可移栽。

（3）妥善保管：玉米收获后充分晾晒，晒到籽粒含水率在 14％以下后入库。库内要求恒温、干燥通风，切勿受潮、受热和遭鼠、虫为害。

（四）饲用价值

1. 籽粒和秸秆 玉米籽粒淀粉含量高达 70％左右，脂肪含量约 4％（高油玉米 7％～10％），是畜禽的主要能量饲料；玉米脂肪中富含亚油酸，可减少胆固醇在血管中的沉积；还含有胡萝卜素、核黄素、维生素 E 等多种维生素，是畜禽的优质高能精饲料。在畜禽的谷物精饲料中，玉米用量最大。100 kg 玉米籽粒的饲用价值相当于 135 kg 燕麦、120 kg 高粱或 130 kg 大麦。玉米的营养成分如表 8-1 所示。

表 8-1 玉米的营养成分（％）

（引自陈默君、贾慎修，2002）

样品	生育期	水分	粗蛋白质	粗脂肪	粗纤维	无氮浸出物	粗灰分	采样地点
籽粒	成熟期	11.61	7.61	4.8	1.39	73.27	1.51	辽宁
果穗	成熟期	11.2	3.5	0.8	33.4	42.7	8.4	山东
玉米芯	成熟期	8.7	2.0	0.7	28.2	58.4	2.0	北京

玉米籽粒蛋白质含量为 7％～10％，但在其氨基酸组成中，缺乏赖氨酸、蛋氨酸和色氨酸，应补充其他富含这些营养元素的豆类饲料，以发挥蛋白质间的互作效用。

收籽实后的玉米秸，如尽早刈割晒干或青贮，可用作牛、羊的粗饲料。但因玉米秸质地较粗，品质较差，宜与其他青绿多汁饲料混合喂饲。

2. 青刈玉米 青刈玉米味甜多汁，适口性好，是马、牛、羊、猪的良好青饲料。喂牛可整株饲喂，喂马一般将青刈玉米切成 3～4 cm，喂猪时宜粉碎或打浆。青刈玉米营养丰富，无氮浸出物含量高，消化性好。青刈玉米的营养成分如表 8-2 所示。

表 8 - 2　青刈玉米的营养成分（%）

（引自南京农学院，1980）

种类	水分	粗蛋白质	粗脂肪	无氮浸出物	粗纤维	粗灰分	可消化蛋白质	总消化养分
鲜草	78.9	1.7	0.4	13.2	4.6	1.2	1.0	14.2
青贮	82.9	1.4	0.8	8.5	5.2	1.3	0.9	10.0
干草	18.1	7.1	2.1	40.6	25.8	6.3	3.7	52.9

3. 青贮玉米　青贮能较好地保存玉米的营养成分（表 8 - 3）。青贮玉米品质优良，可大量贮备供冬春饲用。带穗青贮玉米具有干草与青料两者的特点，且补充了部分精饲料。7～9 kg 带穗青贮玉米料中约含籽粒 1 kg，因此，营养价值较茎叶青贮料高得多。据试验，100 kg 带穗青贮料喂乳牛可相当于 30～40 kg 豆科牧草干草的饲用价值；喂肥育肉牛或肥羔，可相当于 50 kg 豆科牧草干草的饲用价值。青贮料日喂量为：青年牛 5～8 kg；冬季种母牛 15～20 kg；母羊 1.5～2.0 kg；去势牛、羊可占日粮的 70%。青贮料体积大，粗纤维含量高，喂猪时浪费较大。但据菲律宾畜牧人员试验，怀孕母猪每日喂 1.2 kg 精饲料与 4 kg 的青贮玉米，可防止母猪过肥，使每窝产仔数和断奶活仔数增加。

表 8 - 3　雅玉 8 号玉米青贮前后的营养成分（%）

（引自蔡海霞，2015）

样品	水分	粗蛋白质	粗脂肪	粗纤维	NDF	ADF
青贮前	9.62	6.60	2.90	20.59	49.50	28.41
青贮后	9.54	6.65	2.80	17.87	42.23	22.32

第二节　高　粱

学名：*Sorghum bicolor*（L.）Moench　英文名：Sorghum

别名：蜀黍、茭子、芦粟。

高粱可能原产于埃塞俄比亚，后传入非洲、印度、东南亚、澳大利亚及美国。高粱的地位仅次于小麦、水稻、玉米和大麦而处于第五位，已有 4 000 多年的栽培历史。2010 年世界高粱种植面积为 4.05×10^8 hm²，总产为 5.56×10^{11} kg，单产为 1 373.7 kg/hm²。印度栽培面积最大，其次为苏丹、尼日利亚和美国。近几十年来世界高粱种植面积有所下降，其中下降最快的为亚洲。

高粱在我国南北方均有栽培，2010 年全国高粱种植面积为 5.48×10^5 hm²，总产 2.46×10^9 kg，单产 4 485 kg/hm²。种植面积最大的省份为内蒙古、吉林、辽宁、贵州、四川、山西、黑龙江、河北等。高粱是重要的粮食作物和饲料作物，也是淀粉、酿造和酒精工业的重要原料。其抗旱、耐涝、耐盐碱，产量高，适应性强，用途广，易栽培，是一种具有发展潜力的作物。

（一）植物学特征

高粱属于禾本科高粱属一年生草本植物。须根系，较玉米发达。由初生根、次生根和支持根组成，入土深 1.4～1.7 m，地面 1～3 节处有气生根。茎直立，株高 1～5 m，一般有分蘖 4～6 个。茎的外部由厚壁细胞组成，较坚硬，品质粗糙。茎实心由多节组成，节上具腋芽，通常呈潜伏状态，肥水充足或主茎被损伤时萌发成分蘖。

高粱的叶由叶鞘、叶片和叶舌组成。叶片肥厚宽大，中央有一较大的主脉（中脉），颜色有白、黄、灰绿之分。脉色灰绿的高粱，茎秆中含较多汁液，多为甜茎种，抗叶部病害能力强；脉色白、黄的高粱茎中汁液少，抗叶部病害能力较差。早熟品种有 10～18 片叶，晚熟品种在 25 叶以上。

高粱为圆锥花序，籽粒圆形、卵形或椭圆形，颜色有红褐、黄、白等。深色籽粒含单宁较多，不利消化，但在土壤中具防腐、抗盐碱等作用。种子千粒重 25～34 g。

（二）生物学特性

高粱为喜温作物，种子发芽最低温度为 8～10 ℃，最适温度为 20～30 ℃，最高温度为 40～50 ℃。生长发育要求 ≥10 ℃有效积温 980～2 200 ℃。耐热性好，不耐低温和霜冻，昼夜温差大有利于养分积累，但温度高于 38～39 ℃或低于 16 ℃时生育受阻。高粱出苗至拔节期适宜温度为 20～25 ℃，拔节至抽穗期为 25～30 ℃，开花至成熟期为 26～30 ℃。

高粱的抗旱性远比玉米强，蒸腾系数为 280～322，在干旱条件下能有效利用水分。生长期中如水分不足植株呈休眠状态，一旦获得水分即可恢复生长。茎叶表面覆有白色蜡质，干旱时叶片卷缩防止水分蒸发。后期耐涝，抽穗后遇水淹，对其产量影响甚小。

高粱为短日照作物，缩短光照能提早开花成熟，但茎叶产量降低；延长光照贪青徒长，茎叶产量提高。不同纬度地区之间引种时应予以注意。高粱为典型的 C_4 植物，光能利用率较高。

高粱对土壤要求不严，沙土、黏土、旱坡、低洼易涝地均可种植，较耐瘠薄和抗病虫害。高粱的一大特点是抗盐碱能力很强，适宜的 pH 为 6.5～8.0，孕穗后可耐 0.5% 的土壤含盐量，为一般作物所不及，常作为盐碱地的先锋作物。

（三）栽培技术

1. 轮作　高粱吸肥较多，忌连作，常与豆类作物和施肥较多的小麦、棉花等作物轮作。对前作要求不严，以豆类前茬为最好，其次是小麦、叶菜类。此外，高粱常与谷子、大豆、马铃薯等作物间作，也能与麦类实行套种，增加复种指数，或与大豆、谷子等进行混作，提高单产。

2. 选地和整地　土层深厚、结构良好、富含有机质、酸碱度适宜的壤土或沙质壤土有利于高粱的高产稳产。高粱根入土较深，种子较小，苗期生长缓慢，不耐杂草，需深耕和精细整地。耕翻深度 18～20 cm，并应结合深施底肥，达到土层深厚、地面细碎平整，为播种创造良好条件。垄作地区要做到秋翻地、秋起垄，东北地区为充分利用冬春降水，可早春顶凌翻地和起垄。

3. 施肥　高粱是一种需肥较多的作物，生育过程需吸收大量的氮、磷、钾肥。每生产 100 kg 高粱籽粒，需要 N 1.88～4.62 kg、P_2O_5 1.20～2.16 kg、K_2O 3.40～5.68 kg，其比例约为 1∶0.52∶1.37。另据调查，每公顷施 30 t 厩肥做基肥，高粱平均单产 3 506 kg，基肥增至 52.5 t 时，单产为 4 221 kg，增产 20.4%。综合各地经验，高粱每公顷产籽粒 6 000～7 500 kg 时，需施基肥 45～60 t/hm²。翻地时施用种肥有益于幼苗生长，生长期追肥 1～2 次，能显著提高产量。

4. 播种　选粒大饱满、发芽率高的种子进行播种。播前晒种 3～4 d，并用药物拌种，以提高发芽率和防治地下害虫。

高粱春季过早播种容易烂子，病害也重，过晚播种则延迟成熟，降低产量。北方农谚"谷雨粱，立夏谷"，即 4 月下旬播高粱。一般 5 cm 土层地温稳定在 10～12 ℃ 以上即可播种。收籽粒者生长期长，必须适期早播；青饲或青贮高粱播期可稍迟，以充分利用夏季降水。东北地区 4 月下旬到 5 月上旬播种，华北和西北地区为 4 月中下旬播种。

播种量因品种、栽培目的、种子品质、整地质量等不同而异。籽粒高粱每公顷播种量 22.5 kg 左右，青贮用甜高粱约 24 kg。通常采用宽行条播，籽粒和青贮高粱行距 60～70 cm，青饲高粱行距 27～30 cm。播种深度以 3～4 cm 为宜，播后镇压 1 次。青刈高粱可与苋菜、苦荬菜、秣食豆等实行 2∶2 或 4∶4 间作，混收混贮，能提高饲草产量和品质。

5. 田间管理　苗期管理是最重要的环节。中耕分别于高粱 3～4 叶（间苗）、苗高 10 cm 左右（定苗）及苗高 20～30 cm 时进行。定苗以籽粒高粱株距 20～25 cm，青刈高粱 10～13 cm 为宜。如遇干旱和缺肥，应于拔节、抽穗期酌情追肥和灌水 1～2 次。前期多追氮肥，后期重施磷肥，多穗高粱应追施更多的氮肥。

高粱易遭黏虫、草地螟等为害，应及时喷洒辛硫磷、敌杀死、敌敌畏、敌百虫等防治。生育后期易遭蚜虫为害，可喷洒氧化乐果防治。发现黑穗病株应及时拔除焚烧。

6. 收获　籽粒高粱在果穗下部籽粒具固有色泽、硬而无浆的蜡熟末期收获最为适宜，每公顷籽粒产量为 3 750～6 000 kg；青贮高粱以乳熟至蜡熟时收获为宜，每公顷产青贮饲料 37 500～52 500 kg；青刈高粱可在抽穗开花至乳熟期收获，每公顷可收鲜草 22 500～30 000 kg。调制干草宜在抽穗期刈割，一般留茬 5～7 cm，以利再生。

（四）饲用价值

高粱茎秆与籽粒都含有丰富的营养（表 8-4）。仔猪饲喂高粱籽粒，断乳早，增重快，窝重高，生长健壮；马在使役期间饲喂高粱籽粒，可提高使役能力。籽粒中含有少量单宁，也叫鞣酸，有止泻作用，多喂可引起便秘。高粱食用、饲用价值及适口性均次于玉米，且含可消化蛋白质及赖氨酸、色氨酸较少，所以饲喂时应与豆类或其他饲料配合。

表 8-4　高粱各部位的营养成分（%）

饲料	粗蛋白质	粗脂肪	粗纤维	无氮浸出物	粗灰分	钙	磷
籽粒	8.5	3.6	1.5	71.2	2.2	0.09	0.36
茎秆	3.2	0.5	33.0	48.5	4.6	0.18	微量
叶片	13.5	2.9	20.6	38.3	11.2	—	—
颖壳	2.2	0.5	26.4	44.7	17.4	—	—
风干糠	10.9	9.5	3.2	60.3	3.6	0.10	0.84
鲜糠	7.0	8.6	3.4	33.9	5.0		

高粱的青绿茎叶，尤其是甜高粱，是猪、牛、马、羊的优良粗饲料，青饲、青贮或调制干草均可。高粱的新鲜茎叶中，含有羟氰配糖体，在酶的作用下产生氢氰酸（HCN），而引起毒害作用。出苗后 2～4 周含量较多，成熟时大部分消失；上部叶较下部叶含量较多；分蘖比主茎多；籽粒高粱比甜高粱多；生长期中高温干燥时含量较高；土壤中氮肥多时含量也

多，故多量采食过于幼嫩的茎叶易造成家畜中毒。据江苏省报道，耕牛采食 0.5～1.0 kg 的幼嫩高粱即可致死。因此，高粱宜在抽穗时刈割利用或与其他青饲料混喂。另外，调制青贮料或晒制干草后毒性也可消失。高粱茎秆较粗，水分含量为 50%～70%，可调制干草，消化率为 48%～50%。调制青贮饲料，茎皮软化，适口性好，消化率为 48%～56%，是家畜的优良贮备饲料。饲喂牛、羊以切成 3～4 cm 为宜，喂猪时则以粉碎或打浆为好。据报道，泌乳奶牛日喂 30～40 kg 甜高粱青贮料，产奶量可提高 10% 以上。

第三节 燕 麦

学名：*Avena sativa* L. 英文名：Oat

别名：莜麦、玉麦。

燕麦是重要的谷类作物，广泛分布于亚洲、欧洲、非洲的温带地区。在禾谷类作物中，燕麦种植面积和总产量均居第七位。2013 年世界总产量为 2.07×10^7 t。俄罗斯栽培面积最大，其次为加拿大、波兰、芬兰、澳大利亚、美国、西班牙、英国和瑞典。我国栽培历史悠久，主要分布于华北、西北和西南地区，主要种植区为内蒙古、青海、河北、山西、甘肃、新疆等各大牧区以及四川、宁夏、云贵高原等。

燕麦属分带稃和裸粒两大类，前者起源于地中海和西亚地区，后者起源于中国。带稃燕麦为饲用，裸燕麦（*A. nuda*）也称莜麦，以食用为主，我国以裸燕麦为主。而野燕麦（*A. fatua*）是一种恶性农田杂草，各地小麦田普遍存在。栽培地区的燕麦又分春燕麦和冬燕麦两种生态类型，饲用以春燕麦为主。

（一）植物学特征

燕麦属禾本科燕麦属一年生草本植物。须根系发达，入土 1 m 左右，主要集中在 10～30 cm 耕层。丛生，茎秆直立，圆形中空，株高 80～120 cm。分蘖较多，节部一侧着生有腋芽。叶片宽而平展，长 15～40 cm，宽 0.6～1.2 cm。无叶耳，叶舌膜质，先端微齿裂。圆锥花序开散，穗轴直立或下垂，由 4～6 节组成，下部各节分枝较多。小穗着生于分枝顶端，每小穗有小花 2～3 朵，稃片宽大，斜长卵形，膜质。颖果纺锤形，外稃具短芒或无芒，千粒重 25～45 g。

（二）生物学特性

燕麦喜冷凉湿润气候，种子发芽最低温度为 3～4 ℃，最适温度为 15～25 ℃。不耐高温，遇 36 ℃以上持续高温开花结实受阻。成株期遇 −4～−3 ℃霜冻尚能缓慢生长，低于 −6～−5 ℃则受冻害。生育期需≥5 ℃积温 1 300～2 100 ℃。

燕麦需水较多，适宜在年降水量 400～600 mm 的地区种植。干旱缺水，天气酷热，是限制其生产和分布的重要因素。一般苗期需水较少，分蘖至孕穗逐渐增多，乳熟以后逐渐减少，结实后期应当干燥。

燕麦为长日照作物，延长光照则生育期缩短。一般春燕麦生长期较短，为 75～125 d；冬燕麦较长，在 250 d 以上。但较大麦耐阴，可与豆科牧草混播。

燕麦对土壤要求不严，在黏重潮湿的低洼地上表现良好，但以富含腐殖质的黏壤土最为适宜，不宜种在干燥的沙土上。适应的土壤 pH 为 5.5～8.0。

（三）栽培技术

1. 轮作和复种　燕麦最忌连作，宜和冬油菜、苕子等轮作。前茬宜选豆类、棉花、玉米、马铃薯和甜菜，尤以豆类最佳。燕麦生长发育较快，适时早收早种，燕麦之后还可复种一茬作物，如大豆、玉米、高粱和块根类作物等。

2. 整地和施肥　燕麦根系发达，生长快，要求土层深厚，土壤肥沃，整地精细。深耕前施足基肥是重要的技术措施，一般深耕 20 cm 左右，每公顷施厩肥 30～37.5 t。冬燕麦要求在前作收获后耕翻，翻后及时耙糖镇压。

3. 播种　燕麦种子大小不整齐，应选纯净粒大的种子播种。黑穗病流行地区，播前要实行温水浸种或用多菌灵拌种。播种期因地区和栽培目的不同而异，我国燕麦主产区多属春播，一般 4 月上旬至 5 月上旬播种，冬燕麦通常在 10 月上中旬秋播。收籽燕麦条播行距 15～30 cm，青刈燕麦 15 cm。播种量 150～225 kg/hm²，播种深度 3～5 cm，播后镇压。燕麦宜与豌豆、苕子等豆科牧草混播，一般燕麦占 2/3～3/4。

4. 田间管理　燕麦出苗后，应在分蘖前后中耕除草 1 次。由于生长发育快，应在分蘖、拔节、孕穗期及时追肥和灌水。追肥前期以氮肥为主，后期主要是磷、钾肥。

5. 收获　籽粒燕麦应在穗上部籽粒达到完熟、穗下部籽粒蜡熟时收获，一般每公顷收籽粒 2 250～3 000 kg。青刈燕麦可根据饲养需要于拔节至开花期陆续刈割，燕麦再生力较强，分 2 次刈割能为畜禽均衡供应青饲料，第一茬于株高 40～50 cm 时刈割，留茬 5～6 cm；隔 30 d 左右齐地刈割第二茬，一般每公顷产鲜草 22 500～30 000 kg。2 次刈割和 1 次刈割鲜草产量相似（表 8 - 5），但草质及蛋白质含量以 2 次刈割为高。调制干草和青贮用的燕麦一般在抽穗至完熟期收获，宜与豆科牧草混播。

表 8 - 5　青刈燕麦刈割时期次数和产量比较

（引自南京农学院，1980）

第一次刈割		第二次刈割		总产量/ （kg/hm²）	产量比率/%
时期（日/月）	产量/（kg/hm²）	时期（日/月）	产量/（kg/hm²）		
8/12	23 725.5	17/4	4 218.0	27 943.5	100
8/1	15 184.5	17/4	9 000.0	24 184.5	86.5
17/2	10 125.0	17/4	11 361.0	21 486.0	76.1
17/3	11 250.0	17/4	6 186.0	17 436.0	70.4
17/4	19 125.0	—	—	19 125.0	68.3
18/5	25 311.0	—	—	25 311.0	90.5

（四）饲用价值

燕麦籽粒富含蛋白质，一般为 12%～18%，高者达 21% 以上，赖氨酸含量高。脂肪含量较高，一般为 3.9%～4.5%，比大麦和小麦高 2 倍以上，且亚油酸含量高达 40%～50%。钙、磷、铁和核黄素的含量居谷物之首。但有稃燕麦的稃壳占谷粒总重的 20%～35%，粗纤维含量较高，能量少，营养价值低于玉米，宜喂马、牛。燕麦秸秆质地柔软，饲用价值高于稻、麦、谷等秸秆。

青刈燕麦茎秆柔软，叶片肥厚，细嫩多汁，适口性好，蛋白质可消化率高，营养丰富，可鲜喂，亦可调制青贮料或干草。青刈燕麦鲜草、干草营养成分如表 8 - 6 所示。

表 8-6　燕麦干草和鲜草中可消化营养物质含量（%）

(引自南京农学院，1980)

饲草种类	粗蛋白质	粗脂肪	粗纤维	无氮浸出物
干燕麦秆	6.1	1.3	12.4	25.9
干燕麦秆-苕子	6.9	1.0	14.6	21.2
鲜燕麦秆	2.0	0.9	5.0	8.8
鲜燕麦秆-苕子	2.4	0.5	2.9	6.9

燕麦青贮料质地柔软，气味芳香，是畜禽冬春缺青期的优质青饲料。用成熟期燕麦调制的全株青贮料饲喂奶牛和肉牛，可节省 50% 的精饲料，生产成本低，经济效益高。

国外资料报道，利用单播燕麦地放牧，肉牛平均日增重 0.5 kg，利用燕麦与苕子混播地放牧，平均日增重则达 0.8 kg。

第四节　黑　麦

学名：*Secale cereale* L.　英文名：Rye

别名：粗麦、洋麦。

黑麦原产于土耳其中东部及毗邻地区。原为野生种，从中世纪欧洲中部和东部开始驯化栽培，成为生产黑麦面包的一种重要作物。我国云贵高原及西北高寒山区或干旱区有一定的栽培面积，1979 年从美国引入黑麦品种冬牧 70，它耐寒，返青早，生长快，产草量高，草质好，抗病力强，现已成为解决我国冬春青饲料不足的主要品种之一。

（一）植物学特征

黑麦为禾本科黑麦属一年生草本植物。须根发达，入土深 1.0～1.5 m。茎秆粗壮直立，高 70～150 cm，下部节间短，抗倒伏能力强。分蘖力强，达 30～50 个分枝，稀植时往往簇生成丛。叶较狭长，柔软，长 5～30 cm，宽 5～8 mm，幼芽的叶往往带紫褐色。穗状花序顶生，紧密，长 8～15 cm，成熟时稍弯；小穗互生，相互排成 2 列，构成四棱形，含 2～3 朵小花；护颖狭长，外颖脊上有纤毛，先端有芒。颖果细长呈卵形，先端钝，基部尖，腹沟浅，红褐色或暗褐色。千粒重 30～37 g，较小麦种子稍轻。

（二）生物学特性

黑麦有冬性、春性之分，生产上以冬性品种为主。具较强的抗寒性，能耐 -25 ℃ 低温，有积雪时能在 -35 ℃ 低温下越冬，故在我国中北部地区均能栽培。种子发芽最低温度为 6～8 ℃，22～25 ℃ 时 4～5 d 即发芽出苗。幼苗可耐 5～6 ℃ 低温，但不耐高温，全生育期要求 ≥10 ℃ 积温 2100～2 500 ℃。耐瘠薄，不耐涝，不耐盐碱，在瘠薄的沙质土壤上能良好生长。耐干旱，在年降水量 300～1 000 mm 的地区均能适应。

早春生长较快，其生长速度高于黑麦草。北京地区 9 月下旬播种，10 月初分蘖，翌年 3 月上旬返青，4 月上旬拔节，4 月中旬孕穗，5 月初抽穗，5 月中旬开花，6 月下旬结实成熟。

（三）栽培技术

1. 轮作　玉米、高粱、谷子、大豆等为黑麦的良好前作，黑麦也是玉米、甘薯、豆类等的良好前作。较耐连作，可进行 2～3 茬连作。

2. 播种 播前应精细整地，整地前每公顷施 22 500～45 000 kg 优质腐熟农家肥做基肥。在地下害虫如地老虎、蝼蛄、蛴螬严重的地方，每公顷用 50% 辛硫磷乳剂 750 mL 加适量水拌炒熟的谷子或玉米碎粒 75 kg 撒于田间诱杀地下害虫。

播种期选择在 8 月下旬至 9 月下旬。在河南、山东及河北南部，若在 8 月下旬完成播种，冬季 12 月可刈割 1 茬青饲料或放牧。采用农用耧或播种机播种，一般纯净度和发芽率高的种子播量为 60～90 kg/hm²，行距 15 cm 左右，播种深度 3～4 cm，覆土 2～3 cm，播后镇压 1～2 次。

3. 田间管理 黑麦为密播作物，可抑制杂草生长，一般不中耕。为防止土壤板结，利于根系活动及再生苗生长，应于翌年中耕除草 1～2 次。春季返青期及每次刈割后，应追肥和浇水。每公顷追施尿素 150～225 kg。冬前压麦 2 次，可促进分蘖和提高越冬率。

（四）饲用价值

黑麦叶量大，茎秆柔软，营养丰富（表 8-7），适口性好，是牛、羊、马的优良饲草。

表 8-7 冬牧 70 黑麦的化学成分（%）

（引自陈默君、贾慎修，2002）

生育期	水分	占干物质					钙	磷
		粗蛋白质	粗脂肪	粗纤维	无氮浸出物	粗灰分		
拔节期	3.86	15.08	4.43	16.97	59.38	4.14	0.67	0.49
孕穗始期	3.87	17.65	3.91	20.29	48.01	10.14	0.88	0.55
孕穗期	3.25	17.16	3.62	20.67	49.19	9.36	0.84	0.49
孕穗后期	5.34	15.97	3.93	23.41	47.00	9.69	0.81	0.38
抽穗始期	3.89	12.95	3.29	31.36	44.94	7.46	0.51	0.31

据北京对冬牧 70 黑麦营养成分的分析，茎叶的粗蛋白质含量在孕穗初期最高，以后逐渐下降。若以收干草为目的，最佳收割期以抽穗始期为宜。黑麦产量较高，1 年可刈割 2～3 次，每公顷产鲜草 30～37.5 t。刈割时留茬 5～8 cm，以利再生。黑麦的消化率也较高（表8-8）。收子应在蜡熟中期至末期及时收获，每公顷产籽实 3 300～3 750 kg，最高可达 4 500 kg。籽粒是猪、鸡、牛、马的精饲料，茎叶是牛、羊的优质饲草。近几年城市的奶牛业发展较快，北方广泛用黑麦做青饲、青贮或晒干打成草捆备用。

表 8-8 冬牧 70 黑麦在反刍动物饲料干物质中能量价值及有机物质消化率

（引自陈默君、贾慎修，2002）

采样地区	粗蛋白质/%	粗脂肪/%	有机物质消化率/%	消化能/(MJ/kg)	代谢能/(MJ/kg)	产奶净能/(MJ/kg)
北京	10.42	2.53	52.01	8.79	6.79	4.48
新疆	14.47	2.72	59.46	10.26	8.07	8.09

第五节 大 麦

学名：*Hordeum vulgare* L. 英文名：Barley

别名：有稃大麦、草大麦。

大麦为带壳大麦和裸大麦的总称。习惯上所称大麦指带壳大麦,裸大麦一般称为青稞、元麦、米麦。其起源地有 2 个:一个是近东地区,包括小亚细亚、外高加索、伊拉克、土耳其等;另一个是中国的青海、西藏和四川的西部。大麦以其适应性广、抗逆性强、用途广泛而在全世界约 100 个国家广为种植,栽培面积仅次于玉米、小麦、水稻居谷类作物的第四位,2013 年产量较高的国家主要有俄罗斯、德国、法国、加拿大、西班牙、土耳其和乌克兰,世界总产量为 $1.45×10^8$ t。我国栽培历史悠久,全国各地均有分布,栽培面积以江苏最大,其次为云南、内蒙古、甘肃、安徽、四川等。大麦在我国谷类中的面积在不同年份居第四或第五位,2010 年栽培面积为 $5.8×10^5$ hm^2,总产量 $1.97×10^9$ kg,单产 3 402 kg/hm^2,其中 80% 以上用作饲料。

我国青藏高原、云南、贵州、四川山地及江西、浙江一带尚栽培有裸大麦(*H. vulgare* var. nuda),主要用作粮食,也可供作饲料。

大麦适应性强,耐瘠薄,生育期较短,成熟早,营养丰富,饲用价值高,是重要的粮饲兼用作物之一。

(一)植物学特征

大麦属禾本科大麦属一年生草本植物。须根入土深 1 m,主要分布在 30~50 cm 的土层中。茎秆直立,高 1~1.4 m,由 5~8 节组成,节具潜伏腋芽,上部损伤后其下部能重新萌发。叶为披针形,宽厚,幼时具白粉。叶耳、叶舌较大,以此区别于小麦。有稃大麦籽粒成熟时内外稃紧包果实,脱粒时不易分开,千粒重 32~33 g,皮壳的重量一般占籽粒的 10%~15%。

大麦有 38 种,其中最有经济价值的是栽培大麦。根据小穗发育程度和结实性,栽培大麦可分为以下 3 个亚种:六棱大麦(*H. hexastichum*)、四棱大麦(*H. tetrastichum*)和二棱大麦(*H. distichum*)。六棱大麦穗轴的每个节片上,等距离着生 3 个小穗,穗的横断面呈正六边形,穗轴节间较短,籽粒着生紧密,小而排列整齐;四棱大麦的中间小穗紧贴穗轴,两侧小穗彼此靠近;穗的横断面呈方形,籽粒大小不均匀;二棱大麦仅中间小穗结实,侧生小穗退化仅留针状护颖,穗形扁平,籽粒大而饱满。

(二)生物学特性

大麦喜冷凉气候,耐寒,但耐寒性不及小麦。裸大麦耐寒力强于有稃大麦,故可在青藏高寒地区栽培。大麦对温度要求不严,高纬度和高山地区都能种植。种子发芽最低温度为 3~4 ℃,适宜温度 20 ℃左右。幼苗能忍受 -3~-4 ℃甚至 -5~-9 ℃的低温,但开花期不耐寒,遇 -1 ℃低温就受害。冬大麦比春大麦耐寒性强,分蘖节能耐 -10~-12 ℃低温。成熟期则需要高于 18 ℃的温度。大麦生育期比小麦短,一般较小麦早熟 10~15 d,较燕麦早熟 3 周左右。

大麦耐旱,在年降水量 400~500 mm 的地方均能种植。苗期需水较少,分蘖以后需水逐渐增多,抽穗开花期需水量最多。分蘖至拔节供给充足的水分,利于小穗和小花的分化,提高籽粒产量。开花以后到成熟,需水逐渐减少。抽穗后遇温暖湿润的气候条件有利于淀粉的积累,而低温干燥利于蛋白质的形成。

大麦为长日照作物,12~14 h 的持续长日照可使低矮的植株开花结实,而低于 12 h 的持续短日照下,植株只进行营养生长而不能抽穗开花。大麦为喜光作物,充足的光照可使分蘖数增加,植株粗壮,叶片肥厚,产量高,品质好。

大麦对土壤要求不严,但以土层深厚、排水良好、中等黏性土壤为好。不耐酸但耐盐碱,适宜的 pH 为 6.0~8.0。土壤含盐 0.1%~0.2% 时,仍能正常生长。

（三）栽培技术

1. 轮作和复种　大麦生育期短，在轮作中可灵活安排。良好的前作为大豆、棉花、马铃薯和甘薯等；次为玉米、高粱和谷子。如土壤肥沃，也可连作。大麦消耗地力较轻，是玉米、大豆、马铃薯等作物的良好前作。多熟制地区，大麦之后可复种早稻、夏玉米、夏大豆和高粱等。

2. 选地和整地　选地势平坦、土质肥沃、排水良好的地块种植。冬大麦在前作收获后要及时清理残茬，精细整地。春大麦一般在冬前深耕，结合整地施足基肥，冬季注意接纳雨雪或进行冬灌，待春季顶凌播种。大麦对肥料要求迫切，增施氮肥对粒用和饲用大麦都有显著效应，一般结合耕作每公顷施优质厩肥 $3.75 \times 10^4 \sim 4.50 \times 10^4$ kg，硫酸铵 150 kg，过磷酸钙 $300 \sim 375$ kg。

3. 播种　选粒大饱满、纯净度高、发芽率高的种子播种。晒种和精选种子，可以提高大麦发芽的整齐度和发芽率。为预防大麦黑穗病和条锈病，可用 1‰石灰水浸种，或用 25％多菌灵按适宜浓度拌种。用 50％辛硫磷乳剂拌种可防治地下害虫。

青刈大麦在适期范围内播种越早，鲜草产量越高（表 8-9）。北方冬大麦的播种适期，冬性、弱冬性、春性品种适宜播种的日平均温度分别为 $16 \sim 18$ ℃、$14 \sim 16$ ℃、$12 \sim 14$ ℃。春大麦在日平均温度达 $0 \sim 3$ ℃，土表解冻时即可顶凌播种。大麦多采取窄行条播，以行距 15 cm 机械播种，每公顷播种 $150 \sim 225$ kg，播深 $3 \sim 4$ cm，播后镇压 1 次。

表 8-9　青刈大麦不同播种期的鲜草产量

（引自南京农学院，1980）

播种期（日/月）	收获期（日/月）	鲜草产量/ （kg/hm²）	可消化蛋白质产量/ （kg/hm²）
23/9	3/5	24 105.0	693.0
3/10	6/5	27 070.5	805.0
13/10	8/5	22 549.5	682.5
23/10	8/5	20 925.0	475.5
2/11	13/5	10 939.5	487.5
12/11	13/5	22 192.5	445.5

4. 田间管理　大麦为速生密植作物，应喷洒除草剂进行化学除草。防除阔叶杂草，可在分蘖期间每公顷喷洒 72％的 2，4-D 丁酯乳油 750 mL，兑水 $600 \sim 750$ kg 喷洒。防除野燕麦等禾本科杂草，在杂草 $1 \sim 2$ 叶期，每公顷用 15％燕麦灵乳剂 $3 \sim 3.5$ kg，兑水 $250 \sim 300$ kg 喷雾；或每公顷用 65％野燕枯可溶性粉剂 $1.5 \sim 2.0$ kg，兑水 600 kg，并加助剂 Agral 60（按药液量的 0.5％加入）在野燕麦 $3 \sim 5$ 叶期时喷洒。用除草剂时，要规范使用，以防止出现药害。

大麦要及时追肥和灌水。一般在分蘖期、拔节孕穗期进行，每公顷每次追氮肥 $100 \sim 150$ kg。青刈大麦增施氮肥，可提高产量和蛋白质含量，改善饲料品质。

大麦易感染黑穗病和受黏虫等为害，除药剂拌种防治病虫害外，还要经常检查，及时拔除病株。发生黏虫为害时，应及时喷洒敌杀死、辛硫磷等进行防治。

5. 收获　籽粒用大麦在全株变黄、籽粒干硬的蜡熟末期收获，每公顷产籽粒 2 250～

3 000 kg；青刈大麦于抽穗开花期刈割，也可提前至拔节后；青贮大麦乳熟初期收割最好。春播大麦每公顷产鲜草 22.5～30 t，夏播产鲜草 15～19.5 t。

（四）饲用价值

大麦籽粒粗纤维含量高，又有葡聚糖、木聚糖等抗营养因子，故不宜用大麦籽粒喂仔猪。但用脱壳、蒸汽处理的大麦片或粉可少量喂仔猪。大麦的淀粉含量和适口性均低于玉米，但其可消化蛋白质、钙、磷、维生素丰富，仍不失为良好的能量饲料。在以玉米为主的猪饲料中加入适量大麦，可使猪肉中脂肪硬度增加，提高瘦肉率。大麦化学成分如表 8-10 所示。

表 8-10　大麦化学成分（%）

（引自陈宝书，2001）

样品	水分	粗蛋白质	粗脂肪	无氮浸出物	粗纤维	粗灰分	钙	磷
籽实	10.91	12.66	1.84	65.21	6.95	2.83	0.05	0.41
干草	9.66	8.51	2.53	40.41	30.13	8.76		

大麦籽粒的限制性氨基酸含量较高，尤其是赖氨酸、缬氨酸，而且氨基酸种类和比例比较适宜，因而是配合饲料工业的重要原料。从大麦籽粒氨基酸的组成看（表 8-11），除亮氨酸和苏氨酸外，其余 8 种氨基酸均高于玉米。许多研究发现，在蛋鸡饲料中如果将适量大麦和玉米相配合，可提高产蛋量和饲料利用效率。大麦发芽饲料则是种畜和幼畜宝贵的维生素补充饲料。大麦秸秆也是优于小麦秸、玉米秸的粗饲料。

表 8-11　大麦与玉米必需氨基酸含量的比较（%）

项目	精氨酸	组氨酸	异亮氨酸	亮氨酸	蛋氨酸	苯丙氨酸	苏氨酸	色氨酸	缬氨酸	赖氨酸
大麦	0.6	0.3	0.6	0.9	0.2	0.7	0.4	0.2	0.7	0.6
玉米	0.5	0.2	0.5	1.1	0.1	0.5	0.4	0.1	0.4	0.2

开花前刈割的大麦茎叶繁茂，柔软多汁，适口性好，营养丰富，是畜禽优良的青绿多汁饲料，延迟收获则品质下降（表 8-12）。

表 8-12　青刈大麦（冬大麦）不同生育日数营养成分变化

（引自南京农学院，1980）

生育日数/d	干物质/%	占干物质/%				
		粗蛋白质	粗脂肪	粗纤维	无氮浸出物	粗灰分
170	19.0	27.4	5.3	16.8	42.6	7.9
180	19.4	23.2	5.2	19.0	45.4	7.2
190	20.4	19.6	4.9	24.0	45.6	5.9
200	22.2	17.1	3.6	32.4	42.3	4.6
210	25.1	14.7	2.8	35.1	43.0	4.4
220	28.9	12.8	2.1	33.9	46.3	4.8
230	33.6	11.0	2.1	37.8	44.3	4.8
240	42.2	8.8	1.9	46.0	37.9	5.4
250	49.3	7.6	1.8	50.5	34.5	5.7

适时早刈的大麦可切碎或打浆饲喂猪禽，一般切短后直接饲喂马、牛、羊，也可调制青贮料或干草。青贮大麦一般较籽实大麦提早 5～10 d 收获。国外盛行大麦全株青贮，其青贮饲料中带有 30%左右的大麦籽粒，茎叶柔嫩多汁，营养丰富，是牛、马、猪、羊、兔和鱼的优质粗饲料。

第六节 粟

学名：*Setaria italica*.（L.）Beauv. 英文名：Foxtail millet 或 Italian millet
别名：谷子、小米。

粟起源于我国，公元前 5 000 年在我国就有栽培。粟在世界上分布很广，主要产区在亚洲东南部、非洲中部和中亚等地，以及印度、中国、尼日利亚、尼泊尔、俄罗斯等。2010 年我国粟的种植面积为 $8.09×10^5$ hm^2，占全国粮食作物面积的 0.74%；总产量 $1.57×10^9$ kg，占全国粮食总产量的 0.29%；单产 1 946 kg/hm^2。主要分布于北方，其中山西、内蒙古、河北、辽宁、陕西、河南等省栽培面积较大。

（一）植物学特征

粟为禾本科狗尾草属一年生草本植物。须根系，由初生根和次生根组成。初生根入土较浅，一般为 20～30 cm，深时可达 40 cm。次生根入土较深，可达 100 cm 以上。茎秆坚硬直立，株高 1 m 左右。主茎叶片 15～25 片，叶片狭长，长 20～60 cm，宽 2～4 cm。圆锥花序通常下垂，穗轴有细毛；小穗长约 3 mm，生硬毛数根，长为小穗的 1～3 倍。小穗内有 2 花，1 花结实，1 花退化；退化花的外稃较大，内稃甚小或缺；结实花的内外稃均较大。种子呈浅黄色、橘黄色、红棕色或暗棕色。千粒重 1.7～4.5 g。

（二）生物学特性

粟适于温暖干燥的气候，种子发芽最低温度 7～8 ℃，最适温度 15～25 ℃。幼苗不耐寒，遇 1～2 ℃低温即受冻害。苗期生长缓慢，分蘖到拔节期生长最快。耐旱性颇强，幼苗时最耐旱，到分蘖期需水才逐渐增加，拔节和幼穗分化时需水最多，开花到灌浆期需水较少，适宜在年降水量 400～800 mm 的地区生长。短日照作物，对光的反应较敏感，缩短光照能加速发育，由低纬度向高纬度引种时，由于光照时数的增加，则生长茂盛，延迟成熟，青饲料增加，但种子产量减少或霜前不能结实。

（三）栽培技术

粟在我国及其他亚洲国家栽培甚早。对前作要求不严，大豆、玉米、小麦等皆为良好的前作。最忌连作，连作病虫害易发生，草荒严重，产量下降。

春粟在地表温度达 10～12 ℃时播种，夏粟在前作物收获后随即整地播种。条播、撒播均可，而以条播为宜，便于中耕。收籽者行距 40～70 cm，青刈者 15～30 cm。前者播种量 11～15 kg/hm^2，后者 30～45 kg/hm^2，播种深度 2～3 cm。

粟对氮肥和钾肥的需要量最多，对磷肥的需要相对较少。据测定，每生产 100 kg 籽粒，需要 N 2.5～3.0 kg、P_2O_5 1.2～1.4 kg、K_2O 2.0～3.8 kg，氮：磷：钾＝1：0.5：0.8。出苗至拔节期需氮较少，占全生育期需氮量的 4%～6%；拔节至抽穗需氮最多，占全生育期需氮量的 45%～50%；籽粒灌浆期需氮量减少，占全生育期需氮量的 30%左右。

粟青刈可在孕穗期收割，收种宜在种子蜡熟期及时进行，迟则种粒脱落。每公顷种子产量 1 500～3 000 kg。粟的秸秆亦可用作家畜饲料，其营养成分虽较青刈差，但在谷类秸秆中最优，其消化蛋白质较其他秸秆高（表 8-13）。

表 8-13　粟青刈及秸秆的营养成分（%）

| 草样 | 干物质 | 占干物质 | | | | | 钙 | 磷 | 可消化蛋白质 | 总消化养分 |
		粗蛋白质	粗脂肪	粗纤维	无氮浸出物	粗灰分				
鲜草	29.9	9.70	2.68	31.44	47.83	8.36	0.10	0.06	1.8	18.7
干草	87.6	9.36	3.08	28.88	51.03	7.65	0.29	0.16	4.9	50.0
秸秆	90.0	4.22	1.78	41.67	46.22	6.11	0.08	—	1.5	42.5

豆类饲料作物

第一节 大   豆

学名：*Glycine max*（L.）Merr.　英文名：Soybean 或 Soya bean

别名：黄豆、黑大豆、黑豆、毛豆、饲料大豆、料豆、秣食豆。

本节介绍的生产籽实的大豆（grain soybean）主要指黄大豆（以下简称大豆），生产饲草的大豆主要指秣食豆（forage soybean）。

大豆起源于中国，大豆早在公元前11世纪在我国东北驯化栽培，之后传入朝鲜、日本及亚洲其他地区，1737年前传入欧洲。美国大豆是1765年才由曾受雇于东印度公司的水手Samuel Bowen带入美国种植的。美国1831年试种大豆成功，1890年大规模引种驯化和选种，1920年开始大面积栽培。1875年大豆引入澳大利亚和匈牙利，1898年苏联开始从中国引进大豆品种。巴西1908年开始引种大豆，1919年大面积推广。20世纪，大豆扩展到非洲。目前，全世界已有90多个国家和地区大面积栽培大豆，其中最主要的生产国是美国、巴西、阿根廷和中国（表9-1）。

表 9-1　不同时期全球大豆产量（t）

（引自 FAOSTAT，2013）

	1970 年	1980 年	1990 年	2000 年	2010 年
全球	43 696 935	81 040 360	108 456 438	161 290 488	261 578 498
美国	30 675 200	48 921 900	52 416 000	75 053 800	90 609 800
巴西	1 508 540	15 155 800	19 897 800	32 735 000	68 518 700
阿根廷	26 800	3 500 000	10 700 000	20 135 800	52 677 400
中国	8 775 174	7 965 934	11 008 140	15 411 495	15 083 204
印度	14 000	442 000	2 601 500	5 275 800	9 810 000
巴拉圭	41 293	537 300	1 794 620	2 980 060	7 460 440
加拿大	282 628	690 000	1 262 000	2 703 000	4 345 300
乌拉圭	1 000	49 193	37 000	6 800	1 816 800

我国大豆分布极广，北起黑龙江，南至海南岛，东起山东半岛，西达新疆伊犁盆地，而主要分布在黑龙江、吉林、辽宁和内蒙古，约占全国产量的38%。历史上中国的大豆生产一直居世界首位，1953年美国超过我国，20世纪70年代巴西排名第二。目前仅居第四位。

大豆既可直接以全脂形式作为饲料应用于畜禽及水产动物养殖，也可将全脂大豆经膨化后，部分或全部消除抗营养因子，改善蛋白质和脂肪的消化发表情况，提高其利用价值。常见栽培的大豆，除小部分作为种用、食用和工业消费外，大部分作为榨油消费，压榨后的豆粕（饼），作为动物的饲料利用。

（一）植物学特征

大豆为豆科蝶形花亚科大豆属一年生草本植物（图9-1）。圆锥根系，由主根、侧根和根毛组成，主根和侧根均较发达，入土深1 m左右，但以土表5～20 cm最密集。主侧根上结有很多根瘤，生长良好的根瘤每公顷可固氮45～60 kg，许多研究证明，根瘤菌所固定的氮可供大豆一生需氮量的1/2～3/4，甚至更多。

大豆株高1.5～2 m，直立或上部缠绕，秆圆形或略扁，多分枝，幼茎的颜色有紫、绿两种，绿茎开白花，紫茎开紫花。普通大豆以生产籽实为主，其茎秆粗壮，分枝较少。秣食豆则分枝较多，茎占的比重较大。

大豆第一、第二两片真叶为单叶，对生。第三真叶开始为羽状复叶，由托叶、叶柄和小叶组成。小叶3片，狭长披针形、卵圆形或心脏形等，茎叶均被有灰色或棕色茸毛。少数品种无茸毛，该品种较少受食心虫为害。普通大豆叶片较小，秣食豆则叶片较大。

图9-1 秣食豆
1. 植株中部果序之一段 2. 花枝一段
3. 根及根瘤 4. 花及其雌蕊
（引自南京农学院，1980）

大豆为总状花序，簇生在叶腋或植株顶端，小花少则7～8朵，多则30朵以上。颜色通常有紫、白两种。大豆开花结荚习性主要分有限和无限两种，青刈大豆多为无限开花结荚习性，花多为紫色。

成熟大豆荚果呈黄褐色或黑褐色，密被绒毛，长3～7 cm，宽0.5～1.5 cm。内有种子1～4粒，种子球形、椭圆形、扁圆形或肾形，种皮颜色有黄、黑、青、茶、花斑等。千粒重100～130 g。

（二）生物学特性

大豆为喜温作物，一生需要≥10 ℃积温1 800～3 800 ℃。发芽最低温度6～7 ℃，最适温度20～22 ℃。生育期100～160 d，生育期适温18～22 ℃。苗期抗寒性强，能忍受−1～−3 ℃低温；开花期抗寒力最弱，−3 ℃即冻死。

大豆需水较多，发芽时需要吸收相当于本身重量1～1.5倍的水分，要求土壤田间持水量75%～80%；苗期较耐旱；开花至结荚期需水较多，土壤水分达田间持水量85%时最为有利，此时如缺水，种子减产30%。大豆为短日照作物。缩短光照可以提早开花结实，反之，则加强营养生长，延迟开花结实。南方的大豆北移时，表现贪青晚熟，北方大豆品种南下，则由于纬度降低，日照缩短，开花结实提早，产量降低。耐阴，适宜与高秆作物间作、套作或混作。

大豆对土壤的要求并不严格，凡排水良好，有机质多，保水保肥性能强的土壤都适于种植。最适土壤 pH 为 6.8～7.5。耐盐碱，但酸性或过于黏性土壤不适于其生长。大豆为自花授粉作物（autogamous crop），自然杂交率（cross-pollination）低，一般不超过 3%。开花期长短因品种而有所不同，一般为 20～30 d，也有花期长达两个月的。

（三）栽培技术

1. 轮作 大豆的主根和侧根上均有大量的根瘤菌共生，根瘤菌可固定空气中的游离态氮供大豆生长发育利用，具有培肥土壤的作用，因此是许多作物的良好前作。大豆之后宜种植玉米、甜菜、马铃薯等高产的饲料作物。大豆的优良前作为麦类、玉米、高粱、薯类、叶菜类等。大豆最忌连作，连作会由于过量吸收而使土壤中磷、钾不足，也会引起病虫害大量发生。

2. 整地 大豆根系深，幼苗顶土力弱，要求土壤疏松平整。春播大豆应在前作物收获后立即处理残茬行秋耕，以免第二年春耕跑墒而造成春旱，一般耕深 20～25 cm。一年生作物耕作等过程中，由于作业机械的碾压，容易引起地表土壤坚实，通透性变劣，所以在大面积大豆生产中，逐步发展了免耕法（no-tillage systems）。与传统耕作（conventional tillage）相比，长期免耕可以显著提高大豆的产量在保证土壤有一定氮肥量的基础上增施磷、钾肥，以每公顷 30～50 t 腐熟有机肥、300～375 kg 过磷酸钙为宜。

3. 播种 应选新鲜、粒大饱满、整齐一致的纯净种子播种。为提高大豆产量，可用根瘤菌拌种，并施种肥，方法是钼酸铵 20～30 g 配成 1%～2% 的溶液后喷洒于 50 kg 种子上，搅匀，待溶液全部被种子吸收后阴干再行播种。不同品种大豆，其生产性能差异较大，而且大豆的营养成分与抗营养因子的含量也有差异。另外，对大豆品种的选择，除了生态适应性、化学成分含量以外，还有其他的选择途径。

大豆可行春、夏、秋播。春大豆在 5 cm 土层处地温上升至 10～12 ℃时播种；夏播大豆于前作物收获后力争早播；南方秋播则在 7 月底或 8 月初。不同播种时期，大豆产量差异较大，对大多数品种而言，应尽量早播（表 9 - 2）。

表 9 - 2 不同播种期大豆产量（g/行）

（引自罗瑞萍等，2011）

品种	播种时间（日/月）								
	24/4	4/5	14/5	24/5	4/6	14/6	24/6	4/7	14/7
晋豆 19	352.8	396.1	376.8	320.6	196.8	214.7	210.5	—	—
黑农 53	349.6	305.1	327.0	295.6	293.0	253.1	180.1	169.0	121.7
4603	249.7	239.2	234.6	243.6	164.0	160.9	95.5	—	—
承豆 6	413.3	431.5	258.7	366.3	238.4	290.9	131.2	—	—
吉育 93	310.3	382.6	463.9	308.4	275.4	226.2	184.3	175.7	160.1
汾豆 65	516.0	417.4	440.2	406.3	238.4	242.4	232.5	178.7	—
垦丰 7	546.7	322.0	306.5	322.7	191.5	132.2	101.1	100.8	112.1
铁丰 31	632.7	400.4	477.8	398.3	325.5	291.1	319.3	—	—
黑农 56	446.1	363.4	350.7	280.9	320.5	265.8	210.0	113.3	113.8
绥农 26	437.6	418.6	428.9	419.4	234.2	190.1	187.1	160.2	144.1

（续）

品种	播种时间（日/月）								
	24/4	4/5	14/5	24/5	4/6	14/6	24/6	4/7	14/7
汾豆 56	223.1	191.3	228.0	185.5	156.9	105.0	147.1	—	—
绥农 28	493.0	389.0	351.4	220.7	372.7	219.2	166.4	143.9	144.8
铁豆 45	651.9	422.5	497.6	506.5	348.8	254.3	232.7	—	—
黑农 46	471.5	436.1	469.5	467.2	323.3	313.3	213.1	194.0	182.0
冀豆 12	202.7	197.1	172.9	169.7	156.2	146.2	—	—	—
长农 17	266.7	233.3	333.3	260.6	245.9	207.8	146.8	188.4	166.6
吉育 82	477.7	491.8	412.5	324.5	255.2	287.2	268.8	245.7	232.4
东农 48	327.4	315.0	320.2	317.7	222.2	136.8	187.5	127.1	139.3

大豆播种方式有单播、间种、复种等。用作采收籽实、早期刈割或青贮用的大豆适于单播，行距 50～70 cm，播深 3～4 cm，每公顷播种量 52.5～67.5 kg；混播或者间作宜与玉米、燕麦、大麦搭配，这样不仅能提高青饲料产量，还可改进其品质，每公顷播种量大豆 67.5 kg、大麦或燕麦 120 kg 左右，行距 30～50 cm，播后镇压。

4. 田间管理 大豆为中耕作物，齐苗后需及时中耕除草。一般每隔 10～15 d 或雨后进行，到盛花前结束，共 2～3 次。此外，后期中耕时，要注意大豆根部培土。

大豆需水较多，尤其在分枝后期至开花结荚期，此期如能合理安排追肥、灌溉，保持土壤含水量为田间持水量的 65%～70%，则产量显著增加，故有"旱谷涝豆"之说。上午 9～10 点钟，如果大豆叶片翻乱，则表明已严重缺水，需及时灌溉。

追肥时要注意氮、磷、钾的配合施用，一般每公顷追施硝酸铵 150～225 kg，过磷酸钙 750～900 kg。有报道认为大豆盛花期到结荚期根外追肥，可获得较好效果。一般 50 kg 水加钼酸铵 20～25 g，每公顷喷洒 380～450 kg。如果在喷洒时加入磷酸铵 30 g、尿素 1.25 kg 则效果更好。虽然大豆为自花授粉植物，但是通过人为放养蜜蜂或者其他昆虫，可能增加大豆的产量，而且蜜蜂在大豆传授中发挥了 95.5% 的作用。

5. 收获 收获时间因栽培目的不同而异。收籽实用的应在叶子变黄而大多脱落，茎秆枯黄，种子与荚壁分离，已达半干硬状态并呈现固有色泽，摇动植株有响声时收获，每公顷可产籽粒 1 500～2 500 kg。不同收获期对大豆种子的影响见表 9-3。

表 9-3 不同收获期对春大豆籽粒产量和质量的影响

（引自唐志华，2009）

收获时期	百粒重/g	单株产量/g	蛋白质/%DM	脂肪/%DM
成熟期	20.30	26.93	43.55	21.21
完熟期	20.13	25.47	43.17	20.48
黄熟期	19.67	25.33	43.05	20.20
鼓粒后期	18.67	25.00	42.55	19.81

青刈的大豆从株高 50～60 cm 到开花结荚时分期利用；调制干草或青贮用的则在开花至鼓粒期（R6，Full Pod）刈割。春大豆在 8 月上中旬收割，夏大豆在 9 月到 10 月中旬收割，一般每公顷可产青饲料 20～30 t。复种大豆则一定要在霜前割完，以防霜冻。

（四）饲用价值

1. 大豆籽实　大豆营养丰富，除含优质的蛋白质和氨基酸外，还含有脂肪、无机盐、亚油酸、维生素 E 和卵磷脂等多种有效生理活性成分。大豆籽实中蛋白质含量平均约为 40%，因品种特点和栽培条件不同而介于 27%～50% 之间，最高可达 56% 左右。一般大豆品种中，脂肪含量为 18%～22%，高的可达 28.6%，而且脂肪酸组分含量差异较大（表 9-4）。大豆中碳水化合物占籽粒总重的 22%～35%，其组成比较复杂，可分为单糖、低聚糖、淀粉和糊精、戊聚糖及纤维素类。其中单糖占籽粒总重的 0.07%～2.20%，蔗糖、棉籽糖和水苏糖分别占籽粒总重的 3.31%～13.5%、1.13% 和 3.52%，淀粉和糊精总量占籽粒的 3.1%～8.97%，戊聚糖占 3.60%～5.45%，半乳糖占 4.00%，纤维素占 3.00%～7.00%，半纤维素占 3.00%～6.50%。

表 9-4　北方地区大豆种质脂肪酸组分含量差异（%）

（引自于福宽，2011）

脂肪酸组分	最小值	代表品种	最大值	代表品种
棕榈酸	9.64	青豆	12.53	黄脐
硬脂酸	3.08	白城秣食豆	4.95	小白脐
油酸	19.58	白城秣食豆	34.17	牡丰 1 号
亚油酸	47.17	牡丰 1 号	59.09	大粒黑豆
亚麻酸	5.84	方正秣食豆	10.98	白城秣食豆

大豆籽粒富含矿质元素，其含量一般为 4.5%～6.8%，主要为钾、钠、钙、镁、磷、硫、氯和铁等，以磷含量为最高，其次是铁、镁、钙。大豆中的维生素含量较少，种类不全，以水溶性维生素为主，脂溶性维生素较少，主要有胡萝卜素、维生素 B_1、维生素 B_2、维生素 B_6、烟酸、泛酸、维生素 C、肌醇等。大豆种子中的异黄酮含量达 0.05%～0.7%。

在饲料中较多利用的为大豆经压榨加工后的豆粕（饼）。另外，全脂膨化大豆因其保留了大豆本身的营养物质，蛋白质变性（denaturing），淀粉糊化（gelatinzing），脂肪外露富含油脂，氨基酸平衡，且高温杀死了病菌，从而具有极高的营养价值。

2. 饲草　秣食豆植株高大，茎细叶多，与普通大豆比较，不仅产量高，而且品质好（表 9-5）。相同条件下，秣食豆籽粒产量虽低于大豆，但青草产量往往比普通大豆高 30.7%，粗蛋白质含量提高 10.6%，粗纤维减少 15.7%。秣食豆鲜草是各种家畜的优良青绿多汁饲料。青饲利用可分期分批播种，供夏季其他牧草生长不良时利用，但茎秆较粗老，浪费较大。秣食豆也可利用低产薄地、退化草地及其他荒弃地种植，供放牧利用。

表 9-5　秣食豆的养分情况

（引自 Esvet 等，2013）

播种行距/cm	粗蛋白质/%	粗蛋白质产量/ (kg/hm²)	酸性洗涤 纤维/%	中性洗涤 纤维/%	总可消化 养分/%	相对饲喂 价值/%
25	16.5	225.6	29.7	36.7	62.9	167.6
50	16.6	184.5	29.6	36.6	63.1	168.3
75	16.5	156.2	29.6	36.5	63.1	168.5

（续）

	粗蛋白质/%	粗蛋白质产量/(kg/hm²)	酸性洗涤纤维/%	中性洗涤纤维/%	总可消化养分/%	相对饲喂价值/%
品种						
A-3127	16.3	167.1	29.9	36.9	62.6	166.2
Yemsoy	16.6	187.4	29.7	36.7	62.9	167.4
Derry	16.8	211.7	29.2	36.2	63.6	170.9
收获时期						
始花期	18.6	130.3	27.0	34.2	66.5	185.6
始荚期	16.7	161.6	30.5	37.4	62.0	162.2
始粒期	15.2	207.1	32.7	39.6	59.9	148.9
成熟初期	15.7	255.9	28.4	35.3	64.7	175.9

秣食豆干草的营养价值与苜蓿或红三叶干草相同，但因茎秆粗硬，浪费损失 10%～20%，实际饲用价值仅为苜蓿干草的 80%～90%，切碎饲喂可减少浪费。秣食豆干草喂乳牛较苜蓿干草喂乳牛产乳和乳脂多，晚刈秣食豆干草饲用价值高于早刈秣食豆干草（表 9-6）。另外，秣食豆还可以调制为优质的青贮饲料，在始荚期刈割，并且最好将秣食豆晾晒到水分含量为 75%左右，供反刍动物或者单胃动物利用。

表 9-6 刈割期对秣食豆产量和质量的影响

（引自 Blount 等，2009）

生长天数/d	生育状态	干物质		粗蛋白质		粗脂肪 %DM	中性洗涤纤维 %DM	体外有机物消化率	
		%DM	kg/hm²	%DM	kg/hm²			%DM	kg/hm²
75	50%开花	24	4 103.68	17.8	717.92	2.1	54.5	59.0	2 421.44
82	75%开花	27	4 480.00	17.0	756.00	2.2	53.9	58.2	2 607.36
89	95%开花	27	5 041.12	16.7	838.88	2.4	56.7	59.8	3 015.04
96	结荚期	26	5 841.92	18.4	1 075.20	2.9	50.8	60.3	3 522.40
103	结荚期	26	5 668.32	19.4	1 099.84	3.7	50.2	61.4	3 479.84
110	结荚期	26	6 182.40	20.8	1 284.64	5.4	48.9	60.2	3 721.76
117	结荚期	27	7 957.60	20.9	1 660.96	6.2	46.6	60.8	4 838.40
124	30%叶片脱落	29	6 864.48	21.3	1 463.84	7.4	43.0	61.0	4 186.56
131	85%叶片脱落	35	6 483.68	22.3	1 448.16	8.5	43.9	60.3	3 908.80
138	100%叶片脱落	56	4 879.84	24.6	1 200.64	9.2	41.9	60.0	2 927.68

3. 大豆秸秆 大豆秸秆是草食畜禽的重要粗饲料，含粗蛋白质比禾谷类秸秆高。粉碎的草粉也可作为草食家畜配合饲料的重要原料。豆秸的粗蛋白质、粗脂肪、粗纤维、中性洗涤纤维、酸性洗涤纤维和粗灰分分别为 17.18%、1.11%、28.25%、47.37%、34.41% 和 6.53%。

第二节　豌　豆

学名：*Pisum sativum* L.（白花豌豆）；*Pisum arvense* L.（紫花豌豆）

英文名：Pea、Garden pea 或 Field pea

别名：麦豌豆、寒豆、麦豆。

豌豆起源于小亚细亚、地中海东部地区，有 7 000 多年的栽培历史，世界约有 60 个国家栽培，栽培面积较大的国家为前苏联、中国、印度、美国、加拿大、哥伦比亚、秘鲁及欧洲的多数国家。我国南北各地均有种植，其中以四川、河南、湖北、江苏、云南、甘肃、陕西、山西、青海、西藏、新疆等省（区）较为普遍。

豌豆籽实是欧美各国主要豆类食品之一，也已大量用作饲料。由于豌豆适应性广，耐寒性强，能利用冬闲地或与多种冬作物实行间作，在早春青刈提供大量优质青饲料，是青饲料轮作制中一种很有价值的饲料作物，也是很好的养地作物，种过豌豆的土地，一般每公顷增加 75 kg 左右的氮素，有的甚至高达 148 kg 以上。

（一）植物学特征

豌豆为豆科豌豆属一年生或越年生草本植物，直根系发达，入土深约 150 cm，根瘤多着生在侧根上。茎圆形中空，细长，100～200 cm，大多蔓生，少数品种直立，高约 60 cm。叶互生，偶数羽状复叶，小叶 1～3 对，卵圆或椭圆形，顶端三小叶退化而成卷须。茎叶均光滑无毛，多被白色蜡粉，托叶大，包围茎。总状花序腋生，每梗着生 1～3 朵花，少数 4～6 朵。花冠紫色或白色，自花授粉。软荚种荚果扁平，柔软，成熟后不裂荚，可做蔬菜用；硬荚种圆筒形，成熟后易裂荚落粒。荚内有 4～8 粒球形种子，平滑，种皮有乳白、浅绿、绿、黄褐等色，种子大小与品种有关，千粒重 120～250 g。

（二）生物学特性

豌豆喜冷凉湿润气候，抗寒能力强，尤其苗期，可忍耐 −4～−8 ℃，甚至 −12 ℃ 的低温。种子发芽最低温度 1～2 ℃，营养生长最适温度 14～16 ℃。生育期有效积温 1 150～1 800 ℃，生殖生长最适温度 18～20 ℃，结荚期最适温度 18～22 ℃。豌豆不耐高温，结荚期如果温度升至 26 ℃，即使短时间，也能造成早熟减产。因此，在春末夏初温度较高地区应提早播种，使结荚期避开高温的夏季。豌豆需水较多，耐旱不耐涝，尤其幼苗期，不宜水分过多；开花结荚期需水最多，但如积水，常引起近地表的茎叶倒伏腐烂，甚至发生烂根现象，造成严重减产。

豌豆最适于富含石灰质、排水良好的黏性壤土。较耐酸，但过酸则影响根瘤生长，宜施用石灰中和；pH 5.5～6.7 的土壤上生长最为适宜，盐碱地上生长不良。

豌豆是长日照植物。延长日照时间可以提早开花；反之则分枝增加，节间短，开花延迟。我国南方培育的品种北引，易提前开花结实。豌豆的生育期为 70～140 d。

（三）栽培技术

1. 轮作　豌豆耗地力小，又能固氮，是各种作物的优良前作，而以中耕作物为好。但忌连作，因豌豆根部常分泌多量有机酸，连作会使土壤变酸，产量锐减，品质下降；也可能是其种子和幼苗易感染土壤中积累的果酸分解菌和线虫所致。所以豌豆的轮作年限应为 4～5 年。

茎秆柔软，易倒伏，生产实践中常将其与麦类作物间作、混作和套作，以提高产量和品质。混作时豌豆固氮培肥地力，利于麦类生长；同时麦类可作为其支架，供其攀缘生长，改善通风透光条件。间作、套作则有利于充分利用地力，调节作物对光、温、水、肥的需要，提高单位面积产量和产值，比混作更为有效。

2. 播种 播前晒种 2~3 d 或进行温热处理以提高发芽率，也可盐水选种，用 10 L 水加 2.5~3 kg 盐，清除虫蛀和不饱满籽实，再用根瘤菌剂拌种。播前施肥，应以有机肥为主，但要注重磷、钾肥料，一般每公顷施有机肥 15 t 左右、过磷酸钙 300 kg、氯化钾 225 kg。

北方实行春播，宜 3~4 月进行；南方秋播，播期为 10~11 月。条播、撒播或点播均可。北方宜条播，行距 25~40 cm，播深 4~7 cm，播量 150 kg/hm²；南方实行点播，行距 30 cm 左右，穴距 20~30 cm，每穴 2~4 粒种子，播量 75 kg/hm²。国外资料报道，行距 20~30 cm，株距 10 cm 左右，对于干豌豆生产最为适宜。另外，青饲豌豆宜与麦类混播，二者比例以 2:1 为佳，每公顷播量豌豆 110~150 kg、燕麦 60 kg。

3. 田间管理 豌豆苗期生长缓慢，易受杂草危害，需及时中耕除草。据测定，每生产 1 000 kg 豌豆籽粒，需吸收氮 3.1 kg、磷 0.9 kg、钾 2.9 kg。为获高产，苗期可施少量速效氮肥，以每公顷 45 kg 为宜；开花结荚期喷磷，并根外施硼、锰、钼、锌、镁等微量元素。

4. 收获 开花结荚期，豌豆蛋白质积累达到最高，青刈的应在此期收割；收籽粒的则在荚果 80% 成熟时于早晨收获，迟则易裂荚落粒；豆、麦混种的宜在豌豆开花结荚期、麦类开花期时收割。一般每公顷产鲜草 15~30 t，种子 1 500~2 250 kg。

豌豆脱粒后应及时干燥，水分降至 13% 以下才可安全贮藏，贮藏期间，应注意防止昆虫、鼠类的侵害。

（四）饲用价值

豌豆是重要的饲粮兼用作物。籽粒含蛋白质 22%~24%，是牛、马的优质精饲料及肥育猪的蛋白质补充饲料。

豌豆青草鲜嫩清香，养分含量高（表 9-7），含有丰富的糖分和多种维生素，适口性好，为各种家畜所喜食，适于青饲、青贮、晒制干草和制干草粉。干草饲用价值近于苜蓿。乳熟期的豌豆放牧肥育猪，在不喂精饲料的情况下，平均日增重约 400 g。

其秸秆含粗蛋白质 6%~11%，蛋白质含量和消化率均高于其他作物的秸秆，喂马、牛、羊都适宜。

表 9-7 豌豆与红花单作或者混播产量与品质

（引自 Burhan 等，2008）

处理	干物质产量/(t/hm²)	粗蛋白质	粗纤维	钙	镁	磷	钾	酸性洗涤纤维	中性洗涤纤维
75%豌豆+25%红花	11.23	16.41	22.91	1.26	0.51	0.32	1.82	30.76	39.09
50%豌豆+50%红花	10.77	15.93	23.10	1.40	0.61	0.33	1.88	32.11	40.32
25%豌豆+75%红花	9.87	12.17	25.67	1.54	0.63	0.32	1.94	33.42	42.44
100%豌豆	12.50	19.77	22.34	1.66	0.45	0.31	1.78	29.45	37.98
100%红花	8.78	7.30	27.56	1.72	0.67	0.34	2.07	35.76	44.56

第三节　其他豆类饲料作物

在不同的气候条件与栽培习惯影响下，其他一些豆类饲料作物，如蚕豆、饲用扁豆及小豆等也有一定面积的栽培。

一、蚕　豆

学名：*Vicia faba* L.

英文名：Broad bean 或 fava bean

蚕豆原产于地中海、亚洲西南地区，现栽培于世界各地 50 多个国家，亚洲中部、地中海和南美属于多样性中心。我国 5 000 多年前就将其作为食物利用。蚕豆是豆科蚕豆属一年生（春播）或越年生（秋播）草本植物（图 9-2）。根系入土深度可达 1 m 以上。蚕豆分枝习性强，茎草质，多汁，外表光滑，无毛，四棱形，中空，维管束大部分集中在四棱角上，使茎秆坚强直立，不易倒伏。叶互生，偶数羽状复叶，小叶 2～6 枚，无卷须。小叶成椭圆形或倒卵形，全缘无毛，肥厚多肉质，叶面绿色，背面略带白色。短总状花序，花白色带有黑斑。荚果扁平筒形，成熟时为黑色。种子百粒重 30～120 g。

蚕豆性喜温暖湿润气候，不耐暑热，在生育期间以平均温度 18～27 ℃为最好。对水分的要求较高，是最不耐旱的豆类作物之一，一生都要湿润的条件。喜光长日照作物，对光照反应比较敏感。整个生育期都需充足的阳光，尤其是花荚期。对土壤条件的选择不太严格，但为获得高产，要求土层深厚、肥沃和排水良好的土壤，以黏土、粉沙土或重壤土为最好，适宜的土壤 pH 为 6.5～8.0。

图 9-2　蚕　豆
（引自 Otto Wilhelm Thomé，1885）

蚕豆的固氮能力非常强，不宜重茬连作。春播地区一般与大秋作物实行 2～3 年的轮作栽培。整地要耕层深厚，土表平整。播前晒种 2～3 d，利于出苗，且出苗整齐健壮。春播地区一般是顶凌播种。每公顷播量 300～375 kg，采用点播或条播，行距 50 cm，播深 5～6 cm。

二、饲用扁豆

学名：*Lablab purpureus*（Linn.）Sweet.　　英文名：Lablab bean 或 Hyacinth bean

别名：峨眉豆、眉豆、鹊豆等。

饲用扁豆起源于印度及东南亚地区，在我国至少有 1 000 多年的栽培历史。可作为蔬菜、饲料、绿肥和覆盖作物而利用，饲用扁豆即栽培作为饲料利用的扁豆。

饲用扁豆是豆科菜豆属一年生或越年生草本植物。根系发达，主根入土较深。茎蔓生，长 200～300 cm，有缠绕习性。三出复叶，小叶心脏形。总状花序，腋生花紫色或白色，无限结荚习性。荚长 5～15 cm，有绿、紫和绿荚紫边等色。籽粒扁椭圆形或扁卵圆形，有白、黑、褐等色，百粒重 26～50 g。

饲用扁豆喜温暖气候，生长期适宜温度为 20～25 ℃，开花结荚适宜温度为 25～28 ℃。根系发达，抗旱力强，但是土壤湿润，有利于高产。在年降水量 400～900 mm 的地区均可种植。短日照作物，耐阴性强。扁豆适应性广，对土壤质地要求不严，各种类型的土壤均可栽培，但以排水良好、有机质含量高的沙质壤土为最好。

饲用扁豆一般单作，也可与玉米间作。前茬收后进行深耕，翌年春季浅耕耙糖。一般在谷雨前后，地温稳定在 10 ℃以上，条播行距 60～100 cm，株距 30～45 cm，播深 3～6 cm，每公顷播量 45～67.5 kg。

三、小豆类

学名：*Vigna angularis*　英文名：Adzuki bean

它是豆科豇豆属一年生草本植物。豇豆属内的几个栽培种，包括小豆、豇豆（*Vigna unguiculata*）、饭豆（*Vigna umbellata*）、绿豆（*Vigna radiate*）和黑吉豆（*Vigna munfo*）在我国均有栽培，统称为小豆类。

小豆起源于我国，按籽粒颜色可分为红小豆、绿小豆、白小豆、褐小豆等。主根不发达。茎为圆筒形，绿色，少数品种为紫色，有直立、半蔓和蔓生三种类型。株高 30～150 cm。互生长柄，三出复叶（图 9-3）。总状花序，每花序顶端着生 210 朵小花，花黄色。成熟荚黄白、褐、黑等色，荚长 5～12 cm。籽粒有短圆柱、长圆柱和近球形三种，红、白、绿、黄、黑、褐、灰花纹等色，表面有光泽，百粒重 5～19 g。

小豆性喜温热．对气候适应范围广，从温带到热带都能栽培。需水较多，比较耐湿，成熟期间要求干燥的气候条件。短日照作物，对光周期反应较敏感。对土壤要求不严，各种类型的土壤都能种植。小豆具有较强的耐酸能力，在微酸性土壤上也能良好生长，但以中性土壤最为适宜。

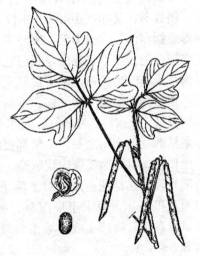

图 9-3　小　豆
（引自 Faridah 等，1997）

小豆不宜连作，应实行 3～4 年以上的轮作，种植方式主要有单作和间、套、混作。小豆主根不发达，侧根发根能力强，因此，土壤要深耕细耙，创造一个深厚疏松的活土层。播期为 4 月下旬到 6 月下旬，春播地区地温稳定在 14 ℃以上即可进行播种。播前应浇底墒水，确保小豆苗全苗壮。每公顷播量 30～45 kg，播深 3～5 cm，采用条播或点播。

块根、块茎及瓜类饲料作物

块根、块茎及瓜类饲料作物的共同特点是叶大、容易互相遮蔽，需要通过整枝、引蔓、水肥控制等措施调控茎叶数量和排列方式，控制徒长。此外，以碳水化合物大量积累的器官为收获物，需要充足的钾肥，以利于糖类的运输。

第一节 甘 薯

学名：*Ipomoea batatas*（Linn.）Lam. 英文名：Sweet potato

别名：番薯、红薯、山芋、红芋、白薯、地瓜、红苕。

甘薯起源于中美洲，现在世界各地广泛栽培。16 世纪初由欧洲人将其引到非洲、印度，1594 年引入我国，1597 年引到日本。甘薯在世界粮食作物中排第七位，世界每年生产 $1.15×10^8$ t，亚太地区的产量约占世界产量的 92％（其中中国占 89％）。目前除青藏高原和新疆、内蒙古尚未或很少栽培外，全国大部分地区都有分布。其中以黄淮平原、长江中下游和东南沿海栽培较为集中。主要生产省份有山东、四川、河南、广东、河北、安徽等。

甘薯适应性强，易栽培，产量高，营养丰富，不仅是粮食作物，其块根和茎叶还是青绿多汁饲料。薯块可用来制造淀粉、酒精、饴糖、糖浆和酒醋等。最新研究表明，甘薯也是一种药用植物，具有抗癌、抗糖尿病及抗炎症的作用。

（一）植物学特征

甘薯属旋花科甘薯属一年生或多年生蔓生草本植物。温带多一年生，不能开花结实，利用块根或蔓茎进行无性繁殖；热带的为多年生，能开花结实，可种子繁殖。甘薯的根分为纤维根、块根和牛蒡根。纤维根呈须状，细而长，又称细根，是吸收水分和养分的重要器官。块根即薯块，是贮藏淀粉的器官，同时因具有强烈的根出芽特性，又是重要的繁殖器官。通常分布在 5～25 cm 的土层中，有纺锤形、梨形和椭圆形等；薯肉有白、黄、杏黄、橘红等色，红色的含胡萝卜素多，白色的含胡萝卜素少；单株块根数一般为 2～6 个；块根表面常有 5～6 个纵列的沟纹，上面着生"根眼"，不定根从"根眼"处长出。牛蒡根又称粗根，这种根是由于块根在膨大过程中遇低温多雨，氮肥多而磷、钾少等不良条件，中途停止发育所致。其利用价值低，生产上应防止其发生。

某薯茎细长，匍匐生长，长 1～4 m，粗 0.4～0.8 cm，内含白色乳汁。茎有节，每节 1 叶，叶有叶柄和叶片，无托叶。叶柄基部有腋芽，能发生分枝和不定根，故能利用薯蔓栽插繁殖。叶片心形、掌形、肾形或三角形。花单生或数十朵集成聚伞花序，紫色、淡红或白色，花冠喇叭状，雌雄同花。蒴果，圆形或扁圆形，内有种子 1～4 粒，褐色或黑色，种皮坚硬角质，千粒重 20 g 左右。

甘薯为异花授粉植物，自交结实率很低。

（二）生物学特性

1. 生长发育对环境条件的要求 甘薯为喜温作物，在无霜期 130～150 d 以上地区才能种植。15～30 ℃范围内温度越高，块根生长越快，24 ℃左右的温度有利于薯块形成。茎叶生长适宜温度 18～35 ℃，在此范围内温度越高茎叶生长越快，温度低于 15 ℃，茎叶生长停止；10 ℃以下持续时间长或遇霜冻时，地上部即枯死。块根膨大适温 20～25 ℃，在此范围内，昼夜温差大有利于块根积累养分和膨大。其原因为白天温度较高，茎叶光合作用较强，制造养分较多；夜间温度较低，呼吸强度降低，养分消耗减少，向块根输送的养分多。贮藏薯块适温 10～15 ℃，10 ℃以下即受冻害。

甘薯旺盛生长期需水较多。生育期土壤要求保持田间持水量的 60%～70%，以利于茎叶生长和块根形成及膨大。甘薯具较强的耐旱能力，除根系发达以外，还与干旱时生长缓慢或暂停生长的特性有关。植株可发展成适应旱生的形态结构，维管束变密，叶片变厚，叶面气孔变小，蒸腾量下降。一旦旱情解除，只要条件适宜，地上部又能恢复生长，块根也能继续膨大。甘薯不耐涝，尤其块根生长后期，如水分过多，则薯块品质和耐贮能力大为降低。

甘薯为喜光的短日照作物，在光饱和点 30 000～40 000 lx 以内，光照越强，光合强度越大。光照强和日照充足，不仅甘薯苗壮生长，藤蔓和块根的产量都高，而且昼夜温差加大，薯块品质得到改善。反之，则受影响。日照长短对甘薯生长发育也有影响。每日受光 8～9 h，对现蕾、开花有利，而对块根膨大不利。

甘薯为块根作物，不适应黏性和板结土壤，要求土质疏松，透气性好，以利于养分迅速从地上部往根部运输、贮藏。从而叶的光合强度提高，同时还可防止茎叶疯长，虚耗能量。甘薯在排水良好，土层深厚、肥沃，结构疏松的沙质壤土上生长最好。适宜 pH 5～6 的土壤，但 pH 4.2～8.3 也可生长。甘薯还具有一定的耐盐力，在含盐量不超过 0.2%的土壤上种植，仍能获得较高产量。

2. 生长发育 甘薯的生长期，从栽插到收获春薯为 170～180 d，夏薯为 110～130 d。一般分为 3 个时期。

（1）生长前期（从栽秧到封垄前）：春薯 60～70 d，夏薯 40 d。春薯栽植后，3～4 d 开始扎根，7～8 d 叶片发青，当心叶开始生长时为返青期，30 d 左右开始生长分枝，这时已形成块根，40～50 d 块根开始膨大。夏薯栽植后 1～2 d 开始扎根，5～6 d 返青，20 d 左右开始生长分枝，30 d 左右块根开始膨大。

（2）生长中期（从茎叶封垄到茎叶生长衰退前）：这个时期块根膨大较慢，茎叶生长较快，是以生长茎叶为主的时期（在栽植后 70～120 d）。夏薯一般在 8 月上旬至 9 月上旬（在栽植后 40～70 d）。当茎叶基本盖满地面时称为封垄期。该期末茎生长达最大值。

（3）生长后期（从茎叶开始衰退到收获时期）：春薯一般在 8 月下旬以后，夏薯在 9 月上旬以后。这个时期气温逐渐降低，天气干旱，叶色转淡，茎叶重量逐渐减少，同化产物多向块根转移，块根膨大快，到 10 月上旬后，由于气温下降，块根膨大转慢。

（三）栽培技术

1. 品种选择 甘薯品种很多，饲用甘薯应具备块根高产、抗病性强、生长快等特点，目前我国推广的北京 533、华东 51-93、广薯 70-90，普薯 6 号、红皮早、济薯 5 号、辽薯

224、河北 872 等均属高产品种。以青刈为主，兼收薯块的应选茎叶繁茂的品种，如胜利 1 号、华北 116 等。

2. 轮作 甘薯连作会造成养分失调，地力衰退，病虫害加重，产量逐年下降，而轮作倒茬可以充分培养地力，减轻病虫和杂草为害。北方春薯一年一熟地区，可与玉米、大豆、春小麦、马铃薯或粟、高粱等作物轮作。黄淮流域春薯在冬闲地春季栽培，夏薯在麦类、豌豆、油菜等冬季作物收获后栽培。

3. 育苗 育苗是甘薯增产的关键措施。甘薯育苗方法甚多。南方地区应用较多的有薄膜育苗、酿热温床育苗和露地冷床育苗等；北方淮河流域及长江流域用酿热温床育苗；东北、华北地区因育苗时早春气温低，采用火坑育苗、太阳能温床以及电热温床育苗。但总的来说可分为两大类，即温床育苗和露地育苗。

（1）温床育苗：温床育苗又称酿热温床育苗，是一种利用微生物分解新鲜马、牛粪和纤维素发酵生热的苗床。选避风向阳、排水良好的地，做成宽 1.2 m 左右、长 7～10 m、深 0.6～0.7 m 的苗床，将挖出的土整齐地堆放在苗床北面，以挡风和保温。床底呈拱形，以利排水和温度一致。床底用火烧一下后，放进正在发酵的热马粪、牛粪、碎草等酿热物 350 kg，加入尿素 15 kg、碳酸钙 25～40 kg，拌匀，浇热水至抓一把握紧有水滴（湿度 70% 左右）时为止。酿热物厚度 40～50 cm，再在上面铺 10 cm 左右的肥沃细土，使苗床略高于地面，以免积水。经 3～5 d，待床内温度上升到 18 ℃ 左右时下种。薯种横切，斜放，盖上 2～3 cm 厚的细土即可。种薯横切，可破除顶芽对下部芽抑制，萌芽整齐。下种后用竹木做拱，盖上塑料薄膜，精心管理，需要特别注意的是必须保持床温 28～30 ℃。

（2）露地育苗：南方广大地区气候温暖，无霜期长，多为露地育苗。在 2～4 月上旬，土壤温度上升到 15 ℃ 以上即可育苗。苗床可深耕 30 cm，做成宽 1.2 m、高 15 cm 的畦床。按株、行距均 15～20 cm 排放种薯，然后覆土 3～5 cm，再盖上一层干草保持湿润，待苗长至 30 cm 时，即可剪苗扦插。

4. 整地 前作收获后即进行深耕，一般以 25～30 cm 为宜。黏土可耕得深一些，沙土浅些。垄作便于排灌，冬前深耕结合施足有机肥料，还要注意耙糖保墒。甘薯多起垄栽培，其优点是：便于排灌，改善土壤通气性；加厚土层，提高地温和加大昼夜温差，从而促进块根膨大。大多南北方向做垄以接受充足的阳光。山岭坡地做垄应注意防水土流失，可按等高线做垄。沿海常有大风吹袭的地区，畦向应与风向垂直，减少风蚀以及薯叶被吹乱，避免光合作用受影响。一般垄高 25～35 cm、宽 70～80 cm。垄的高度应灵活掌握，如土壤多沙干旱的宜低，以减少水分蒸发；土壤黏重、排水不好的宜高，以利排水和提高地温；沙性过强的则以平作为好。另外，青刈甘薯藤蔓的也宜平作，便于密植，可增加茎叶产量。

5. 施肥 甘薯根系发达，吸肥力强，一生需钾肥最多，其次是氮肥，再次为磷肥。据分析每生产 1 t 块根，需氮 3.94 kg、磷 1.08 kg、钾 6.20 kg。此外，还需要硫、锰、锌、硼、铁、铜等元素。

生产中要注意有机肥的施用，一般占总施肥量的 70%～80%，每公顷施堆肥 38～45 t。有机肥采用条施的集中施肥方式，垄面开沟施入。每公顷堆肥的制作方法是：40 t 厩肥、0.3 t 过磷酸钙和 0.1 t 氯化钾混合堆沤 1 个月。

甘薯的追肥以化学肥料为主，前期多施氮，用于茎叶生长；中期和后期多施钾肥，促进薯块膨大。移植后 15～20 d，不定根长出，新叶长出，早发和粗壮的不定根最可能形成块根。在栽后 12 d，发根还苗期之前，每公顷追施尿素 45 kg，有利于提苗快长，促使不定根早发、粗壮。移植后 20～30 d，在地力差、茎叶长势差的地块，施 1 次壮株结薯肥，每公顷施 110～150 kg 尿素。如果肥料前期较足，植株长势正常，叶色深绿的，可以不施壮株结薯肥。移栽后 40～50 d，每公顷施氯化钾 80 kg，并结合灌水 1 次。春薯移栽后 90 d，夏秋薯移栽后 65～80 d 茎叶开始衰退，薯块迅速膨大，垄面出现裂缝，此时要追施 1 次长薯肥，可以延长叶片寿命，加速薯块膨大。每公顷用尿素 90 kg，氯化钾 150 kg，兑水浇泼。

6. 栽插

（1）采苗：选壮苗，其特征是叶片肥厚，叶色较深，顶叶齐平，节间粗短，剪口多白浆，秧苗不老化又不过嫩，根原基粗大而多，不带病斑，苗长约 20 cm，一般 3～5 节，百株重约 500 g。实践证明，壮苗比弱苗增产 20% 左右。要在下午和傍晚采苗，以防上午采苗流汁过多，不易成活。在基部 1～2 节处割下。不宜手摘，以免伤苗。

（2）栽插：在气温超过 18 ℃，终霜过后即可栽插。华北春薯在 5 月上旬，夏薯 6 月上旬，华南春薯在 3～4 月，秋薯 7～8 月，冬薯 10～11 月。在适期范围内，栽插越早产量越高。栽插密度因品种、土质和水肥条件不同而异。长蔓品种和早栽、水肥条件较好的稀植；反之，则可密植。春播的行距一般为 70～80 cm，夏播的 60～70 cm。行距过小，既费工又管理不便，而且垄沟太浅，不易排水。株距一般以 20～25 cm 为宜。栽插方法有直插、斜插、水平插 3 种。栽插后要浇透水，以便成活。

① 直插：这种方法宜用于干旱沙土或丘陵坡地。一般薯苗仅有 4～5 节，约 20 cm 长，将薯苗 2～3 节直插入土中，深约 10 cm，2～3 节露出地面，盖土压紧即可。此法薯苗成活率高，耐旱性强，但由于薯苗入土节数少，有利结薯的部位小，结薯少，产量较低。

② 斜插：苗长 21 cm 左右，插入土中 3～4 个节，与地面呈一定角度，苗尖露出表 2～3 个节。这是目前各地大田生产最常用的栽插方法，适于比较干旱的地区。其特点是易栽插，结薯个数比直插法多，且薯块较大，产量较高。

③ 水平插：薯苗较长，多为 24 cm 以上，插时先在垄面开浅沟 5 cm 左右。将薯苗水平放入沟中 3～5 个节，盖土后外露 2～3 个节。由于结薯条件基本一致，结薯多而大小均匀，可获高产。目前各地大面积高产栽培多采用这种栽法。但其抗旱性较差，如遇高温、干旱、土壤瘠薄等不良环境条件，则保苗较困难，容易出现缺苗或小株，并因结薯多而营养不足，导致小薯率增多，也影响到产量。

7. 田间管理

（1）查苗补苗：查苗补苗宜在插后 2 周内完成。缺苗时要选壮苗补栽，并浇透水。成活后重点是追肥，使其赶上大田苗的生长速度。

（2）中耕除草和培土：栽插后 20 d，开始中耕除草，一般需进行 3～4 次。初期可深，以后逐次渐浅，以免伤害根系和薯块。每次结合施肥、灌水更佳。另外，最后一次中耕时，应同时修沟培垄。

（3）藤蔓管理：一般情况下，我国各地栽培有翻蔓、提蔓的习惯，主要作用是抑制徒长，但会打乱叶的排列，影响光合作用，造成减产。一般减产 10%～20%，尤其在干旱地区或短薯品种。在水肥过多的田块，有徒长现象时，可开沟排水，降低田间湿度，或用

B-9、矮壮素和萘乙酸等喷洒抑制徒长。

（4）病虫害防治：甘薯主要病害有甘薯黑斑病、根腐病、线虫病等，主要虫害有甘薯象鼻虫、潜叶蛾等。甘薯黑斑病为甘薯的最大病害，发病部位为幼苗基部和薯块，传染途径为土壤与肥料。预防措施是消灭病原，即种薯贮藏前或育苗前将种薯放在 50% 代森铵 200~400 倍液浸泡 10 min。此外，轮作和采用堆沤消毒的有机肥，采用高剪法培育无病薯苗亦是控制甘薯黑斑病的主要手段。甘薯象鼻虫成虫蛀食薯块、幼苗、嫩茎；幼虫蛀食薯块和薯梗。被害薯块味苦，不能饲用。实行水旱轮作，薯块膨大时加强培土，早春用小薯块诱杀对防除象鼻虫有主要作用。

8. 青刈甘薯栽培要点

① 选择土质肥沃、灌溉便利的平地，以减少水分蒸发。

② 选用长蔓品种。

③ 密植，一般平畦密植的行距 33 cm，株距 16~30 cm，每公顷 $9.00 \times 10^4 \sim 1.80 \times 10^5$ 株。

④ 基肥重施有机肥，追肥重点施氮肥，每公顷施有机肥 30 t，追施尿素 75 kg，每次收刈后追施尿素 10 kg，要经常灌溉，以促进藤蔓生长。

⑤ 藤蔓封垄以后开始第一次刈割。刈割时应从基部 30 cm 左右处割下，以利再生。春植一般可收割 4~5 次；夏植可收割 3~4 次。

9. 收获及贮藏

饲用甘薯的收获，要兼顾藤叶产量和薯块产量。如果收获合理，则薯块的产量不会显著减少，还可获得大量新鲜的藤叶。一般在草层高度为 45 cm 时进行第一次收割。在华南和华东，甘薯可割藤 3~5 次，而在华北一带则只割 2~3 次。在高温多雨季节 30 d 可割 1 次，在干旱季节为 45 d 割 1 次，温度下降或干旱季节，刈割的间隔日数延长，甚至长达 72 d。到下霜以前，可以最后一次齐地刈割。

甘薯块根是无性营养体，没有明显的成熟期，只要气候条件适宜，就能继续生长。在适宜的生长条件下，生长期越长，产量越高。甘薯收获过早，缩短了薯块膨大的时间，使产量降低；收获过迟，因气温已下降到甘薯生长温度的低限，对增产作用不大，而且常常因低温冷害的影响，造成薯块品质下降，不耐贮藏。适宜在地温 18 ℃时开始收获，到 12 ℃时收获完毕。另外，在此范围内还要注意先收春薯，后收夏薯；先收留种薯，后收食用薯。甘薯收获是一项技术性很强的工作，关系到贮藏工作的成败。因此，从收获开始至入窖结束，应始终做到轻刨、轻装、轻运、轻放，尽量减少搬运次数，严防破皮受伤，避免传染病害。

（四）饲用价值

甘薯营养丰富，具有很高的饲用价值，其营养成分如表 10-1 所示。甘薯块根及茎蔓都是优良饲料，块根中含有大量淀粉、B 族维生素、维生素 C、胡萝卜素等也较丰富，常作为畜禽精饲料，可以鲜喂，也可以切片晒干利用。用甘薯块根喂育肥猪和泌乳奶牛，有促进消化、累积体脂肪和增加乳量的效果。鲜喂营养价值为玉米的 25%~30%，因富含淀粉，其热能总值接近于玉米。甘薯茎蔓中无氮浸出物含量虽较块根为低，但粗蛋白质含量显著为高，是高能量、高蛋白的优良青饲料，适口性好，猪、牛、羊、兔、鱼均喜食。鲜喂、打浆、青贮后喂饲，饲养效果均很好。甘薯加工后的淀粉渣，富含粗蛋白质和碳水化合物，是猪和奶牛的好饲料。

表 10 - 1　甘薯的营养成分（%）

类别	水分	占干物质				
		粗蛋白质	粗脂肪	粗纤维	无氮浸出物	粗灰分
块根	68.8	5.77	1.92	4.17	84.62	3.53
茎蔓	88.5	12.17	3.48	28.70	43.48	12.17
粉渣	89.5	12.38	0.95	13.33	71.43	1.90

生喂和熟喂的甘薯，其干物质和能量的消化率相同（表 10 - 2），但煮过的甘薯，其蛋白质的消化率几乎为生甘薯的一倍，所以熟喂效果最好，消化吸收更快。

表 10 - 2　甘薯养分消化率及能量

样品	家畜	消化率/%				代谢能/(MJ/kg)
		粗蛋白质	粗纤维	粗脂肪	无氮浸出物	
叶	绵羊	80.8	55	84	86	9.99
干草	牛	64.5	35.7	72.8	74.1	8.91
鲜块根	绵羊	37.5	79.3	51.6	95.5	13.56
块根粉	绵羊	14	37	74	90	11.34

第二节　木　薯

学名：*Manihot esculenta* Crantz.　英文名：Cassava

别名：树薯、木番薯、丝兰。

木薯原产于美洲新热带的巴西、玻利维亚、秘鲁、委内瑞拉、圭亚那及苏里南，巴西是木薯属的第一生物多样性中心。2008 年世界木薯产量为 2.30×10^8 t，尼日利亚是世界上木薯生产最多的国家。19 世纪 20 年代引入我国，首先在广东高州一带栽培，随后引入海南岛，现已广泛分布于华南地区，以广西、广东和海南栽培最多，福建、台湾、云南、江西、四川和贵州等省的南部地区亦有栽培。2012 年全国木薯种植面积 2.81×10^5 hm²，产量 4.57×10^6 t。

木薯可供食用、饲用和工业上开发利用。木薯块根淀粉是工业上主要的制淀粉原料之一。世界上木薯全部产量的 65% 用于人类食物，是热带湿地低收入农户的主要食用作物。作为生产饲料的原料，木薯粗粉、叶片是一种高能量的饲料成分。木薯作为一种生物质能源的原料，越来越为产业界所重视，产业规模不断扩大。

图 10 - 1　木　薯

1. 块根　2. 茎一段　3. 叶　4. 花序

5. 果实　6. 种子

（引自南京农学院，1980）

（一）植物学特征

木薯是大戟科木薯属多年生植物（图 10 - 1）。根分为须根、粗根和块根。须根细长；块根呈圆筒形，两端稍尖，中间膨大；粗根为块根膨大过程中因条件恶劣，中途停止膨大而成。皮呈紫色、白色、灰白、淡黄色等。块根分表皮、皮层、肉质及薯心四个部分。块根上无潜伏芽，不能作为种薯繁殖。植株高 1.5～3 m，只有高位分枝。茎节上有芽点，是潜伏芽，可以做种苗用。茎粗 2～4 cm，表皮薄，光滑有蜡质；皮厚而质软，具有乳管，含白色乳汁，髓部白色。单叶互生，呈螺旋状排列，掌状深裂，全缘渐尖，叶基部有托叶两枚，呈三角状披针形，叶柄长 20～30 cm。圆锥花序单性花，雄花黄白色，雌花紫色。蒴果短圆形，种子扁长，似肾状，褐色；种皮坚硬，光滑，有黑色斑纹。千粒重 57～79 g。

（二）生物学特性

木薯喜温热气候，在热带和南亚热带地区多年生，而在有霜害的地区则表现为一年生。一年中有 8 个月以上无霜期，年平均温度在 18 ℃以上的地区均可栽培。发芽最低温度为 16 ℃，24 ℃生长良好，高于 40 ℃或低于 14 ℃时，生长发育受抑制。

木薯根系发达，耐旱，年降水量 366～500 mm 就能满足它对水分的需要。但喜欢湿润，如长期干旱或雨量不足时，块根木质化较早，纤维含量多，淀粉减少，饲用价值降低。适宜的年降水量为 1 000～2 000 mm。木薯对积水的耐受力较差，排水不良以及板结的田块对结薯不利。

木薯生长发育需强光照。种在树荫下，则叶细小，茎秆细长，薯块产量极低。短日照有利于块根形成，结薯早、增重快，日照长度在 10～12 h 的条件下，块根分化的数量多、产量高。长日照不利于块根形成，日长 16 h，块根形成受抑制，但长日照有利于茎叶生长。

木薯对土壤的适应性很强，无论在沿海、丘陵、山地、荒地均可栽培。以排水良好，土层深厚，土质疏松、有机质和钾质丰富、肥力中等以上的沙壤土最为适宜。土质黏重板结或石砾地、粗沙地等，不利根系伸长，块根发育不良，产量和品质都差。木薯可在 pH3.8～8.0 的土壤中生长，适宜 pH 为 6～7。木薯植株较高，忌怕台风。台风常常摧毁叶片，吹断枝条或茎干，造成倒伏减产。

木薯对钾肥敏感，氮肥次之，磷肥最不敏感。钾对碳水化合物的运输很重要，有利于块根的膨大。缺钾时，老叶易枯黄或出现棕黄色斑块，块根不大，积累淀粉少。缺氮时叶片淡黄、叶尖干枯，生长缓慢。缺磷时，茎细弱、叶尖易枯。木薯对过量施氮反应很敏感，过量施氮时茎叶徒长，茎秆细长，常引起倒伏，薯块产量很低。这是由于茎叶生长太多，出现荫蔽所致。

（三）栽培技术

1. 品种选择　木薯品种很多，国际上主要根据块根中氢氰酸含量的多少，分为苦品种和甜品种两个类型。一般每 100 g 块根中氢氰酸含量在 5 mg 以上者为苦品种。典型的苦品种有华南 205（引自菲律宾）和华南 201（引自马来西亚，又名南洋红）。华南 201 为迟熟高产品种，产量 15～30 t/hm²，每 100 g 块根中氢氰酸含量高达 9～14 mg；华南 205 是我国栽培面积最大的高产品种，年产量 30～45 t/hm²，集约栽培可达 75 t/hm²。典型的甜品种有面包木薯、糯米木薯（华南 102）以及蛋黄木薯，品质均较好，一般产量为 15 t/hm²。20 世纪 60 年代以后育成的高产甜种，如华南 6068、华南 8002、华南 8013，产量有所提高，一般为 15～22.5 t/hm²，高产者达 22～30 t/hm²，是较理想的饲料用品种。

2. 整地　有机质丰富、耕层深厚、疏松的土壤对木薯根系生长、块根呼吸、营养运输和贮存有利。对于设计单产 23～30 t/hm² 的田块，耕犁后，每公顷施用 22～30 t 腐熟的混合堆肥，然后再耙匀、起畦。

3. 栽植 选择粗壮、充分老熟的种茎，最好种茎的基部茎、表皮无损，无病虫害，无干腐。将种茎切成长 12～15 cm，有 3～5 个芽点的短段。切断时，使用锋利的砍刀，下垫木桩，务求刀口锋利，使茎切口平整，无割裂，切断的刀口见乳汁。下部茎做种苗，产量高。

(1) 种植期：据木薯发芽的温度要求，气温稳定在 16 ℃ 以上时可种植。我国木薯适植期为 2～4 月，在此期间越早越好。

(2) 种植密度：根据水肥条件、品种特性合理密植。土壤肥力中等以上时，每公顷以 9 000～15 000 株为宜，土壤条件较差时每公顷 15 000～18 000 株，条件恶劣的每公顷可植 21 000～24 000 株。裂叶品种可适当密植。海南木薯栽培最佳的株行距配置模式是宽窄行种植 ［(1.0＋0.8) m×0.6 m]。

(3) 定植方法：木薯的种植有斜插法，即将种茎呈 30°～60°斜种于植穴或植沟中，种茎的 2/3 埋在土中；也有竖插法和平放法。平放法将种茎平放，浅埋于植沟中，省工快速，生产上用此法较多。据中国热带农业科学院研究报道，60°斜插比 30°斜插和竖插增产 11.1%～13.4% 的鲜薯、薯干和淀粉，60°斜插比倒插和平放增产 18.0%～20.3% 的鲜薯、薯干和淀粉。

4. 田间管理

(1) 间苗及补苗：木薯植后通常有 2～4 个或更多幼芽出土，如任其生长则植株过密，造成严重相互遮阴减产。因此，在齐苗后，苗高 15～20 cm 时要进行间苗，每穴留 1～2 苗。另外，木薯植后常常由于种种原因造成缺株，会显著降低产量。因此植后 20 d 就要开始查补苗，30 d 内完成补苗。补植的种苗来源于种植时预先育在田间的幼苗。

(2) 中耕除草：植后 3 个月内，幼苗生长缓慢，地表易长杂草。中耕除草既可疏松土壤，又可防止杂草为害。植后 30～40 d，苗高 15～20 cm 时进行第一次中耕除草；植后 60～70 d，可进行第二次松土除草；90～100 d，应结合松土除草，追施壮薯肥。

(3) 施追肥：每生产 1 000 kg 木薯块根，需氮 2.3 kg、磷 0.5 kg、钾 4.1 kg、钙 0.6 kg 和镁 0.3 kg。据广东省农业科学院研究，不同氮、磷、钾肥料配比显著影响木薯的氮磷钾含量及累积量、物质累积及产量形成，其中氮肥的影响最大，其次是钾肥，磷肥的影响最小。苗期、块根形成期、块根生长早期为氮、磷肥的最佳施用时期，块根形成期、块根生长早期及块根快速膨大期为钾肥的补充阶段。在木薯生长期间，一般追肥 2～3 次，分为壮苗肥、结薯肥和壮薯肥。壮苗肥为 75 kg/hm² 尿素，于植后 30～40 d 施用，以利壮苗发根，为块根形成提供物质基础。结薯肥以钾肥为主，并适施氮肥，在植后 60～90 d，结合松土，施尿素 30 kg/hm²、氯化钾 8 530 kg/hm²，可促进块根形成，保证单株薯数。如果土壤贫瘠，最好施 1 次壮薯肥，于植后 90～120 d 施用，利于块根膨大和淀粉积累，每公顷追施尿素 37.5 kg。

(4) 病虫害防治：木薯生长期间最普遍发生的病害有真菌性叶斑病、炭疽病；细菌性枯萎病、角斑病等。主要的防治方法是检疫、抗病育种、改善大田潮湿环境，采用农药的方法防治的不多。木薯的虫害主要是螨类和食根缘齿天牛。防治螨类的方法有抗虫育种、人工繁殖和释放螨类天敌植绥螨和隐翅虫科天敌等，也可用 20% 双甲脒水剂 1 000～1 500 倍液或 40% 氧化乐果 1 500～2 000 倍液进行喷雾。

5. 收获　木薯无明显的成熟期，一般在块根产量和淀粉含量均达到最高值的时期收获。根据早熟、中熟、迟熟不同品种的熟性，在植后 7～10 个月收获。由于木薯不耐低温，在早霜来临之前，气温下降至 14 ℃时就应进行收获。我国热带地区，2 月之前应收获完毕。收获时，可先砍去嫩茎和分枝，然后锄松茎基表土，随即拔起。也可用畜力、机械犁松表土，用人力收拣。块根收获后，可切片晒干备用，或加工淀粉后，以薯渣做饲料。

（四）饲用价值

1. 营养成分　木薯块根的主要成分是淀粉、蛋白质和含量甚少的脂肪，但维生素 C 的含量较为丰富（表 10 - 3）。蛋白质中，赖氨酸含量较高，含有钙、磷、钾等多种矿物质。木薯叶片含有丰富的蛋白质、胡萝卜素和维生素等，蛋白质含量比一些主要牧草高得多，除蛋氨酸低于临界水平以外，其他必需氨基酸较丰富。

表 10 - 3　木薯的营养成分（%）

（引自南京农学院，1980）

样品	干物质	占鲜重					占干物质				
		粗蛋白质	粗脂肪	粗纤维	无氮浸出物	粗灰分	粗蛋白质	粗脂肪	粗纤维	无氮浸出物	粗灰分
块根	37.31	1.21	0.26	0.92	34.38	0.54	3.24	0.70	2.47	92.15	1.40
木薯头	84.63	6.38	0.27	30.34	38.52	9.12	7.54	0.32	35.85	45.52	10.77
木薯叶	70.96	5.40	2.01	5.93	13.45	2.25	18.60	6.92	20.42	46.32	7.74

表 10 - 4　红薯渣和木薯渣的主要营养物质含量及消化率（%，风干基础）

（引自张潇月等，2014）

项目	干物质	粗蛋白质	粗纤维	中性洗涤纤维	酸性洗涤纤维	酸性洗涤木质素	粗脂肪	粗灰分	钙	磷	无氮浸出物
主要营养物质含量											
红薯渣	90.08	2.63	10.66	16.90	13.27	4.56	2.77	8.74	1.12	0.17	65.29
木薯渣	95.76	2.39	16.85	16.64	13.08	2.67	1.88	3.05	0.91	0.07	69.07
獭兔的营养物质消化率											
红薯渣	74.64	92.60	20.84	30.13	10.69	41.47	9.25	34.16	47.33	51.13	80.57
木薯渣	89.92	88.94	58.08	30.09	5.39	27.02	7.24	84.27	70.30	27.43	96.25

2. 去毒　木薯植株的各部位均含有氰苷配糖体（cyanogenic glucosides），味苦，易溶于水，对植物本身起保护作用。在常温下，经酶作用或加酸水解，便生成葡萄糖、丙酮和氢氰酸。分解氰苷配糖体的苦苷酶（linamarase）在 72 ℃以上时被破坏。氢氰酸能影响动物呼吸机制，麻痹中枢神经。牛最容易中毒，每千克体重最低致死量为 0.88 mg；羊为 2.32 mg。木薯块根切片后在 60 ℃温水中浸 3～5 min，待分离出氢氰酸后干燥，90%的氢氰酸已挥发除去。或者把鲜木薯切片后在 40 ℃气温下堆积 24 h，再晒干，也有相同效果。

3. 饲喂　将干木薯块根作为奶牛、集约育肥牛和绵羔羊生长的主要能量来源，已取得令人满意的结果。木薯几乎可取代日粮中所有谷物，而不会使生产性能下降。用木薯粉全部取代蛋鸡饲料中的谷物，可获得同样产蛋数，但蛋重大幅下降。补充蛋氨酸和含硫氨基酸能获得与用谷物饲喂相似结果。木薯叶粉取代家禽日粮中的苜蓿粉（占日粮 5%），并添加蛋氨酸，饲养效果相似。木薯叶粉是奶牛的过瘤胃蛋白，对于奶牛的营养价值与苜蓿相同。

3~4月龄的木薯植株可以切碎青贮喂牛；整株成熟木薯青贮后，对于反刍动物是相当平衡的饲料。木薯块根提取淀粉后的残渣，可在牛的日粮中添加7%~14%，也可用于喂鸡，在家禽日粮中占10%。

第三节 胡 萝 卜

学名：*Daucus carota* L. var. *sativa* Hoffm. 英文名：Carrot

别名：红萝卜、丁香萝卜、黄萝卜。

胡萝卜原产于亚洲西南部，阿富汗为紫色胡萝卜的最早演化中心，有2 000多年的栽培历史。公元10世纪从伊朗引入欧洲大陆，发展成短圆锥橘黄色欧洲生态型，尤以地中海沿岸种植最多。13世纪，胡萝卜经伊朗传入中国，现全国各地都有栽培。胡萝卜营养丰富，含有大量胡萝卜素和维生素，食用价值和饲用价值都高，且高产，易于栽培，也耐贮藏和运输，所以深受世界各国的重视。

据联合国粮农组织（FAO）最新统计数据，种植胡萝卜的国家和地区2012年有124个。全球胡萝卜收获面积 1.196×10^6 hm²，总产量 3.69×10^7 t，单产平均水平30.9 t/hm²。胡萝卜总产量前5位的国家依次为中国 1.68×10^7 t，占世界总产量的45.5%；俄罗斯 1.57×10^7 t，占世界总产量的4.2%；美国 1.35×10^7 t，占世界总产量的3.6%；乌兹别克斯坦 0.13×10^7 t，占世界总产量的3.5%；波兰 0.083×10^7 t，占世界总产量的2.3%。

（一）植物学特征

胡萝卜为伞形科胡萝卜属二年生草本植物。第一年长出叶和肥大的肉质根，第二年开花结实。根系发达，为深根性饲料作物。播后40~60 d主根入土深60~70 cm，到收获时可达2 m左右。主根肥大形成肉质块根，有圆锥形、圆柱形或纺锤形，呈紫、红、橙黄、黄等颜色。肉质块根是主要的食用或饲用部分，由根头、根颈和根体三部分组成，其中根体占肉质根的绝大部分。肉质根表面相对四个方向生有纵列四排须根，土质黏重或主根生长受阻都易产生分叉和开裂。分叉易裹挟泥沙，不好清洗；开裂者还增加木质化程度，降低块根的品质。

胡萝卜的茎在营养生长期间为短缩茎，叶子成簇丛生，在生殖生长阶段的种株则抽出繁茂的花茎，高达80~110 cm，圆形、中空、密生茸毛，上部发生分枝。叶为3~4回羽状全裂叶，裂片呈狭披针形，具叶柄，表面密生茸毛。复伞形花序，花细小，白色，多达千朵以上，虫媒花。果实为双瘦果，果面有毛，果皮中含有香精油，成熟时可分成两个独立的半果实，栽培上即以此果实作为种子。种子细小，千粒重1.2~1.5 g。

（二）生物学特性

胡萝卜是一种喜温耐寒的作物。种子发芽的最低温度为4~6 ℃，最适温度为18~25 ℃。在良好的条件下，8~10 d发芽。幼苗和植株能忍受-3~-5 ℃的霜冻。营养生长期要求气温8~28 ℃，最适温度23~25 ℃。肉质根的形成和生长以13~18 ℃最适宜，肉质根膨大期则要求温度逐渐降低，若气温过高，糖分减少，胡萝卜素含量下降，肉色变淡。

胡萝卜根系发达，侧根多，入土很深，叶面积小而多茸毛，可防止水分蒸发，有较高的抗旱力。种子带有刺毛，含挥发油，不易吸水，发芽时需种子重100%的水分，故发芽期要求保持土壤湿润。出芽60~80 d后，从肉质根膨大至指头粗时达需水临界期。前期不需太多水分，否则易引起叶部徒长，影响根部营养积累。在肉质根膨大期遇干旱，易引起木质部发育，肉质根质地粗硬、甜味减少、产量和质量下降。全生育期最适宜的土壤湿度为田间持水量的 $60\%\sim80\%$。

胡萝卜为长日照植物，喜光性强，光照不足时产量下降，品质变劣。

土层深厚、肥沃，富含腐殖质又排水良好的壤土或沙质壤土最适宜胡萝卜生长。黏重土壤，排水不良，最易发生畸形根和裂根，甚至烂根。pH $5\sim8$ 的土壤环境较为适应，在过酸过碱土壤中生长不良。

（三）栽培技术

1. 轮作 胡萝卜可短期连作，轮作可以充分利用地力。早熟的豆类、瓜类、叶菜类、青刈玉米都是胡萝卜的良好前作，在缺钾的沙地，前作应避免种植甘蔗、木薯、甘薯等耗钾量大的作物。在特别肥沃的菜地、畜牧场污水灌溉地，不适宜种胡萝卜，以免引起徒长。可连作 $2\sim3$ 年，连作后根形整齐，表面光滑，品质佳；但不宜连作太长，否则土壤养分贫乏。

2. 整地与施肥 由于胡萝卜种子小，含油分，吸水难；同时肉质根入土深，易于弯曲、短小，甚至发生歧根。为了有利于播种和发芽整齐，除深耕使土壤疏松外，表土还要细碎、平整。一般在前作物收获后立即深耕 $20\sim25$ cm，整平，耙细进行晒土。

胡萝卜需肥较多，氮、磷、钾及有机肥合理配施比例为 $1:0.84:2.15:725$。有利于胡萝卜素积累的最佳施肥方案为：N $128.4\sim135.45$ kg/hm²、P_2O_5 $104.85\sim108$ kg/hm²、K_2O $275.55\sim291.15$ kg/hm²、有机肥 $92.39\sim98.94$ t/hm²。可见，胡萝卜对钾的要求最高，氮其次，磷较少。胡萝卜对土壤溶液的浓度很敏感，施肥时，应以腐熟的有机肥为主，每公顷施充分腐熟的有机肥 45 t，有机肥沤制过程中应加入过磷酸钙、氯化钾等以增加磷钾肥。不可施用未腐熟的肥料，以防损伤幼苗和根。

3. 播种

（1）品种选择：以选食、饲兼用种为好，即从食用胡萝卜品种中，选择红色或橙红色，体形大，表面光滑，产量较高的品种种植。如陕西的西安红胡萝卜，河南的安阳胡萝卜，山东的蜡烛台，北京鞭杆红，山西的平定胡萝卜和二金红胡萝卜等。

（2）种子处理：胡萝卜种子表面有刺毛，不易播种均匀，也不利于种子与土壤接触，有碍发芽，可催芽播种，方法是在播种前 $7\sim10$ d 可用碾米机轻磨 $1\sim2$ 次，去掉刺毛后，用 40 ℃温水浸泡 2 h，晾干后置于 $20\sim25$ ℃条件下催芽。催芽过程中还应保持适宜的湿度，定期搅拌种子，使温湿均匀，当大部分种子的胚根露出种皮时，即可播种。也可不催芽直接播种。

（3）播种：胡萝卜肉质根的生长适于冷凉气候。在长江中下游，一般在 7 月下旬到 8 月上旬播种，华南 $8\sim10$ 月播种。北方地区则采用春季种植。播种方法有条播和撒播两种。大面积种植时条播，行距 $20\sim30$ cm，开沟播种，覆土 $1\sim2$ cm，每公顷播种量 10.5 kg。畦种时撒播，播种后浅覆土或覆盖碎草和秸秆，以保持土壤湿润，每公顷播种量 $15\sim22.5$ kg。若条件适宜，播后 10 d 左右即可出土。

4. 田间管理

（1）间苗、中耕除草：合理间苗是保证丰产的重要条件之一。一般幼苗期间需间苗 $2\sim3$ 次，将过密、弱苗和不正常的苗拔掉。第一次在出苗后两周，苗高 3 cm 左右，有 $1\sim2$ 片真叶时进行，留苗株距3～5 cm；第二次在3～4片真叶，高约13 cm时间苗，此时健苗、劣苗容易区分，亦可定苗。定苗株距12～15 cm，若待第三次定苗，第二次间苗则以6 cm左右株距留苗，至4～5片真叶时定苗。胡萝卜前期生长缓慢，易受杂草为害，一般间苗时结合中耕除草。

（2）灌溉与追肥：胡萝卜喜水，多实行灌溉栽培。苗期一般不浇水；肉质根膨大期则需要足水足肥，浇水时要防止忽干忽湿，以免引起肉质根的破裂；生长后期应停止灌水，以防肉质根开裂。

在肉质根膨大期结合浇水进行追肥2～3次，一般每公顷施用尿素75 kg、氯化钾75 kg。

5. 收获

（1）采收饲料：胡萝卜肉质根的形成，主要在生长后期。越成熟，肉质根颜色越深，营养价值越高，所以胡萝卜宜在肉质根充分肥大时收获。7月至8月播种的晚熟品种，12月可以收获，产量可达30～60 t/hm²。北方寒冷地区应在霜冻来临前收获，以防受冻，不耐贮藏。每公顷产量为37.5 t左右，叶产量为15 t。一般采用窖贮。上冻前选向阳避风、排水良好的地方挖窖。窖深、宽2～3 m，长度由贮量而定。入窖前晾晒1 d，选无碰伤、无腐烂的肉质根，削去茎叶，层层摆好，摆至土壤结冻线以下为止。窖温控制在1～4 ℃，相对湿度85%～95%，每隔30～50 d倒一次窖，及时剔除烂根。

（2）留种：留种田需排水好，向阳温暖，土壤肥沃，周围不可有其他品种或野生胡萝卜，防止串粉杂交。翌春，选择根形整齐，大小适中，无病虫害，整齐一致，符合本品种性状的肉质根做种株。切去肉质根尾部3 cm，剪去上部叶子，留13 cm左右的叶柄，于5 cm土层处温度稳定在8～10 ℃时定植。穴栽，株行距为30 cm×45 cm。应将种根倾斜栽入，以便接近温暖的表土层，提早生根。在开花前，施尿素150 kg/hm²。当植株抽薹至25 cm时，切断顶端生长点，除下部4至5个强壮侧枝外，其余侧枝剪掉，每个侧枝留花序1个，再插竹支撑防止倒伏。一般6月下旬种子开始成熟，当大部分种伞由绿变黄开始干枯时收获。一般每公顷可产种子600～750 kg。

（四）饲用价值

胡萝卜的营养丰富，被誉为是最富贵、最廉价的食品和饲料，其营养成分如表10-5所示。

表10-5　胡萝卜的营养成分（%）
（引自耿华珠等，1993）

类别	水分	占干物质				
		粗蛋白质	粗脂肪	粗纤维	无氮浸出物	粗灰分
根	92.90	24.51	1.27	15.21	47.46	11.55
叶	81.94	21.43	0.50	18.49	38.70	20.87

胡萝卜除含有上表中所列营养成分外，还含有丰富的维生素和微量元素，如胡萝卜素、钾、磷和铁盐（表10-6）。一般颜色越深，胡萝卜素含量越高。胡萝卜素进入家畜体内后即可转化为维生素A供畜体利用，所以胡萝卜不仅是幼畜和老弱病畜最好的滋养品，更是种畜和种禽不可缺少的饲料。

表 10 - 6　不同颜色的胡萝卜营养成分的比较（每 100 g 鲜重含量）

（引自王羽梅等，1996）

	水分/g	蛋白质/g	粗纤维/g	碳水化合物/g	可溶性糖/g	钙/mg	磷/mg	钾/mg	铁/mg	胡萝卜素/mg	核黄素/mg	抗坏血酸/mg
紫色	84.9	0.835	2.225	6.32	3.48	58.9	66.0	92.0	0.299	5.73	0.0019	5.10
橙色	88.3	0.741	1.714	4.94	2.55	45.5	57.1	75.3	0.272	4.34	0.014	4.74
黄色	87.3	0.738	2.080	5.49	3.17	63.4	58.0	70.3	0.174	2.52	0.006 1	12.61

　　胡萝卜柔嫩多汁，适口性好，消化率高，尤其对幼畜的生长发育有利。在奶牛饲料中，如果加入一定的胡萝卜，牛奶产量和品质都有提高，黄油呈红黄色。另外，胡萝卜叶青绿多汁，粗蛋白质含量高，是猪、牛、羊、兔的好饲料。

　　胡萝卜宜生喂。煮熟时，胡萝卜素、维生素 C 和维生素 E 遭破坏，降低营养价值。

第四节　饲用甜菜

　　学名：*Beta vulgaris* L. var. *lutea* DC.　　英文名：Fodder beet

　　别名：饲料萝卜、甜萝卜、糖菜。

　　饲用甜菜原产于欧洲南部，适应性强，世界各地均有栽培。主要分布于欧洲、亚洲、美洲的中部和北部，主产国是前苏联、美国、德国、波兰、法国、中国和英国。我国东北、华北和西北等栽培较多，河南、山东、安徽、江苏、湖北、上海等省市也有栽培。

　　在我国北方寒冷地区，饲用甜菜产量高、品质好、耐贮藏，是牲畜越冬的好饲料。一般栽培条件下，产根叶 75～112.5 t/hm²，其中根量 45～75 t/hm²。高产水平下，可产根叶 180～300 t/hm²，其中根量为 97.5～120 t/hm²。

（一）植物学特征

　　饲用甜菜为藜科甜菜属二年生植物（图 10 - 2）。第一年形成簇叶和肥大肉质根，第二年抽薹开花，高可达 1 m 左右。根肥大，多为长圆锥形、长纺锤形或长楔形，多为一半露出地面，少数为 2/3 在地下。单根重 2.0～4.5 kg，最大可达 5.5 kg。根出丛生叶，具长柄，呈长圆形或卵圆形，全缘波状；茎生叶菱形或卵形，较小，叶柄短。花茎从根颈抽出，高 80～110 cm，多分枝。复穗状花序，自下而上无限开花习性。花两性，由花瓣、雄蕊和雌蕊组成，通常 2 个或数个集合成腋生簇。胞果（种球），每个种球有 3～4 个果实，每果 1 粒种子。种子横生，双凸镜状，种皮革质，红褐色，光亮。种子千粒重 14～25 g。

（二）生物学特性

　　饲用甜菜种子发芽适温为 6～8 ℃，幼苗在子叶

图 10 - 2　饲用甜菜

1. 块根及基生叶　2. 花枝

（引自陈默君、贾慎修，2002）

期不耐冻，直到真叶出现后抗寒力逐渐增强，可忍耐−4～−6 ℃低温。生长最适温度为15～25 ℃，秋季气温降至6 ℃以下时，饲用甜菜停止生长。昼暖夜凉、温差较大的地区有利于根的肥大生长和根中糖分的积累。甜菜对高温较敏感，苗期温度过高，可引起幼苗的下胚轴伸长，形成高脚苗，使根颈部分增加，降低饲用品质。种子和块根完成春化阶段的适宜温度分别为1～2 ℃和6～8 ℃。

饲用甜菜是需水较多的作物，需水系数为80左右，需水量45 000～60 000 m^3/hm^2。种子发芽最适土壤湿度为土壤最大持水量的80%。幼苗期需水较少，为全生育期耗水总量的12%～19%；繁茂生长期需水最多，占耗水总量的51%～58%；肉质根成熟期耗水占总量的27%～36%。

饲用甜菜为喜光、长日照作物。光照不足，会影响产量和含糖量。光照时数不足14 h，不能正常抽薹开花。

栽植饲用甜菜应选地势平坦、土层深厚、多腐殖质的土壤，尤以黑土型的黑油沙土和黄土型的黄油沙土为最适。适宜的土壤pH为7.0～8.5，既抗酸又耐碱。

（三）栽培技术

饲用甜菜最忌连作，通常以3～5年轮种1次为好。其最佳前作是麦类作物和豆类作物，油菜、马铃薯、玉米、亚麻、谷子等，各种叶菜、瓜类及牧草也都是其良好前作。其后作可选择大豆、麦类及叶菜类作物。

饲用甜菜为深根性作物，深耕细耙可显著提高整地质量。提倡秋深耕，耕翻后及时耙地、压地或起垄。

饲用甜菜生育期长，产量高，需肥多。每公顷施农家肥60～75 t，翻耕土地时施用30～45 t，生长期在行间追施15～30 t/hm²。在整个生长季，每公顷约需氮180 kg、磷40.5 kg、钾199.5 kg。一般生育前期需氮肥多，后期需磷、钾肥多。基肥是其施肥的重要环节，一般以有机肥为主。

饲用甜菜需保证有120 d的生育期。东北、华北和西北多采用春播，于3月下旬至4月中旬播种；华中、中南和西南也可于6月上旬至7月中旬进行夏播；华东和华南可在10月上旬进行秋播。在播前应对种子进行清选，达到种球2.5 mm以上、千粒重20 g以上、纯净率不低于98%、发芽率75%以上才能播种。播种分条播和穴播两种方式。条播行距40～60 cm，播种量15～22.5 kg/hm²；穴播行距50～60 cm，穴距20～25 cm，播种量7.5～15 kg/hm²，覆土2～3 cm。近年来，饲用甜菜还推行纸筒育苗、带土移栽的新技术。

苗齐后应进行中耕除草，同时疏苗；2～3片真叶期应结合中耕除草进行间苗；7～8片真叶期定苗，株距35～40 cm，每公顷保苗75 000～90 000株，肥田宜稀，瘦田宜密。

生育期内应及时追肥和灌水。每次每公顷追施硫酸铵150～225 kg（或尿素105.0～127.5 kg）、过磷酸钙300～450 kg，根旁深施，施后灌水。

饲用甜菜易感褐斑病、蛇眼病、花叶病毒病等病害，可选用多菌灵、百菌清等进行防治。虫害也多，如金龟子、潜叶蝇、甘蓝叶蛾等，可选用合适的杀虫剂进行防治。

（四）饲用价值

饲用甜菜收获一般在10月中下旬进行。留种母根应选择重1～1.5 kg，没有破损、根冠完好的块根进行窖藏，温度应保持在3～5 ℃。饲用块根可鲜藏也可青贮。

饲用甜菜具有高能量，营养丰富，富含维生素和甜菜碱等多种生命活性物质，并且适口性好，可贮藏。饲用甜菜是秋、冬、春三季很有价值的多汁饲料，含有较高的营养水平（表10-7、表10-8）。其粗纤维含量低，易消化，是猪、鸡、奶牛的优良多汁饲料。

表10-7 饲用甜菜的能量、化学成分表

部位	干物质/%	总能/(MJ/kg)	水分/%	粗蛋白质/%	粗脂肪/%	粗纤维/%	无氮浸出物/%	粗灰分/%	钙/%	磷/%
块根	13.82	2.34	86.18	0.85	0.36	0.40	11.80	0.60	—	—
鲜叶	—	—	93.1	1.4	0.2	0.7	4.2	0.4	0.4	0.02

表10-8 糖甜菜和饲用甜菜能量、营养成分比较

名 称		干物质/%	总能/(MJ/kg, 以干物质计)	消化能(猪)/(MJ/kg, 以干物质计)	代谢能(鸡)/(MJ/kg, 以干物质计)	占干物质		
						粗蛋白质/%	可消化粗蛋白质(猪)/(g/kg)	粗纤维/%
块根	糖用甜菜	14.9	16.23	11.72	7.66	14.7	97	12.7
	饲用甜菜	13.8	16.36	11.88	7.82	15.9	105	12.3
茎叶	糖用甜菜	17.0	15.86	12.84	9.71	20.0	137	11.2
	饲用甜菜	10.0	16.32	12.76	9.54	15.1	99	11.9

饲用甜菜叶柔嫩多汁，宜喂猪、牛等。可鲜饲，也可青贮。

肉质块根是马、牛、猪、羊、兔等冬季的优质多汁饲料，有利于增进家畜健康并提高产品率。切碎或粉碎，拌入糠麸喂，或煮熟后搭配精饲料喂。

北方冷冻贮藏的块根，快速清洗后粉碎，趁冻拌入精饲料，待化开再喂。

第五节　芜菁甘蓝

学名：*Brassica napobrassica*（L.）Miu.　英文名：Rutabaga 或 Turnip

别名：洋蔓菁、瑞典芜菁、大蔓菁、凤尾萝卜。

芜菁甘蓝起源于欧洲瑞典，栽培历史悠久，前苏联、美国、加拿大、荷兰、瑞典、日本等国皆有栽培。18世纪传入亚洲，我国栽培面积较大，尤以湖南、湖北、山东、宁夏、青海、甘肃、内蒙古等为多。

芜菁甘蓝适应性强，我国南北各地都可种植，尤宜在高海拔和高寒地区栽培利用。在良好的管理水平下，在黑龙江省北部地区，肉质根产量37.5～52.5 t/hm²；湖南南山牧场肉质根产量90～112.5 t/hm²，叶产量30 t/hm²。

（一）植物学特征

芜菁甘蓝为十字花科芸薹属二年生植物（图10-3）。播种当年形成肉质根和簇叶，第二年抽薹开花

图10-3　芜菁甘蓝

1. 肉质根　2. 叶

（引自南京农学院，1980）

并产种。直根膨大呈扁平形或扁圆形，单根重 1.0～3.0 kg，最大可达 6 kg。茎圆形，高 80～100 cm，上部分枝。根簇叶 13～15 枚，最多可达 70 枚，叶长 20～40 cm，倒披针形，下部羽状深裂；茎叶小，长披针形或半抱茎戟形，均无毛，稍厚质，常被白色蜡质物。总状花序，花枝腋出。花顶生，由 4 个花瓣、6 个雄蕊、1 个雌蕊组成。异花授粉。子房上位，二室。长角果，长 2～3 cm。种子暗褐色，不规则圆形，千粒重 1.5～2.2 g。

(二)生物学特性

芜菁甘蓝喜冷凉湿润气候，适于高寒山区和高原地带。种子在 2～3 ℃即可发芽，幼苗能忍受 -2～-3 ℃低温；营养生长适温为 15～18 ℃，能忍受短时间 -7～-8 ℃低温。一般前期温度高，簇叶生长旺盛；后期温度低，有利于肉质根肥大生长和糖分积累。开花结实期适温为 22～25 ℃。需水量较多，每形成 1 g 干物质，需消耗 600 g 水分。适宜的年降水量是 400～1 000 mm。喜光，要求通风透光良好。土壤以微酸性至微碱性的壤土或沙质壤土为佳，适宜 pH 5.0～8.0。从出苗到肉质根成熟需 120～140 d，从母根栽种到种子成熟需 90～100 d。

(三)栽培技术

芜菁甘蓝不宜连作，需与十字花科植物分开种植，要求地块在近三年内没有种植甘蓝类作物。最好的前作是各种禾谷类、牧草和瓜类等，后茬则以豆科牧草为宜。芜菁甘蓝是出苗较弱的深根性植物，要求疏松细碎的耕层土壤。

芜菁甘蓝需肥较多，按肉质根 70 536.0 kg/hm²、叶片 19 009.5 kg/hm²、总产量 89 545.5 kg/hm² 的水平计算，最佳施肥量为尿素 749.6 kg/hm²、硫酸钾 749.6 kg/hm²、过磷酸钙 1 000 kg/hm²、有机肥 22.49 t/hm²。有机肥用作基肥于耕翻前按 37.5～45 t/hm² 施入。草木灰对其有特殊增产作用。无机肥料用作种肥和追肥，追肥可每次每公顷施硫酸铵 150～225 kg、过磷酸钙 300～450 kg。

芜菁甘蓝的栽植有直播和育苗移栽两种方式。在无霜期较长的地区可在 4 月上中旬进行直播。可平畦播种，也可高畦播种；可条播，也可点播。行距 40～60 cm。播种量条播为 4.5～6.0 kg/hm²，点播 3.0～4.5 kg/hm²。覆土 2 cm 左右，播后镇压 1 次。育苗移栽可延长芜菁甘蓝的生育期，适于无霜期较短的高寒地区和延期播种时。育苗可露天，也可用温床。幼苗 3～4 片真叶时即可移植。

芜菁甘蓝出苗和苗期生长均较缓慢，应注意松土和除草。幼苗长到 3～4 叶期应按株距 20～30 cm 完成定苗。追肥和灌水是芜菁甘蓝优质高产所需的重要措施。

芜菁甘蓝病虫害较多，需及早防治。虫害主要为蚜虫、菜青虫、小菜蛾、甘蓝蝇等。早期喷施乐果，对防治甘蓝蝇等有显著效果。

收获后，从生产田中选出优良肉质根（无病、叶少、表面光滑，侧根少）做种根，可将种根埋于屋内或暖舍内。次春按 30 cm×40 cm 的株行距定植。适时中耕除草和灌水。当下部叶片干枯脱落，角果变黄，完熟期收割、脱粒。种子成熟时易炸果，需适时采收。

(四)饲用价值

芜菁甘蓝的收获宜晚不宜早，要在最低温度降到 -3～-4 ℃，寒冬到来之前收获，此时虽叶的产量、质量不高，但主产品肉质根的产量、质量达最佳。

芜菁甘蓝为营养价值很高的多汁饲料（表 10-9），消化性能好。据报道，各种养分的消化率为粗蛋白质 72%、粗脂肪 54%、无氮浸出物 94%、粗纤维 83%。在 100 g 肉质根中，含胡萝卜素 31～47 mg 及少量 B 族维生素等。

表 10-9　芜菁甘蓝的营养成分（%）

（引自陈默君、贾慎修，2002）

部位	干物质	占干物质				
		粗蛋白质	粗脂肪	粗纤维	无氮浸出物	粗灰分
肉质根	10.91	13.47	0.55	9.71	67.84	8.43
茎叶	11.99	22.94	4.50	9.92	47.79	14.85

芜菁甘蓝叶片宽厚，柔软多汁，是家畜的优质饲料，但有辛辣味，宜与其他饲料搭配饲喂。切碎或打浆可喂牛、猪、羊、家兔、鱼等。叶可吊挂阴干，或切碎晒干，做冬春季猪饲料。

肉质根饲喂母畜有利于配种、产仔和泌乳，饲喂肉牛、肥猪可提高其瘦肉率并改善肉色。喂猪可切碎或粉碎生湿喂，也可煮熟，捣碎，与粗饲料搭配喂。喂牛一定要粉碎，以防整根吞服，堵塞食道。

芜菁甘蓝的叶和肉质根都可青贮，若与青刈玉米、秸秆等混贮效果更佳。

第六节　南　瓜

学名：*Cucurbita maschata*（Duch. ex Lam.）Duch. ex Proiret　英文名：Pumpkin 或 Butternut squash

别名：北瓜、倭瓜、番南瓜、饭瓜。

南瓜原产于墨西哥到中美洲一带，世界各地普遍栽培，明嘉靖年间传入我国，在我国已有 500 多年的栽培历史。我国从南到北均有栽培，南瓜是我国重要的菜粮兼用的救荒作物。2012 年全世界南瓜种植面积和产量分别为 1.79×10^6 hm²、2.46×10^7 t。2012 年我国南瓜栽培面积约 0.38×10^6 hm²，占全世界南瓜属作物栽培面积的 21.24%；总产量达 7.00×10^6 t，占全世界总产量的 28.44%。中国和印度是南瓜属作物主产国，其中中国南瓜总产量居世界第一位，栽培面积居世界第二位。

饲用南瓜不但多汁，且含糖类多，可代替部分精饲料，藤蔓也是良好青饲料。

（一）植物学特征

南瓜为葫芦科南瓜属一年生蔓生草本植物。根系发达，具主根、侧根和不定根。主根入土深 1～1.5 m，吸收养分和水分的能力均较强。茎蔓生，中空，具不明显的棱，上有白色茸毛。蔓分枝性强，长达 5～10 m，茎节易产生不定根。叶片大，互生，叶柄中空，无托叶。叶片肥厚，近圆形、心脏形或浅凹的五角形，有短刺毛。花单性，黄色，雌雄同株异花，雄花比雌花多而早成，上午开花，午后闭合，借昆虫授粉。花冠裂片大，展开而不下垂，雌花萼片常呈叶状；果实表面光滑或呈瘤状突起，扁圆、长圆、梨形或瓢形，底色多为绿、灰或粉白色，间有浅灰、橘红的斑纹或条纹。果梗硬，木质化，断面呈五棱。果肉多黄色、深黄色，肉厚一般 3～5 cm，成熟时有香气，含淀粉和糖较多。种子扁平，白色或淡黄色，千粒重 125～300 g。

（二）生物学特性

南瓜原产热带地区，较喜欢温暖湿润的气候，但对温度有较强的适应性。种子发芽最低温度为 13 ℃，生长期适宜温度为 25～30 ℃，开花结果需在 15 ℃以上，果实生长最适宜 22～23 ℃的温度。35 ℃以上时，花器不能发育，出现落花落果现象。

南瓜根系发达，吸水、抗旱能力强，直播时尤为突出。但南瓜叶面积大，蒸腾作用旺盛，所以必须适时灌溉方能获得高产。

南瓜为喜光的短日照植物，日照时间短能促使雌花提早分化，数量增多。在阳光充足的条件下生长良好，果实生长发育快，品质好。在光照弱的阴雨条件下，植株生长不良，叶色淡，叶片薄，茎节间长，常引起落花落果，也容易发病。

南瓜对土壤要求不严格，但以排水良好，肥沃疏松的中性或微酸性（pH 5.5～6.7）沙质壤土为宜。在黏重土壤上种植，要防止徒长。南瓜生长前期必须有充足的氮肥，以扩大其同化面积。但氮肥过多，容易引起茎叶徒长，互相遮阳，导致落花落瓜，以及病害的蔓延，一般应注意磷、钾肥的配合施用。特别是结果期间必须有足够的磷、钾肥料。

（三）栽培技术

1. 选地和轮作 除耕地外，南瓜特别适合在五边地种植，可在圈舍、渠坡面、庭院搭架种植。南瓜不宜连作，轮作可以避免霜霉病等多种病害和营养不足。良好的前作为叶菜类、根茎类、麦类和豆类作物。同时，南瓜对地力耗损较轻，杂草少，是各种作物的良好前作。另外，南瓜为矮生蔓性作物，适宜与玉米、高粱、大豆等作物间种，也可与果树或幼龄林木间种，均可获得一地双收的增产效果。

2. 整地及施肥 南瓜根系较深，耕犁深度不得少于 20 cm。南瓜生产每公顷需吸收氮 70.5 kg、磷 38.3 kg、钾 146.3 kg。生产中多施腐熟的堆肥 23～30 t/hm²，将有机肥集中施于种植沟或瓜墩内，再将土壤耙碎耙匀，起平畦，开排水沟。一般畦长 6～7 m，畦宽 1.7～2 m，畦高 20 cm，沟宽 30 cm 左右。

3. 播种

（1）品种选择：食饲兼用可选各种地方品种的普通南瓜栽培，其适应性强，干物质多，可代替精饲料的南瓜。早熟类型如小磨盘、叶儿三，中晚熟类型如大磨盘、骆驼脖等均可。饲用的可选印度南瓜，它个体大（每个 10～20 kg），产量高（37.5～60.0 t/hm²），是牛、羊、猪、鸡、鱼的优良多汁饲料。但多水分，糖和蛋白质含量均较低。为此，黑龙江省畜牧研究所通过诱变育种法，选育出一个新品种——龙牧 18 号饲料南瓜。这种南瓜比原种叙利亚饲料南瓜，产量增加 30%，粗蛋白质提高 30% 以上，并富含赖氨酸。

（2）播种：南瓜适宜直播，南方 3 月下旬即可露地直播，北方在 4 月中旬至 5 月上旬才能播种。播种前，可用清水选种，把浮在上面的秕粒捞出。饱满的种子继续浸泡 8 h，充分吸水后捞起滤干，用湿布覆盖催芽，种子露白时可播种。播种规格根据品种和土地肥力而变化，瘦地密植，肥地疏植。中国南瓜株行距 60 cm×80 cm 至 80 cm×100 cm；印度南瓜株蔓长大，应为 80 cm×150 cm 至 100 cm×200 cm。穴播，每穴 3～4 粒种子，播种量 4.5～6.0 kg/hm²，覆土 2～3 cm。播种同时施种肥更好。

4. 田间管理 出苗和长出 2 片真叶以上时，要注意补苗和间苗，保持每穴有 1 株壮苗。每 15 d 中耕除草 1 次，中耕深度 3～5 cm，以不伤害瓜秧为度，直至蔓伸出封行为止，并结合施肥进行灌溉，促进旺盛生长。在瓜秧开始爬出时，向瓜秧根部培土 1 次。

南瓜施肥应掌握：前期勤施、薄施，果期重施，同时要注意多种肥料配合施用。苗期以氮肥为主，但不可过多，以防徒长；进入生长中期，即植株结了 1～2 个幼果时，是重点浇水、施肥期，合理安排可使幼果迅速膨大，植株生长旺盛，多结果。可 5～7 d 浇 1 次水，10～15 d 追 1 次肥，每公顷追肥量为尿素 112.5～150 kg、氯化钾 250 kg。当第 1～2 个嫩果收获，植株进入结瓜后期时，如果后面仍有小果，茎叶仍然保持绿色，可以浇 2～3 次水，施 1 次肥；如果准备收老瓜，后期一般不用追肥。

南瓜为蔓生植物，要适时压蔓和整枝。压蔓对生长势强、容易疯秧的南瓜来说，是一种不可缺少的手段，否则就有坐不住果的可能。一般从第 7～9 节起，每隔 5 节左右压 1 次，共压 3～4 次，促进新根生长。整枝方法有两种，大田密植的或主蔓结果早的早熟品种采取主蔓式整枝，即只保留主蔓，摘去侧蔓，主蔓结出 1～2 个小瓜时去掉其余小瓜，摘去顶梢。五边地或主蔓结果早的品种可采用摘心法，当植株有 6～7 叶时摘除顶梢，保留 2～4 条侧蔓，每条侧蔓留 1～2 个果，并摘去各蔓的顶梢。这样，瓜大小均匀，成熟一致，产量高，品质也好。

南瓜为异花授粉植物，进行人工授粉，可以保花保果，增产 20%～30%。特别是在开花期遇阴雨天气时尤为必要。选择晴天上午 8～10 时，摘下刚开放的雄花放在雌花上，使花粉落在柱头上而受精。

南瓜易患炭疽病、霜霉病和白粉病。高温多湿天气尤为严重。发生早期，及时喷洒波尔多液或福美双防治。对地老虎、红蜘蛛为害，可用乐果、敌杀死等杀灭。

5. 收获与采种

（1）收获：嫩瓜可在瓜已长到最大体形时采收；老瓜要在瓜藤开始枯黄、瓜皮硬化或出现蜡粉时采收，这时不仅瓜充分成熟，而且产量高，品质好，耐贮藏。但瓜藤产量低，品质也劣，通常以大部分瓜已成熟，而藤叶尚为绿色时收获为好。此时收获嫩瓜可随即饲喂，老瓜供贮藏或加工调制，藤叶供青贮用。南瓜产量每公顷 30～45 t，高的可达 105～120 t，种子 1.05～1.20 t，瓜藤 15～22.5 t。

（2）采种：选结果早、产瓜多、无病健壮的母株进行人工授粉，把果肉厚、品质佳的初生瓜留作种瓜，其余二生瓜、三生瓜全部去掉，以提高种子饱实率。对留种母株，要多施磷、钾肥，以促进种子充分发育。老熟果实采下后应置于阴凉干燥处 10～20 d，然后剖取种子，用水洗净，选沉入水中的饱满种子晒干后收藏。一个南瓜有种子 200～500 粒。

（四）饲用价值

南瓜肉质致密，适口性好，产量高，营养好，便于贮藏和运输，是猪、牛、羊、鸡的好饲料。其瓜和藤蔓不仅能量高，而且还有较多的蛋白质和矿物质，并富含维生素 A、维生素 C、葡萄糖和胡萝卜素（表 10-10）。南瓜可切碎直接喂猪，代替部分精饲料；喂奶牛可增加产奶量及牛奶中的脂肪含量；成熟南瓜喂鸡，能提高产卵率和促生新羽，缩短换羽期。南瓜藤多半调制成青贮料，可单贮，也可与其他牧草混贮，作为猪、牛、羊、兔的饲料。南瓜喂鸡时，粉碎拌入精饲料喂。喂猪需粉碎或打浆，拌入糠麸喂，也可将整瓜投入圈中任其自由啃食。喂牛必须粉碎喂给，以防噎食。

表 10-10　南瓜的营养成分（%）

（引自南京农学院，1980）

类别	水分	占干物质					钙	磷
		粗蛋白质	粗脂肪	粗纤维	无氮浸出物	粗灰分		
南瓜	90.70	12.90	6.45	11.83	62.37	6.45	0.32	0.11
南瓜藤	82.50	8.57	5.14	32.00	44.00	10.29	0.40	0.23
饲料南瓜	93.50	13.85	1.54	10.77	67.69	6.15	—	—

叶菜类饲料作物

第一节 苦荬菜

学名：*Lactuca indica* L. 英文名：India lettuce

别名：苦麻菜、鹅菜、凉麻、山莴苣、八月老。

苦荬菜原为我国野生植物，分布几遍全国。朝鲜、日本、印度等国也有分布。经过多年的驯化和选育，苦荬菜已成为深受欢迎的高产优质饲料作物，在南方和华北、东北地区大面积种植，是各种畜禽的优良多汁饲料。此外，苦荬菜具有开胃和降血压的作用，经过深加工还可制成冷冻食品和饮料。

（一）植物学特征

苦荬菜为菊科莴苣属一年生或越生草本植物（图 11-1）。直根系，主根粗大，纺锤形，入土深达 2 m 以上，根群集中在 0～30 cm 的土层中。茎直立，上部多分枝，光滑，株高 1.5～3.0 m。叶变化较大，初为基生叶，丛生，15～25 片，无明显叶柄，叶形不一，披针形或卵形，长 30～50 cm，宽 2～8 cm，全缘或齿裂至羽裂；茎生叶较小，长 10～25 cm，互生，无柄，基部抱茎。全株含白色乳汁，味苦。头状花序，舌状花，淡黄色，瘦果，长卵形，成熟时为紫黑色，顶端有白色冠毛，千粒重 1.0～1.5 g。

图 11-1 苦荬菜

1. 植株 2. 叶 3. 花枝 4. 花 5. 种子

（二）生物学特性

苦荬菜喜温耐寒又抗热。无霜期 150 d 以上，≥10 ℃积温 2 800 ℃以上的地区均可开花结实。土壤温度 5～6 ℃时种子即能发芽，15 ℃以上生长加快，25～30 ℃时生长最快。幼苗遇 −2～−3 ℃低温、成株遇 −4～−5 ℃低温不被冻死，遇 −10 ℃低温受冻死亡。抗热能力较强，在 35～40 ℃的高温条件下也能良好生长。

苦荬菜需水量大，适宜在年降水量 600～800 mm 的地区种植，低于 500 mm 生长不良。不耐涝，积水数天可使根部腐烂死亡。苦荬菜根系发达，能吸收土壤深层水分，因而又具有一定的抗旱能力。在株高 30～40 cm，40 d 无雨，其他植物出现萎蔫现象时，苦荬菜仍能维持一定的生长量。

苦荬菜对土壤要求不严，各种土壤均可种植。但以排水良好、肥沃的壤土最为适宜。有一定的耐酸和耐盐碱能力，适宜的土壤 pH 为 5～8，在酸度较大的红壤、白浆土和碱性较大的盐渍土上仍能良好生长。较耐阴，可在果林行间种植。

苦荬菜苗期生长缓慢，到 8～10 枚莲座叶时开始抽茎，此时若环境条件适宜，生长速度加快，日生长高度可达 2.5 cm 以上。在华北地区，4 月播种，7 月抽薹，8 月开花，可延续至 10 月，9～10 月种子陆续成熟，生育期 180 d 左右。经培育而成的早熟苦荬菜品种，生育期 120～130 d。

（三）栽培技术

1. 轮作　苦荬菜不宜连作，其前作应为麦类或豆科饲草，后作应安排豆类、小麦、玉米、薯类等作物。

2. 整地　苦荬菜种子小，幼苗出土力弱，要求精细整地。最好秋翻地，耕深在 20 cm 以上，整平耙细，保墒，以利全苗壮苗。苦荬菜需肥较多，为充分发挥增产潜力，播前要施足底肥，每公顷施腐熟的有机肥料 45～75 t、尿素 150～225 kg、过磷酸钙 225～300 kg。

3. 选种和播种　苦荬菜种子成熟不一致，播前需要对种子进行清选。风选或水选清除未成熟种子和杂质，选择粒大饱满的紫黑色种子做种用。播前晒种 1 d，可提高发芽率。此外，种子在第二年发芽率最高，此后迅速下降，因而要选用第二年的种子，以保证全苗。

播种期在生育期允许的范围内越早越好。北方在地刚刚化冻时即可播种；南方以 2～3 月播种最为适宜，也可秋播。撒播、条播和穴播均可，以条播为主，播种量 7.5～15.0 kg，收草用行距 20～30 cm，收种用行距 60～70 cm，播深 2～3 cm，播后要及时镇压。苦荬菜也可育苗移栽，在北方地区 2～3 月进行苗床播种，播种量 30～50 kg/hm²，在 4～5 片真叶时进行移栽，行距 25～30 cm，株距 10～15 cm。

4. 田间管理　苦荬菜宜于密植，通常不间苗，2～3 株为一丛生长良好，且叶量多，茎秆细嫩。但过密应适当间苗，可按株距 4～5 cm 定苗；过稀茎秆易老化，产量和品质均会下降，宜补苗。苦荬菜出苗后要及时中耕除草，在封垄前要进行 3 次。苦荬菜抗病虫能力较强，华北常见虫害为蚜虫，可用高效低毒农药喷杀。

5. 收获　苦荬菜生长迅速，需及时刈割，以保持其处于生育的幼龄阶段。当株高 40～50 cm 时进行刈割，此后每隔 20～40 d 刈割 1 次。抽薹前刈割，伤口愈合快，再生力强，刈后能很快抽出新叶，既增加刈割次数，又提高产量和品质。刈割过晚，则抽薹老化，再生力减弱，产量和品质下降。苦荬菜再生性强，南方每年可刈 5～8 次，北方 3～4 次，产草量一般为 75～105 t/hm²，高的可达 150 t/hm²。刈割时留茬 20 cm，最后一次刈割不要留茬，可齐地面刈割。

采种地要多施磷、钾肥，为防止倒伏，氮肥用量要适度，不可过多。春播苦荬菜在南方刈割 2～3 茬后，让其抽薹开花结实；北方可刈 1～2 后次留种，北方高寒地区由于生长期短，收种地不宜刈割。苦荬菜花期长，种子成熟不一致，而且落粒严重，必须适时采收，在大部分果实的冠毛露出时采收为宜。为避免落粒损失，也可采取分期采收的方法。一般每公顷产种子 375～750 kg。

（四）饲用价值

苦荬菜叶量大，脆嫩多汁，营养丰富（表 11-1），特别是粗蛋白质含量较高，与苜蓿相似。蛋白质中氨基酸种类齐全，其中含赖氨酸 0.49%、色氨酸 0.25%、蛋氨酸 0.16%，是一种优质的蛋白质饲料。另外，它的粗脂肪、无氮浸出物、维生素含量也很丰富。

表 11 - 1　苦荬菜营养成分表（%）

（引自马野等，1994）

茬次	水分	占干物质					钙	磷
		粗蛋白质	粗脂肪	粗纤维	无氮浸出物	粗灰分		
1	7.10	20.99	5.34	16.32	43.24	14.10	2.11	0.32
2	9.71	22.16	5.28	17.01	41.18	14.36	2.36	0.30
3	7.57	18.15	4.71	17.94	48.02	11.19	2.46	0.32

　　苦荬菜叶量丰富，略带苦味，适口性特别好，猪、禽最喜食；还有促进食欲和消化、祛火去病的功能。饲喂苦荬菜，可节省精饲料，减少疾病，也不必补饲维生素。

　　苦荬菜以青饲利用为主，也可调制成青贮饲料。青饲时要生喂，每次刈割的数量应根据畜禽的需要量来确定，不要过多，以免堆积存放，发热变质。不要长期单一饲喂，以防引起偏食，最好和其他饲料混喂。青贮时在现蕾至开花期刈割，也可用最后一茬带有老茎的鲜草青贮；可单独青贮，与禾本科牧草或作物混贮效果更佳。喂猪时每头母猪日喂 7～12 kg，精饲料不足时可占日粮比例的 40%～60%。

第二节　菊　苣

学名：*Cichorium intybus* L.　英文名：Common chicory 或 Chicory

别名：欧洲菊苣、咖啡草、咖啡萝卜。

　　菊苣原产于地中海、中亚和北非，广泛分布于亚、欧、美和大洋洲等地，我国主要分布在西北、华北、东北地区，常见于山区、田边及荒地。菊苣不仅是优质高产的饲草，而且还是应用广泛的蔬菜。其花期长达 2～3 个月，又是良好的蜜源植物。菊苣根系中含有丰富的菊糖和芳香族物质，可提取作为咖啡代用品，提取的苦味物质可用于提高消化器官的活动能力，从其株体中提取的多种生物活性物质还具有良好的抑菌活性，是开发低毒、低残留植物源农药的重要资源。因此，菊苣是集多种利用价值于一身，具备多方面开发潜力的优良植物。

（一）植物学特征

　　菊苣是菊科菊苣属多年生草本植物（图 11 - 2）。主根长而粗壮，肉质，侧根粗壮发达，水平或斜向下分布。主茎直立，分枝偏斜且顶端粗厚，茎具条棱，中空，疏被粗毛，株高 170～200 cm。播种当年生长基生叶，倒向羽状分裂或不分裂，丛生呈莲座状，叶片长 30～50 cm，宽 8～16 cm，叶片数 25～40，折断后有白色乳汁，叶丛高

图 11-2　菊　苣

（引自陈默君、贾慎修，2002）

80 cm 左右；茎生叶较小，披针形，全缘。头状花序，单生于茎和分枝的顶端，或 2～3 个簇生于上部叶腋。总苞圆柱状，花冠蓝色，瘦果，楔形。种子千粒重 1.2～1.5 g。

（二）生物学特性

菊苣喜温暖湿润气候。种子萌发最适温度为 25～30 ℃，生长温度范围为 5～35 ℃，生长最适温度 18～25 ℃，超过 35 ℃时易发生病毒病，8～10 ℃生长缓慢，5 ℃以下停止生长。耐寒性较强，在 -8～-10 ℃时仍保持青绿，-15～-20 ℃能安全越冬。根系发达，抗旱性能较好，在辽宁朝阳地区种植，2 个月未降透雨，玉米枯黄的情况下仍能生长。适宜的土壤 pH 5～8，表现出良好的抗盐碱能力。喜肥喜水，但干旱条件下会显著降低叶片的净光合速率和蒸腾速率，而在低洼易涝区则易烂根，对氮肥敏感。对土壤要求不严，黏土、沙土、壤土、旱地、水浇地均可种植。

菊苣在春播当年基本不抽茎，次年开始抽茎，并开花结实。生长两年以上的植株，根颈上不断产生新的萌芽，并逐渐取代老株。在太原种植，3 月中旬返青，5 月上旬抽茎，5 月下旬现蕾，6 月中旬开花，8 月初种子成熟，10 月底停止生长，全生长期 230 d 左右。在宁夏 4 月中旬返青，6 月下旬始花，8 月下旬第一批种子成熟，11 月上旬枯黄，全生长期200 d 左右。

（三）栽培技术

播前需精细整地，做到地平土碎，疏松有墒，并施腐熟的有机肥 37.5～45.0 t/hm² 做底肥。宜春、秋两季播种，播种时最好用细沙与种子混合，以便播种均匀。条播、撒播、穴播均可，条播行距 30～40 cm，播深 2～3 cm，每公顷播种量为 7.5～15.0 kg，播后要及时镇压。亦可育苗移栽或用种根进行无性繁殖。在降水丰沛的我国中南部地区采用垄作栽培可提高越夏率，并能避免水分过高导致的烂根现象。在四川凉山，播种行距 55～60 cm，每公顷施 N 90～120 kg、P_2O_5 和 KCl 各 65～75 kg 时种子产量可达最优水平。

苗期生长缓慢，易受杂草危害，要及时中耕除草。株高 15 cm 时间苗，留苗密度以 $19×10^4～21×10^4$ 株/hm² 为宜。在返青及每次刈割后结合浇水每公顷追施速效复合肥 225～300 kg。积水后要及时排除，以防烂根死亡。

菊苣在株高 40～50 cm 时即可刈割利用，留茬高度 5 cm。刈后第 2 d 喷施 1%～2% 的多菌灵可防止真菌感染伤口诱发根腐病。在北京地区充足供水条件下，干草产量可达 19.0～27.6 t/hm²。每年刈割 3～4 次，其中第一茬产量最高。菊苣花期 2～3 个月，种子成熟不一致，而且成熟后易裂荚脱落，因而小面积种植最好随熟随收，大面积种植应在盛花期后20～30 d 一次性收获为宜。种子产量 225～300 kg/hm²。莲座期喷施多效唑，可使开花期相对一致，种子产量较高。

（四）饲用价值

菊苣茎叶柔嫩，特别是处于莲座期和抽茎期的植株，不但叶量丰富、鲜嫩，而且富含蛋白质及其他各种营养成分（表 11-2），适口性明显优于串叶松香草和聚合草，牛、羊、猪、兔、鸡、鹅均极喜食。此外，饲喂菊苣还具有一定的保健功能。菊苣以青饲为主，也可放牧利用，或与无芒雀麦、紫花苜蓿等混合青贮。在莲座叶丛期适宜青饲猪、兔、禽、鱼等，现蕾至开花期则宜于牛、羊、鸵鸟等饲用。在盛花期刈割后晾晒脱水至半凋萎状态，适宜制作青贮饲料。

表 11-2　菊苣的营养成分（%）

(引自杨亚丽，2008)

生育期	水分	占干物质					钙	磷
		粗蛋白质	粗脂肪	粗纤维	无氮浸出物	粗灰分		
莲座叶丛期	82.5	24.77	3.15	26.83	21.25	21.19	1.492	0.549
抽茎期	81.1	21.56	3.52	32.61	24.35	15.62	1.120	0.371
初花期	72.3	18.25	4.01	35.98	26.89	13.07	1.078	0.301
盛花期	70.6	16.75	4.43	38.97	28.82	9.74	1.005	0.251

菊苣代替玉米青贮饲喂奶牛，每天每头多产奶 1.5 kg，并有效地减缓了泌乳曲线的下降速度。用菊苣饲喂肉兔，在精饲料相同条件下，可获得与苜蓿相媲美的饲喂效果。猪日粮中菊苣占日粮干物质的 10%～20%，既节省精饲料，又不影响增重；在仔猪日粮中，添加 16% 的菊苣对其生长性能没有不良影响；在妊娠猪日粮中配以菊苣则可显著提高母猪的繁殖性能。在鹅日粮中菊苣占 20% 左右，可以促进饲料营养物质的吸收，提高饲料的利用率。

第三节　串叶松香草

学名：*Silphium perfoliatum* L.　英文名：Cup plant 或 Indian cup

别名：松香草、菊花草、串叶菊花草、法国香槟草、杯草。

串叶松香草原产于北美中部的高原地带，主要分布在美国东部、中西部和南部山区。18世纪末引入欧洲，20 世纪 50 年代苏联及一些欧美国家引入作为青贮作物进行栽培，60 年代开始大面积推广利用。1979 年我国从朝鲜引入，目前我国大部分省市均有栽培。串叶松香草花期长，花色艳丽，有清香气味，是良好的观赏植物和蜜源植物。其根还有药用价值，是印第安人的传统草药。

(一) 植物学特征

串叶松香草为菊科松香草属多年生草本植物（图 11-3）。根系发达粗壮，多集中在 5～40 cm 的土层中；具根茎，根茎节上着生有由紫红色鳞片包被的根茎芽。茎直立，四棱，高 2～3 m。叶分基生叶与茎生叶两种，长椭圆形，叶面粗糙，叶缘有缺刻；播种当年为基生叶，12～33 片，丛生呈莲座状，有短柄，或近无柄；茎生叶无柄，对生，相对两叶基部相连，茎从中间穿过，故此得名。头状花序，黄色花冠。瘦果心脏形，褐色，每个头状花有种子 5～21 粒，千粒重 20～25 g。

(二) 生物学特性

1. 对环境条件的要求　串叶松香草为喜温耐寒抗热植物。耕层土壤温度在 5 ℃ 以上时开始返青，5 cm处地温稳定在 10 ℃ 时种子需 10 d 左右发芽出苗，22～25 ℃ 时经 5～6 d 就可发芽出苗。当温度在 25～28 ℃ 时，日增长高度可达 2.5 cm。夏季能忍受长时

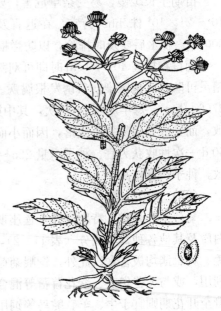

图 11-3　串叶松香草

间 35～37 ℃的高温，在长江流域夏季高温季节仍能生长良好。较耐寒，生长中的植株遇 −3～−4 ℃的霜寒仍能生长，−39.5 ℃不受冻害，在东北南部、华北及西北地区能安全越冬。

需水较多，特别是现蕾开花期需水最多。适宜的年降水量为 600～800 mm，凡年降水量 450～1 000 mm 的地方都能种植。由于根系发达，具有一定的抗旱能力。耐涝性较强，地表积水长达 4 个月，仍能缓慢生长。

串叶松香草喜欢中性至微酸性的肥沃土壤，壤土及沙壤土都适宜种植，适宜的土壤 pH 为 6.5～7.5。黏土妨碍根的发育，不宜种植。抗盐性及耐瘠薄能力差，故而盐碱地和贫瘠的土壤也不适宜种植。

2. 生长发育 春播当年和秋播翌年均不能抽茎，地上部只生长莲座状叶丛。播种当年地下除根系生长外，还产生根茎和根茎芽，这些根茎芽可独立发育成新植株；以后各年地下根的数量增加，老的根和根茎不断死亡，新的根和根茎不断产生，一株串叶松香草，几年就可扩展成一片。地上部返青时先出现莲座状叶丛，此后抽茎、现蕾、开花、结实。种子成熟期分乳熟、蜡熟、完熟三个时期，蜡熟末期至完熟期的种子，发芽率高，生命力强。在北京地区 4 月上旬返青，6 月中旬开花，7 月中下旬种子成熟，生育期 110 d 左右，11 月下旬干枯，全生长期 230 d 左右，在南方生长期可达 300 d 以上。串叶松香草属长寿牧草，可生长 10～15 年。

（三）栽培技术

1. 选地和整地 串叶松香草产量高，利用时间长，因而要选择肥水充足、便于管理的地块种植。其种子子叶肥大，出土困难，因此要做到深耕细耙，创造疏松的耕作层，以利出苗。最好秋翻地，耕深 20 cm 以上，来不及秋翻的要早春翻耕。串叶松香草需肥较多，播前要施足底肥，每公顷施厩肥 45～60 t、磷肥 250 kg、氮肥 225 kg。

2. 播种 播种时要尽可能选用前一年采收的种子，并用 30 ℃温水浸种 12 h，以利出苗。北方宜春、夏播种，春播在 3 月下旬至 4 月上旬，夏播在 6 月中下旬，不要晚于 7 月中旬。南方宜春、秋播种，春播在 2 月中旬至 3 月中旬为宜，秋播宜早不宜晚，以幼苗停止生长时能长出 5～7 片真叶为宜。播种量每公顷 3.0～4.5 kg；种子田可少些，每公顷 1.5～2.25 kg。条播或穴播，以穴播为主，收草用行距 40～50 cm，株距 20～30 cm，收种用行距 100～120 cm，株距 60～80 cm。每穴播种子 3～4 粒，覆土 2～3 cm。另外，串叶松香草还可育苗移栽，或用根茎进行无性繁殖。

3. 田间管理 串叶松香草苗期生长缓慢，要及时中耕除草，在封垄前除草 2～3 次。中耕时根部附近的土层不宜翻动过深，以不超过 5 cm 为宜，以防损伤根系和不定芽。如果头两年管理得当，串叶松香草本身灭草能力较强，可以减少除草次数，甚至不必除草。返青期每公顷施用 N 90 kg、P_2O_5 60 kg、K_2O 25 kg，可显著提高串叶松香草的产量，生长期间施氮效应极大，因而每次刈割后要及时追施氮肥。追肥后及时浇水，但需注意刈后追肥应待 2～3 d 伤口愈合后进行。除需追施大量元素外，生长期间还需喷施硼、锌、锰等微肥，以促进光合作用，有利于草产量的提高。寒冷地区越冬时要进行培土或人工盖土防寒，也可灌冬水和返青水。种子田在返青期每公顷追施 N 90 kg、P_2O_5 90 kg、K_2O 50 kg，不仅可有效提高种子产量，而且品质也会显著提高。

4. 收获 播种当年不刈割，或只在地上部越冬枯死前刈割 1 次，以后各年宜在抽茎至现蕾期进行刈割。北方每年刈 3～4 次，南方 4～5 次。鲜草产量 150～300 t/hm²。刈割 3 次时第一茬产草量约占总产草量的 50%，第二茬占 30%～40%，第三次占 10%～20%；随刈割茬次增加，串叶松香草的干物质和粗纤维含量呈上升趋势，而粗蛋白质、粗脂肪、钙和磷含量则相反，胡萝卜素含量第一茬明显高于第二茬和第三茬。刈割时留茬 10～15 cm。

采种田一般不刈割，并多施磷、钾肥。为防止倒伏，生育后期要减少追肥和灌水。南方采种时易受台风和雨水危害，可先刈割 1 次，再采收种子，以便降低株高和避开雨季和台风的不利影响。串叶松香草种子成熟不一致，而且宜脱落，因而在 2/3 的瘦果变黄时即可采收，一般每公顷产种子 450～750 kg。

(四) 饲用价值

串叶松香草不仅产量高，而且品质好，粗蛋白质、氨基酸和碳水化合物含量丰富，尤其是赖氨酸，青干草粉与玉米营养价值相当；另外，钙、磷和胡萝卜素的含量也极为丰富，是牛、羊、猪、禽、兔、鱼等畜禽的优质饲料（表 11-3、表 11-4）。

表 11-3　串叶松香草的营养成分（%，以干物质计）

生育期	有机物	粗蛋白质	中性洗涤纤维	酸性洗涤纤维	粗灰分	钙	磷
莲座叶丛期	83.24	30.68	36.48	11.79	16.76	2.38	0.46
抽茎期	83.38	22.82	39.39	19.58	16.62	2.45	0.29
现蕾期	84.93	17.88	47.11	27.56	15.07	2.28	0.23
开花期	84.58	16.20	55.90	28.14	15.42	2.64	0.25
结实期	86.71	12.09	57.21	31.84	13.29	2.95	0.20
再生草现蕾期	85.67	16.27	41.96	28.57	14.33	3.16	0.24

表 11-4　串叶松香草的氨基酸含量（%）

（引自刘太宇等，2011）

氨基酸	生育期			
	叶丛期	抽薹期	开花期	成熟期
总氨基酸	22.51	15.57	16.45	13.93
天门冬氨酸	2.45	1.70	1.80	2.32
谷氨酸	3.01	1.96	2.15	1.66
丝氨酸	1.00	0.69	0.72	0.65
精氨酸	1.31	0.82	0.85	0.68
甘氨酸	1.31	0.95	1.00	0.73
苏氨酸	1.22	0.84	0.88	0.63
脯氨酸	1.41	0.89	0.93	0.88
丙氨酸	1.61	1.32	1.23	0.75
缬氨酸	1.61	1.18	1.31	1.06
蛋氨酸	0.24	0.13	0.17	0.10
胱氨酸	0.11	0.02	0.04	0.06
异亮氨酸	1.12	0.86	0.92	0.69
亮氨酸	1.98	1.54	1.64	1.12
苯丙氨酸	1.30	0.79	1.00	0.76
组氨酸	0.80	0.73	0.58	0.52
赖氨酸	1.20	0.53	0.56	0.82
酪氨酸	0.83	0.62	0.67	0.50

串叶松香草含水量高，利用以青饲或调制青贮饲料为宜。青饲时要切碎或打浆，同时与配合饲料拌匀或喷洒盐水等以去除叶片刚毛和松香味对适口性的不利影响。青贮时含水量要控制在60%，可单独青贮，也可与禾本科牧草或作物混贮。有异味，初喂时家畜多不爱吃，但经过驯化，即可喜食。奶牛日喂量15～25 kg，羊3 kg左右，在断奶仔猪和育肥猪日粮中占5%效果较好，在特种野母猪空怀期和妊娠期可占日粮干物质的20%。家兔日粮中串叶松香草干草粉可占30%，肉鸡日粮中以不超过5%为宜。

第四节　籽　粒　苋

学名：*Amaranthus hypochondriacus* L.　　英文名：Prince-of-Wales feather 或 Amaranth
别名：千穗谷、蛋白草。

籽粒苋原产于中美洲、东南亚热带及亚热带地区，是目前世界上被誉为最有发展潜力的并具有粮食、饲料、蔬菜、绿肥、医药等多种用途的新型农作物。同属植物中，我国广泛栽培的还有千穗谷（*A. paniculatus* L.）以及引进的红苋（*A. cruentus* L.）等，通常也称之为籽粒苋。它们有着相近的生物学特性、饲用价值以及栽培技术，但在生产性能上，引进品种籽粒苋和红苋均高于我国传统的栽培苋属植物千穗谷。

籽粒苋的栽培历史已有7 000多年，世界大部分地区都有栽培。我国栽培历史悠久，全国各地均能种植。籽粒苋也可作为观赏花卉，还可作为面包、饼干、糕点、饴糖等食品工业的原料。作为绿肥作物，特别是对缺钾土壤，籽粒苋是良好的生物钾源。

（一）植物学特征

籽粒苋属苋科苋属一年生草本植物（图11-4）。直根系，主根入土深达1.5～3.0 m，侧根主要分布在20～30 cm的土层中。茎直立，高2～4 m，最粗直径可达3～5 cm，绿或紫红色，多分枝。叶互生，全缘，卵圆形，长20～25 cm，宽8～12 cm，绿或紫红色。穗状圆锥花序，顶生或腋生，直立，分枝多。花小，单性，雌雄同株。胞果卵圆形。种子球形，紫黑、棕黄、淡黄色等，有光泽，千粒重0.5～1.0 g。

图11-4　籽粒苋
（引自陈默君、贾慎修，2002）

（二）生物学特性

籽粒苋属C_4植物，适应范围广。喜温暖湿润气候，种子发芽最适温度22～24 ℃，生长最适温度20～30 ℃，40.5 ℃仍能正常生长发育。不耐寒，日平均温度10 ℃以下停止生长，幼苗遇0 ℃低温即受冻害，成株遇霜冻很快死亡。

籽粒苋根系发达，入土深，耐干旱，能忍受0～10 cm土层含水量4%～6%的极度干旱，生长期内的需水量仅为小麦的41.8%～46.8%，玉米的51.4%～61.7%。水分条件好时，可促进生长，提高产量。不耐涝，积水地易烂根死亡。

对土壤要求不严，耐瘠薄，抗盐碱。旱薄沙荒地、黏土地、次生盐渍土壤、果林行间均可种植。在含盐量 0.23% 的盐碱地上能正常生长，在 0.35% 时生长受抑制，大于 0.4% 时难于出苗或出苗后死亡。pH 8.5~9.3 的草甸碱化土地也能正常生长，可做垦荒地的先锋植物。但以排水良好、疏松肥沃的壤土或沙壤土最为适宜。

籽粒苋同化率高，生长速度快，在出苗后 20 d 生长速度明显增加，日增高 3~6 cm，出苗后 50 d，株高日增长可达 9 cm 以上。在四川 3 月播种，5 月开始抽花穗，7 月种子成熟，生育期 110~140 d。在呼和浩特地区 5 月中旬播种，7 月上旬进入分枝期，7 月下旬现蕾并开花，8 月底结实，9 月底收获，生育期 110~130 d。

(三) 栽培技术

籽粒苋忌连作，应与麦类、豆类作物轮作、间种。因种子小顶土力弱，要求精细整地，深耕多耙，耕作层疏松。属高产作物，需肥量较多，在整地时要结合耕翻每公顷施农家肥 15~30 t、复合肥 200 kg 做底肥，以保证其高产需求。具较强的镉富集能力，在镉污染的土壤上种植时，为降低株体中镉含量，以保证饲喂安全，还要施用适量的石灰做底肥。

籽粒苋一般在春季地温 16 ℃以上时即可播种，低于 15 ℃出苗不良。北方于 4 月中旬至 5 月中旬播种，南方 3 月下旬至 6 月播种，播种期越迟，生长期越短，产量也就越低。条播、撒播或穴播均可。条播时，收草用的行距为 25~35 cm，采种的行距 60 cm，播种量 0.50~0.75 kg/hm²。为播种均匀，可按 1:4 的比例掺入沙土或粪土播种，覆土 1~2 cm，播后及时镇压。也可育苗移栽，特别是北方高寒地区采用育苗移栽的方法，可延长生长期，比直播增产 15%~25%，移栽一般在苗高 15~20 cm 时进行。在滨海盐碱地上为促进籽粒苋生长及提高肥料利用率，宜采用垄作方式进行种植。

籽粒苋在 2 叶期时要进行间苗，4 叶期定苗，定苗株距 15~20 cm。在 4 叶期之前生长缓慢，结合间苗和定苗进行中耕除草，以消除杂草危害。8~10 叶期生长加快，宜追肥灌水 1~2 次，现蕾至盛花期生长速度最快，对养分需求也最大，亦及时追肥。每次刈割后，结合中耕除草，进行追肥和灌水。追肥以氮肥为主，每公顷施尿素 300 kg。留种田在现蕾开花期喷施或追施磷、钾肥，如贵州毕节地区，栽培密度为 $7.0 \times 10^4 \sim 8.7 \times 10^4$ 株/hm²，施氮量为 108.20~181.76 kg/hm²，可有效提高种子产量。籽粒苋抗病能力较强，常为蓟马、象鼻虫、金龟子、地老虎等为害，可用甲虫金龟净、马拉硫磷、乐斯本等药物防治，如发病率较高，可用多菌灵、百菌清等防治。

籽粒苋叶中含有较多的粗蛋白质和较少的粗纤维，而茎中则相反，随生长阶段的延续，叶茎比下降，品质亦随之降低，因此刈割要适时。一般青饲喂猪、禽、鱼时在株高 45~60 cm 时刈割，喂大家畜时于现蕾期收割，调制干草和青贮饲料时分别在盛花期和结实期刈割。青贮时宜与玉米秸混贮。刈割留茬 15~20 cm，并逐茬提高，以便从新留的茎节上长出新枝，但最后 1 次刈割不留茬。北方 1 年可刈 2~3 次，南方 5~7 次，每公顷产鲜草 75~150 t。采种田在花序中部种子成熟时收割，每公顷收种子 1 500~3 000 kg。

(四) 饲用价值

籽粒苋茎叶柔嫩，清香可口，营养丰富，必需氨基酸含量高，特别是赖氨酸 (表 11-5、表 11-6)，是牛、羊、马、兔、猪、禽、鱼的好饲料。其籽实可作为优质精饲料利用，茎叶的营养价值与苜蓿和玉米籽实相近，属于优质的蛋白质补充饲料。

表 11 - 5 籽粒苋的氨基酸含量（%，以风干物计）

（引自王文飞等，2000）

氨基酸	籽实	茎叶	氨基酸	籽实	茎叶	氨基酸	籽实	茎叶
天冬氨酸	1.29	1.49	胱氨酸	0.17	—	苯丙氨酸	0.72	0.85
苏氨酸	0.50	0.78	缬氨酸	0.72	0.99	赖氨酸	0.97	1.28
丝氨酸	0.89	0.63	蛋氨酸	0.45	0.63	组氨酸	0.41	0.56
谷氨酸	2.72	1.76	异亮氨酸	0.58	0.87	精氨酸	1.20	1.45
甘氨酸	1.22	1.59	亮氨酸	0.84	0.98	脯氨酸	0.49	0.79
丙氨酸	0.58	0.97	酪氨酸	0.52	0.74	色氨酸		0.32

表 11 - 6 美国籽粒苋营养成分（%）

（引自路伊奇等，1989）

样品	水分	占干物质					钙	磷
		粗蛋白质	粗脂肪	粗纤维	无氮浸出物	粗灰分		
现蕾期茎叶	6.27	17.53	1.25	16.61	38.63	25.98	1.74	0.36
开花期茎叶	6.45	18.72	0.91	17.85	36.49	26.03	2.71	0.44
完熟期茎叶	7.85	15.42	1.61	18.20	45.70	19.08	1.80	0.22
籽实	8.95	19.24	7.55	3.09	65.51	4.61	0.40	0.57

籽粒苋无论青饲或调制青贮均为各种畜禽所喜食，作为叶菜类植物，晒制干草困难，但调制青贮是一个不错的选择。奶牛日喂 25 kg 籽粒苋青饲料，比喂玉米青贮料产奶量提高 5.19%。仔猪日喂 0.5 kg 鲜茎叶，增重比对照组提高 3.3%，青饲喂育肥猪，可代替20%～30%的精饲料。在猪禽日粮中其干草粉比例可占到 10%～15%，家兔日粮中占 30%，饲喂效果良好。在鹅日粮中，籽粒苋秸秆在日粮干物质中占 10%～16%（提供日粮粗纤维 5%～7%），对提高鹅的日增重效果显著。产蛋鹅饲喂青贮饲料，可显著提高产蛋率和料蛋比。籽粒苋株体内含有较多的硝酸盐，刈后堆放 1～2 d 转化为亚硝酸盐，喂后易造成亚硝酸盐中毒，因此青饲时应根据饲喂量确定刈割数量，刈后要当天喂完。

将籽粒苋籽实爆炒后加工成粉，添加 5%～10%于蛋鸡日粮中可使蛋鸡产蛋率、产蛋量提高 15%左右，饲料消耗下降 25%左右；添加 10%于猪日粮中，可使猪日增重提高 13%左右，饲料消耗下降 20%左右。

第五节 甘 蓝

学名：*Brassica oleracea* L. var. *capitata* L. 英文名：Cabbage

别名：结球甘蓝、包菜、包心菜、卷心菜、大头菜、莲花白、洋白菜。

甘蓝原产于欧洲地中海至北海沿岸。早在 4 000 年前，野生甘蓝的某些类型就被古罗马和希腊人所利用，13 世纪在欧洲出现结球甘蓝类型。甘蓝 16 世纪初传入我国，目前全国各地均有栽培，是重要的蔬菜和青绿饲料兼用作物，近年愈来愈多地作为优质饲料广泛栽培。

（一）植物学特征

甘蓝为十字花科芸薹属二年生草本植物。主要栽培的是结球甘蓝。根系呈圆锥形，主根基部粗大。茎分短缩茎与花茎两种，短缩茎又有内茎与外茎之分，着生叶球的为内茎，着生莲座叶、基生叶的为外茎。甘蓝叶形较多，有子叶、基生叶、幼苗叶、莲座叶、球叶、茎生叶等；其中莲座叶又叫外叶，莲座叶之后进入包球期生长的叶片叫球叶，无柄，中肋向内弯曲，抱合生长结成叶球；花茎上的叶为茎生叶。圆锥花序，淡黄色，虫媒花。果实为角果。种子圆球形，红褐或黑褐色，千粒重 3.5～4.0 g。

（二）生物学特性

甘蓝喜温耐寒，南北各地均能种植。种子发芽最低温度 2～3 ℃，10 ℃以上才能顺利发芽，发芽最适温度 20～25 ℃，刚出土的幼苗抗寒能力弱，具有 6～8 片叶的健壮幼苗耐寒性增强，能忍受 -2～-5 ℃低温；经过低温锻炼的幼苗，能忍耐短期 -8～-12 ℃严寒。进入结球期以 15～20 ℃为宜，叶球较耐低温，5～10 ℃时叶球仍能缓慢生长。成熟的叶球耐寒力虽不如幼苗，但早熟品种的叶球可耐短期 -3～-5 ℃的低温，中、晚熟品种的叶球可耐短期 -5～-8 ℃的低温。幼苗耐热性较强，但结球期抗热性较差，气温高于 25 ℃生长不良。在抽薹开花期，适宜的温度为 20～25 ℃，10 ℃以下的低温会影响正常结实，如遇到 -1～-3 ℃低温，会使花枝遭受冻害。需水多，但不耐淹。对土壤适应性强，地势低平，结构良好，肥沃的沙壤或黏壤土生长最好。适宜的 pH 为 5.8～6.9，土壤含盐量 0.75%～1.20%仍能生长结球。

甘蓝为二年生植物。第一年进行营养生长，形成叶球，生育过程包括发芽期、幼苗期、莲座期、结球期、休眠期；第二年在长日照和适宜温度下，经过抽薹期、开花期、结荚期，完成其生命过程。

（三）栽培技术

甘蓝不宜连作，其前后作不应是十字花科植物，最好是非蔬菜类作物，如豆类、麦类、块根块茎类和牧草。苗床和定植地要精耕细耙，并施足腐熟的有机肥做底肥。

1. 品种选择　甘蓝品种类型繁多，可分为 8 种类型：①早春露地早熟品种，定植到收获 50～55 d；②高纬度、高海拔越夏早熟、中早熟品种，定植到收获 50～65 d；③秋季早熟品种，定植到收获 55～60 d；④秋冬中晚熟品种，定植到收获 75～85 d；⑤中原地区带球越冬甘蓝品种，8～9 月播种，翌年 1～3 月收获；⑥冬季设施早熟品种，早熟圆球类型，结球率高，耐抽薹，耐低温弱光；⑦长江中下游苗期越冬春甘蓝品种，10～11 月播种，翌年 3～4 月收获；⑧东北、西北等地一年一熟栽培品种，定植到收获 90～110 d。栽培时应根据季节和地域特点选用相应品种。

2. 育苗及苗期管理　甘蓝一般采用育苗移栽。育苗分苗床和营养盘基质土育苗两种方法，其中苗床育苗又分露地冷床和温床育苗两种类型。春甘蓝在长江流域一般在 9 月下旬至 11 月播种，幼苗露地越冬，华北地区在 12 月至 1 月播种。夏甘蓝多在春末夏初播种。秋甘蓝播种时间北方在 6 月，南方在 6～8 月。育苗采用撒播，用种量 3～8 g/m²，覆土 0.5～0.8 cm，春甘蓝冷床育苗时覆土后再盖 1 层草帘。育苗时施用有机肥 45～60 t/hm² 或人粪尿 22.5 t/hm² 做底肥，并与苗床土混匀。播种前要先在苗床上浇足底水，将种子拌草木灰均匀撒播在苗床上。每天早、晚用洒水壶对苗床洒水，保持苗床湿润。营养盘基质土育苗选择无病壤土或育苗基质加少量有机肥混合做育苗土，消毒基质土后装入营养穴盘中，每穴播种子 1～2 粒，随后盖上 1 层薄土再浇足定根水，出苗期保持土壤基质湿润。

甘蓝苗期管理的重点是温度控制，播后温度控制在 25 ℃左右，以提高出苗率，促进出苗。出苗后应降低温度，防止幼苗徒长，促进根系发育，各时期具体的温度如表 11 - 7 所示。

表 11 - 7　甘蓝苗期适宜温度（℃）

（引自孙启艳，2012）

时　期	白　天	夜　间
播种至齐苗	20～25	18～15
齐苗至分苗	18～23	15～13
分苗至缓苗	20～25	18～14
缓苗后	18～23	15～12
定植前 10 d	15～25	10～8

3. 定植及田间管理　幼苗 5～7 叶时开始定植。春甘蓝定植时应在土壤 10 cm 地温稳定在 5 ℃以上时进行，夏、秋甘蓝应在阴天或傍晚进行，避免高温或日灼伤苗。早熟种行距 30～40 cm，中熟种行距 40～50 cm，晚熟种 50～60 cm。北方地区每公顷定植早熟种 60 000～90 000 株，中熟种 33 000～45 000 株，晚熟种 27 000～33 000 株；南方地区定植早熟种 52 500～67 500 株，中熟种 45 000～52 500 株，晚熟种 24 000～30 000 株。

早春茬和春夏茬定植后，除浇缓苗水外，一般不多浇水，可结合中耕培土 1～2 次，保温提墒，促进根系发育。早春茬把温度控制在白天 20～22 ℃，夜间 10～12 ℃。夏秋茬要视当时气候情况 2～3 d 灌水 1 次，保持地面湿润。进入莲座期时要通过控水来控制茎部徒长，促进叶球分化。一般早熟种蹲苗 8～10 d，晚熟种 10～15 d；为促使叶球迅速增大，结球期灌水量要加大，但切忌大水漫灌；此时灌水频率以 8～10 d 为宜，产量高，品质好，而且可有效提高甘蓝的抗病能力。收获前 1 周左右停止灌水，以免叶球开裂降低品质。

据测算，每生产 1 000 kg 甘蓝需 N 2.0 kg、P_2O_5 0.72 kg、K_2O 2.2 kg。定植前每公顷施有机肥 37.5 t、磷肥 300～375 kg。甘蓝进入莲座期，进行第一次追肥，每公顷施 N 54 kg、K_2O 49.5～82.5 kg；结球期进行第二次追肥，每公顷施 N 45～90 kg、K_2O 49.5～82.5 kg。追施氮肥时，硝态氮和铵态氮以 1∶1 为宜，并配以适量镁肥；若采用复合肥宜选用控释复合肥，以提高肥效、降低污染，并提高甘蓝产量和质量。在南方酸性土上，除了合理施用氮、磷、钾外，还需施用石灰，根据研究，以 $N_{30}P_{15}K_{20}Ca_{150}$ 组合效果较好，有利于甘蓝产量和品质的提高。采收前 15～30 d 停止追肥。

甘蓝常见的有霜霉病、白斑病、黑斑病、根腐病、软腐病和黑腐病等病害，可用百菌清、菌核净、农用链霉素、菜丰宁拌种进行预防。生长期间发现病株要及时拔除，携出田外烧毁。常见虫害有蚜虫、菜青虫、甘蓝叶蛾等，可设置诱杀灯或糖醋蜜进行诱杀，亦可用抑太保、溴氰菊酯乳油、氯氟氰菊酯乳油、阿维菌素等药物防治。当用药防治时，要严格遵守安全间隔期，以防残毒影响家畜健康。

叶球充分坚实不再增长时即可收获。根据饲养需要，早期收获的随收随喂，晚熟收获的可贮藏供冬春利用。收获时去掉外叶，分别运回贮藏。早熟种每公顷产 37.5～52.5 t，中、晚熟种 60～90 t。留作种用的植株窖藏越冬，翌春当气温稳定在 6 ℃以上时定植在大田。果实成褐色时收获，每公顷收种子 750～1 500 kg。

（四）饲用价值

甘蓝柔嫩多汁，适口性好，营养丰富，各种畜禽均喜食。甘蓝蛋白质含量高，维生素含量丰富，每百克含胡萝卜素 0.07 mg、维生素 C 38 mg、叶酸 0.1 mg、烟酸 0.4 mg、维生素 E 0.5 mg、维生素 U 15 mg，微量元素铁 1.9 mg、钠 42.8 mg、铜 0.04 mg、锌 0.26 mg、硒 0.02 μg 及大量元素钾 124 mg、镁 12 mg 等 20 多种营养元素，特别是维生素 U，只存在于甘蓝等少数叶菜类植物中。此外还含有丰富的氨基酸，特别是限制性氨基酸。以赖氨酸为例，大白菜的含量为 0.03%，甘蓝则为 0.14%，比大白菜高 4 倍多。甘蓝部位不同，所含营养成分亦不相同，外叶的干物质、粗蛋白质、无氮浸出物等营养物质含量显著高于叶球（表 11-8）。

表 11-8 甘蓝的营养成分（%）

（引自南京农学院，1980）

样品	干物质	占鲜重					占干重				
		粗蛋白质	粗脂肪	粗纤维	无氮浸出物	灰分	粗蛋白质	粗脂肪	粗纤维	无氮浸出物	灰分
全株	9.4	2.2	0.3	1.0	5.0	0.9	23.4	3.2	10.6	53.2	9.6
叶球	7.6	1.4	0.2	0.9	4.4	0.7	18.4	2.6	11.8	57.9	9.3
外叶	15.8	2.6	0.4	2.7	7.1	3.0	16.5	2.5	17.1	44.9	19.0

甘蓝是优良的青绿多汁饲料，可青饲利用，或调制成青贮饲料。青饲宜生喂，切碎或整株喂均可。青贮时可单独青贮，也可与玉米秸等混贮，用以饲喂猪、禽、牛、羊等畜禽。

第六节 其他叶菜类饲料作物

一、小 白 菜

学名：*Brassica rapa* L. subsp. *Chinensis* （L.）Hanelt 英文名：Chinese cabbage

别名：白菜、普通白菜、油菜、青菜等。

小白菜原产于我国，由芸薹演化而来。在我国主要栽培于长江以南地区，20 世纪 70 至 80 年代，北方也引种栽培。小白菜是良好的蔬菜和青绿饲料兼用作物，在克服冬春青饲料供应不足，保证平衡供应方面起着极其重要的作用。

小白菜是十字花科芸薹属一、二年生草本植物。直根系。茎在营养生长期为短缩茎，生殖生长期伸长为花茎。收获的产品为基生叶，着生于短缩茎上，叶柄肥厚。种子近球形，千粒重 1.5~2.2 g。小白菜喜冷凉气候，较耐寒但耐热性差。生长适宜温度 15~20 ℃，-2~-3 ℃能安全越冬。需水量大，特别是在莲座期需水量最大。小白菜适于疏松、肥沃、保水、保肥的壤土或沙壤土栽培。生长期需氮肥最多，需磷肥较少。

小白菜应选择保水保肥、肥沃的壤土种植，为降低土壤中的病原菌和虫口密度，减少病虫害的发生，需要进行合理轮作，其前作和后作均不应是十字花科植物。地需深翻耙平。小白菜可分为春、夏、秋冬三种类型，在这三种类型中又包括不同的品种，因而在栽培时应根据栽培季节和当地条件，选择适宜的品种。

小白菜栽培一般按秋冬、春、夏三季安排，以秋冬栽培为主。春季栽培时间在 2~4 月，夏季在 5~8 月，秋冬季始于 9 月，华北可持续到 10 月，南方可延续到 12 月。在南方可露地育苗，在华北地区，春季和秋冬栽培均需在保护地内育苗；夏播无需育苗，采用带喷灌设施的小高畦直播效果较好，条播行距 10 cm，播种量 4.5～6.0 kg/hm²。育苗畦要精耕细耙，并施足底肥。撒播，播种量为 22.5～30.0 kg/hm²。长至 1～2 片真叶时间苗，苗距 3～4 cm；3～4 叶期时定苗，苗距 4～6 cm。若用育苗盘单穴点播育苗，播种量可降至 1.50～2.25 kg/hm²。

在苗高 14～16 cm、4～5 片真叶时定植。株行距一般为 20 cm×20 cm，定植后要及时浇水，中耕除草，保持土壤湿润。除施用腐熟的有机肥做底肥外，定植后还要结合浇水进行追肥，整个生产过程每公顷总施 N 195 kg，P_2O_5 60～75 kg，K_2O 60 kg。浇水要避免大水漫灌，夏播小白菜还应避免晴天中午灌溉。追施尿素宜用包膜尿素，不但能提高氮的利用率，而且能够显著促进小白菜的生长。施肥宜有机肥和无机肥配合施用，并配合喷施微肥，在提高产量和饲用品质的同时，可有效降低株体内硝酸盐含量。病虫害及防治方法与甘蓝相同。

小白菜以莲座叶为产品，当长到 6～7 叶至 20 叶时即可根据需要随时收获。春季栽培务必在抽薹前收获完毕，以免抽薹影响品质。产量一般为每公顷 45～60 t。

小白菜鲜嫩多汁，适口性好，营养丰富，鲜菜含水分 94.3%，蛋白质 1.6%，脂肪 0.2%，碳水化合物 2.0%，粗纤维 0.7%，钙 0.14%，磷 0.03%；此外还含有丰富的维生素和微量元素，每千克含维生素 C700 mg，胡萝卜素 13 mg，镁 234 mg，铜 11 mg，铁 239 mg，是各种畜禽良好的叶菜类饲料。不宜熟喂，以免破坏维生素和发生亚硝酸盐中毒。

二、叶用甜菜

学名：*Beta vulgaris* L. var. *cicla* L.　英文名：Chard

别名：厚皮菜、莙达菜、牛皮菜。

叶用甜菜原产于欧洲南部，欧洲各国及前苏联、日本、美国、中国等均有栽培。在我国叶用甜菜主要分布在长江、黄河流域及西南地区，具有良好的观赏、食用、药用价值，同时叶用甜菜叶片大，产量高，生育期长，可多次利用，能长期均衡地提供青绿饲料，还是一种经济价值较高的叶菜类青饲料。一般可产鲜叶 45～60 t/hm²，高者达 75～120 t/hm²。

叶用甜菜为藜科甜菜属的一个变种，二年生草本植物。直根圆锥形，淡土黄色。茎短缩，粗大，长 30 cm 以上。叶卵形或阔卵形，长约 40 cm，宽约 20 cm，淡绿色，光滑，肉质；叶柄长约 22 cm，窄而肥厚，叶柄背面有较明显的棱。长穗状花序，排列呈圆锥形。花小，簇生，黄绿色。果实聚合成球状（种球），内含 1～4 粒种子，千粒重 14.6 g。

叶用甜菜喜温暖凉爽气候，种子发芽最适温度 15 ℃，生长适温 15～25 ℃，温度过低，生长缓慢或停止生长。耐低温，幼苗能忍耐 -3～-5 ℃低温。不耐干、热，温度超过 30 ℃时停止生长。对土壤要求不严，较耐盐碱，在 0.5% 盐浓度以下对其生长发育基本没有影响。对氮肥敏感，施氮肥叶生长快，叶片肥大多汁。

叶用甜菜忌连作，但对前作要求不严，适宜的前茬作物为玉米、麦类和大豆。华北地区于 3 月下旬至 4 月上旬进行春播，春、秋生长旺盛，夏季高温时生长不良。越冬前根头粗壮，可挖出贮藏，翌年栽植。长江流域及以南地区于 8～9 月秋播，冬季生长停止，春季旺盛生长，初夏抽薹，开花结实后死亡。

叶用甜菜根系发育较弱，要求土壤疏松，因此在前茬作物收获后要及时翻耕耙耱，结合整地每公顷施腐熟厩肥 30 t、磷酸二铵 300 kg 做底肥。播前用 20% 的 H_2O_2 溶液处理种子 5 min。条播，行距 30～35 cm，播深 2～3 cm，播量为 22.5 kg/hm²。苗高 20 cm 时间苗，株距 20~25 cm。亦可育苗移栽，苗高 5~6 cm、4~6 片真叶时，按行距 40 cm、株距 25 cm 移栽定植。留种田与其他甜菜田隔离，以免杂交。

苗期应注意中耕除草，并配合施肥灌水，雨季要注意排水，生长中期追施尿素 120~150 kg/hm²。需注意褐斑病、叶斑病及地老虎、金龟子等病害虫的防治。直播后 60 d，或移栽后 30~40 d，11~12 片真叶时，可掰下部 6~7 片叶利用。全生育期可掰叶 10~15 次，最后 1 次连根头一起砍收。春末夏初抽薹开花，种球变成黄褐色，果壳坚硬时即可收获，种子产量 750~900 kg/hm²。

叶用甜菜水分含量高，鲜叶含水达 90% 以上。其干物质中含粗蛋白质 20.21%，粗脂肪 3.8%，粗纤维 7.21%，无氮浸出物 44.96%，粗灰分 8.21%。其所含氨基酸也较全面，但量不高。

叶用甜菜柔嫩多汁，营养丰富，适口性好，其叶片、直根和根头都是猪的优质青饲料。一般生喂，熟喂时煮熟后不宜放置太长时间，以免产生亚硝酸盐中毒。其含草酸较多，不宜饲喂妊娠母猪和仔猪，以免影响钙的吸收。叶用甜菜可用作牛、兔、鸭、鹅及肉鸡饲料，亦可打浆喂鱼，但不宜做蛋鸡饲料。

三、聚 合 草

学名：*Symphytum peregrinum* Ledeb. 英文名：Comfrey 或 Russian comfrey

别名：友谊草、爱国草、紫草根、俄罗斯紫草、俄罗斯饲料菜、饲用紫草。

聚合草原产于北高加索地区，现已广泛分布于欧、亚、非、美、大洋洲等地。我国在 20 世纪 50 年代初开始引入，现已遍及全国各地。聚合草为优质的饲用植物，又可做药用植物和咖啡代用品，花期长，还可作为庭院观赏植物。

聚合草为紫草科聚合草属多年生草本植物。直根系，根肉质。根颈粗大，着生大量幼芽和簇叶。叶卵形、长椭圆形或阔披针形，叶面粗糙肥厚。基生叶簇生呈莲座状，具长柄；茎生叶有短柄或无柄。蝎尾状聚伞花序，结实率极低。喜温耐寒，20~28 ℃生长最快，低于 7 ℃时生长缓慢，5 ℃停止生长，在华北、东北南部和西北等地能够越冬，东北北部越冬有困难。需水量多，适宜在年降水量 600~800 mm 的地区种植，低于 500 mm 或高于 1 000 mm 时生长较差。不耐水淹。对土壤要求不严，以地下水位低、能排能灌、土层深厚、肥沃的土壤最为适宜。喜中性至微碱性土壤，适宜的土壤 pH 为 5~8，抗碱性较强，在 0~30 cm 土层全盐量 0.18%~0.33%、pH 9~10、地下水位较深且有灌溉条件的盐碱土上亦能良好生长并获得高产，盐碱地种植还有脱盐作用，可使 0~20 cm 土层脱盐率达 25.0%。较耐阴，可在果园或林下行间栽植。在甘肃武威地区，3 月低返青，5 月初抽茎，中旬现蕾，6 月初开花。寿命较长，种植 1 次可利用 10 年以上。

栽植地块要精细整地，耕深要在 20 cm 以上，并施足底肥，以满足聚合草快速生长的需求。底肥以有机肥为主，特别是畜禽粪肥最好，每公顷施用量为 37.5~60.0 t。

聚合草由于不结实或结实极少，因而多采用无性繁殖，如切根、分株、根茎繁殖及茎、叶扦插法等，其中切根繁殖最常用。方法是选取直径大于 0.5 cm 的健壮根切成 5 cm 左右的根段，直径大于 1 cm 的还可纵切成两瓣或四瓣。栽植时将根段顶端向上或横放浅沟中，覆土 2~3 cm。北方在春夏两季栽植，春季在 3 月下旬至 4 月上旬，夏季不迟于 7 月中旬。南方在秋冬两季栽植，即 10 月下旬至 11 月中旬进行。栽植密度一般以行距 50~60 cm，株距

40～50 cm 为宜。南方夏季高温，对聚合草生长不利，可间作玉米、苦荬菜等，保护其安全越夏；秋冬季可套种蚕豆、苕子、胡萝卜、牛皮菜、甜菜等，北方地区，秋季可套种冬牧 70 黑麦，夏季还可套种夏玉米，以充分利用土地，增加青绿饲料产量。

栽植成活后要及时中耕除草，封垄后聚合草可有效地抑制杂草，无需除草。每年返青前和刈割后结合中耕和灌溉进行追肥，追肥以氮肥为主，并适当配施磷、钾肥，也可施用充分腐熟的畜禽粪尿。在栽植当年幼苗期慎用化肥，以防蚀根死亡。雨后积水要及时排除。我国北方寒冷地区，聚合草安全越冬尚有困难，必须采取防寒措施。聚合草病害主要为褐斑病和立枯病，发病后要及时拔除病株，或用多菌灵和波尔多液喷洒防治；虫害主要有蛴螬、地老虎、金龟子、毒蛾等，一旦发生要采用综合防控措施进行防治。

聚合草第一次刈割在现蕾至开花初期，以后每隔 30～40 d 刈割 1 次，刈割留茬 4～5 cm。在河北、天津、北京等地，刈割 4 次时，第一、第二茬各占总产量的 30%，第三茬占 25%，第四茬占 15%。聚合草产量较高，第一年每公顷产鲜草 75～90 t，第二年以后可达 112.5～150 t，高的可达 225 t。

聚合草叶片肥厚，柔嫩多汁，富含能量、粗蛋白质、矿物质和维生素，是猪、牛、羊、鹿、兔、禽、鱼的优质青绿多汁饲料，鸵鸟尤其喜食。其氨基酸组成平衡性较好，与动物体内氨基酸的组成拟合程度高，属于优质蛋白饲料。可切碎或打浆后饲喂，也可调制成青贮饲料。聚合草含有双稠吡咯啶生物碱，即聚合草素，能损害中枢神经和肝脏。因此聚合草不宜大量长期单一饲喂，宜和其他饲料搭配饲喂。青饲喂猪，全价配合饲料与鲜草在不同生长阶段的适宜比例为：体重 20～35 kg 时 1∶5；35～60 kg 时 1.2∶9；60～90 kg 时 1.5∶11。牛、羊日粮中聚合草可占 50% 以上。在鸡饲料中添加 5%，可使蛋黄的颜色从 1 级提高到 6 级，鸡皮肤及脂肪呈金黄色。

饲草加工调制篇

SICAO SHENGCHANXUE

青贮饲料及其调制

第一节 青贮的意义及基本原理

一、青贮的概念及优点

（一）青贮的概念

青贮是将牧草或饲料作物收获切碎后在密闭青贮设施（壕、窖、塔、袋等）内贮藏，经乳酸菌发酵产生乳酸，抑制不良细菌生长，使牧草或饲料作物得以长期保存的一种方法。在厌氧条件下经过乳酸菌发酵调制保存的牧草或饲料作物称为青贮饲料。

青贮的基本目的是在贮存饲草时，尽量减少动物所需营养物质的损失。青贮饲料主要用于反刍家畜，如奶牛、肉牛和羊等。可以作为青贮饲料的原料多种多样，除了常用的饲草及其秸秆以外，块根块茎、蔬菜以及蔬菜副产品、野菜、树叶、某些加工业副产品（如甜菜渣、酒糟、啤酒糟）均可作为青贮原料。青贮饲料有很多优点，它不仅保持了青绿饲草的大部分营养，而且口感鲜嫩、多汁，适口性好，并带有芳香酸味，能够刺激动物的食欲，有效提高饲草的利用价值。此外，我国饲草生产地一般季节性较明显，生长旺季时节供大于需，而淡季缺少青绿饲草。青贮饲料的利用受季节和不利气候因素的影响较小，可以做到常年均衡供应，从而能够有效解决饲草供应与畜牧生产的矛盾。

（二）青贮的优点

青贮饲料能长期保存青绿饲料的原有浆汁和养分，气味芳香，质地柔软，适口性好，家畜采食率高。实践证明，青贮饲料是发展畜牧业的优质基础饲料之一。

1. 青贮饲料能有效地保存营养成分 一般青绿植物在成熟枯干之后，营养价值降低 20%～30%，但青贮后只降低 3%～10%。在自然风干过程中，其营养损失约 30%。如果在风干过程中，遇到雨淋或发霉变质，则损失更大（表 12-1）。在饲料青贮过程中，其营养物质的损失一般不超过 15%，尤其是粗蛋白质和胡萝卜素的损失很少，在优良的青贮条件和方法下，甚至效果更佳。同样的玉米秸秆，调制成青贮比风干玉米秸秆的粗蛋白质含量高 1 倍，粗脂肪含量高 4 倍，而粗纤维含量低 7.5%。

表 12-1 不同贮藏方法的养分损失（%）

（引自高野信雄，1970）

贮藏法	田间损失	贮藏损失	饲喂损失	总损失量
干草（有雨）	36	4	12	52
干草（无雨）	22	3	2	27

（续）

贮藏法	田间损失	贮藏损失	饲喂损失	总损失量
普通青贮	2	10	3	15
半干青贮	11	10	3	15
真空青贮	2	3	1	6

营养成分的利用情况，青贮饲料的效率高，与普通干草相比较，青贮饲料的干物质（DM）、可消化粗蛋白质（DCP）、可消化总养分（TDN）的损失较少。

2. 青贮饲料适口性好，消化率高 饲草经过青贮后可以保持鲜嫩多汁，质地柔软，并且产生大量的乳酸和少部分乙酸，具有酸甜清香味，从而提高了家畜的适口性。有些植物如菊芋、向日葵茎叶和一些蒿类植物风干后，具有特殊气味，而经青贮发酵后，异味消失，适口性增强。

青贮饲料的能量、蛋白质消化率与同类干草相比均高。并且青贮饲料干物质中的可消化粗蛋白质（DCP）、可消化总养分（TDN）和消化能（DE）含量也较高（表12-2）。

表12-2 干草和青贮饲料消化率及营养价值比较

（引自高野信雄，1970）

饲草种类	消化率		营养价值（干物质中）		
	能量/%	粗蛋白质/%	DCP/%	TDN/%	DE/(MJ/kg)
自然干草	58.2	66.0	10.1	57.3	10.71
人工干草	57.9	65.4	10.1	59.4	10.63
干草饼	53.1	58.6	9.1	53.3	9.75
青贮饲料	59.0	69.3	11.3	60.5	11.59

3. 扩大饲料来源，有利于养殖业集约化经营 玉米秸秆、高粱秸秆等农作物秸秆都是很好的饲料来源，但是它们质地粗硬，利用率低，如果能适时收割并进行青贮，则可成为柔软多汁的青贮饲料。茄科中的一些植物如马铃薯茎叶等晒成干草后有异味，经青贮发酵后，可成为家畜良好的饲料。另外，畜禽不喜欢采食或不能采食的野草、野菜等无毒青绿植物，经过青贮发酵，也可以变成畜禽喜食的饲料。还有块根块茎类，如甘薯和胡萝卜等，只要青贮方法正确，就可以保存很长时间，不会霉烂或发霉变质。

青贮饲料单位容积贮量大，便于大量贮存，是一种既经济又安全的贮存方法。青贮饲料所占空间比干草小得多，1 m³ 青贮饲料的重量为 450～700 kg，其中含干物质 150 kg，而 1 m³ 的干草重仅 70 kg，含干物质 60 kg；1 t 青贮苜蓿体积为 1.25 m³，而 1 t 苜蓿干草的体积则为 13.3～13.5 m³。

4. 调制青贮饲料不受气候等环境条件的影响，并可以长期保存 在调制青贮饲料的过程中，不受风吹、日晒和雨淋等不利气候因素的影响。在阴雨季节或天气不好，难于调制干草时，只要按青贮规程的要求进行操作，仍可以调制成良好的青贮饲料。青贮饲料不仅可以常年利用，保存条件好的还可贮存利用多年。在青贮方法正确，原料优良，存贮窖位置合适，不漏气、不漏水，管理严格的情况下，青贮饲料可贮存 20～30 年以上，其优良品质保持不变。

5. 家畜饲喂青贮饲料，可减少消化系统和寄生虫病的发生，也可减轻杂草危害　青贮饲料发酵后，由于青贮设施内氧气缺乏，酸度较高，使很多寄生虫及其虫卵或病菌失去生活力，故可减少家畜寄生虫病和消化道疾病的发生。许多杂草的种子，经过青贮后便失去发芽的能力，如将杂草及时青贮，不仅给家畜贮备了饲草，而且减少了农田杂草的危害。

实践证明，调制青贮饲料比晒制干草具有更大的优越性，它可以缓解青绿饲料的季节供需矛盾、均衡青饲料供应，满足反刍动物冬春季节的营养需要等。全年给家畜饲喂青贮饲料，可使家畜终年保持高水平的营养状态和生产水平。特别是奶牛饲养业，青贮饲料已经成为维持和创造高产不可缺少的饲料之一。

6. 节省空间，防火防盗　青贮饲料在青贮设施内压实紧密，密度可达 $600\sim700\ kg/m^3$，与干草捆或散干草（或干秸秆）相比，可节省大量的存放空间，对大型集约化养殖场尤为重要。其次，青贮饲料水分含量较大，又存放在固定的空间，可有效防火和防盗。

二、青贮发酵原理

青贮的基本原理是将新鲜牧草或饲料作物切碎后，在隔绝空气的环境中，利用植物细胞和好气性微生物的呼吸作用，耗尽氧气，造成厌氧条件，促使乳酸菌繁殖活动，通过厌氧呼吸过程，将青贮原料中的碳水化合物，主要是糖类变成以乳酸为主的有机酸，在青贮原料中积聚起来。当有机酸积累到 $0.65\%\sim1.30\%$（优质青贮料可以达 $1.5\%\sim2.0\%$）时，或当 pH 降到 $4.2\sim4.0$ 以下时，大部分微生物停止繁殖，由于乳酸不断累积，随之酸度增强，最后连乳酸菌本身也因为受到抑制而停止活动。从而使饲料得以长期保存。

（一）青贮时各种微生物的作用

刚刈割的青饲料中，带有各种细菌、霉菌、酵母等微生物，其中腐败菌最多，而乳酸菌则很少。牧草或饲料作物刈割后如果不及时青贮，在田间堆放 $2\sim3\ d$ 后，腐败细菌增加更多，$1\ g$ 原料中往往可达数十亿以上。因此，为促使青贮过程中有益微生物乳酸菌的正常活动，必须了解各种微生物的活动规律，及其对环境条件的要求，以便采取适当措施，抑制各种有害微生物的活动，创造有益于青贮乳酸菌活动的最适宜环境条件。

青贮过程的主要微生物有乳酸菌、梭菌、腐败菌、乙酸菌、酵母菌和霉菌等。

1. 乳酸菌　乳酸菌是促进青饲料发酵的主要有益微生物，属兼性厌氧细菌。其种类很多，对青贮有益的主要有德氏乳酸杆菌、乳酸链球菌、乳酸球菌等。这类细菌是以青绿饲料中的糖分为养料，转化为乳酸。乳酸发酵的能量损失较少，根据乳酸菌在发酵过程中的产物不同，可分为同型发酵乳酸菌与异型发酵乳酸菌两个类型。

（1）同型发酵乳酸菌：如乳酸链球菌、乳酸杆菌均属此类。它们发酵后只产生乳酸。六碳糖分子生成乳酸后能量损失不到 3%。在青贮时，从保存能量的角度，以同型乳酸发酵较为理想。

（2）异型发酵乳酸菌：这类乳酸菌的发酵，除产生乳酸外，还产生乙醇、乙酸、甘油和二氧化碳等。

五碳糖在乳酸发酵时，一方面形成乳酸，另一方面也产生乙酸、琥珀酸、丙酸等，麦芽糖、果糖也都可以转化为乳酸，但在青贮的发酵过程中不占主要地位。

根据乳酸菌对温度的不同要求，可分为好热性乳酸菌与好冷性乳酸菌两类。好热性乳酸菌在青贮发酵中可使温度达到 52～54 ℃，如果超过这个温度，则意味着还有其他微生物参与发酵，当温度达 55～60 ℃甚至 70 ℃时，青贮饲料的养分损失很大，因此发酵过程中应该避免温度过高。好冷性乳酸菌适宜的温度为 19～30 ℃，在 25～30 ℃温度条件下繁殖最快，正常青贮时，主要是好冷性乳酸菌活动。

乳酸杆菌在厌氧的条件下，生长繁殖最旺盛，耐酸能力强，形成酸量达 3％。乳酸链球菌属兼性厌气菌，在有氧或无氧的条件下均能生长繁殖，耐酸能力低，青贮料中酸量达 0.5％～0.8％时即停止活动。

在良好的青贮料中，乳酸积累的结果就是使酸度增大，乳酸菌本身亦受抑制而停止活动，当 pH 下降到 4.2 以下时，只有少量的乳酸菌存活。

2. 梭菌 梭菌又名酪酸菌，是一种厌氧不耐酸的细菌。它是青贮饲料中的有害微生物。主要有丁酸梭菌、蚀果胶梭菌、巴氏固氮梭菌等。梭菌活动的结果，使葡萄糖和乳酸分解产生丁酸，同时产生氢气和二氧化碳。

丁酸是挥发性有机酸，具有难闻的臭味。在青贮饲料中含量达万分之几时，即影响青贮饲料的品质。丁酸菌还能分解氨基酸，生成胺及氨等，形成恶臭，降低青贮饲料的品质。因此丁酸发酵的程度是鉴定青贮饲料好坏的重要标准。

丁酸菌的形状有杆状、纺锤状和链状等。生存的环境条件与乳酸菌相似，但要求的适宜温度较高，为 30～40 ℃，耐高温能力较强，在 60 ℃时仍能生存，但是不耐酸，在 pH 4.7 时即停止活动。

3. 腐败菌 腐败菌的种类很多，适应性广。其中与青贮有关的有好气性的枯草杆菌、马铃薯杆菌，厌气性的有腐败梭菌，兼性厌气的有普通变形杆菌。它们能使蛋白质、脂肪、碳水化合物等分解产生氨、二氧化碳、甲烷、硫化氢和氢气等，使青贮料腐烂变坏，而且产生臭味和苦味。

在青贮过程中，腐败菌主要破坏青贮料中的蛋白质及氨基酸。第一种破坏方式是使氨基酸脱羧。如丙氨酸脱羧后变为乙基胺，赖氨酸变成为戊二胺（尸胺）。第二种破坏方式是促使氨基酸水解，如酪氨酸经水解后变为丙酸、乙酸、氨气、氢气及二氧化碳。使蛋白质被破坏损失。

在正常青贮过程中，好气性腐败菌因缺氧逐渐死亡而让位于乳酸菌，但少数厌气性腐败菌能在缺氧条件下繁殖，而且它们既能耐低温又能耐高温，有的能形成芽孢。但是腐败菌不耐酸，当 pH 达 4.4 时，即可抑制其生长发育。因此防止这类微生物活动和繁殖时，必须迅速造成青贮料的酸性环境。

4. 乙酸菌 乙酸菌为好气性细菌。在青贮初期，尚有空气存在的情况下，能使青贮料中的乙醇变为乙酸，降低青贮饲料的品质。

5. 酵母菌 酵母菌利用青贮料中的糖分，它的繁殖可增加青贮饲料中蛋白质含量，同时可生成乙醇等，使青贮饲料具有酒香味，提高青贮饲料品质。但它的数量很少，而且必须在有氧的条件下才能生活，所以酵母菌在青贮过程中一般只能生存几天。

6. 霉菌 霉菌是青贮过程中的有害微生物。在青贮原料未切短，压的不紧实，密封的不严，青贮设施中存在较多氧气的情况下，霉菌繁殖，并且分泌多种酶类，青贮饲料中有机物质被分解，产生黏滑物质。此外，蛋白质被破坏产生氨，使青贮饲料发霉、发热、变质，造成养分损失。

（二）常规青贮的发酵过程

青贮的基本原理是促进乳酸菌活动而抑制其他微生物活动的发酵过程。青贮原料从收割、切碎、封埋到启窖，大体经过以下几个阶段。

1. 好气性活动阶段 新鲜青贮原料在切碎下窖后，植物细胞并未立即死亡，在 $1\sim3$ d 内仍进行呼吸，分解有机质，直至窖内氧气耗尽呈厌氧状态时，才停止呼吸。在此期间，附着在原料上的好气性微生物如酵母菌、霉菌、腐败菌和乙酸菌等，利用植物中可溶性碳水化合物等，进行生长繁殖，消耗养分。

如果窖内残氧量过多，植物呼吸时间过长，好气性微生物活动旺盛，会使窖温升高，有时高达 60 ℃左右，从而妨碍乳酸菌与其他微生物的竞争能力，使青贮饲料营养成分遭到破坏，降低其消化率和利用率。因此，缩短下窖时间，排除青贮料间隙的空气，对减少此阶段损失有着十分重要的作用。

2. 乳酸发酵阶段 厌氧条件形成后，加上青贮原料中其他条件适合乳酸菌繁殖（一定的含糖量、$65\%\sim75\%$ 的含水量、$19\sim37$ ℃的温度），则乳酸菌在数量上逐渐形成绝对优势，并产生大量乳酸，pH 下降，从而抑制了其他微生物的活动；当 pH 下降至 4.2 以下时，乳酸菌的活动也逐渐缓慢下来。一般发酵 $5\sim7$ d 时，微生物总数达到高峰，其中以乳酸菌为主。正常青贮时，乳酸发酵阶段需历时 $2\sim3$ 周。

在此阶段和乳酸菌竞争的厌氧性微生物是梭菌。如果青贮原料中糖分过少，形成乳酸量不足，或者虽然有足够的含糖量，但原料含水量太多或者窖温偏高，都可能导致梭菌发酵，降低品质。

3. 青贮完成保存阶段 当青贮料中乳酸的生成达到一定程度，致使 pH 达 4.2 时，微生物活动受到抑制。直到 pH 进一步下降到 3.8 以下，乳酸菌本身也受到抑制，则青贮物中的所有生物的与化学的过程都完全停止，青贮基本完成，只要厌氧和酸性环境不变，就可以长期保存。

第二节　影响青贮饲料品质的因素

通常优质青贮饲料的适口性强，饲用价值高。青贮饲料品质的优劣取决于原料的饲料价值和青贮发酵过程是否得当。影响青贮饲料品质的主要因素有：收割时期、含糖量、含水量、封闭厌氧、温度和压实密度等。

（一）收割时期

要调制出优质的青贮饲料，必须有高品质的原料，而收割时期的选择可以保证原料的品质。饲草生长早期，蛋白质、脂肪和矿物质的含量高。但随着牧草成熟，纤维素含量逐渐增加，而蛋白质含量逐渐下降。在牧草整个生育期中，其消化率是随生育期的进程而降低的。此外，牧草的矿物质和胡萝卜素含量在生长初期最高，随植物生长期的推移而下降。因此牧草的收获时期是影响青贮饲料价值的重要因素。确定适宜的收获时期，除了要考虑牧草生育期营养物质的变化外，还必须了解单位面积的产量，即考虑采食率和消化率以及单位面积干物质产量的相互关系。一般豆科牧草在初花期收割，而禾本科牧草在抽穗期收割。常见饲草适宜收割期如表 12-3 所示。

表 12 - 3　饲草青贮的适宜收割期

(引自顾洪如，2002)

饲草种类	适宜收割期	收割时含水量/%
紫花苜蓿	蕾期至开花期	70～80
红三叶	蕾期至开花期	75～82
鸭茅	孕穗至抽穗	80
无芒雀麦	孕穗至抽穗	75～80
猫尾草	孕穗至抽穗	75～80
苏丹草	高度约 90 cm	80
豆科禾本科混合牧草	按禾本科选择	
全株玉米	蜡熟期	65～70
全株高粱	蜡熟初期至中期	70
黑麦	始穗至蜡熟前期	80～75

(二) 含糖量

在青贮原料本身影响青贮饲料发酵品质的化学因素（营养物质含量）中，最重要的是葡萄糖、果糖、蔗糖等可溶性糖分（WSC）含量。试验表明，可溶性糖含量是决定青贮发酵品质的最重要的因素之一。一般可溶性糖含量越多，所产生的乳酸就越多，而产生的乙酸和丁酸就越低。当原料的可溶性糖含量较低时（占鲜重 1% 以下），很难调制出优质青贮饲料，可与富含糖的原料混合青贮。如豆科牧草与禾本科牧草混合青贮。

1. 易于青贮的原料　如玉米、高粱、禾本科牧草或禾本科饲料作物等，这类饲料中含有适量或较多易溶性碳水化合物，青贮易于成功。

2. 不易于青贮的原料　如紫花苜蓿、三叶草、沙打旺、红豆草、大豆、豌豆、紫云英、马铃薯茎叶等，蛋白质含量较高，含碳水化合物较少，适宜与玉米、高粱等高含糖量的原料混合青贮。

3. 不能单独青贮的原料　如南瓜蔓、西瓜蔓和马铃薯茎叶等，由于含糖量较低，适口性差，单独青贮不易成功，应与高含糖量的原料混合青贮。

(三) 含水量

青贮原料只有含水量适当，才能获得良好的乳酸发酵并减少营养物质损失。虽然在较大的含水量范围内，都可制作青贮，但是为获取优质青贮料，含水量以 65%～75% 为宜。原料含水量过大时，一是可以通过干燥途径提高干物质含量或与含水量低的原料混贮而获得合适的总含水量。二是可与干物质含量高的原料混合青贮。例如，甜菜叶、块根块茎类、瓜类和蔬菜副产品等，可与农作物秸秆或糠麸等混合青贮，这样不仅提高了青贮质量，而且可以免去建造底部有排水口的青贮设施或加水的工序。

(四) 封闭厌氧

青贮能否成功，在很大程度上取决于乳酸菌能否迅速而大量的繁殖。封闭厌氧条件下，乳酸菌生长繁殖旺盛；有氧条件下，不但乳酸菌不能活动，而且好气性细菌的繁殖对乳酸发酵也有不利影响。所以尽早密封青贮窖，使其尽快进入厌氧状态是制备优质青贮饲料至关重要的环节。

(五)温度

青贮的适宜温度为 23～35 ℃，温度过高或过低，都不利于乳酸菌的生长和繁殖。青贮过程中温度过高，乳酸菌会停止繁殖，导致青贮饲料糖分损失，维生素破坏。青贮温度过低，青贮成熟时间延长，青贮饲料品质也会下降。具体方法如下。

第一，缩短青贮原料装贮时间，在 1～2 d 装好密封。

第二，在饲料装贮时，要压紧密封，防止空气进入。

第三，青贮窖（容器）必须远离热源，且防止阳光直晒。

(六)压实密度

密度直接影响青贮窖内的氧气残存数量，一般情况下，青贮原料压实越紧密，青贮效果越好。但压实密度也应随青贮原料含水量的不同而变化，青贮原料含水量低时，贮存密度应高些，原料含水量较高时，贮存密度不宜太大，否则易导致青贮饲料原料养分散失或腐败变质。

第三节 青贮饲料调制技术

一、青贮饲料制作步骤

制作青贮饲料的方法因设备、原料特性以及添加物的不同有一定差异，但制作步骤基本相同。

(一)适时收割

优质的青贮原料是调制优良青贮饲料的物质基础，青贮饲料的营养价值除了与原料的种类和品种有关外，收割时期也会直接影响其品质。确定青贮原料的适时收割期，既要兼顾营养成分和单位面积的产草量，又要有比较适量的水分和碳水化合物。依据牧草种类，在生育期内适时收割，不但单位面积上可获得最高可消化总养分（TDN）产量，而且不会降低蛋白质含量和提高纤维素含量。

禾本科牧草的最适宜刈割期为抽穗期，而豆科牧草在开花初期刈割最好。专用青贮玉米（即带穗整株玉米），多在蜡熟期收获。兼用玉米（即籽粒做粮食或精饲料，秸秆做青贮饲料的玉米），目前多选用籽粒成熟时茎秆和叶片大部分呈绿色的杂交品种，在蜡熟末期及时收获果穗后，抢收茎秆做青贮。

适时收割的原料水分比较适宜，一般为 65%～75%，如果含水量过高或过低可进行适当处理，例如晾晒或者混合处理。

(二)切碎和装填

原料的切短是促进青贮发酵的重要措施（表 12-4）。

表 12-4 牧草原料的切碎对青贮饲料质量的影响

原料处理	装干物质质量 /（kg/m³）	干物质回收率 /%	pH	乳酸含量	丁酸占挥发酸量 /%	消化率/%		
						干物质	蛋白质	无氮浸出物
切碎	115	71.6	4.23	0.86	5.1	64.3	64.6	60.0
不切	72	59.9	4.68	0.33	50.8	58.3	48.9	54.6

切碎的优点概括起来如下：①装填原料容易，青贮窖内可容纳较多原料（干物质），并且节省装填所需时间；②改善作业效率，节约踩压的时间；③易于排除青贮窖内的空气；④如使用添加剂时，便于均匀搅拌，能均匀撒在原料中。切碎的程度取决于原料的粗细、软硬程度、含水量、饲喂家畜的种类和铡切的工具等。对牛、羊等反刍动物来说，禾本科和豆科牧草及叶菜类等切成 2～3 cm，玉米和向日葵等粗茎植物切成 0.5～2 cm，柔软幼嫩的牧草也可不切碎或切长一些。对猪、禽各种青贮原料均应切得越短越好。切碎的工具多种多样，有粉碎机、甩刀式收割机和圆筒式收割机。利用粉碎机切碎的最好在青贮容器旁进行，切碎后立即入窖，这样可减少养分损失。青贮前，应将青贮设施清理干净，窖底可铺一层10～15 cm 切短的秸秆等软草，以便吸收青贮汁液。窖壁四周衬一层塑料薄膜，以加强密封和防止漏气渗水。装填时应边切边填，逐层装入。装填过程越快越好，以免在原料装填期间好气分解导致原料腐败变质。一般小型窖当天完成，大型窖 2～3 d 内装满压实。

（三）压实

切碎的原料在青贮设施中都要装匀和压实，而且压得越实越好，尤其是靠近壁和角的地方不能留有空隙，以减少空气，利于乳酸菌的繁殖和抑制好气性微生物的活力。装填青饲料时应逐层装入，每装 15～20 cm 时，即应踩实，然后再继续装填。小型青贮窖可人力踩踏，大型青贮窖则用轮式机械压实。用机械压实不要带进泥土、油垢、金属等污染物，压不到的边角可人力踩压。青贮料紧实程度是青贮成败的关键之一，青贮紧实度适当，发酵完成后饲料下沉不超过深度的 10%。

（四）密封与管理

原料装填压实之后，应立即密封和覆盖。其目的是隔绝空气，并防止雨水进入。青贮容器不同，其密封和覆盖方法也有所差异。以青贮窖为例，在原料上盖一层 10～20 cm 切短的秸秆或干草，草上盖塑料薄膜，或在青贮料上直接压盖塑料薄膜，再压 50 cm 的土，窖顶呈馒头状以利于排水，窖四周挖排水沟。密封后，尚需经常检查，发现裂缝和空隙时用湿土添好，以保证高度密封。

二、青贮方式及设备

青贮设施是指装填青贮饲料的容器，主要是青贮窖、青贮壕、青贮塔、地面堆贮、袋装青贮、裹包青贮、草捆青贮等。对这些青贮设施的基本要求是：场址要选择在地势高燥、地下水位较低、距畜舍较近而又远离水源和粪污的地方。装填青贮饲料的固定式建筑物要坚固耐用、不透气、不漏水，尽量利用当地建筑材料，以节约建造成本。不同类型的青贮设施的具体要求分述如下。

（一）青贮窖

青贮窖是我国广大农村应用最为普遍的青贮设施。青贮窖按照形状可分为圆形和长方形两种（图 12-1、图 12-2），根据当地的自然、气候条件，特别是降水及地下水位的情况，青贮窖一般可分为地下式、半地下式两种。根据使用年限，可将青贮窖分为永久性青贮窖和半永久性青贮窖，永久性青贮窖用混凝土建成，半永久性青贮窖只是一个土坑。青贮窖的主要优点是造价较低，作业比较方便，既可人工作业，也可以机械化作业；青贮窖可大可小，能适应不同的生产规模，比较适合我国农村现有的生产水平。青贮窖的缺点是贮存损失较大。

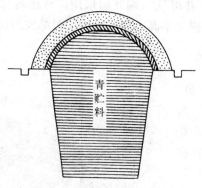

图 12-1 地下式圆形青贮窖（纵切面）

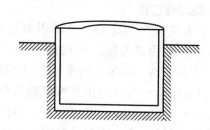

图 12-2 半地下式方形青贮窖

圆形窖占地面积小，圆筒形的容积比同等尺寸的长方形窖要大，装填原料多。但圆形窖开窖未用时，需将窖顶泥土全部揭开，窖口大，不易管理，取料时需逐层取用，若用量少，冬季表层易结冻，夏季易霉变。长方形窖适于小规模饲养户采用，开窖从一端启用，先挖开 1~1.5 m 长，从上向下，逐层取用，这一段饲料喂完后，再开一段，便于管理。但长方形窖占地面积较大。圆形窖的直径 2~4 m，深 3~5 m；长方形窖宽 1~1.5 m，深 2.5~4 m，长度根据需要而定，长度超过 5 m 以上时，每隔 4 m 砌一横墙，或加钢筋支架，以加固窖壁。窖的容量可根据饲养的家畜头数和饲草原料的多少决定。

根据当地的自然、气候条件，特别是降水及地下水位的情况选择地下式或半地下式青贮窖。在地下水位较低的地区，可采用地下式青贮窖，这种青贮窖不仅造价便宜，而且比半地下式更坚固。地下式青贮的长度和个数根据家畜的头数和饲料的多少来决定，窖的四周与底部用砖、混凝土砌成。要求青贮窖坚固结实，不漏气、不漏水。青贮窖内要光滑平坦，使青贮饲料分布均匀，不留间隙。在建造青贮窖时，应特别注意窖壁的坚固度，严防开裂、倒塌。圆形窖或长方形窖，都应用砖、石、水泥建造，窖壁用水泥挂面，以减少青贮饲料水分被窖壁吸收。窖底只用砖铺地面，不抹水泥，以便使多余水分渗漏。如果暂时没有条件建造砖、石结构的永久窖，使用土窖青贮时，四周要铺垫塑料薄膜。第二年再使用时，要清除上年残留的饲料及泥土，铲去窖壁旧土层，以防杂菌污染。对于降水频繁的地区，除密封窖顶外，有条件的还应考虑再建一个顶棚，以便遮阳挡雨（图12-3）。

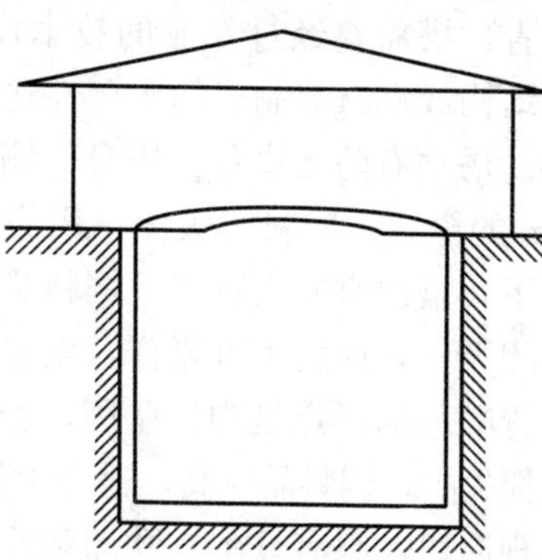

图 12-3 屋顶式青贮窖

（二）青贮壕

青贮壕是指大型的壕沟式青贮设施，适用于大规模饲养场使用，是使用最广泛的一种青贮设施。

青贮壕最好选择在宽敞、地势高燥的场地，形状是一个长条形的壕沟，壕的一端或两端呈斜坡状，从沟底逐渐升高至与地面平齐。青贮壕一般宽 4~6 m，便于拖拉机压实作业，深 5~7 m，地上至少 2~3 m，长 20~40 m。根据青贮壕的使用年限不同，可分为临时性青贮壕和永久性青贮壕。大型青贮壕必须有排水设施，便于排出雨雪水和原料渗出液。

青贮壕的优点是便于机具装填压实和取料，并可从一端开启取用，对建筑材料要求不高，造价低。缺点是密封面积大，剖面大，贮存损失率高，冬季青贮饲料结成冻块，夏季发生二次发酵，在天气恶劣条件下取用不方便。

（三）地面青贮窖

在地下水位较高的地方，可采用地面青贮窖。常用的是砖壁结构或混凝土结构的地上式青贮窖（图 12-4），其壁高 2～3 m。通常是将饲草逐层堆积在窖内，装满压实后，顶部用塑料薄膜密封，并在其上压以重物。大型和特大型饲养场，为便于机械化装填和取用饲料，采用地面青贮窖。在宽敞的水泥地面上，用砖、石、水泥砌成长方形窖壁，一端或两端开口。宽 8～10 m，高 3～5 m，长 40～100 m，可同时多台机械作业，用压窖机械压实。国外有用硬质的厚塑料板（2～3 m）做墙壁的，可以组装拆卸，多次使用。

图 12-4　地上青贮窖
（薛艳林摄，2013）

（四）青贮塔

青贮塔一般在地势低洼、地下水位较高的地区使用，适于机械化水平较高、饲养规模较大、经济条件较好的养殖场。青贮塔的建造质量要求较高，塔的结构必须坚固。塔内装满青贮饲料后，发酵过程中受青贮原料自重的挤压而有汁液沉向塔底，为排出汁液，底部要有排液装置。塔顶设呼吸装置，使塔内气体在膨胀和收缩时保持常压（图 12-5）。

青贮塔需要经过专业的技术设计和施工，一般是砖、石、水泥结构或钢材等制成的永久性建筑。塔直径 4～6 m，高 13～15 m。塔顶有防雨设备。塔身一侧每隔 2～3 m 留一个 60 cm×60 cm 的窗口，装料时关闭，用完后开启。原料由机械吹入塔顶落下，塔内有专人踩实。饲料是由塔底层取料口取出。青贮塔封闭严实，原料下沉紧密，发酵充分，青贮质量较高。

图 12-5　青贮塔

青贮塔的优点是构造坚固，经久耐用，占地小，青贮饲料养分损失少，饲料品质高，适合于各种环境条件下的青贮制作。但青贮塔的单位容积造价高。

现阶段，只有日本、欧洲和北美少数养殖场仍然使用青贮塔。

（五）青贮堆

青贮堆应选地表坚硬（如水泥地面）、地势较高、排水容易、不受地表水浸渍的地方。预先铺上塑料布，然后将青贮原料堆放在塑料布上，逐层压实，垛成堆，待青贮饲料堆起压实后，用一块完整的塑料薄膜覆盖，并将四周与堆底铺的塑料薄膜留出的膜重叠黏合，用竹竿或木棍做轴卷紧封闭，周围用沙土压严（图 12-6）。

青贮堆的最大优点是青贮容器投资很小，贮存地点也十分灵活。塑料薄膜覆盖青贮简单易行，贮多贮少都行，效果好，成本低。由于很难真正做到压实密闭，使青贮饲料的质量难以得到保证，青贮后的管理也较难。

青贮堆在我国大型养殖场和养殖专业户都有使用。

（六）青贮袋

利用塑料袋加工青贮饲料是一种新兴的青贮方法。根据塑料袋的容积大小可分为小型塑料袋青贮和大型塑料袋青贮两类。

1. 小型青贮袋 选用长 80～100 cm，厚 0.8～1.0 mm 的无毒塑料袋薄膜，以热压法做成长 100～200 cm 的袋子，将青贮原料切短后装入袋内封闭即可（图 12-7）。一般每袋最好不要超过 150 kg，以便运输和饲喂。装好后要堆集在防风、避雨、遮光、不容易遭受损坏的地方，注意防止鼠害和鸟害。其优点是省工、投资少、操作方便和存放地点灵活，但生产效率较低。

图 12-6 地面堆贮
（白春生摄，2015）

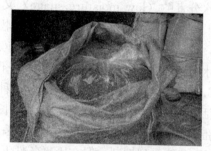

图 12-7 小型袋装青贮

小袋青贮饲料的可移动性好，还可以分袋贮存，便于就地分散制作，不受青贮地点的限制，机动灵活，制作数量可大可小。因此，这种青贮方法对我国当前广大农村牧区均有较好的适应性。

2. 大型青贮袋（灌装机推进的青贮袋） 这种青贮技术是目前世界上最先进的青贮技术之一。使用灌装机将切短的原料装入青贮袋。灌装机的灌装口，直径为 2.13 m，生产能力为 60～90 t/h，密度约为 700 kg/m³（图 12-8）。青贮袋如在田间或场院长时间存放，周围可架设保护网或其他障碍物，以防牲畜或车辆损坏青贮袋。青贮袋如有破漏损坏，可用黏结剂修补，以保证密封青贮。这种方法具有较高的生产效率，可实现规模化生产。

（七）拉伸膜裹包青贮

裹包青贮是指将收割好的新鲜牧草经打捆、裹包、密封、保存并在厌氧发酵后形成的优质草料。该体系是将牧草用打捆机捡拾压捆，然后采用青贮专用塑料拉伸膜将草捆裹包密封（图 12-9）。

图 12-8 大型袋装青贮
（薛艳林摄，2013）

图 12-9 草捆裹包青贮
（薛艳林摄，2013）

与传统的窖式青贮相比，裹包青贮的优点是损失浪费极小，灵活方便，青贮发酵品质好，生产性能好，效益高，保存期长，节省成本，便于草料的商品化生产；但是其成本较高。裹包青贮技术由于可移动性好和便于就地分散制作，不受青贮地点的限制，机动灵活，制作数量可大可小，目前已经在世界范围内广泛使用。

第四节 低水分青贮

一、低水分青贮的概念和意义

低水分青贮（low moisture silage）又称半干青贮（haylage），含水量为 $45\%\sim60\%$。半干青贮调制技术主要在牧草尤其是豆科牧草上应用，也是贮藏方式和技术内容较丰富的调制技术，现已广泛应用于美国、加拿大、欧洲各国和日本等畜牧业发达国家。

低水分青贮的原理是当青贮原料风干至含水量 $45\%\sim60\%$ 时，牧草细胞的水势达 $5.57\sim6.08$ MPa（$55\sim60$ 个大气压），这种状态使某些微生物，如腐败菌、梭菌甚至乳酸菌的生命活动接近于生理干旱状态，使其生长繁殖受到抑制。因此，在青贮过程中，微生物发酵弱，蛋白质不容易被分解。虽然霉菌的活动只有在牧草细胞的水势高达 $25.33\sim30.40$ MPa才能受到抑制，但在厌氧条件下，则不能活动，故在低水分青贮中青贮设备的密封是十分重要的。

1. 发酵品质良好　优质青贮饲料的标准是乳酸含量占总酸的比例大，而且丁酸和氨态氮的生成量少。半干青贮饲料中几乎不存在丁酸，并且氨态氮含量极少。因此半干青贮可避免高水分牧草青贮时发生的腐败现象，能获得品质优良的青贮饲料。

2. 低水分青贮饲料的可消化营养物质含量高，可提高家畜生产性能　以青贮饲料为主要饲料饲养乳牛时，半干青贮饲料的养分供给量明显高于普通青贮饲料。多数试验表明，低水分青贮的增重效果比普通青贮要好，产奶量也较高。

3. 家畜对低水分青贮饲料的干物质摄取量大　在自由采食的条件下，一头牛一天对高水分青贮饲料的摄取量只有 8 kg 左右，而低水分青贮饲料的摄取量则高达 $11\sim12$ kg，如果换算成鲜草，高水分青贮为 50 kg，而低水分青贮饲料为 $73\sim81$ kg。

4. 低水分青贮饲料的利用效率比高水分青贮饲料高　高水分青贮饲料表层发霉，且含有丁酸，所以适口性差，易于引起残留现象。

5. 可以避免营养物质的流失　水分过多时，流出的干物质损失超过 10%，由于流出物中含有可溶性碳水化合物、有机酸、矿物质和可溶性含氮化合物等极易被家畜消化的成分，营养价值较差的纤维素比例增加。青贮之前采取凋萎措施便可减轻营养物质的流出损失，当调节水分含量降至 60% 左右时，几乎不存在流出损失。

6. 运输效率高　原料含水量与运输作业效率有关，刈割后的牧草从田间运到青贮窖周围以及把完成发酵过程的青贮饲料从青贮窖中取出后运到饲料供给场的整个过程中，所产生的工作效率比普通青贮高。通过低水分青贮使青贮作业效率成倍增加。

二、低水分青贮的发酵过程

（一）好气性发酵期

与高水分青贮相比，低水分青贮的好气性发酵期长。通过凋萎使其含水量降至 $45\%\sim$

60％时，原料的呼吸强度要明显弱于新鲜原料，因此，形成厌氧状态之前好气性细菌的生长繁殖期长，导致青贮窖内温度升高，从而发酵初期低水分青贮发酵温度通常高于高水分青贮。

此外，在低水分青贮中的好气性细菌，尤其是梭菌类细菌进行异质型发酵生成有机酸，并且分解肽和氨基酸产生氨。调制低水分青贮时，如果晾晒过度，那么好气性发酵期延长，耗尽青贮窖内空气需要更长的时间，影响快速进入厌氧状态的速度，并且也降低青贮窖内的最终 CO_2 的浓度。如从青贮窖的含水量与 CO_2 浓度之间的关系来看，当原料水分含量为47％～57％时，其内 CO_2 浓度为50％～55％；而水分含量在40％以下时，其 CO_2 浓度只有30％～40％，所以过度晾晒导致 CO_2 形成速度慢且浓度低。为此在晾晒过程中应避免原料含水量降至45％以下。

（二）低水分青贮乳酸发酵期

装填原料3～7 d之后，经过植物呼吸和好气性细菌的繁殖，青贮窖内的 O_2 被耗尽，进入厌氧状态，乳酸菌开始繁殖。乳酸菌利用原料中的可溶性糖产生酸，使 pH 下降。乳酸发酵期可持续到装填原料之后7～20 d。

由于萎蔫的作用，原料上附着的乳酸菌死掉一大部分，同时发酵过程中乳酸菌的生长繁殖也受到某种程度的抑制，所以与高水分青贮相比，其乳酸菌繁殖缓慢，乳酸生成量只有高水分青贮的一半。

通常发酵良好的高水分青贮 pH 下降迅速，10 d 之内就可降至4.2左右；而低水分青贮的下降缓慢，在 pH 4.4～4.6 的较高水平下就已达到稳定状态。

（三）发酵稳定期

低水分青贮贮藏初期乳酸发酵缓慢，并且乳酸生成量较低，满足不了 pH 降至4.2或以下时所需的条件，因此就低水分青贮而言，乳酸发酵的意义不如高水分青贮那样大。只要降低原料水分，创造和保持厌氧条件，抑制酪酸菌繁殖，就能达到安全贮藏的目的。

此外低水分青贮中存在较多的好气性细菌和引起二次发酵的酵母菌，因此，在贮藏和取用过程要特别注意防止空气的进入。为达到此目的应使用密封性强的青贮方式，如真空青贮、袋式青贮、拉伸膜青贮等。

三、低水分青贮的技术要点

低水分青贮的调制方法与普通青贮基本相同，区别在于饲草收割后，需平铺在地面上，在田间晾晒1～2 d，当水分含量达到45％～60％时才能装贮，并且贮藏过程和取用过程中要保证密封。

（一）晾晒

半干青贮之所以能安全贮存，主要是靠提高渗透压的作用，而增加渗透压又是通过晾晒完成的。根据半干青贮的特点，要迅速风干原料，使饲草茎秆内的水分含量尽快降至45％～60％，晾晒时间越短越好，最好控制在24～36 h。

（二）运回、切碎

对于55％以下的低水分青贮来说其基本原理是抑制发酵，因此切断的目的是提高密度排除空气而不是促进发酵。所以原料的含水量越低，应切的越短。将晾晒的牧草由田间运回，最好铡成2 cm左右的碎段后入窖。

(三) 青贮原料的装填

原料的装填要遵循快速而压实的原则，分层装填原料，分层镇压，压的越实越好，特别要注意靠近墙和角的地方不能留有空隙。装填时间应尽量缩短，如果是小型窖应在 1 d 内完成。如果使用目前较先进的袋式青贮，使用特殊灌装设备和塑料拉伸膜青贮袋，可直接完成压实作业。

(四) 青贮设备的密封和覆盖

青贮饲料装满压实后，需及时密封和覆盖，目的是创造容器内的缺氧环境，抑制好气性微生物的发酵。具体方法是装填镇压完毕后，在上面盖聚乙烯薄膜，薄膜上盖沙土 5 cm 厚即可。在全密封的大塑料膜容器或塑料袋中青贮时，装完原料封严后，可由备用抽气孔将空气排除。

第五节　青贮添加剂

青贮技术发展很快，最重要的技术是采用青贮添加剂。使用青贮添加剂的目的，是为了促进乳酸菌发酵和改善青贮环境，以便于进行良好的青贮。在欧洲许多国家，对于干物质和可溶性碳水化合物含量低的作物，使用青贮添加剂后，会获得很好的效果。在瑞典、英国常以甲酸用于青贮，北爱尔兰则以甲酸、丙酸、乳酸和抗氧化剂等用于青贮，英、美等国还将甲酸钙和亚硫酸钠用作青贮添加剂。

青贮添加剂可延长青贮原料的保存期，调节青贮饲料淡旺季节供求的矛盾，平衡青贮饲料的供应。目前，青贮饲料添加剂种类繁多，根据使用目的和效果可分为发酵促进剂、发酵抑制剂、好气性腐败菌抑制剂及营养性添加剂四类（表 12-5）。其目的分别是促进乳酸发酵、抑制不良发酵、控制好气性变质和改善青贮饲料的营养价值。

表 12-5　青贮添加剂的分类

(引自刘科等，2001)

发酵促进剂		发酵抑制剂		好气性腐败菌抑制剂 (防腐剂)	营养性添加剂
培养细菌	碳水化合物	酸	其他		
乳酸菌	葡萄糖	无机酸	甲醛	丙醛	尿素
	蔗糖	甲酸	对甲醛	乙酸	氨水
	糖蜜	乙酸	硝酸钠	山梨酸	双缩脲
	谷类	乳酸	二氧化硫	氨	无机盐
	乳清	苯甲酸	偏硫酸钠	微生物添加剂	
	萝卜渣	丙烯酸	二硫酸铵		
	橘渣	甘氨酸	食盐		
	马铃薯	苹果酸	抗生素		
	纤维素	山梨酸	二氧化碳		
			二硫化碳		
			氢氧化钠		

(一) 发酵促进剂

比较常用的发酵促进剂有乳酸菌制剂、酶制剂以及糖蜜等，现分述如下。

1. 乳酸菌制剂 为保证青贮过程中乳酸菌数量充足，在青贮时，可以人工补充乳酸菌，加速乳酸发酵过程，促使产生大量乳酸，使青贮原料 pH 下降，促进碳水化合物的分解。目前，主要使用的菌种有植物乳杆菌、戊糖片球菌及干酪乳杆菌。一般每 100 kg 青贮原料中加入乳酸菌培养物 0.5 L 或乳酸菌制剂 450 g。因乳酸菌添加效果不仅与原料中可溶性糖含量有关，而且也受原料缓冲能力、干物质含量和细胞壁成分的影响。所以乳酸菌添加量也要考虑乳酸菌制剂种类及上述影响因素。

调制青贮的专用乳酸菌添加剂应具备如下特点：①生长旺盛，在与其他微生物的竞争中占主导地位；②具有耐酸性，尽快使 pH 降至 4.0 以下；③能使葡萄糖、果糖、蔗糖和果聚糖发酵；④生长繁殖温度范围广；⑤在低水分条件下也能生长繁殖。

绿汁发酵液：绿汁发酵液是一种乳酸菌制剂的替代品，它和细菌接种剂的机理一样。它在苜蓿等豆科牧草青贮加工调制中具有制作简便、生产成本低、效果稳定等特点，而且它的使用不受牧草的含水量、生长阶段和贮存温度的影响。多年来中国农业大学草地研究所研究应用绿汁发酵液做添加剂，对苜蓿等牧草青贮进行研究，取得了较好的效果（表 12 - 6、表 12 - 7）。

表 12 - 6 不同稀释浓度绿汁发酵液对青贮发酵品质的影响

	苜 蓿				塔落岩黄芪			
	对照	稀释 2 倍	稀释 5 倍	稀释 8 倍	对照	稀释 2 倍	稀释 5 倍	稀释 8 倍
pH	5.24	4.33	4.50	4.47	5.61	4.58	4.68	4.81
有机酸（%DM）								
乳酸	2.82	4.73	4.04	4.11	1.43	3.77	3.24	3.05
乙酸	3.29	2.01	2.03	1.89	2.12	1.09	1.23	1.31
丁酸	1.73	0.02	0.07	0.04	1.55	0.03	0.06	0.10
总酸	7.84	6.76	6.14	6.04	5.10	4.89	4.53	4.46
VBN（%TN）	22.8	10.5	9.2	9.0	12.3	5.8	5.1	5.9

注：VBN 是挥发性盐基氮，即一般我们所称的氨态氮。

表 12 - 7 绿汁发酵液不同添加量对青贮发酵品质的影响

	苜 蓿					塔落岩黄芪				
	对照	0.1%	0.2%	0.5%	0.8%	对照	0.1%	0.2%	0.5%	0.8%
pH	5.37	4.60	4.43	4.59	4.52	5.41	4.88	4.83	4.51	4.46
有机酸（%DM）										
乳酸	2.73	4.33	4.74	4.21	4.03	1.37	3.27	3.34	3.95	3.89
乙酸	3.03	1.91	1.53	1.89	1.96	2.01	1.00	1.13	0.99	0.96
丁酸	1.65	0.07	0.04	0.08	0.07	1.47	0.13	0.14	0.03	0.03
总酸	7.41	6.34	6.31	6.18	6.06	4.86	4.40	4.61	4.97	4.88
VBN（%TN）	18.4	7.5	7.5	8.0	7.7	10.3	4.8	4.1	4.4	4.0

当苜蓿刈割之后直接青贮时，青贮含水量（%）、pH、乳酸含量（%，以干物质计）、乙酸含量（%，以干物质计）、丁酸含量（%，以干物质计）和 NH_3 - N（%，以总氮计）

分别为76.7、5.92、1.18、1.41、2.06和23.4，表现乙酸、丁酸和NH_3-N含量高，青贮品质差，而添加青贮发酵液后青贮，其值分别为77.1、4.33、5.11、0.83、0.03、6.2，表现pH低，乳酸含量高，青贮发酵液的添加可极大改善青贮发酵品质。绿汁发酵液添加剂是目前被认为最好的天然生物添加剂，具有广阔的市场，而且从牧草中制备的绿汁发酵液菌种源于自然，用之于牧草青贮，属天然生物制剂，既保证了对青贮容器的无腐蚀，又保障了对家畜无任何副作用，是一种安全健康青贮添加剂。从牧草中制备的绿汁发酵液对其同一类牧草青贮均有效，因此，绿汁发酵液中可能含有适合于其原料牧草发酵的特种乳酸菌。一般绿汁发酵液的添加量为青贮原料的2%～4%，使用时均匀喷洒到青贮原料中。

青贮发酵液制备技术要点：①榨汁，首先将原料切成2～3 cm长的碎段，利用搅拌器将碎段搅拌1 min后榨汁；②适温发酵，将榨汁用纱布过滤，滤液中加入20～40 g/L的葡萄糖后30 ℃厌氧培养48 h；③添加（喷洒青贮发酵液），根据牧草种类和含水状态，在原料中以0.2%～0.5%比例添加发酵液后进行青贮。

2. 酶制剂 乳酸菌只能利用葡萄糖、果糖等单糖，不能利用淀粉和纤维素。添加酶制剂的目的在于分解原料细胞壁的纤维素和半纤维素，产生可被乳酸菌利用的可溶性糖类。酶制剂常使用胜曲霉、黑曲霉、米曲霉等培养物的浓缩物，以及淀粉酶、糊精酶、半纤维素酶等酶制剂。酶制剂的添加量，通常为青贮原料的0.000 1%～0.002%。作为青贮添加剂的纤维素分解酶应具备以下条件：①添加之后能使青贮料早期产生足够的糖分；②在pH 4.0～6.5范围内起作用；③在较宽温度范围内具有较高活性；④对低水分原料也起作用；⑤在任何生育期收割的原料中都能起作用；⑥能提高青贮饲料营养价值和消化性；⑦不存在蛋白分解活性；⑧与其他青贮添加剂相比价格较低，同时能长期保存。

3. 糖蜜 糖蜜是制糖工业的副产品，含糖量在5%左右。添加糖蜜的作用主要是补充青贮原料的含糖量，促进乳酸菌的发育。如原料含糖量不足，含粗蛋白质较高，乳酸菌的发育将受阻，此时增加可溶性糖的含量，有利于乳酸菌的发酵。尤其是豆科牧草含粗蛋白质较高，单宁类物质和含水量也高，而含糖量却较低。糖蜜添加量要根据青贮原料含糖量而定，一般为青贮原料重量的1%～3%，禾本科原料添加4%，豆科、秸秆原料添加6%。

（二）发酵抑制剂

1. 无机酸添加剂 无机酸添加剂有硫酸、盐酸、磷酸等，主要用于高水分的青贮饲料，能取代细菌生成的各种酸，但具有很强的腐蚀性。青贮玉米秸秆可以使用磷酸作为添加剂，添加后青贮原料的pH很快下降，减少青贮过程中一些好气和厌气发酵的损失。由于无机酸对青贮设备、家畜和环境不利，目前使用不多。

2. 有机酸添加剂 常用的有机酸有甲酸、乙酸和丙酸。添加甲酸、乙酸可提高乳酸含量，减少丁酸含量，提高消化率。丙酸则可有效地防止霉菌繁殖。

（1）甲酸：甲酸又称蚁酸，是无色透明液体，为有机酸中降低pH最强的一种。牲畜采食后，能在畜体内氧化，目前青贮时较为多用。青贮原料添加甲酸后，促使青贮原料最初阶段的pH降低，为乳酸菌的繁殖创造适宜条件。甲酸有较强的杀菌力，使用此种添加剂，能有效防止蛋白质水解，有助于青贮原料中蛋白质和能量的保存，提高青贮原料的营养价值。甲酸的添加量，一般青贮原料中加95%的甲酸2.8 kg/t或85%～90%的甲酸2.8～3.5 kg/t。浓甲酸腐蚀性较大，刺激皮肤有痒痛感，严重时会引起烧伤。故手工操作时应加水稀释，并要有保护措施，如戴口罩、手套、眼镜、穿防护服装等。

（2）乙酸和丙酸：乙酸为一种较弱的有机酸，使用方法和作用与甲酸相同。丙酸在青贮原料中添加 0.1%～0.2%，可减少酵母菌的生长；添加 0.4%，可抑制细菌生长；添加 0.5%～0.6%，可作为不易青贮作物的保存剂。苜蓿、黑麦草青贮时添加丙酸，其干物质和蛋白质的消化率会明显提高。

3. 其他发酵抑制剂　其他发酵抑制剂主要有焦亚硫酸钠、二乙酸钠和苯甲酸。

（1）焦亚硫酸钠：此添加剂常用作青贮原料的抗氧化剂和抑菌剂。添加后它与原料中的水反应，生成二氧化硫，能使青贮原料中酶类失活，抑制青贮原料植物细胞的呼吸作用。二氧化硫与水反应生成硫酸，其效果与添加硫酸一样。

（2）二乙酸钠：在干草和紫花苜蓿青贮料中，如含水量达 40% 左右时，霉菌很易繁衍，随之温度升高。此时添加 0.2% 的二乙酸钠，可抑制霉菌生长，控制青贮原料升温。如果与乳酸合用［重量比 7.5 :（1～1.4）］，可提高青贮原料的蛋白质含量。

（3）苯甲酸：青贮原料中添加苯甲酸有良好的效果。前苏联在每 100 kg 青贮玉米秸秆中添加 3 kg 苯甲酸，并加入硫酸铜 2.5 g、硫酸锰 5 g、硫酸锌 2 g、氯化钴 1 g、钾 1 g，青贮饲料质量有提高。添加苯甲酸可使青贮原料能量提高，蛋白质水解速度减缓，可消化蛋白质提高，适口性好，奶牛食后产乳量比一般青贮饲料提高 7.4%。此外，还可抑制霉菌生长，减少青贮原料腐败。

（三）好气性腐败菌抑制剂（防腐剂）

好气性腐败菌抑制剂有乳酸菌制剂、丙酸、己酸、山梨酸和氨等。对牧草或玉米添加丙酸调制青贮饲料时，单位鲜重添加 0.3%～0.5% 时有效，而增加到 1.0% 时效果更明显。青贮原料添加氨水后，青贮料的 pH 迅速提高。对酵母菌、霉菌等有抑制作用，从而延长贮存期。氨水还能破坏作物细胞壁的半纤维素和其他组织之间的链锁关系，能提高家畜对干物质和纤维素的消化率。苜蓿青贮时用氨水不理想。

（四）营养性添加剂

营养性添加剂主要用于改善青贮饲料营养价值，而对青贮发酵一般不起作用。

1. 尿素　目前应用最广的是尿素，将尿素加入青贮饲料中，可降低青贮物质的分解，提高青贮饲料的营养物质；同时还兼有抑菌作用。尿素添加剂是增加玉米秸秆、高粱秸秆青贮中粗蛋白质含量最好的添加剂，其添加量是 5 g/kg，青贮料中蛋白质含量可达到 12% 以上。在美国，玉米青贮饲料中添加 0.5% 的尿素，粗蛋白质可提高 8%～14%，在肉牛育肥中广泛使用。

2. 磷酸脲　此种添加剂可作为青贮原料氮、磷添加剂和加酸剂。青贮原料中添加 0.35%～0.4% 磷酸脲，可提高青贮料中的胡萝卜素含量，并且青贮料的酸味淡，色嫩黄绿，叶脉清晰。

第六节　青贮饲料的品质鉴定及饲喂技术

一、青贮饲料的品质鉴定

青贮饲料品质包涵两种含义，一种是指发酵的优劣状况即发酵品质（所谓狭义品质）而另一种是指青贮饲料的饲料价值（广义品质）。通常所指的青贮饲料品质为狭义上的品质。高质量的青贮饲料一般具有以下特征：一是刈割时期适当，牧草品质优良；二是青贮饲料的

pH 约为 4.2 或以下；三是青贮饲料乳酸含量为 5%～10%（干物质）；四是气味芳香无异味；五是色泽黄绿，没有变成棕色或黑色；六是结构正常，无黏性。

青贮饲料品质鉴定分为感观鉴定和化学鉴定，通过品质鉴定可以了解青贮饲料价值的高低。

（一）感官鉴定法

感官鉴定法是根据青贮饲料的气味、颜色和质地等指标，评定其品质的方法。在农牧场或其他现场情况下，可采用感官鉴定法来鉴定青贮饲料的品质（表 12-8）。

表 12-8 青贮饲料感观评价

等级	色	香	味	质地
优良	接近原料的颜色，青绿或黄绿，有光泽	芳香、酒酸味，给人以舒适感	酸味浓	湿润松散，保持茎、叶、花原状，容易分离
中等	黄褐、暗褐	芳香味弱，并稍有酒精或醋酸味	酸味中	柔软，水分稍多，基本保持茎、叶、花原状
低劣	黑色、墨绿	刺鼻臭味、霉味	酸味淡，味苦	腐烂，烂泥状，黏滑或干燥或黏结成块无结构

1. 香 品质优良的青贮饲料，具较浓的酸味、果实味或芳香味，气味柔和，不刺鼻，给人以舒适感，乳酸含量高。品质中等的，稍有酒精味或醋味，芳香味较弱。如果青贮饲料带有刺鼻臭味如堆肥味、腐败味、氨臭味，那么该饲料已变质，不能饲用。

2. 味 品质优良的青贮饲料含在嘴里给人以舒适感，pH 3.7 左右的青贮料酸味相当强，pH 4.0 左右的青贮料酸味较强。pH 为 4.5 以上时，酸味中有涩味、苦味，表明氨含量高，为品质不良的青贮饲料。

3. 色 品质良好的青贮饲料呈青绿色或黄绿色（说明青贮原料收割适时）。中等品质的青贮饲料呈黄褐色或暗褐色（说明青贮原料收割时已有黄色）。品质低劣的青贮饲料多为暗色、褐色、墨绿色或黑色，与青贮原料的原来颜色有显著的差异，这种青贮饲料不宜喂饲家畜。

4. 质地 品质良好的青贮饲料压得非常紧密，拿在手中却较松散，质地柔软，略带湿润。叶、小茎、花瓣能保持原来的状态，能够清楚地看出茎、叶上的叶脉和绒毛。相反，如果青贮饲料黏成一团，好像一块污泥，或者质地松散干燥粗硬，这表示水分过多或过少，不是良好青贮饲料。发黏、腐烂的青贮饲料不适于饲喂家畜。

（二）实验室鉴定法

实验室鉴定主要通过化学分析来判断发酵情况，首先测定发酵品质，包括 pH 以及有机酸（乙酸、丙酸、丁酸、乳酸）的总量和构成。其中，测定游离的氨（氨态氮与总氮的比例），是评价蛋白质分解程度最有效的指标。然后测定与动物生产相关的养分指标，DM、DNF、ADF、CP、粗灰分、淀粉等，甚至测定养分的消化率。

1. 发酵品质

（1）pH：可用 pH 测定仪测定。乳酸发酵良好，pH 低；丁酸发酵则使 pH 升高。pH 越低，品质越好。一般对常规青贮来说，pH 4.2 以下为优；4.2～4.5 为良；4.6～4.8 为可利用；4.8 以上不能利用。但半干青贮饲料不以 pH 为标准，而根据感官鉴定结果来判断。

（2）有机酸含量：有机酸总量及其构成可以反映青贮发酵过程及青贮饲料品质的优劣。其中最重要的是乳酸、乙酸和丁酸，以乳酸的比例越大越好。一般乳酸的测定用常规法，而挥发性脂肪酸用气相色谱仪来测定。德国 Flieg（1938）曾提出青贮饲料的评分方法（弗氏法），Zummer（1966）对弗氏法进行了修订，即目前的弗氏评分法，被世界各地广泛采用（表 12-9）。

表 12-9 Flieg 氏青贮评分方案

（引自 Flieg，1938；Zummer，1966）

	总酸中比例/%	评分	总酸中比例/%	评分	总酸中比例/%	评分	总酸中比例/%	评分
乳酸	0.0~25.0	0	40.1~42.0	8	56.1~58.0	16	68.1~69.0	23
	25.1~27.5	1	42.1~44.0	9	58.1~60.0	17	69.1~70.0	24
	27.6~30.0	2	44.1~46.0	10	60.1~62.0	18	70.1~71.2	25
	30.1~32.0	3	46.1~48.0	11	62.1~64.0	19	71.3~72.4	26
	32.1~34.0	4	48.1~50.0	12	64.1~66.0	20	72.5~73.7	27
	34.1~36.0	5	50.1~52.0	13	66.1~67.0	21	73.8~75.0	28
	36.1~38.0	6	52.1~54.0	14	67.1~68.0	22	>75.0	30
	38.1~40.0	7	54.1~56.0	15				
乙酸	0.0~15.0	20	24.1~25.4	15	30.8~32.0	10	37.5~38.7	5
	15.1~17.5	19	25.5~26.7	14	32.1~33.4	9	38.8~40.0	4
	17.6~20.0	18	26.8~28.0	13	33.5~34.7	8	40.1~42.5	3
	20.1~22.0	17	28.1~29.4	12	34.8~36.0	7	42.6~45.0	2
	22.1~24.0	16	29.5~30.7	11	36.1~37.4	6	>45	0
丁酸	0.0~1.5	50	8.1~10.0	9	17.1~18.0	4	32.1~34.0	-2
	1.6~3.0	30	10.1~12.0	8	18.1~19.0	3	34.1~36.0	-3
	3.1~4.0	10	12.1~14.0	7	19.1~20.0	2	36.1~38.0	-4
	4.1~6.0	15	14.1~16.0	6	20.1~30.0	0	38.1~40.0	-5
	6.1~8.0	10	16.1~17.0	5	30.1~32.0	-1	>40.0	-10
评价	总评分	81~100		61~80		41~60	21~40	0~20	<0
	等级	优		良		可	中	劣	劣

（3）氨态氮：利用蒸馏法或其他方法来测定氨。根据氨态氮与总氮的比例进行评价，数值越大，品质越差。10% 以下为优；10%~15% 良；15%~20% 一般；20% 以上劣。

为了使测定结果能充分说明青贮饲料品质，取样一定要有代表性。无论是何种青贮容器，都应遵循通用的对角线和上、中、下设点取样的原则。取样点距青贮容器边缘不少于 30 cm，以减少外部环境的影响。

2. 养分指标

（1）DM：检测干物质的含量，可以使不同样品的成分在同一基础上进行比较。而且动物对养分的需要量，都是建立在干物质基础上。另外在生产中，干物质还有其他的表述形式，如饲喂时状态（as-fed）、风干状态（air-dry）等。

（2）CP：粗蛋白质是对样品蛋白含量的估测，实验室测定一般用凯氏定氮法测出总氮含量，然后乘以 6.25 来计算粗蛋白质的含量。1831 年，法国化学家 Dumas 首创燃烧测氮法。1964 年，德国 Heraeus 公司生产出了世界上第一台 Dumas 法快速定氮仪。1989 年，Heraeus 公司生产的世界上第一台可以检测克级样品的杜马斯法快速定氮仪问世，杜马斯法在食品、饲料、肥料、植物、土壤及临床等领域上广泛应用。

（3）NDF：中性洗涤纤维表示饲草细胞壁的部分，包括半纤维素和酸性洗涤纤维。中性洗涤纤维只有部分可以降解，中性洗涤纤维的含量与干物质采食量呈负相关。一般采用 Van Soest（1966）的纤维分析体系测定。对于淀粉含量高的饲草原料，需要在消毒时添加耐高温 α-淀粉酶，避免淀粉的干扰作用。测定蛋白质含量高的饲草原料时，需要在消毒前用蛋白酶处理样品，避免蛋白质的干扰作用。除了常规消煮过滤测定纤维外，滤袋技术（filter bag technology，FBT）在 20 世纪 90 年代以来获得广泛应用。滤袋用特殊材料制成，规格统一，具有一定孔隙。溶液可自由通过，袋内物质不会流出。滤袋可耐受强烈化学试剂，甚至可耐受 72% 的硫酸。

（4）ADF：酸性洗涤纤维是弱酸水解后的残渣，包括纤维素、木质素、硅、不可溶性蛋白等成分。

（5）矿物质：矿物质是指样品中所含的常量或微量矿物元素。测定粗灰分，并不能评定矿物元素的价值，为了准确评价饲草的矿物质元素含量及其可利用性，尚需对各种元素进行定性或定量的检测。

（6）体内消化（in vivo digestion）：体内消化即通过活体消化试验，评定饲草营养价值。体内法的评定指标包括饲草的采食量、消化率、降解率、发酵和流通速率等。

（7）体外消化（in vitro digestion）：从 20 世纪 50 年代起，活体内消化试验技术开始向模拟瘤胃内消化进行探索，使得饲草消化率可由模拟动物消化的微生物法进行估测。目前较为流行，可有效评定饲草消化率的有 3 种微生物法和 1 种酶法。

（8）干物质采食量（dry matter intake，DMI）：干物质采食量是通过测定样品的中性洗涤纤维含量，预测家畜饲用时，其采食量的多少。

（9）干物质消化率（digestible dry matter，DDM）：干物质消化率是通过测定样品的酸性洗涤纤维含量，预测家畜饲用时，其消化率的高低。

（10）总可消化养分（total digestible nutrients，TDN）：总可消化养分用以估测饲草被家畜采食时，其养分的利用情况。

（11）相对饲喂价值（relative feed value，RFV）：相对饲喂价值是结合酸性洗涤纤维含量和中性洗涤纤维含量，对饲草品质进行评价和比较的指数。

（12）相对饲草品质（relative forage quality，RFQ）：相对饲草品质是比相对饲喂价值更好地估测饲草品质的指数，能够预测家畜采食该饲草的生产性能。与相对饲喂价值通过酸性洗涤纤维和中性洗涤纤维进行预测不同，相对饲草品质是在通过估测纤维消化率，计算总可消化养分和干物质采食量的基础上计算而得。

二、青贮饲料的饲喂技术

（一）青贮饲料的开封及取料

一般情况下，青贮 30～45 d 即可完成发酵全过程，可以开封使用。开窖时间根据需要而定，一般要尽量避开高温或严寒季节。因为高温季节，青贮饲料容易二次发酵或干硬变质，严寒季节青贮饲料易结冰，需融化后才能饲喂。

取料方法：由上往下逐层取料，若是长方形的壕、窖，则从一端开始取料，一节一节取，每次的取出量应以当天能喂完为宜。挖洞式取料易引起二次发酵。每次取完料后，用塑料薄膜将口封严，防止空气进入，避免变质。

（二）二次发酵及其预防措施

1. 二次发酵机理　开启青贮窖后有时发生青贮饲料发热而迅速变质腐败现象，其实质为好气性变质，通常称之为二次发酵。对低水分青贮和大型青贮窖，特别是堆贮，如果处理不当，二次发酵会造成青贮饲料的大量损失，应引起高度重视。

（1）好气性变质机理：青贮窖内的原料受到多种微生物作用成为青贮料，在厌氧条件下进入稳定状态。当为了利用而开启青贮窖时，青贮料表面容易接触空气，霉菌和酵母菌等好气性微生物开始生长繁殖，使青贮饲料温度升高，进而更加强了微生物的生长繁殖，加剧了青贮饲料的变质。参与二次发酵的微生物除有酵母菌外，还有镰刀霉菌、白地霉、紫红曲霉、烟曲霉、娄地青霉、丝衣霉菌等霉菌。

青贮饲料好气性变质，并不是开封后由空气中微生物的侵入而导致的结果，而是开封后青贮料中附着的和生存的酵母菌、丝状菌和好气性细菌在有氧条件下，将青贮料中的糖、乳酸和乙酸等作为能源而生长繁殖，并且将其氧化成二氧化碳和水分，并释放能量。另外，也分解蛋白质和氨基酸而形成氨类物质，使得青贮料的 pH 升高。因此，在青贮料中酵母菌、丝状菌和好气性细菌数量多的条件下，好气性变质更容易发生。由于这些微生物将青贮料中的糖类（葡萄糖、果糖和果聚糖）和乳酸作为繁殖营养源，因此这些成分在青贮饲料中的含量越多，青贮饲料越容易发生好气性变质。青贮窖开封后，酵母菌接触空气而首先繁殖。酵母菌利用青贮饲料中的糖分、乳酸和乙酸等有机酸，将提高青贮饲料 pH。另外，酵母菌将能量作为代谢热释放，所以青贮温度明显升高而表现为第一次高峰。随后耗尽养分的酵母菌的繁殖进入停滞状态，温度下降。接着繁殖速度缓慢的丝状菌开始繁殖起来，将青贮饲料温度再次提高，成为第二次高峰。

（2）二次发酵的原因：二次发酵一般在下列情况下发生，开启使用青贮料之后与外界空气接触；从青贮窖取出后在好气状态下放置；青贮窖密封状况不良。其中，尤其在第一种情况下更容易产生二次发酵。引起二次发酵的表面原因可列出几点，①青贮饲料数量的增加；②因全年青贮饲料利用制度的普及而夏季利用的增加；③青贮窖规模的大型化；④青贮的低水分化；⑤青贮饲料的高品质化。

（3）影响二次发酵的因素：①外界环境温度，通常高温有利于酵母菌和霉菌的繁殖，因此夏季容易发生二次发酵。很多试验结果表明，外界气温直接影响青贮窖温度，同一批青贮饲料在 27 ℃条件下取出后第二天就会发生二次发酵，而在 7 ℃条件下能保持长期稳定。夏季高温，青贮窖内温度也升高，尤其在光线好的青贮窖内该现象较为明显，因此，夏季使用的青贮窖所处位置应选在太阳直射不强烈的地方。②密度，青贮饲料密度越高，外界空气就越难进入，也就不易发生二次发酵。当在塔形窖内贮藏时，往往四周密度高，而中心部表现蓬松状而出现霉烂现象。因此，在装填过程中将原料摊平，并且采用踩压或机械压实方式增加密度。此外，采取切碎或揉碎措施在提高密度方面很有效。很多实例表明如果不切碎而直接贮藏容易发生二次发酵，如果采用圆筒式收割机收获或用铡草机细切后装填则不易发生二次发酵。③含水量，原料水分含量越低，提高装填密度就会越难，而原料含水量高时可依靠自重来提高密度。通常在水分含量低的部位密度低，则发霉发热。另外在低水分青贮中，能引起二次发酵的酵母数量较多，比起高水分青贮，低水分青贮饲料中容易发生二次发酵。④取量，表面 15 cm 处造成二次发酵的青贮饲料温度最高。如果每日取料厚度在 15～20 cm 以上时，可防止二次发酵。⑤青贮饲料品质，高品质青贮料，尤其添加糖分和甲酸的牧草青贮或晚期刈割贮藏的玉米青贮与劣质青贮相比，容易发生二次发酵。一般认为劣质青贮中含有较多丙酸和丁酸等有机酸，能阻止酵母菌和霉菌的繁殖，防止二次发酵。⑥微生物种类，据报道酵母菌多的青贮料容易发生二次发酵，通常优质青贮饲料和玉米青贮饲料中酵母菌非常多。虽然玉米青贮饲料作为高能量饲料很受人们的欢迎，但在使用过程中要注意防止二次发酵。

2. 预防二次发酵措施　二次发酵基本上是由空气的侵入导致的。因此，防止二次发酵要掌握以下两个要点：第一要采用物理性措施防止空气进入青贮料饲内；第二采用乳酸菌制剂抑制二次发酵的发生；第三要利用化学措施阻止酵母菌和霉菌的生长。

(1) 物理方法：①青贮窖规模，根据饲养头数确定青贮窖规模。当每日取料厚度在 15 cm 以上时最安全。在壕贮或堆贮的情况下，易发生二次发酵，为此开口要尽量小，每次取料后，要用塑料薄膜或其他装置将取料口盖严。②青贮窖构造和密封，青贮窖开窖利用时不能长期处于开放状态。为此，青贮窖表面积要尽量少，并且应具备可再次密封的构造。特别是在夏季利用时，应使用密封性强的青贮窖，当采用壕式或堆式时要安装一些隔离板来达到再次密封的条件。③青贮饲料调制方法，青贮窖开启后，空气进入青贮饲料内部的程度与其密度有直接关系。通常密度越大，空气进入量就会越小。因此，在装填过程中要细切原料，充分压实，封盖严密。

(2) 布氏乳杆菌等发酵抑制法：青贮时添加布氏乳杆菌，可以提高青贮饲料中乙酸的含量，抑制了酵母菌的生长，从而预防青贮饲料的二次发酵。

(3) 化学方法：①丙酸，丙酸可作为酵母菌和霉菌繁殖抑制剂，起很好的防腐作用。丙酸添加量取决于原料种类、含水量、贮藏期间的温度情况。其标准添加量为 0.5%。②甲酸钙复合剂，其主要成分为甲酸钙 75%、安息香酸钠 10%、毛亚硫酸钠 10%、矿物质和其他5%。该产品具备不影响乳酸菌生长而抑制酵母菌和霉菌繁殖的特点。其添加量为 0.2%～0.3%。

(三) 青贮饲料的利用

青贮原料不同，其营养价值也不一样，应按青贮饲料含有的营养成分与其他饲料配合饲喂，绝不能单一饲喂青贮饲料，否则将影响畜、禽的生长发育。青贮饲料具有甜酸味，初饲喂时，有的畜、禽不适应，不喜采食，可先空腹饲喂，后加其他草料，逐渐饲喂，然后食用量增加，或与其他草料混合拌在一起喂，适应几日后，即可习惯。青贮饲料是良好的饲料，但并非唯一的饲料，应与他饲料按畜禽营养标准合理搭配饲用。

1. 奶牛　青贮饲料主要用于饲喂奶牛。以全株青贮玉米为例，高产奶牛每天的饲喂量为 20～30 kg/头，每年需要的全株青贮玉米数量为 10 t 左右。与饲喂玉米秸秆相比，奶牛饲喂全株青贮玉米后增产效果明显，在一个产奶季内每头奶牛可多产奶 800～1 000 kg。按着目前全株青贮玉米的产量，一般每头奶牛每年需要种植青贮玉米面积为 0.13～0.2 hm²，即可保证全年的均衡供应。

崔国文（2009年）以一组体重 500~550 kg，乳脂率 3.5% 以上的奶牛，饲喂全株青贮玉米、苜蓿干草和玉米秸秆对奶牛产奶量的影响和效益分析如下（表 12 - 10）。

表 12 - 10 在不同日粮水平下奶牛产奶量的变化和效益分析

	全株青贮玉米	玉米秸秆	苜蓿干草	奶牛精饲料补充料	牛奶饲料成本
粗蛋白质/%，以干物质计	8	5.5	18	20	—
粗纤维/%，以干物质计	22	32	30	—	—
饲料价格/（元/kg）	0.3	0.05	1.6	2.3	
日产奶 30 kg	20	—	—	8	0.813
日粮配比	—	11		13	1.015
日产奶 37 kg	15	—	3	10	0.93
日粮配比	—	8	3	14	1.011

从表 12 - 10 中可以看出，在奶牛日产奶 30 kg 时，"秸秆＋精饲料"型日粮需要 13 kg 精饲料，而"全株青贮玉米＋精饲料"型日粮只需要 8 kg 精饲料，每天节省 5 kg，每头奶牛每年可节省精饲料 1 500 kg 以上。再从饲料成本来看，"全株青贮玉米＋精饲料"型日粮饲喂奶牛生产的鲜奶饲料成本为 0.813 元/kg，而"秸秆＋精饲料"型为 1.015 元/kg，比前者高出 0.202 元/kg，每头牛每天多消耗饲料成本 6.06 元，以目前我国年平均产奶量 4.6 t/头计算，"秸秆＋精饲料"型日粮奶牛养殖每年多消耗饲料成本 929.2 元/头。在奶牛日产奶 37 kg 时，以"全株青贮玉米＋苜蓿＋精饲料"型日粮比"秸秆＋苜蓿＋精饲料"型日粮养殖奶牛的牛奶饲料成本低 0.081 元/kg，每天节约饲料成本 3 元/头，按高产奶牛年产奶 7 t/头计算，每年可节约饲料成本 567 元/头。因此可得出结论，"秸秆＋精饲料"型畜牧业是高耗粮低效益畜牧业，而"全株青贮玉米＋精饲料"则是节粮型畜牧业模式。我国利用部分现有耕地种植高产的饲草（青贮玉米和优质牧草）取代部分秸秆养殖奶牛可提高养殖效益 30% 以上。

2. 肉牛 在育肥期间的每天饲喂量为 10 kg/头，最多不超过 15 kg/头。因为与非期间精饲料饲喂量大，肉牛瘤胃异常发酵严重，此时过量饲喂酸性的青贮饲料，会引起酸中毒而影响肥育效果。

3. 猪 养猪饲喂青贮饲料，可以节省大量精饲料，降低饲养成本。制作养猪青贮饲料的饲草品种应该营养丰富，粗纤维含量少，鲜嫩多汁，易于消化。目前栽培的主要品种有籽粒苋和青饲玉米等。青贮时一定要切碎，以提高适口性和消化率。仔猪从 1.5 月龄开始饲喂专用混合青贮饲料，到 2~3 月龄，每天每头可喂给 2~2.5 kg。肉猪按年龄的不同，每天每头可喂给 1~3 kg。妊娠母猪喂量为每天 3~4 kg/头，哺乳母猪为每天 1.2~2 kg/头；空怀母猪为每天 2~4 kg/头。母猪妊娠的最后一个月，应减少一半喂量，并在产仔前 2 周时，从日粮中全部除去。产后再接着饲喂，最初喂量为每天 0.5 kg/头，10~15 d 后，可增至正常喂量。

4. 禽 家禽饲料的组成以精饲料为主，在不采用全价配合饲料的情况下，可饲喂青贮饲料，以满足维生素特别是胡萝卜素的需要。养禽专用青贮饲料必须高质量，要求 pH 为 4~4.2，粗蛋白质占青贮饲料重的 3%~4%，粗纤维不超过 3%。因此必须青贮原料好，青贮技术正确。制备养禽专用青贮饲料的原料有：三叶草、苜蓿、籽粒苋、豌豆、青绿燕麦、玉米、苏丹草、禾本科杂草及胡萝卜茎叶等。它们的收获适期为：豆科草应在孕蕾期，禾本科草应在抽穗初期，玉米应在乳熟期，块根茎叶应在块根收获期。为了强化乳酸发酵过程，原料中富含糖分的饲料（如胡萝卜、饲用甜菜等）可占全部青绿原料重的8％～10％。原料需切碎，长度不超过0.5 cm，这样制成的青贮饲料有利于与日粮中其他饲料相混合，也便于家禽采食。每只家禽冬季需制备专用青贮饲料应不少于5～6 kg。青贮饲料饲喂量：1～2月龄的雏鸡为每天5～10 g/只，随年龄增长逐渐增加，成年鸡为每天20～25 g/只；鸭为每天80～100 g/只；鹅为每天150～200 g/只。

干草调制及草产品加工

第一节　干草调制的意义

干草调制是把天然牧草或人工种植的牧草适时收割、晾晒和贮藏的过程。刚刚收割的青绿牧草称为鲜草，鲜草的含水量大多在 $50\% \sim 85\%$ 或以上；鲜草经过一定时间的晾晒或人工干燥，水分达到 $15\% \sim 18\%$ 或以下时，即成为干草。这些干草在干燥后仍保持一定的青绿颜色，因此也称青干草；介于鲜草和干草之间的牧草称为半干草或半干青草。

（一）优质干草应具备的条件

1. 适时收割　决定饲草最佳收割期的因素包括高的产草量和营养价值，当两者的综合值达到最高时，即为最佳收割期。

2. 干草保持绿色　在干草调制过程中要尽量缩短干燥时间，避免雨淋，使茎叶保持原有绿色。

3. 保持叶片完整　保持叶片完整不脱落，有效保存养分不散失。

4. 适宜的含水量　干草的含水量为 $14\% \sim 17\%$，以便长期贮存和运输。

（二）干草调制及草产品加工的重要意义

1. 实现一年四季饲草的均衡充足供给，以保证牛、羊养殖业规模和效益的稳定　我国草食动物养殖主要分布在北方，不管是天然草原放牧还是舍饲养殖，季节间的饲草供应不平衡现象都非常严重。在青海、新疆、内蒙古、西藏和甘肃等主要牧区表现为冬、春季饲草极度缺乏，而在半农半牧区和农区主要表现为春末和夏季因作物秸秆不足而引起的饲草极度缺乏。由此带来的直接后果是养殖规模缩小、畜群体况下降以及效益降低。对天然草原基本草场或人工草地进行科学干草调制、加工和贮存，是克服这一矛盾的最有效措施。

2. 增加抵御自然灾害的能力　随着全球气候的变化，近几年极端恶劣天气发生的频率明显增加。对我国广大牧区影响较严重的是冬、春季节发生的大雪灾（"白灾"），还有大面积旱灾和虫灾等，一旦发生会造成大批家畜的死亡，对当地群众的生产生活和经济发展都是巨大的威胁，如果有充足的干草产品贮备，可有效缓解和减少灾害造成的损失。

3. 有利于牛、羊养殖业的集约化、规模化和科学化发展　随着我国经济社会的快速发展，大型的奶牛、肉牛养殖基地和羊场不断出现，1 万头规模的奶牛养殖小区已经很普遍，甚至有更大规模的养殖园区。如此大规模的养殖基地，如果继续依靠传统的饲草供应方式势必很难满足需要，只有依靠现代化的干草生产技术和设备，大面积进行干草加工和调制才能满足生产实际的需要，在满足现代化畜牧养殖业发展的同时，也促进草业本身的发展。

4. 草产品的生产，开辟了畜禽配合饲料原料的新资源　除了草食动物外，优质牧草还是单胃动物重要的饲料。人工种植的优质高产豆科牧草经过合理加工调制，粗蛋白质含量可达 16%～22%，加工成优质草粉，作为猪、鸡等畜禽配合饲料的原料。干草粉不但可以降低饲料成本，还能改善饲料营养结构，提高畜禽产品的品质。草粉（苜蓿）可以占猪全价饲料的 10%～15%，占蛋鸡的 3%～5%。2013 年我国的配合饲料年产量约 1.5×10^8 t，即使按 5%添加，年需要优质豆科牧草干草粉约 7.5×10^6 t。目前工业化配合饲料的生产相对比较稳定和成熟，只要优质豆科牧草草粉的质量稳定，能保持常年均衡供应，可对我国饲料工业和畜牧业的发展起到积极作用。

第二节 牧草收割

一、牧草的收割时期

确定牧草的最佳收割时期，需要考虑多方面的因素，如饲草种类、饲草的生长发育规律、外界环境条件、再生草的生长、对越冬的影响、饲喂畜禽的种类和市场需要的变化等，只有对以上各方面进行综合考虑，因地制宜，因事而异，灵活处理才能确定出最佳收割期，并取得最大的经济效益。

能获得较高的生物产量和质量，取得最大和长期经济效益的收割时期，即为牧草的最佳收割期。确定牧草的适宜刈割期应注意以下原则：

① 以单位面积内营养物质产量的最高时期或以单位面积的可消化总养分（TDN）最高时期为标准。

② 有利于牧草的再生、多年生或越年生（二年生）牧草的安全越冬和返青，并对翌年的产量和寿命无影响。

③ 根据不同的利用目的来确定。如生产蛋白质、维生素含量高的苜蓿草粉，应在孕蕾期刈割。虽然产量稍低一些，但可以从优质草粉的经济效益和商品价值方面予以补偿。若在开花期刈割，虽然草粉产量高，但质量明显下降。

④ 天然割草场，应以草群中主要牧草（优势种）的最适刈割期为准。

（一）影响牧草收割期的因素

1. 饲草的产量和质量 对饲草而言，产量和质量是互相矛盾的，饲草在幼苗及营养生长初期，营养成分最高，但此时的生物产量却是最低的，当饲草生物产量达到最高时，营养成分却又明显的降低。在饲草的一个生长周期内，只有当生物产量和营养成分之积（即综合生物指标）达到最高时，才是最佳收割期。苜蓿在不同生长期的产量及营养成分的变化情况如表 13-1、表 13-2 所示。

表 13-1 不同生育期收割对苜蓿草产量的影响

花期	第一茬			第二茬			全年总产量	
	株高/cm	鲜重/(t/hm²)	干重/(t/hm²)	株高/cm	鲜重/(t/hm²)	干重/(t/hm²)	鲜重/(t/hm²)	干重/(t/hm²)
现蕾期	55.5	15.14	3.83	49.5	4.68	1.95	19.82	5.77
始花期	72.5	21.50	5.99	37.0	4.05	1.68	25.55	7.67
盛花期	82.0	21.51	6.77	27.5	3.75	1.55	25.26	8.32
终花期	87.5	22.26	7.65	17.0	3.41	1.41	23.67	9.06
结荚期	95.5	20.36	8.08	16.0	0.92	0.92	22.58	9.00

表13-2　不同生长期紫花苜蓿的化学成分表（%）

生育期	水　分	占干物质				
		粗蛋白质	粗脂肪	粗纤维	无氮浸出物	粗灰分
现蕾期	9.98	19.67	5.13	28.22	28.52	8.42
20%开花期	7.64	21.01	2.47	23.27	36.83	8.74
50%开花期	8.11	16.62	2.73	27.12	37.26	8.17
盛花期鲜草	73.8	3.80	0.30	9.40	10.7	2.00
头茬草	6.60	17.90	2.30	32.20	33.6	7.40
再生草	6.70	17.80	3.00	26.90	39.6	6.00

2. 饲草种类　饲草的最适收割期因种类不同而不尽相同，牧草收割重视其产量和品质，而饲料作物（青贮玉米）的收割期不但看其产量，而且更重视籽实的成熟程度。因此牧草的最适收割期为现蕾期至开花盛期，而饲料作物的最适收割期则多在籽实成熟中期。不同种类的牧草由于其生长发育规律的不同，其收割期也不同，如豆科牧草，往往在初花期至盛花期综合生产指标最高，而禾本科牧草的生产指标最高时期是在抽穗至开花期。

3. 外界环境条件　外界环境条件对确定饲草的最适收割期是至关重要的，它直接影响到能否依照计划按期收割、合理调制和安全贮藏。以黑龙江省东部的低湿小叶章草场为例，按小叶章的生长发育规律，其综合生产指标在6月中旬达到最高值，应该是最佳收割期，但此时正值该地区的雨季，再加上地势低洼，有些地方积水达1m以上，给收割作业带来很大困难，因此目前仍然有大面积的小叶章低湿草场不能按计划收割，严重影响了牧草的合理开发利用。干草调制受外界环境条件的影响更是显而易见，以紫花苜蓿为例，刚刚收割的牧草一般应在3～5 d内干燥，如果在收割后一旦遇到雨淋，叶片会全部脱落，茎秆颜色变黑，几乎完全失去了饲用价值。目前世界上95%的干草都是通过自然晾晒进行干燥的，如何在晾晒过程中避开雨淋，是世界性的难题。现在最常用的做法是根据当地的气候变化规律和天气预报的结果来确定具体的饲草收割日期，即当时的气候环境条件不利于收割时，只能提前或延迟收割。

降雨对青贮过程的影响也是巨大的。一方面增加了青贮原料的水分含量，装填入窖和压实后，青贮原料汁液外溢，造成损失；另一方面如果青贮窖进水，被水浸部分的青贮原料就很难进行乳酸菌发酵，最后由于长期浸泡而变质，营养物质也将大量流失。因此在青贮饲料调制时，必须充分考虑外界环境条件的影响。

4. 饲草的再生和越冬　对于可再生的一年生或多年生饲草，不同的收割时期，直接影响到再生草的再长速度和产量，一般认为从拔节期至结实期收割，而在苗期和结实后期收割则不利于再生草的生长。此外，最后一茬草的收割时期对多年生牧草的越冬率有直接的影响，试验表明，多年生牧草的最后一茬收割应在该牧草停止生长的一个月前进行，即在收割后，应保证牧草有一个月以上的生长期，才可有效保证多年生牧草的安全越冬。

5. 饲养动物的种类　不同的家畜种类对饲草中纤维素的消化能力是不同的，一般来说，反刍动物（特别是奶牛）需要较高的粗纤维，粗纤维不足往往会影响这些动物的生长和生产，而单胃动物对粗纤维的消化率较低，日粮中随粗纤维的增加，有机物的消化率会逐渐降低。因此饲养反刍家畜时，饲草收割期可适当晚些，而用于饲养单胃动物时则要适当提前，使之纤维含量不至于过高。

（二）豆科牧草的适宜收割期

豆科牧草富含蛋白质（占干物质的 16%～22%）、维生素和矿物质。适时收割的豆科牧草，蛋白质含量高，粗纤维含量低，适口性好，易消化，为各种家畜所喜食。不同牧草的生长规律及营养动态不尽相同，应根据其具体的变化情况，适时收割，以获得生物产量和营养价值的最佳值。

豆科牧草幼嫩时蛋白质含量最高，在现蕾期粗蛋白质收获量最高，而后期逐渐减少，粗纤维含量逐渐增加，不同生长阶段紫花苜蓿所含营养成分如表 13-3 所示，胡萝卜素的变化如表 13-4 所示。

表 13-3　不同生长阶段苜蓿营养成分的变化（%）

生长阶段	干物质	占鲜重					占干物质				
		粗蛋白质	粗脂肪	粗纤维	无氮浸出物	灰分	粗蛋白质	粗脂肪	粗纤维	无氮浸出物	灰分
营养生长	18.0	4.7	0.8	3.1	7.6	1.8	26.1	4.5	17.2	42.2	10.0
花前	19.9	4.4	0.7	4.7	8.2	1.9	22.1	3.5	23.6	41.2	9.6
初花	22.5	4.6	0.7	5.8	9.3	2.1	20.5	3.1	25.8	41.3	9.3
盛花	25.3	4.6	0.7	7.2	9.3	2.1	18.2	3.6	28.5	41.5	8.2
花后	29.3	3.6	0.7	11.9	10.9	2.2	12.3	2.4	40.6	37.2	7.5

表 13-4　每 100 g 紫花苜蓿中不同生长阶段胡萝卜素的变化（mg）

	春季再生	现蕾前	现蕾期	开花期	种子成熟
胡萝卜素含量	17.5～29.3	16.4	13.0	10.7	3.5

在豆科牧草生长发育过程中，所含必需氨基酸从孕蕾始期到盛期几乎无变化，而后期逐渐降低，衰老后，赖氨酸、蛋氨酸、精氨酸和色氨酸等减少 1/3～1/2。

早春收割幼嫩的豆科牧草对生长是有害的，会大幅降低当年的产草量，并降低来年苜蓿的返青率。原因是由于根中碳水化合物含量低，同时根冠和根部在越冬过程中受损伤，不能得到很好恢复造成的。在我国北方地区，要特别注意，豆科牧草最后一茬的收割期，要在当年早霜来临的一个月前收割，以保证在越冬前使其根部能积累足够的养分，保证安全越冬和来年返青。

豆科牧草叶片中的蛋白质含量占整个植株的 60%～80%（表 13-5），因此，叶片的含量直接影响到豆科牧草的营养价值，豆科牧草的茎叶随生育期而变化，现蕾期叶片重量比茎秆大，而至终花期则相反（表 13-6）。因此收获越晚，叶片损失越多，品质就越差。

表 13-5　豆科牧草茎叶中粗蛋白质含量（%）

（引自北京农业大学，1982）

牧草种类	叶	茎
苜蓿	24.0	10.6
红三叶	19.3	8.1
白三叶	20.7	9.5
大豆	22.0	10.1

表 13-6 紫花苜蓿茎叶重量比（%）

（引自北京农业大学，1982）

生育期	叶	茎
现蕾期	57.3	42.7
初花期	56.6	43.4
50%开花	53.2	46.8
终花期	33.7	66.7

综上所述，从豆科牧草产量、营养价值和是否有利于再生等情况综合考虑，豆科牧草的最适收割期应为现蕾盛期至始花期。

（三）禾本科牧草的适宜收割期

禾本科牧草在拔节至抽穗以前，叶多茎少，纤维素含量较低，质地柔软，蛋白质含量较高，但到后期茎叶比显著增大，蛋白质含量减少，纤维素含量增加，消化率降低。

对多年生禾本科牧草而言，总的趋势是粗蛋白质、粗灰分的含量在抽穗前期较高，开花期开始下降，成熟期最低；而粗纤维的含量，从抽穗至成熟期逐渐增加（表13-7）。从产草量上看，一般产量高峰出现在抽穗期至开花期，也就是说禾本科牧草在开花期内产量最高（表13-8），而在孕穗至抽穗期内饲料价值最高。

表 13-7 羊草的化学成分含量动态（%，以风干重计）

（引自孙吉雄，2000）

生育期	粗蛋白质	纤维素	无氮浸出物
拔节期	26.24	26.01	23.25
抽穗期	15.42	32.29	30.60
开花期	14.39	35.36	36.68
结实期	7.42	41.33	40.74

表 13-8 羊草的营养物质总收获量（kg/hm²）

（引自孙吉雄，2000）

	抽穗期	开花期	结实期
产草量	284	581	750
粗蛋白质总收获量	44.1	83.6	55.7
粗纤维总收获量	92.6	205.4	310

根据多年生禾本科牧草的营养动态，同时兼顾产量、再生性及下一年的生产力等因素，大多数多年生禾本科牧草在用于调制干草或青贮时，应在抽穗至开花期刈割。最后一茬在停止生长以前30 d刈割。实验证明，一年生禾本科牧草在孕穗初期收割，既可获得较高的生物产量，又可获得较高的营养价值。

二、刈割高度

牧草的刈割高度直接影响到牧草的产量和品质，还会影响来年牧草的再生速度和返青率。一般来说，对一年只收割一茬的多年生牧草来说，刈割高度可适当低些。实践证明，刈割高度为 4～5 cm 时，即可获得较高产量，且不会影响越冬和来年再生草的生长；而对一年收割两茬以上的多年生牧草来说，每次的刈割高度都应适当高些，保持在 6～7 cm，以保证再生草的生长和越冬。

对于大面积牧草生产基地，一定要控制好每次收割时的留茬高度，如果留茬过高，枯死的茬枝会混入牧草中，严重影响牧草的品质，降低牧草的等级，直接影响到牧草生产的经济效益。

在气候恶劣、风沙较大或地势不平、伴有石块和鼠丘的地区，牧草的刈割高度可提高到 8～10 cm，以有效保持水土，防止沙化。

三、收割方法

(一) 人工割草

人工割草在我国农区和半农半牧区，仍然是主要的割草方法，通常用镰刀或钐刀两种工具。镰刀割草的效率较低，适用于小面积割草场，一般每人每天可刈割 250～300 kg 鲜草。钐刀是一种刀片宽 10～15 cm，柄长 2.0～2.5 m 的大镰刀，它是靠人的腰部力量和臂力轮动钐刀，达到割草目的，并直接集成草垄。利用钐刀割草要比用镰刀割草效率高的多，一般情况下，每人每天可刈割 1 200～1 500 kg 鲜草。

(二) 机械化割草

割草机按动力源可分为畜力割草机和动力割草机，畜力割草机基本上已经淘汰。动力割草机按与配套动力的挂接方式分为牵引式、悬挂式、半悬挂式和自走式。按切割器的工作原理分为往复式割草机和旋转式割草机（图 13-1、图 13-2）。

图 13-1　往复式割草机　　　　图 13-2　旋转式割草机

往复式割草机具有动力消耗较小、割茬低而整齐、重割率低、饲草损失较少等特点，但其振动不易平衡，作业速度相对较低。当饲草稠密或呈缠连状态时，易出现赌刀等故障。旋转式割草机切割速度高，可实现高速作业，适于高产饲草的收获。在湿度和密度大、倒伏严重等恶劣条件下也能可靠工作。但重割率高、割茬不整齐，单位割幅功率消耗较大。往复式割草机和旋转式割草机一般性能特点见表 13-9。

表 13-9 往复式割草机和旋转式割草机的一般性能特点

机具类型	切割速度/(m/s)	作业速度/(km/h)	割幅功率消耗/(kW/m)	适用范围
往复式	1.6~2.0	4~9	1.5	天然草场及人工种植草场
旋转式	60~90	>12	5.1~8.1	高产密植饲草

1. 往复式割草机 采用剪切原理切割饲草，属于有支撑切割（图 13-1）。其包括牵引、后悬挂、前悬挂、侧悬挂、半悬挂等多种类型。牵引式往复割草机按动力源分为拖拉机驱动和地轮驱动两种形式。畜力牵引割草机在我国 20 世纪 50~70 年代尚有使用，现在基本上已被淘汰。往复式割草机由切割器、机架（或悬挂架）、传动机构、起落机构等部件组成。按切割器类型又可分为单动刀（有护刃器）割草机和双动刀（无护刃器）割草机。作业时，单动刀割草机割刀做往复式运动，与定刀片形成切割副进行切割。双动刀割草机上下割刀作相反往复运动，动刀片之间组成切割幅剪切饲草。

2. 旋转式割草机 采用高速旋转的切割器、刀片的线速度以无支撑切割原理切割植株（图 13-2）。割刀线速度达 50~90 m/s，可实现高速作业。旋转式割草机按切割器旋转方向可分为垂直旋转和水平旋转两类。割刀在垂直面内旋转的割草机，包括甩刀式割草机，目前在饲草收获中应用范围较小，多用于青饲和草坪收割。水平旋转割草机按传动方式分为上传动割草机和下传动割草机。旋转割草机一般由机架、传动系统、切割器、提升仿形机构、防护罩等组成。上传动割草机也称滚筒割草机，切割器通常由 2~6 个成对反向旋转的转子（滚筒）组成。每个转子装有铰接的刀片 2~4 片，割幅 0.4~1.2 m。下传动割草机也称盘式割草机，切割器一般由 4~8 个成对反向旋转的刀盘组成，每个刀盘装有铰接的刀片 2~3 片，割幅为 0.4~0.8 m。

割草机的农业技术要求如下。

① 割茬调节范围适宜，割茬应整齐。

② 升降机构应灵活，遇障碍物时能在 1~2 s 提升切割机。

③ 饲草被切割后应能整齐均匀地铺放于地面，应避免被轮子碾压。

④ 切割器要有很好的地面仿形性能。

⑤ 往复式切割器的平均切割速度应为 1.6~2.0 m/s，旋转式切割器的切割速度应为 50~90 m/s。

第三节 牧草干燥（调制）

根据干草调制的基本原理，在牧草干燥的过程中，必须掌握以下基本原则。

① 尽量加速牧草的脱水，缩短干燥时间，以减少由于生理、生化作用和氧化作用造成的营养物质损失。

② 在干燥末期应力求使植物各部分的含水量一致。

③ 牧草在干燥过程中，应防止雨、露的淋湿，并尽量避免在阳光下长期曝晒。应当先在草场上使牧草凋萎，然后及时搂成草垄或小草堆进行干燥。干旱地区，干草产量较低，刈割后直接搂成草垄进行干燥。

④ 在集草、聚堆、压捆等作业时，应在植物细嫩部分尚不易折断时进行。

牧草干燥方法的种类很多，但大体上可分为两类，即自然干燥法和人工干燥法。自然干燥法又主要分为地面干燥法和草架干燥法。

一、自然干燥法

（一）地面干燥法

牧草适时收割后，在原地进行自然晾晒，是干草调制最主要的生产方式。地面干燥法的优点是操作方便并可以降低加工成本，缺点是易受雨季影响，同时在晾晒和翻晒过程中易造成叶片脱落，物理损失较大，会影响干草产量和质量。为此必须注意以下几个方面。

1. 翻晒 翻晒可加快新收获牧草的干燥速度，减少养分的损失，特别在雨季抢收的牧草，及时翻晒有利于水分的快速散失。目前大面积人工草地所使用的割草机械在收割牧草时，可直接打成草垄，根据其具体情况进行翻晒。决定是否进行翻晒的因素包括天气情况和草垄的厚度，但主要取决于天气的好坏。一般来说，翻晒可加速牧草的干燥速度，但会造成叶片脱落，降低干草的等级，不翻晒虽然减少叶片脱落，但却要延长干燥时间，一旦遇到降雨，会造成更大的损失。在生产中，一般要根据天气预报及往年的天气变化规律决定是否进行翻晒。如果在牧草收割后预测 5 d 之内无雨，且天气晴朗，气温较高，即可不必进行翻晒，使草垄自然干燥后便可直接拣拾和打捆；若 3 d 之内无雨，则需进行适时翻晒，以加快干燥速度。

2. 搂草 搂草在收获干草过程中是不能忽视的重要生产环节。搂草作业处理不好，能使干草造成大量损失，尤其是叶片、花序、嫩枝大量损失，影响干草的品质。

牧草刈割后，经过迅速晾晒，当含水量降至 40%～50% 时，用搂草机（图 13-3）搂成草垄继续干燥。搂草机分为横向和侧向搂草机。横向搂草机是由搂草器、机架和升降机构等组成，并与牵引车配套使用。机架上装有座位、扶手、踏板，以供操作使用。

图 13-3 翻晒搂草机

搂草器是由弹簧钢制成的弧形搂齿（横向排列）构成的，各搂齿间的距离为 70～80 mm。搂齿几乎形成一个篮子，当机器沿草地前进时，半干的牧草便进入篮内。搂齿的上部卷成弹簧圈，以便遇到障碍物时齿尖易于后移避开。为了避免搂齿插入土中，在工作时，搂齿的尖端都卷在地面以上。搂齿由其支承杆连接在耙梁（支架）上，耙梁与牵引架相连接。当搂草机运转时，搂齿将牧草搂集在弯齿内。由于搂齿机构做周期性的提升，牧草便落下成为横向草垄。搂齿机构由行走轮驱动。因此，草垄大小由搂草器每起落一次的时间间隔（即机器前进的距离）而决定，时间长短视单位面积产草量和牧草干湿程度而定，以便压捆或堆垛。

3. 集草 牧草在草垄或小草堆上干燥一段时间后，可集成较大的草堆，称为集草。其目的是进一步减少牧草与外界接触的面积，减少营养物质的损失，并为将来进行打捆或运输提供方便。当牧草含水量降到 35%～40%、叶片尚未脱落时，用集草器集成草堆，经 2～3 d 可达到完全干燥。豆科牧草在叶子含水量 26%～28% 时叶片开始脱落；禾本科牧草在叶片含水量为 22%～23%，即牧草全株的总含水量在 35%～40% 以下时，牧草叶片开始脱落。为了保存营养价值高的叶片，搂草和集草作业应在叶片尚未脱落前，牧草含水量不低于

35%～40%时进行。牧草在草堆中干燥，不仅可以防止雨淋和露水打湿，而且可以减少日光的光化学作用造成营养物质的损失，增加干草的绿色及芳香气味。搂草作业时，侧向搂草机的干燥效果优于横向搂草机。例如，干燥时期相同，使用侧向搂草机搂成的草垄中，牧草在堆成中型草堆前，含水量为 17.5%，全部干燥期间，干物质损失 3.64%，胡萝卜素损失 60.4%；而使用横向搂草机，则分别为 29%、6.73% 和 62.1%。

目前集草作业主要在天然草原进行，在高产人工草地一般在经过翻晒和搂草，当水分含量达到 20%～24% 时，直接进行机械打捆作业。草捆及时搬运到高燥通风地块，打成草垛继续晾晒，直至达到安全水以下时即可长期保存。

（二）草架干燥法

在湿润地区由于牧草收割时多雨，用地面干燥法来调制干草，往往不易成功，或者易使干草变褐、变黑、发霉或腐烂，因此在生产上可以采用草架干燥法来加速牧草的干燥。

干草架按其形式和用材的不同可以分为以下几种形式：树干三脚架、幕式棚架（图 13-4）、铁丝长架和活动式干草架等。

用干草架进行牧草干燥时，首先把割下的牧草在地面干燥半天或一天，使其含水量降至 45%～50%，然后再用草叉将草上架，若遇雨时也可直接上架（损失较多一些）。堆放牧草时应自下往上逐层堆放，草的顶端朝里，同时应注意最低的一层牧草应高出地面，不与地表接触，这样既有利于通风，也避免与地表接触吸潮。在堆放完毕

图 13-4　幕式棚架晾晒

后应将草架两侧牧草整理平顺，这样遇雨时雨水可沿其侧面流至地表，减少雨水浸入草内。

架上干燥可以大大地提高牧草的干燥速度，保证干草品质，减少各种营养物质的损失。据试验在降水量为 21 mm 时，制成的干草品质良好，即使降水量高达 62 mm，干草品质也很好，可以完全不生霉，在各种干草架中以铁丝长架的效果最好。

二、人工干燥法

人工干燥的原理是扩大饲草与大气间水分势的差距，使失水速度加快。由于空气的高速流动，带走了牧草周围的湿气，并且减少水分移动的阻力。

用牧草烘干机加工豆科牧草，是先将鲜草切短，通过高温空气，使牧草迅速干燥。干燥时间的长短，决定于烘干机的种类和型号，从几小时到几分钟，甚至数秒钟，使牧草的含水量从 80%～85% 下降到 15% 以下。接着将干草粉碎制成干草粉或经粉碎压制成颗粒饲料。有的烘干机入口温度为 75～260 ℃，出口温度为 25～160 ℃，也有的入口为 420～1 160 ℃，出口为 60～260 ℃。最高入口温度可达 1 000 ℃，出风口温度下降 20%～30%。虽然烘干机中热空气的温度很高，但牧草的温度很少超过 30～35 ℃。人工干燥法使牧草的养分损失很少，但是在烘烤过程中，蛋白质和氨基酸受到一定的破坏，且高温可破坏青草中的维生素 C，胡萝卜素不超过 10%。

综上所述，地面晒制的干草，蛋白质和胡萝卜素损失较多，人工机械法调制的干草损失

最少，架上晒制的损失居于两者之间（表 13 - 10）。

表 13 - 10　不同调制方法对干草营养物质损失的影响

（引自张秀芬，1992）

调制方法	可消化蛋白质的损失/%	干草胡萝卜素的含量/(mg/kg)
地面晒制的干草	20～50	15
架上晒制的干草	15～20	40
机械烘干的干草	5	120

三、加速牧草干燥的方法

要使牧草加快干燥且均匀，必须创造有利于牧草体内水分迅速散失的条件，如促进牧草周围的空气流通，调节牧草周围空气的温湿度，使之更好地作用于牧草的干燥过程之中。

（一）压裂牧草茎秆加速干燥

牧草干燥时间的长短，实际上取决于茎干燥时间的长短。如豆科牧草及一些杂类草，当叶片含水量降低到 15%～20% 时，茎的水分仍为 35%～40%，所以加快茎的干燥速度，就能加快牧草的整个干燥过程。

使用牧草压扁机将牧草茎秆压裂，破坏茎的角质层及维管束，并使之暴露于空气中，茎内水分散失的速度就可大大加快，与叶片的干燥速度趋于一致。这样既缩短了干燥期，又使牧草各部分干燥均匀。许多试验证明，在好的天气条件下，牧草茎秆压裂后，干燥时间可缩短 1/3～1/2。这种方法最适于豆科牧草，可以减少叶片脱落，减少日光漂晒时间，养分损失减少，干草质量显著提高，适于调制成含胡萝卜素多的绿色芳香干草。

目前国内外常用的茎秆压扁机有两类，即圆筒形和波齿形。圆筒形压扁机装有捡拾装置，压扁机将草茎纵向压裂；而波齿型压扁机是有一定间隔的将草茎压裂。一般认为：圆筒形压扁机压裂的牧草，干燥速度较快，但在挤压过程中往往会造成鲜草汁液的外溢，破坏茎叶形状，因此要合理调整圆筒间的压力，以减少损失。

牧草刈割后的应尽快压裂，虽然茎秆压扁可造成养分的流失，但与加速干燥所减少的营养物质损失相比，还是利多弊少。

现代化的干草生产常将牧草的收割、秆茎压扁和铺成草垄等作业，由机器连续一次完成。牧草在草垄中晒干后（3～5 d），便由干草捡拾压捆机将干草压成草捆。

（二）施用化学制剂加速田间牧草（豆科）的干燥

近年来，国外研究对刈割后的苜蓿喷撒碳酸钾溶液和长链脂肪酸酯（商业浸渍油），破坏植物体表的蜡质层结构，使干燥加快。

四、牧草在干燥过程中的变化

牧草的干燥是牧草生产过程中的关键环节，能否把大量的牧草产品变成可利用的优质牧草商品，就取决于干燥过程。

刚刚收割的新鲜牧草，含水量可达 50%～80%，而能够长期保存的干草，含水量只有 14%～17%，最多不能超过 20%，为了获得这样含水量的干草，必须使植物体内散失大量的水分。

牧草在干燥过程中，还会伴随一系列的生理生化变化以及物理机械方面的损失。因此牧草的干燥过程是植物体内水分及营养物质散失和机械损失等几方面综合变化的过程。

（一）牧草干燥时的水分散发规律

1. 刈割后的牧草散发水分的过程

（1）第一阶段：刈割后，起初植物体内的水分散出很快，同时失水的速度基本相等，特点是从植物体内部散发掉游离水。在良好的晴天，使牧草含水量从80%～90%降低到45%～55%（即完成这一阶段水分的散发），需要5～8 h。因此采用地面干燥法时牧草在地面的干燥时间不应过长。

（2）第二阶段：当禾本科牧草含水量减少到40%～45%，豆科牧草减少到50%～55%时，从植物体内散水的速度越来越慢，特点是从植物体内散发掉结合水，使牧草含水量从45%～55%降到18%～20%，在良好的晴天，这一过程需要24～48 h。

2. 影响牧草干燥速度的因素

（1）外界气候条件：牧草干燥的速度受空气湿度、空气流动和空气温度等多方面因素的影响，当空气湿度较小、空气温度较高和空气流动速度较大时，可加速牧草的干燥。

（2）植物种类：植物因其种类不同，保蓄水分的能力也不同。在外界气候条件相同的情况下，植物保蓄水分能力越大，干燥速度越慢。豆科牧草一般比禾本科牧草保蓄水分能力大，所以，它的干燥速度比禾本科要慢。例如，豆科牧草（苜蓿、三叶草）在现蕾期刈割需要75 h才能晒干，而在抽穗期刈割的禾本科牧草，仅需27～47 h就能晒干。这主要是由于豆科牧草含碳水化合物少，含胶体物质（如蛋白质）多，持水能力强，即保蓄水分能力大。

同时，由于幼龄植物比生长后期植物的纤维含量少，而胶体物质含量高，保蓄水分的能力较大，干燥速度较慢。

（3）植物体不同部位散水速度：植物体的各部位，不仅含水量不同，而且散水速度也不一致（表13-11），所以植物体各部位的干燥速度是不均匀的。叶的表面积大，水分从内层细胞向外层移动的距离要比茎秆近，所以叶比茎秆干燥快得多。试验证明，叶片干燥速度比茎（包括叶鞘）快5倍左右。当叶片已完全干燥时，茎的水分含量还很高。由于茎秆干燥速度慢，导致整个植物体干燥时间延长，使牧草的营养成分因为生理生化过程造成的损失增加，叶片和花序等幼嫩部分易脱落损失。所以应采取合理的方法（如茎秆压扁等），尽量使植物体各部分水分均匀散失，以缩短干燥时间，减少损失。

表13-11 紫花苜蓿各部分水分的散失速度（%）

不同部位	鲜草含水量	收割后水分变化情况					
		30 h		75 h		126 h	
		水分	水分下降	水分	水分下降	水分	水分下降
整株	75.7	60.4	20.2	45.9	39.2	29.9	61.4
茎	71.5	59.1	17.3	48.9	31.6	35.6	50.2
叶	73.2	49.5	33.2	39.8	45.6	16.8	77.0
花序	79.2	68.9	13.0	54.3	31.4	32.3	59.2

（二）牧草干燥时的生理、生化过程

在自然条件下晒制干草时，营养物质的变化先后要通过两个复杂的过程：首先是生理生化过程，即饥饿代谢阶段。其特点是一切变化均在活细胞中进行。其次是生化过程（自体溶解过程），其一切变化均是在植物体的死细胞中发生。

1. 牧草凋萎期（饥饿代谢） 牧草被刈割后，植物细胞并未立即死亡，短时期内，其生理活动（光合作用、呼吸作用、蒸腾作用等）仍继续进行着。但由于水和其他营养物质的供应被中断，植物的生活只能依靠分解自身体内贮存的营养物质，这时植物体内的代谢是分解大于合成，故被称为饥饿代谢。

牧草被刈割后，体内贮存的淀粉转化为单糖和蔗糖，作为呼吸的能量而被消耗掉，其结果是糖的总含量下降，造成营养物质的损失。有少量蛋白质也被分解成以氨基酸为主的氨化物。由于植物细胞呼吸而损失的糖类和蛋白质，一般占青草总养分的 $5\% \sim 10\%$。当植物体水分减少到 $40\% \sim 50\%$，细胞失去恢复膨压的能力后，植物体才逐渐趋于死亡。这时植物体内维生素被大量破坏，呼吸作用停止。牧草凋萎期胡萝卜素的损失量大约占整个干燥期损失总量的 50%。

2. 牧草干燥后期（自体溶解阶段） 植物细胞死亡后，水分由植物表面的蒸发作用减少。植物体内的生理作用，逐渐被有酶参与作用的生化过程所取代。这时营养物质的变化，主要受植物体的含水量和空气温度的影响。试验证明，当植物体含水量为 $32\% \sim 47\%$ 时，单位时间内营养物质的损失量最大。此期为饥饿代谢末期到自体溶解初期。

这一阶段，水溶性单糖和双糖在酶的作用下变化很大，在凋萎后水溶性糖仅为 $3\% \sim 9\%$，多糖仅为 $12\% \sim 20\%$；复杂的碳水化合物如淀粉变化较小，随着植物水分的降低，酶活性的下降，糖损失的减少。蛋白质的损失与牧草含水量和干燥时间有关，当牧草水分比较高（$50\% \sim 55\%$）时，干燥时间拖长，蛋白质损失大。

牧草自然干燥时，在体内氧化酶的破坏和阳光的漂白作用下，一些色素因氧化而被破坏。胡萝卜素的损失达 50% 以上，如在草棚内迅速风干，只损失 18%。但未干或已干燥的牧草，由于下雨或露水浸湿，使氧化作用增强，胡萝卜素的损失就会增加。例如刈割后的三叶草干草，受露水浸湿时，胡萝卜素的含量较不受露水浸湿的减少 11.7%；当水分含量为 41% 的干草受潮时，干燥过程被延缓，比未被浸湿的干草胡萝卜素含量减少 76.6%。

牧草干燥后期或贮藏过程中，在酶的作用下，产生醛类（如丁烯醛、戊烷醛等）和酸类（如乙醇酸），使干草具有一种特殊的芳香气味，这是干草品质优劣的一项重要指标。

为了避免或减轻植物体内养分因呼吸和氧化作用的破坏而受到严重损失，应该采取有效措施，使水分迅速降到 17% 以下，并尽可能减少阳光的直接曝晒。

（三）干草调制过程中养分的损失

1. 物理损失（机械作用引起的损失） 在调制干草过程中（主要指自然晒制干草），由于植物不同部位干燥速度（尤其是豆科牧草）不一致，因此在搂草、翻草、搬运、堆垛等一系列作业中，叶片、嫩枝、花序等细嫩部分易折断、脱落而损失。一般禾本科牧草损失 $2\% \sim 5\%$，豆科牧草损失较大，为 $15\% \sim 35\%$。由于叶片和嫩枝中所含的蛋白质较高，以苜蓿为例，当叶片和嫩枝损失占苜蓿全株重的 12% 时，蛋白质的损失量约占总蛋白质含量的 40%。

物理损失的多少与植物种类、刈割时期及干燥技术有关。为减少物理损失，应适时刈割，在牧草细嫩部分不易脱落时及时集成各种草垄或小草堆进行干燥。完全干燥的干草进行压捆时，应在早晨或傍晚进行。国外有些牧草加工企业则在牧草水分降到 45% 左右时，就打捆或直接放进干燥棚内，进行人工通风干燥，这样可大大减少营养物质的损失。

2. 光化学作用造成的损失　晒制干草时，阳光直射的结果使植物体所含的胡萝卜素、叶绿素及维生素 C 等，均因光化学作用大部分被破坏而损失，其损失程度与日晒时间长短和调制方法有关。据试验，不同的调制方法，干草中保留的胡萝卜素含量不同，刚割下的鲜草为 163 mg/kg，人工干燥牧草 135 mg/kg，暗中干燥的牧草 91 mg/kg，在散射光（阴干）下干燥的为 64 mg/kg，在干草架上干燥的为 54 mg/kg，在草堆中干燥的为 50 mg/kg，在草垄中干燥的为 38 mg/kg，平摊地面干燥的仅 22 mg/kg。

3. 雨淋损失　晒制干草时，最忌淋雨。雨淋会增大牧草的湿度，延长干燥时间，由于呼吸作用的消耗而造成营养物质的损失。对高蛋白豆科牧草，淋雨会引起严重的腐烂变质（表 13 - 12）。

表 13 - 12　毛野豌豆晒干过程遇雨淋后养分变化（%）

处理	色泽	水分	粗蛋白质	粗脂肪	粗纤维	无氮浸出物	粗灰分
淋过一次大雨	黄褐	13.40	15.99	1.19	35.11	29.54	5.03
未淋过雨	青绿	13.52	22.52	1.91	27.93	27.34	6.85

淋雨对干草造成的破坏作用，主要发生在干草水分下降为 50% 以下，细胞死亡后，原生质的渗透性提高，同时因植物体内酶的活动将各种复杂的养分水解成较简单的可溶性养分。它们能自由地通过死亡的原生质薄膜而流失，而且这些营养物质的损失主要发生在叶片上，因叶片上的易溶性营养物质接近叶表面。

4. 微生物作用引起的损失　微生物从空气中与灰尘一起落在植物体表面，但只有在细胞死亡后才能繁殖起来。死亡的植物体是微生物发育的良好培养基。

微生物在干草上繁殖需要一定的条件，比如干草的含水量、气温与大气湿度。细菌活动的最低需水量约为植物体含水量的 25%（范围 25%～40%）；气温要求为 25～30 ℃（最低 0～4 ℃，最高 40～50 ℃），而当空气相对湿度在 85%～90% 时，即可能导致干草发霉。这种情况多在连续降雨时发生。

发霉的干草品质降低，水溶性糖和淀粉含量显著下降，发霉严重时，脂肪含量下降，含氮物质总量下降也显著，蛋白质被分解形成一些非蛋白质化合物。如形成氨、硫化氢、吲哚（有剧毒）等气体和一些有害有机酸。饲喂发霉的干草极易造成家畜患肠胃病或流产等，影响生长和生产，危害较大。

5. 牧草干燥时营养物质消化率及可消化营养物质含量的变化　饲料品质的高低不单是营养物质的多少，更主要是饲料可消化率的高低。晒制成的干草营养物质的消化率，均低于原来的青绿牧草。

首先，牧草干燥时，纤维素的消化率下降。这可能是因为果胶类物质中的部分胶体转变为不溶解状态，而沉积到纤维质细胞壁上，使细胞壁加厚。

其次，牧草在干燥时易溶性碳水化合物与含氮物质的损失，在总损失量中占较大比重，影响干草中营养物质的消化率。草堆、草垛中干草发热时，有机物质消化率下降较多。如红三叶草，温度为 35 ℃时，一天内营养物质的消化率变化不大；当升为 45～50 ℃时，蛋白质消化率降低 14%；在压制成的干草捆中，如温度升到 53 ℃，蛋白质的消化率降低约 18%。

当采用人工干燥时，在几秒钟或几分钟内迅速干燥完毕。在干燥过程中，开始阶段使用800~1 000 ℃的温度；第二阶段使用80~100 ℃的温度，则牧草的消化率变化不大。

可见牧草在干燥过程中，营养成分会有不同程度的损失。一般情况下牧草在干燥过程中，总营养价值损失20%~30%，可消化蛋白质损失30%左右。

在牧草干燥过程中的总损失量中，以机械作用造成的损失为最大，可达15%~20%，尤其是豆科干草叶片脱落造成的损失；其次是呼吸作用消耗造成的损失，可达10%~15%；由于酶的作用造成的损失，可达5%~10%；由于雨露等淋洗溶解作用的损失约为5%（表13-13）。

表13-13 良好天气调制干草的损失

损失种类	干物质/%	可消化干物质/%
呼吸作用	10以下	5~15
机械作用	5~10	5~10
酶的作用	5~10	5~10
淋溶作用	10~30	15~35
总　计	20~60	30~70

总之，优质的干草应该是适时刈割，含叶量丰富，青绿颜色并具有干草特有的芳香味，不混杂有毒有害物质，含水分在17%以下，这样才能抑制植物体内酶和微生物的活动，使干草能够长期贮存而不变质。

第四节　干草贮藏

干草贮藏是饲草生产中的重要环节，可有效保障和平衡一年四季或丰年、歉年干草的均衡供应，科学的贮藏还可有效保持干草较高的营养价值，减少微生物对干草的分解作用。干草水分含量的多少对干草贮藏的成功与否有直接影响，因此，在牧草贮藏前应对牧草的含水量进行判断。

一、干草水分含量的判断

当调制的干草水分达到15%~18%时，即可进行贮藏。为了长期安全地贮存干草，在堆垛前，应该用最简便的方法判断干草所含的水分，以确定是否适于堆藏。生产中多以感官来确定干草的含水量，方法如下。

1. 含水分15%~16%的干草　成束紧握时发出沙沙声和破裂声（但叶片丰富的低矮牧草不能发出沙沙声），将草束搓拧或折曲时草茎易折断，拧成的草辫松手后几乎全部迅速散开，叶片干而卷。禾本科草茎节干燥，呈深棕色或褐色。

2. 含水17%~18%的干草　将一束干草握紧或搓揉时无干裂声，只有沙沙声。干草束散开缓慢，并且不完全散开。叶卷曲，当弯折茎的上部时，放手后仍保持不断。这样的干草可以堆藏。

3. 含水19%~20%的干草　紧握草束时，不发出清楚的声音，容易拧成紧实而柔韧的草辫，搓拧或弯曲而保持不断。不适于堆垛贮藏。

4. 含水 23%～25%的干草　搓揉时没有沙沙响声。搓揉成草束时不易散开。手插入干草有凉的感觉，这样的干草不能堆垛保藏。有条件时，可堆放在干草棚或草库中通风干燥。

二、干草贮藏过程中的变化

当干草含水量达到要求时，即可进行贮藏。在干草贮藏 10 h 左右后，草堆发酵开始，温度逐渐上升。草堆内温度升高主要是微生物活动造成的。干草贮藏后温度升高是普遍现象，即使调制良好的干草，贮藏后温度也会上升，常常可达 44～55 ℃，适当的发酵，能使草堆自行紧实，增加干草香味，提高干草的饲用价值。

不够贮藏条件的干草贮藏后温度逐渐上升，如果温度超过适当界限，干草中的营养物质就会大量消耗，使消化率降低。干草中最有益的干草发酵菌在 40 ℃时最活跃，温度上升到 75 ℃时被杀死。干草贮藏后的发酵作用，将有机物分解为 CO_2 和 H_2O。草垛中积存的水分会由细菌再次引起发酵作用，水分越多，发酵作用越盛。初次发酵作用使温度上升到 56 ℃，再次发酵作用使温度上升到 90 ℃，这时一切细菌都会被消灭或停止活动。细菌停止活动后，氧化作用继续进行，温度增高更快，温度上升到 130 ℃时干草焦化，颜色发褐。温度上升到 150 ℃时，如有空气接触，会引起自燃而起火，如草堆中空气耗尽，使草垛中的干草炭化，丧失饲用价值。

草垛中温度过高的现象往往出现在干草贮藏初期，在贮藏一周后，如发现草垛温度过高，则应拆开草垛散温，使干草重新干燥。

草垛中温度增高引起的营养物质损失，主要是糖类分解为 CO_2 和 H_2O，其次是蛋白质分解为氨化物。温度越高，蛋白质的损失越大，可消化蛋白质也越少。随着草垛温度的升高，干草的颜色变得越深，牧草的消化率越低。研究表明，干草贮藏时含水量为 15%时，其堆藏后干物质的损失为 3%；贮藏时含水量为 25%时，堆贮后干物质损失为 5%。

三、散干草的堆藏

散干草自然晾晒后及时集草，当干草水分含量达 15%～18%时即可进行堆藏，堆藏有长方形垛和圆形垛两种，长方形草垛的宽一般为 4.5～5 m，高 6.0～6.5 m，长不少于 8 m；圆形草垛一般直径应为 2～5 m，高 1～6.5 m。为了防止干草与地面接触而变质，必须选择高燥的地方堆垛，草垛的下层用树干、秸秆或砖块等做底，厚度不少于 25 cm。垛底周围挖排水沟，沟深 20～30 cm，沟底宽 20 cm，沟上宽 40 cm。垛草时要一层一层地堆草，长方形垛先从两端开始，垛草时要始终保持中部隆起，高于周边，便于排水。堆垛过程中要压紧各层干草，特别是草垛的中部和顶部。从草垛全高的 1/2 或 2/3 处开始逐渐放宽，使各边宽于垛底 0.5 m，以利于排水和减轻雨水对草垛的漏湿。为了减少风雨损害，长垛的窄端必须对准主风方向，水分较高的干草堆在草垛四周靠边处，便于干燥和散热。气候潮湿的地区，垛顶应较尖，干旱地区，垛顶坡度可稍缓。垛顶可用秸秆或劣草等铺盖压紧，最后用树干或绳索以重物压住，预防风害。

散干草的堆藏虽经济节约，但易受雨淋、日晒、风吹等不良条件的影响，使干草退色，不仅损失营养成分，还会造成干草霉烂变质。试验结果表明，干草露天堆藏，营养物质的损失可达 20%～30%，胡萝卜素损失 50%以上。长方形垛贮藏一年后，周围变质损失的干草，在草垛侧面厚度为 10 cm 左右，垛顶损失厚度为 25 cm 左右，基部为 50 cm 左右，其中以侧面所受损失为最小。因此应适当增加草垛高度以减少干草堆藏中的损失。干草的堆藏可由人工操作完成，也可由干草堆垛机完成。

四、干草捆的贮藏

干草捆体积小，密度大，便于贮藏，一般露天垛成干草捆草垛，顶部加防护层或贮藏于干草棚中。草垛的大小一般为宽 5～5.5 m，长 20 m，最高 18～20 层。下面第一层（底层）草捆应将干草捆的宽面相互挤紧，窄面向上，整齐铺平，不留通风道或任何空隙。其余各层堆平（窄面在侧，宽面在上下）。为了使草捆位置稳固，上层草捆之间的接缝应和下层草捆之间接缝错开。从第 2 层草捆开始，可在每层中设置 25～30 cm 宽的通风道，在偶数层开纵向通风道，在齐数层开横向通风道，通风道的数目可根据草捆的水分含量确定。干草捆垛在中上层设置一层"遮檐"，"遮檐层"以上逐渐缩进，形成双斜面垛顶。以堆垛 18～20 层草捆为例，干草一直推到 8 层草捆高，第 9 层为"遮檐层"，此层的边缘突出于 8 层之外，作为遮檐，第 10、第 11、第 12 层以后呈阶梯状堆置，每一层的干草纵面比下一层缩进 2/3 或 1/3 捆长，这样可堆成带檐的双斜面垛顶，垛顶共需堆置 9～10 层草捆。垛顶用草帘或其他遮雨物覆盖。干草捆还可以贮藏在专用仓库（图 13-5、图 13-6）或干草棚内，简单的干草棚只设支柱和顶棚，四周无墙，成本低。干草棚贮藏可减少营养物质的损失，干草棚内贮藏的干草，营养物质损失 1%～2%，胡萝卜素损失 18%～19%。

图 13-5　专用干草仓库　　　　　图 13-6　干草捆堆垛

第五节　草产品加工

一、草　捆

（一）打捆

打捆是将收割的牧草干燥到一定程度后，为了便于运输和贮藏，把散干草打成干草捆的过程。为了保证干草的质量，在压捆时必须掌握牧草的适宜含水量。一般认为，比贮藏干草时的含水量略高一些，就可压捆。在较潮湿的地区适于打捆的牧草含水量为 30%～35%；在干旱地区为 25%～30%。每个草捆的密度、重量由压捆时牧草的含水量来决定（表 13-14）。

表 13 - 14　压捆时牧草的含水量与草捆密度、重量的关系

压捆时牧草含水量/%	草捆密度/(kg/m³)	单位体积（35 cm×45 cm×85 cm 草捆重量）/kg
25	215	30
30	150	20
35	105	15

根据打捆机的种类不同，打成的草捆分为小方草捆、大方草捆和圆柱形草捆三种。

1. 小方草捆的制作　小型草捆打捆机有固定和捡拾两种。固定打捆机一般安装在距离草库较近的地方，把散干草运回后进行打捆；其适宜于产草量较低的天然草原或草原面积较小并且分布零散地区牧草的打捆。捡拾打捆机是在牵引机械的牵引下，沿草垄捡拾和打捆的可走动式机械，打成的草捆通常为长方形（图13-7）。草捆的切面从 0.36 m×0.43 m 到 0.46 m×0.61 m，长度为 0.5 m 到 1.2 m，重量从 14 kg 到 68 kg 不等，草捆密度为 160～300 kg/m³，密度可调整，而密度大的草捆有利于机械操作、堆垛、装卸和运输。草捆常用 2 条麻绳或金属线捆扎，较大的捆用 3 条金属线捆扎。打捆能力为 5～15 t/h。打捆完成后应及时运出田间，以

图 13-7　捡拾打捆机

免影响再生草的生长和田间管理。对末茬草或一年只收获一茬的草地，打捆后也要及时从田间运出，放入草库或堆垛贮藏，以减少阳光和雨水淋洗造成的营养损失。

2. 大方草捆的制作　由大长方形打捆机进行作业，捡拾草垄上的干草打成容积为 1.22 m×1.22 m×（2～2.8）m，重 0.82～0.91 t 的长方形大草捆，密度为 240 kg/m³，草捆用 6 根粗塑料绳捆扎。大方草捆在卡车上或贮藏地垛成坚固的草垛，但需加覆盖物或有顶篷，以免遭受不良天气的侵害。当草垄宽窄均匀一致时，大长方形打捆机的工作能力为 18 t/h，草捆需要用重型装卸机或铲车来装卸。

3. 圆柱形草捆的制作　由圆柱形打捆机将干草捡拾打成 600～850 kg 的圆柱形草捆，长 1～1.7 m，直径 1～1.8 m，草捆的密度为 110～250 kg/m³（图 13-8）。圆柱形草捆制作时将捡拾起的干草一层层地卷在草捆上，田间存放时有利于雨水的流散，草捆一经制成，就能抵御不良气候的侵害，可在野外较长时间存放。圆柱形草捆的状态和容积使它很难达到与常规方草捆等同的一次装载量，因此，一般不宜做远距离运输。圆柱形草捆可存放在排水良好的地方，成行排列，使空气在草捆两侧流动，一般不宜堆放过高（不超

图 13-8　圆柱形草捆

过 3 个草捆高度），以免遇雨造成损失。圆柱形打捆机的工作能力为 6～13 t/h，草捆可以由安装在拖拉机上的装卸器和特制的圆柱形草捆装卸车来操作。

（二）二次打捆

二次打捆是在远距离运输草捆时，为了减少草捆体积，降低运输成本，把在田间初次打成的低密度的小方草捆压实压紧的过程。方法是把两个或两个以上的低密度（小方草捆）草捆压缩成一个高密度紧实草捆。高密度草捆的质量为 40～50 kg，大小约为 30 cm×40 cm×70 cm。二次压捆需要二次压捆机。二次打捆时要求干草捆的水分含量达到 14%～17%，如果含水量过高，压缩后水分难以蒸发容易造成草捆的变质。有些二次打捆机在完成压缩作业后，直接给草捆打上纤维包装膜（图 13-9），至此一个完整的干草产品即制作完成，可直接贮存和销售了。

图 13-9　二次打捆与包装

二、草　　粉

随着畜牧业和饲料工业的发展，草粉已进入大规模工业化生产，畜牧业发达的国家草粉加工起步早、产量高。目前我国的草粉生产也已进入了规模化发展阶段，已取得了很大的成绩。草粉有其他饲料无法取代的优点，在现代化畜牧生产中有着十分重要的意义。

（一）草粉的优点

干草体积大，运输、贮存和饲喂均不方便，且易损失。若加工成草粉，可大大减少浪费。除此之外，它还具有以下优点。

① 与青干草相比，草粉不但可以减少咀嚼耗能，而且在家畜体内消化过程中可减少能量的额外消耗，可提高饲草消化率。

② 草粉是一些畜禽日粮的重要组成成分，优良豆科牧草，如紫花苜蓿、红豆草草粉是畜禽日粮中经济实惠的植物蛋白质和维生素资源。苜蓿草粉中蛋白质、氨基酸含量远远超过谷物籽实。

③ 由于草粉比青干草体积小，与空气接触面小，不易氧化，因而利用草粉可使家畜获得更多的营养物质。例如，同样保存 8 个月的苜蓿干草和草粉，干草粗蛋白质损失 43%，而草粉仅损失 14%～20%。从干草到草粉仅增加一道工序——粉碎，而每 100 kg 干草粉比同样重量的干草至少减少粗蛋白质损失 4 kg，可见草粉是一种保存养分的良好途径。

（二）草粉加工技术

目前加工草粉多采用先调制青干草，再用青干草加工草粉的办法，也有采用干燥粉碎联合机组的，从青草收割、切短、烘干到粉碎成草粉一次制成，但生产成本相对较高。

1. 原料　生产中用量最多的是豆科牧草和禾本科牧草，其中以豆科牧草为主。为了获得优质草粉和草粒，一般豆科牧草第一次刈割应在孕蕾期，以后各次刈割应在孕蕾末期；禾本科牧草不迟于抽穗期。全世界草粉中，由苜蓿和苜蓿干草加工而成的约占 95%，可见苜蓿是草粉最主要的原料。

2. 加工

（1）用青干草加工：适时刈割并经过合理调制的青干草，当含水量达到 14%～17% 时，即可用锤式粉碎机粉碎，经过 1.6～3.2 mm 筛孔的筛底后制成干草粉。根据不同家畜的要求可选择不同大小孔径的筛底，如饲喂反刍动物可选用筛孔直径为 2～3 mm，家禽和仔猪需要 1～2 mm。

（2）鲜草直接加工：鲜草经过 1 000 ℃左右的高温烘干机，经数秒钟使鲜草含水量降到 12%左右，紧接着进入粉碎装置，直接加工为所需草粉。既省去了干草调制与贮存工序，又能获得优质草粉，只是成本较高。

（三）草粉的贮存方法

草粉属季节性生产，大量的利用却是全年连续的，因而就需要合理贮存。草粉质量的好坏与贮存直接相关。贮存有两种方式：一是原品贮存，二是产品贮存。原品贮存指直接贮存草粉。贮存方法为袋装和散装。在运输或短期贮存时多用袋装，麻袋、塑料袋均可。长时间散装贮存多用密闭塔或其他密闭容器。草粉贮存中最容易损失的养分就是胡萝卜素，一般散存 5 个月，胡萝卜素损失为 50%～60%。产品贮存是将草粉加工成块状、颗粒状或配合饲料，因为加工成型过程可以添加一些稳定剂或保护剂，再经加压之后，可以减小养分散失。

在散装时，可喷洒 0.5%～1.0%的动植物油，防止飞扬损耗。为了防止氧化变质，可采用抗氧化剂处理，减少养分损失。草粉贮存要避光通风，保持干燥。

（四）草粉的种类和级别标准

按草粉的原料和调制方法，可将草粉分为两类。

1. 特种草粉（叶粉）　它是豆科牧草的幼枝嫩叶，用人工干燥的方法制得的草粉。其中蛋白质、维生素和钙的含量比一般草粉高出 50%，胡萝卜素的含量不小于 150 mg/kg，所以常称作蛋白质-维生素草粉。特种草粉主要用作日粮中蛋白质和维生素补充剂，对幼畜、家禽、病畜和繁殖母畜有重要的作用。

2. 一般草粉　利用自然干燥法或人工干燥法调制成的干草粉碎后制得的草粉，通常称为一般草粉。这种草粉随牧草种类不同，营养成分和饲用价值方面存在着很大差异。《苜蓿干草粉质量分级》（NY/T 140—2002）国家标准如表 13-15 所示。

表 13-15　苜蓿干草粉质量分级

指　标	一级		二级		三级	
	日晒苜蓿	脱水苜蓿	日晒苜蓿	脱水苜蓿	日晒苜蓿	脱水苜蓿
粗蛋白质（%）	≥18	≥20	≥16	≥17	≥14	≥14
粗脂肪（%）	<1.9	<1.9	<1.5	<1.5	<1.2	<1.2
粗纤维（%）	<30	<23	<32	<28	<34	<30
粗灰分（%）	<11	<11	<11	<11	<11	<11
胡萝卜素（mg/kg）	≥130	≥130	≥90	≥90	≥50	≥50

注：①当各项指标测定值均同时符合某一等级时，才可定为该等级；②草粉中如有两项或两项以上指标不符合该等级标准时，即为不合格草粉，不予定级；③一级草粉质量最优，三级以下（不包括三级）的草粉不得被用作商品草粉销售；④明显被病虫害侵染的草粉不得被用做商品草粉销售或饲用。

草粉的感官鉴定是根据水分含量、颜色、气味判断的，优质草粉在含水 8%～12%时，手感干燥，颜色为青绿色或淡绿色，贮存一段时间，会散发出明显的芳香气味。

三、草颗粒

为了缩小草粉的体积，便于贮藏和运输，用制粒机将干草粉压制成颗粒状，即草颗粒。草颗粒可大可小，直径为 0.64～1.27 cm，长度为 0.64～2.54 cm。颗粒的密度约为 700 kg/m³（而草粉密度为 300 kg/m³）。

草颗粒在压制过程中，可加入抗氧化剂，防止胡萝卜素的损失，如把草粉和草颗粒放在纸袋中，贮藏 9 个月后，草粉中胡萝卜素损失 65%，蛋白质损失 1.6%～15.7%，而草颗粒分别损失 6.6% 和 0.35%。

在生产上应用最多的是苜蓿颗粒，占 90% 以上。

四、草　块

根据原料种类的不同，可将草块分为牧草草块和秸秆草块两种。牧草草块的原料是人工种植的或天然的优质干草，秸秆草块的原料包括各种农作物秸秆，如玉米秸秆、小麦秸秆等。

（一）牧草草块

牧草草块加工分为田间压块、固定压块和烘干压块 3 种类型。田间压块是由专门的干草收获机械——田间压块机完成的，能在田间直接捡拾干草并制成密实的块状产品，产品的密度为 700～850 kg/m³。压制成的草块大小为 30 mm×30 mm×（50～100）mm，田间压块要求干草含水量必须达到 10%～12%，而且至少 90% 为豆科牧草。固定压块是由固定压块机强迫粉碎的干草通过挤压钢模，形成 3.2 cm×3.2 cm×（3.7～5）cm 的干草块，密度为 600～1 000 kg/m³。烘干压块由移动式烘干压饼机完成，由运输车运来牧草，并切成 2～5 cm 长的草段，由运送器输入干燥滚筒，使水分由 75%～80% 降至 12%～15%，干燥后的草段直接进入压饼机压成直径 55～65 mm，厚约 10 mm 的草饼，密度为 300～450 kg/m³。草块的压制过程中可根据饲喂家畜的需要，加入矿物质及其他添加剂。牧草草块质量分级指标及质量等级如表 13-16 所示。

表 13-16　牧草草块质量分级指标及质量等级表（%）

指　标	等　级					
	特级	一级	二级	三级	四级	五级
粗蛋白质	≥19	≥17	≥14	≥11	≥8	≥5
中性洗涤纤维	<40	<48	<55	<62	<69	<73
酸性洗涤纤维	<31	<39	<44	<49	<54	<56
水分			≤14			

注：除水分以外的其他指标均以 100% 干物质为基础计算。

（二）秸秆草块

秸秆草块分两种：一种是把粉碎的秸秆复合化学处理后压成草块，另一种是在粉碎的秸秆粉中加入部分精饲料及矿物质、维生素等充分搅拌后压制而成。

1. 秸秆粉碎　秸秆粗粉碎或切碎的粒度必须符合瘤胃的生理要求和压粒压块的工艺要求。前苏联标准规定压草颗粒的草长≤5 mm，压草块的草长 10～30 mm。试验表明：压制直径 10 mm 的牧草及秸秆颗粒时，粉碎长度以不超过 5 mm 为宜，粉碎机筛片筛孔以 5～10 mm为宜。压制草块（30 mm×32 mm×32 mm）时，筛孔直径应为 10～15 mm。若粉碎秸秆长度超过压粒压块工艺要求的范围，较长的秸秆将在环模腔内被碾碎，压制每吨颗粒或草块的电耗将显著增加。

2. 秸秆的含水量　在粉碎秸秆表面加少量的水可促使秸秆产生黏性，提高草块的成形率和坚实度。压制不同作物秸秆，要求添加水分亦不相同。一般玉米秸秆和小麦麦秸秆含水率为 18%～20%，而稻草含水率 20%～22%时才有利于压制成型。如果秸秆粉的水分不足，可在压块时适当添加。

3. 化学处理剂、黏结剂及精饲料添加对秸秆颗粒质量的影响　用尿素和石灰处理秸秆可以大幅度提高秸秆的降解率，并有效地防止秸秆在处理过程中常出现的霉变。用尿素和石灰处理的秸秆压成草块后，其消化率就可以提高到 50%以上。石灰（4%～5%）和尿素（2.5%～3%）同时使用，不但可以大幅度提高秸秆的消化率，且有利于秸秆的成形。在添加 5%石灰的条件下，不必添加膨润土。但一般情况下，在秸秆压粒压块作业时，为改善产品质量，提高生产率，需添加有黏性的物料，如糖蜜（>10%）和膨润土（2%～3%）等。

第六节　干草品质鉴定

干草品质鉴定分为化学分析与感官判断两种。化学分析也就是实验室鉴定，包括水分、干物质、粗蛋白质、粗脂肪、粗纤维、无氮浸出物、粗灰分及维生素、矿物质含量的测定，各种营养物质消化率的测定以及可能发生的有毒有害物质的测定。生产中常用感官判断，它主要依据下列 6 个方面粗略地对干草品质做出鉴定。

1. 颜色气味　干草的颜色是反映品质优劣最明显的标志。优质干草呈绿色，绿色越深，其营养物质损失就越小，所含可溶性营养物质、胡萝卜素及其他维生素越多，品质越好。适时刈割的干草都具有浓厚的芳香气味，这种香味能刺激家畜的食欲，增加适口性，如果干草常有霉味或焦灼的气味，说明其品质不佳（表 13-17）。

表 13-17　干草颜色感官判断标准

品种等级	颜色	养分保存	饲用价值	分析与说明
优良	鲜绿	完好	优	刈割适时，调制顺利，保存完好
良好	淡绿	损失小	良	调制贮存基本合理，无雨淋、霉变
次等	黄褐	损失严重	差	刈割晚，受雨淋，高温发酵
劣等	暗褐	霉变	不宜饲用	调制、贮存均不合理

2. 叶片含量　干草叶片的营养价值较高，叶片中所含的矿物质、蛋白质比茎秆中多 1～1.5 倍，胡萝卜素多 10～15 倍，纤维素少 1～2 倍，消化率高 40%，因此，干草中的叶量多，品质就好。鉴定时取一束干草，看叶量的多少，禾本科牧草的叶片不易脱落，优质豆科牧草干草中叶量应占干草总重量的 50%以上。

3. 牧草形态　适时刈割调制是影响干草品质的重要因素，初花期刈割时，干草中含有花蕾，未结实花序的枝条也较多，叶量丰富，茎秆质地柔软，适口性好，品质佳。若刈割过迟，干草中叶量少，带有成熟或未成熟种子的枝条数目多，茎秆坚硬，适口性、消化率都下降，品质变劣。

4. 杂草含量 干草中杂草数量越少，品质越好，否则品质较差。

5. 含水量 用于长时间贮藏或远距离运输的干草，含水量最高不超过 15%～17%，如含水量达 20%以上时，则极易引起腐败变质。

6. 病虫害情况 被病虫侵害过的牧草调制成干草时营价值降低，且不利于家畜健康，鉴定时抓一把干草，检查叶片、穗上是否有病斑出现，是否带有黑色粉末等，如果发现带有病症，干草不能饲喂家畜。

我国新制定的禾本科和豆科干草的行业标准如下。

一、禾本科牧草干草的品质鉴定

（一）感官鉴定指标及分级

特级：抽穗前刈割，色泽呈鲜绿色或绿色，有浓郁的干草香味，无杂物和霉变，人工草地及改良草地杂类草不超过 1%，天然草地杂类草不超过 3%。

一级：抽穗前刈割，色泽呈绿色，有草香味，无杂物和霉变，人工草地及改良草地杂类草不超过 2%，天然草地杂类草不超过 5%。

二级：抽穗初期或抽穗期刈割，色泽正常，呈绿色或浅绿色，有草香味，无杂物和霉变，人工草地及改良草地杂类草不超过 5%，天然草地杂类草不超过 7%。

三级：结实期刈割，茎粗、叶色淡绿或浅黄，无杂物和霉变，干草杂类草不超过 8%。

（二）化学质量指标及分级

按粗蛋白质和水分含量的分级指标如表 13-18 所示。

表 13-18 禾本科牧草干草质量分级

质量指标	等级			
	特级	一级	二级	三级
粗蛋白质/%	≥11	≥9	≥7	≥5
水分/%	≤14	≤14	≤14	≤14

注：粗蛋白质含量以绝对干物质为基础计算。

二、豆科牧草干草的品质鉴定

（一）感官鉴定指标及分级

豆科牧草干草产品的感官及物理指标符合表 13-19 的要求。

表 13-19 豆科牧草干草质量感官和物理指标及分级

指标	等级			
	特级	一级	二级	三级
色泽	草绿	灰绿	黄绿	黄
气味	芳香味	草味	淡草味	无味
收获期	现蕾期	开花期	结实初期	结实期

（续）

指　标	等　级			
	特级	一级	二级	三级
叶量/%	50～60	49～30	29～20	19～6
杂草/%	<3.0	<5.0	<8.0	<12.0
含水量/%	15～16	17～18	19～20	21～22
异物/%	0	<0.2	<0.4	<0.6

（二）化学质量指标及分级

豆科牧草干草产品的化学指标应符合表 13 - 20 的要求。

表 13 - 20　豆科牧草干草质量的化学指标及分级

质量指标	等　级			
	特级	一级	二级	三级
粗蛋白质/%	>19.0	>17.0	>14.0	>11.0
中性洗涤纤维/%	<40.0	<46.0	<53.0	<60.0
酸性洗涤纤维/%	<31.0	<35.0	<40.0	<42.0
粗灰分/%		<12.5		
β胡萝卜素/(mg/kg)	≥100.0	≥80.0	≥50.0	≥50.0

注：各项理化指标均以 86% 干物质为基础计算。

草地利用篇

饲草生产计划的制订与饲草经营

第一节 饲草生产计划的制订

制订饲草生产计划是畜牧生产中的一项重要工作，它起着组织、平衡和发展饲草生产的重要作用。在做好饲草生产计划的基础上，才能根据当地实际情况，组织好饲草供应，保障供给，使家畜饲养与饲草生产有机地结合起来，从而提高畜牧生产的经济效益，使畜牧生产稳步地发展与提高。

饲草生产计划必须要与当地实际情况和市场现状相统一，要做到从实际出发，所定方案切实可行。为保证饲草生产计划的顺利实施和各种饲草的及时供应，保证畜牧生产的稳步发展，应在每一年年末做出下一年的饲草生产计划。

一、饲草需要计划的制订

（一）编制畜群周转计划

养殖场对饲草需要量的多少，取决于所养家畜的类型和数量，因此在编制饲草需要计划时，首先要根据该场所养畜群的类型、现有数量及配种和产仔计划编制畜群周转计划（表14-1），然后再根据畜群周转计划，计算出每个月所养各类型家畜的数量。畜群周转计划的期限为一年，一般在年底制订下一年的计划。

表 14-1　畜群周转计划（以河北农业大学教学实验牛场为例）

组别	年末存栏数	增加			减少				下年年终存栏数
		出生	购入	转入	转出	出售	淘汰	死亡	
泌乳母牛	70	—		10			10		70
初孕牛	13	—		13	10	3	—	—	13
育成母牛	16	—		16	13		3		16
犊牛	30	30			16	14			30

注：公犊出生后出售，表中犊牛数为母犊数。

（二）确定饲草需要量

在确定家畜的饲草需要量时，不同类型、不同年龄、不同性别的家畜要分别考虑。因为家畜的类型、年龄、性别不同，每天所需饲草的数量也各不相同。家畜每天所需饲草的数量可根据饲养标准和实践经验来确定（表14-2），然后按下式进行计算饲草需要量。

表 14-2　不同类型牛饲草平均日定量参考表（kg）

类别	精饲料	粗饲料	青贮饲料	青饲料
泌乳母牛	4.0～8.0	5.0～7.5	15.0～20.0	10.0～20.0
初孕牛	2.0～3.0	3.0～4.0	10.0～15.0	10.0～15.0
育成母牛	2.0～2.5	1.5～3.5	5.0～10.0	2.0～4.0
犊牛	0.2～2.0	0.2～3.0	0.15～5.0	0.2～3.0
育肥牛	3.0～5.0	4.0～5.0	15.0～20.0	10.0～20.0

饲草需要量＝平均日定量×饲养日数×平均头数

平均头数＝全年饲养总头日数÷365

根据上述公式，就可以计算出每个月各类家畜对不同饲草的需要量，因而也可以计算出全群家畜每个月对各种饲草的需要量（表 14-3）。

表 14-3　饲草需要量统计表（以河北农业大学教学实验牛场为例）

组别	平均头数	日需要量/kg				月需要量/t				年需要量/t			
		精饲料	粗饲料	青贮饲料	青饲料	精饲料	粗饲料	青贮饲料	青饲料	精饲料	粗饲料	青贮饲料	青饲料
泌乳母牛	70	420	350	1 400	1 050	12.78	10.65	42.58	31.94	153.36	127.80	510.96	383.28
初孕母牛	13	39	46	195	130	1.19	1.40	5.93	3.95	14.28	16.80	71.16	47.40
青年母牛	16	40	40	160	40	1.22	1.22	4.87	1.22	14.64	14.64	58.44	14.64
犊牛	30	39	45	120	45	1.19	1.37	3.69	1.37	14.28	16.44	44.28	16.44
合计	129	538	481	1 875	1 265	16.38	14.64	57.07	38.48	196.56	175.68	684.84	461.76

除了按上述方法计算家畜的饲草需要量之外，也可根据饲养标准（营养需要）来计算。家畜对营养物质的需求分为两个方面，一是维持状态下的营养需要即维持需要，二是进行生长、育肥、繁殖、泌乳、产蛋、使役、产毛等生产过程的营养需要即生产需要。家畜不同，或同种家畜的不同生理阶段及不同的生产目的，对营养的需求亦不同，这样根据家畜种类、生产类型、饲养头数、饲养日数以及每日需要的营养物质，通过饲养标准可计算出全群家畜对各种营养物质如能量、蛋白质、必需氨基酸等的需要量，然后再利用饲料营养成分表，分别计算出家畜需要什么样的饲草，需要多少才能满足营养物质的需要。

二、饲草供应计划的制订

饲草供应计划是根据饲草需要计划和当地饲草来源特点制订的。首先在饲草需要计划的基础上，根据当地自然条件、饲草资源、饲养方式等因素，采用放牧、加工调制、贮藏、购买等措施，广辟饲草来源，保证有充足的饲草贮备，以满足家畜的需求。

在制订供应计划时，首先要检查本单位现有饲草的数量，即库存的青、粗、精饲草的数量，计划年度内专用饲草地能收获多少及收获时期，有放牧地时还要估算计划年度内草地能提供多少饲草及利用时期，然后将所有能采收到的饲草数量及收获期进行记录统计，再和需要量做一对比，就可知道各个时期饲草的余缺情况，不足部分要做出生产安排，以保证供应。

三、饲草种植计划的制订

饲草种植计划是编制饲草生产计划的中心环节，是解决家畜饲草来源的重要途径。制订饲草种植计划时，需要根据当地的自然条件、农业生产水平、所养家畜的种类、生产类型等因素，选择适宜当地栽培和所养畜种需求的饲草作物，结合农业生产上的轮作、间作、套种、复种和大田生产计划，做出统筹安排，何时种何种饲草、种植面积、收获时间、总产量等都要做好计划安排。若养殖场本身没有足够的土地资源用以种植所需饲草，应根据种植计划和当地农户签订饲草种植合同，以保证饲草的充足供应（表 14-4）。

表 14-4　饲草种植计划表（以扬州大学教学实验奶牛场为例）

饲草种类	播种日期	播种面积/hm²	单产/(t/hm²)	总产/t	利用时间
苜蓿	9～10 月	2.0	70.0	140.0	5～9 月
多花黑麦草	9～10 月	1.0	15.0	15.0	3～6 月
胡萝卜	7 月下旬	6.0	45.0（块根）	270.0	11～5 月
			25.0（叶片）	150.0	10 月
冬牧 70 黑麦	9～10 月	1.0	50.0	50.0	5～6 月
青贮玉米	4～7 月	14.0	60.0	840.0	1～12 月

注：① 苜蓿头茬收获后调制干草，以后各茬青饲；胡萝卜叶片除青饲外，剩余部分调制干草。

② 由于土地面积有限，通过本场种植不能完全满足牛场所需饲草，不足部分解决方式为：粗饲料缺额部分及精饲料由市场购买；青饲料缺额部分及青贮玉米与周边农户签订种植合同，按期收购青饲或青贮。

在制订饲草种植计划时，首要问题是确定合理的种植面积，以保证土地资源的合理利用。各种饲草的种植面积可根据下式计算：

$$某种饲草的种植面积 = 某种饲草总需要量 \div 单位面积产量$$

由上式可知，要确定合理的种植面积，首先要确定各种饲草作物的单位面积产量即单产。由于单产的变化将会引起饲草生产计划各个环节的变动，因此要确定各种饲草的单产，必须要系统地分析历史资料，并结合当前的生产条件，加以综合分析，使估算的单产与生产实际相吻合。其中，各种作物秸秆产量可根据下列公式进行估算：

$$水稻秸秆产量 = 稻谷产量 \times 0.966 \quad （留茬高度 5\ cm）$$
$$小麦秸秆产量 = 小麦产量 \times 1.03 \quad （留茬高度 5\ cm）$$
$$玉米秸秆产量 = 玉米产量 \times 1.37 \quad （留茬高度 15\ cm）$$
$$高粱秸秆产量 = 高粱产量 \times 1.44 \quad （留茬高度 15\ cm）$$
$$谷子秸秆产量 = 谷子产量 \times 1.51 \quad （留茬高度 5\ cm）$$
$$大豆秸秆产量 = 大豆产量 \times 1.71 \quad （留茬高度 3\ cm）$$
$$薯秧产量 = 薯干 \times 0.61$$
$$花生秧产量 = 花生果 \times 1.52$$

四、饲草平衡供应计划

饲草生产具有季节性，而畜牧生产则要求一年四季均衡地供应各种饲草，因而饲草生产的季节性与饲草需求的连续性之间存在着不平衡性。为解决这一矛盾，做到饲草的平衡供应，就必须做好安排，使饲草供应与饲草需要相一致，做到一年四季均衡地供应各种饲草。

饲草的平衡供应首先是量的平衡，也就是饲草的供应数量要和需要量相平衡，为此要编制饲草平衡供应表（表14-5），经过平衡，对余缺情况做出适当调整，求得饲草生产与饲草需要之间的平衡。

表 14-5 饲草平衡供应计划（以河北农业大学教学实验牛场为例）（t）

月份	需要量				供应量				余 缺			
	精饲料	粗饲料	青贮饲料	青饲料	精饲料	粗饲料	青贮饲料	青饲料	精饲料	粗饲料	青贮饲料	青饲料
1	16.68	14.91	58.13	39.22	17.51	16.40	70.00	44.00	+0.83	+1.49	+11.87	+4.78
2	15.06	13.67	52.50	35.42	15.81	15.04	70.00	40.00	+0.75	+1.37	+17.50	+4.58
3	16.68	14.91	58.13	39.22	17.51	16.40	70.00	44.00	+0.83	+1.49	+11.87	+4.78
4	16.14	14.43	56.25	37.95	16.95	15.87	70.00	42.00	+0.81	+1.44	+13.75	+4.05
5	16.68	14.91	58.13	39.22	17.51	16.40	70.00	44.00	+0.83	+1.49	+11.87	+4.78
6	16.14	14.43	56.25	37.95	16.95	15.87	70.00	45.00	+0.81	+1.44	+13.75	+7.05
7	16.68	14.91	58.13	39.22	17.51	16.40	70.00	45.00	+0.93	+1.49	+11.87	+5.78
8	16.68	14.91	58.13	39.22	17.51	16.40	70.00	45.00	+0.83	+1.49	+11.87	+5.78
9	16.14	14.43	56.25	37.95	16.95	15.87	70.00	45.00	+0.81	+1.44	+13.75	+5.78
10	16.68	14.91	58.13	39.22	17.51	16.40	70.00	45.00	+0.83	+1.49	+11.87	+4.05
11	16.68	14.91	58.13	37.95	16.95	15.87	70.00	42.00	+0.83	+1.44	+13.75	+4.05
12	16.68	14.91	58.13	39.22	17.51	16.40	70.00	44.00	+0.83	+1.49	+11.87	+4.78
合计	196.56	175.68	684.84	461.76	206.18	193.32	840.00	525.10	+9.80	+17.56	+155.59	+63.34

注：①精饲料由市场购入；②通过种植可生产粗饲料约 60 t，不足部分亦由市场购入；③胡萝卜节余部分可进行青贮，转入下年使用，其余青饲料节余部分可调制成干草后再进行利用；④精饲料、粗饲料、青贮饲料剩余部分均转入翌年利用。

饲草平衡供应的另一方面是要做到质的平衡，即要做到供应的饲草应满足家畜的营养需要。为此要保证供应的青饲料、粗饲料、精饲料要合理搭配，种类要做到多样化，使供应的各类饲草养分间达到平衡，满足家畜对营养物质的需求。

为了保证饲草的平衡供应，第一，必须要建立稳固的饲草基地，除了本单位进行种植生产外，也要和周边农户建立稳定的合作关系，保证饲草的种植面积。第二，要进行集约化经营，通过轮作、间种、套种、复种，以及采用先进的农业技术措施，大幅度提高单产。第三，通过青贮、氨化、干草的加工调制及块根、块茎类饲料的贮藏，解决饲草供应的季节不平衡性。第四，要大力发展季节型畜牧业，充分利用夏秋季节牧草生长旺盛、幼畜生长速度快、消化机能强的特点，实行幼畜当年育肥出栏，以解决冬春季饲草供应不足的矛盾。第五，实行异地育肥，建立牧区繁殖、农区育肥生产体系：广大牧区由于饲草供应不足，导致育肥家畜生长速度慢、肉质差、效益低，同时也加重了草地压力；而饲草资源丰富的农区有大量的秸秆资源尚未得到合理利用，每年将牧区断奶幼畜输送到农区进行异地育肥，既可减轻牧区草地压力，改善当地饲草供应状况，又可充分利用农区饲草资源，从而建立起良好的草畜平衡生产体系。

在制订饲草生产计划时，为了防止意外事故的发生，通常要求实际供应的数量比需要量多出一部分，一般精饲料多 5％，粗饲料多 10％，青饲料多 15％，此即保险系数。在种植计划中，一般要保留 20％的机动面积，以保证饲草的充足供应。

第二节　青饲轮供制

青饲轮供制是指一年四季为家畜均衡连续不断地供应青饲料的制度。这一制度对于促进家畜的生长发育、提高生产力具有重要意义。

饲草料和其他饲料相比具有许多独特的特点。它含水量高（50％以上），富含多种各种维生素和矿物质，而粗纤维的含量较低，此外还含有 1.5％～3.0％（禾本科）或 3.2％～4.4％的粗蛋白质及大量的无氮浸出物。所以其特点是青绿多汁、柔嫩、适口性好、营养丰富、消化率高，对于动物营养来说，青饲料是一种营养相对平衡的饲料。因此青饲料在促进家畜生长发育及提高其生产力方面具有重要作用，尤其是在提高奶牛的生产力方面作用显著。据资料，在夏季供应足够的青饲料，奶牛的产奶量可占到全年产奶量的 60％～70％。

由于青饲料的生产具有季节性，因而其供应是不均衡的。目前我国许多养殖场或养殖户由于各种原因，不能很好地组织青饲轮供，使生产起伏波动，生产力低下。所以，如何组织好青饲轮供，在饲草生长季节，利用较少的土地，生产足够的青饲料，满足家畜一年四季的需要，对畜牧业生产稳步提高具有十分重要的意义。

一、青饲轮供制的类型

青饲轮供按其饲草来源和组织方式，可分为以下三种类型。

（一）天然的青饲轮供

天然的青饲轮供是靠天然草场或其他各种野生饲草资源，组织轮牧，以保证青饲料均衡供应的制度。这种轮供类型适于我国北方具有大面积草场的广大牧区，在夏秋两季草场生长茂盛时，可组织青饲轮供。在北方农区及南方可利用的农隙地、林间草地的各种野草、野菜及水生饲料组织轮牧亦属此种类型。

天然青饲轮供的技术关键是划区轮牧。只有组织好轮牧，才能在牧草生长季节均衡地供应青饲料。但由于天然的青饲轮供受自然条件和经济条件的制约，局限性很大，做不到周年供应青饲料，属于一种不完善的青饲轮供制度，不符合现代化大生产的要求，很难做到保证畜牧业稳定发展的需要。但通过发展季节型畜牧业，可减少其局限性带来的不利影响。

（二）栽培的青饲轮供

栽培的青饲轮供是指靠人工栽培青饲料来均衡地供应家畜所需青饲料的制度。这种轮供方式，其青饲料来源可由专用的饲草地提供，也可在大田生产中，通过粮草轮作，或以间种、混种、套种、复种等方式种植饲草来提供，再结合青贮和块根块茎饲料的贮藏，即可为家畜均衡地供应所需青饲料。

栽培青饲轮供的特点是在较少的土地面积上，进行集约化经营，获得高产优质的青饲料，并在周年四季按计划需要均衡地进行供应，但由于受耕作制度的制约，可能会出现缺青或青饲料浪费现象。这种轮供方式多在没有天然草场的农区及城市郊区使用。

（三）综合的青饲轮供

综合的青饲轮供是利用天然草场、人工栽培青饲料、青贮等多种技术措施组织的青饲轮供。这种轮供类型可以克服自然条件和栽培制度的限制，做到以丰补歉，调剂余缺，保证青饲料的均衡供应。

该轮供类型适于在农牧交错带以及北方产草量较低的广大牧区使用。

二、青饲轮供的组织技术

(一) 青饲料需要量的确定

组织青饲料轮供时首先要计算家畜对青饲料的需要量，其计算方法见本章第一节。

(二) 青饲轮供的组织

1. 天然的青饲轮供　这种类型是靠在天然草地上组织放牧来实现的。在组织轮供时要根据家畜青饲料的需要量、放牧地的生产力计算出放牧期间所需的牧地面积，公式如下：

$$放牧地面积 = \frac{日食量 \times 放牧头数 \times 放牧天数}{放牧地生产力}$$

根据计算结果将所需放牧地按照轮牧的要求分成若干小区进行划区轮牧，以保证在牧草生长期间青饲料的均衡供应。

2. 栽培的青饲轮供　在组织栽培的青饲轮供时需要根据家畜对青饲料的需要量、各种青饲料单位面积的产量，计算和落实各种青饲料的播种面积、播种时间、利用时期及提供的数量。

3. 综合的青饲轮供　在组织综合的青饲轮供时首先要计算放牧期间天然草地能提供多少青饲料，然后根据需要量和天然草地的供应量计算短缺数量。短缺部分就要靠种植来提供，其组织方式与栽培的青饲轮供相同。

无论是天然草地，还是人工栽培青饲料，均会受到气候或意外情况的影响，所以在制订青饲轮供计划时要留有余地，即所谓的保险系数。只有种地多些，方能在保证青饲料供应的同时，把多余部分用来调制成干草或青贮饲料，以备短缺时的需要，做到均衡供应。

(三) 组织青饲轮供的技术环节

要组织好青饲轮供，关键在于如何解决畜牧生产对青饲料需要的连续性与青饲料生产的季节性之间的矛盾，以及青饲料的供应在量的方面时有时无、时多时少，在质的方面时好时坏等问题。为发挥优良畜禽的生产潜能，就必须采取相应的技术措施，解决上述问题，满足家畜对青饲料的需求，做到连续均衡地供应青饲料。为此需要掌握以下技术环节。

1. 选择适宜的饲草　在选择饲草时，第一，要保证所选种类适于当地生长，特别是要注意选择一些能在早春或晚秋生长和收获的品种，以延长供青期。第二，要高产优质，富含各种维生素及矿物质，鲜嫩、青绿、消化率高、适口性好，满足所养畜种的需求。第三，要生长迅速，具有较强的再生能力；放牧利用时要具备耐践踏能力，刈割利用的要具备迅速再生、多次利用的特点，如无芒雀麦、紫花苜蓿等；如不具备再生性，但能多次播种、多次收获的如玉米、小白菜等亦可选择种植。第四，要易于管理、成本低。

另外，为均衡地供应青饲料，并使家畜得到全价的营养，青饲料种类要做到多样化，因此青饲轮供中牧草的种类不能过少，一般以 6~8 种为宜，要保证畜禽在不同时期均能采食到两种或两种以上的青饲料。但是青饲料种类也不能过多，否则管理繁杂，反而不利于青饲轮供的组织。

2. 掌握青饲料的生长发育规律　青饲料种类不同，对生长发育的外部条件要求亦不相同，因而在播种、管理及利用等方面亦异。因此在组织青饲轮供时就要求掌握各种青饲料的生长发育规律，包括适宜的播种期、刈割期、利用期及产量和品质的动态变化，既做到均衡地供应各种青饲料，又要充分地利用土地资源，不违农时，保证高产。

3. 选择适宜的骨干饲草和搭配饲草 骨干饲草是指可多次利用、供应期长、高产优质、适口性好、便于机械化作业的饲草。不具上述特点的饲草不能作为骨干饲草加以栽培利用，而只能作为搭配饲草。组织青饲轮供时，应选择 1～3 种骨干饲草，为了保证能量和蛋白质的平衡，应注意选择豆科牧草作为骨干饲草。在保证骨干饲草供应的基础上，在各个时期还需要搭配 1～2 种搭配饲草。一般骨干饲草和搭配饲草的种植比例以 4：1 为宜。短期速生、瓜类及可分期播种分期收获的饲草均是良好的搭配饲草。

4. 运用综合农业技术，实行集约化经营

① 分期分批播种。对不具再生性的饲草，可采用分期分批播种的方法以延长利用期，这样可做到分期轮收，保证均衡供应。如玉米、小白菜等均可采取这种方式进行利用。

② 具有再生性的饲草，可多次刈割、分期采收，如紫花苜蓿、苦荬菜等。

③ 结合农业三元种植结构的建立，采用间种、套种、混种及粮草轮作技术，充分利用有限的土地资源，获得高额的青饲料。

④ 注意施肥和田间管理，以提高产草量。

5. 种、采、贮配套 栽培的青饲轮供以种植为主，但在产青旺季，应采集大量的野生饲草作为补充，在青饲料生长旺季，要将多余部分青贮起来，做到旺季生产淡季利用。另外，还要搞好块根、块茎类饲料的原态贮藏，以供冬春缺青时期利用。

6. 建立稳固的青饲料生产基地 由于多数养殖场或养殖户没有足够的土地资源用以青饲料的生产，因此仅靠自身生产青饲料难以有效地组织青饲轮供。为此，应根据市场经济的原则，和当地农户建立供销关系，签订产销合同，建立稳固的青饲料生产基地，以保证青饲料的均衡供应。

草地培育与利用

第一节　国内外草地资源概况

一、草地与草业的概念

草地（rangeland）作为草原一词的同义语，王栋教授早在 1952 年在《牧草学通论》一书中把草地概括为"凡生长或栽培牧草的土地，无论生长牧草株本之高低，亦无论所生长的牧草为单纯一种或混生多种牧草，皆谓之草地。"贾慎修教授在《草地学》（1982）一书中写到"草地是草和其着生土地构成的综合自然体，土地是环境，草是构成草地的主体，也是人类经营利用的主要对象。"草地的定义，国内外学者在不同的历史时期曾给予多种界定。Holechek 等（2004）在《草地管理原理与应用》一书中将草地定义为"生长有可供家畜和野生动物采食的牧草、灌木或乔木的非耕作地"。虽然各自所处的地理位置、生产水平和科学技术水平发展存在差异，对草地一词的认识理解有一定差异，但其共同点是它们均与草地资源的功能和利用相关联。草地作为一项世界上面积最大的土地——生物资源，除了生产传统的饲用植物以供家畜放牧或刈割后饲喂，以生产畜产品的功能外，在当今还有牧养野生草食动物，为野生非牧养动物提供栖息地，以景观和绿地环境为人类提供旅游、娱乐、户外运动和休息地，提供野生药材、花卉和工业原料，保存和提供遗传资源，保持水土和恢复植被等多方面的功能。因此，现代草地的定义正如胡自治教授指出的那样，"草地是主要生长草本植物，或兼有灌丛和稀疏乔木，可以为家畜和野生动物提供食物和生产场所，并可为人类提供优良生活环境与其他生物产品等多种功能的土地——生物资源和草业生产基地。"草地有自然形成的天然草地和人工种植的人工草地。

20 世纪 80 年代以来，随着中国国民经济的发展和农业现代化建设的进程，中国草业在传统畜牧业的基础上逐渐形成和趋于成熟。由于它是一门新兴产业，现尚处于新生的发展阶段，其内涵与外延随产业的深入与发展而不断丰富。因此，关于中国的草业尚未形成完整而权威的定义。

作为中国草业科学的奠基人，王栋先生早在 20 世纪 50 年代对中国的草业科学和草业的发展，做了艰苦而又全面的求索，探讨了从植物性生产到动物性生产的几乎全过程，提出了中国草业的雏形和系统发展的思想。因此，钱学森称王栋先生为"中国现代 Prataculture*"的创始人。其后，有人明确地提出了"立草为业"的观点，认为"草业与农业、工业、林

---

* 钱学森确定的"草业"英文名。

业、牧业、渔业、商业等各种产业应该同等重要"。钱学森（1986）对此做了进一步的科学概括"我们要利用新技术革新的方法，利用系统工程的方法，研究并创立中国式的现代草业和草业系统工程。草业，是作为产业的概念提出来的，它是以草原为基础，利用日光，通过生物创造财富的产业。"李毓堂（1994）进一步概括为"草业，以草地和牧草为基础，通过家畜、生物、化工、机械等一切可利用的现代科技手段，建立高度综合的、能量循环的、多层次高效率的生产系统，具有多功能、高效益、易推行的产业。"孙吉雄在《草地培育学》（2000）中将草业定义为"中国草业——以开发草地资源为基础的多层次综合利用的知识密集型产业。"

二、中国草地资源概况

中国有天然草地 3.93×10^8 hm²，占国土面积的 41.41%，其中可利用草地面积占总草地面积的 84.26%。我国天然草地较集中分布于我国北方干旱区和青藏高原，西藏、内蒙古、新疆、青海、四川、甘肃、云南 7 省区的草地面积达 3.1×10^8 hm²，占全国草地面积的 79%，而其他各省市只有 0.83×10^8 hm²。我国的人工草地面积较小，全国只有 7.46×10^6 hm²，仅占全国天然草地面积的 1.9%。

我国地域广阔，地形、气候变化多样，形成复杂的自然景观。大体而言，东北自大兴安岭起，向西南经阴山山脉，再经秦陇山地，直至青藏高原的东麓，绵延的山脉将我国分为东南和西北两大部分。东南部以丘陵平原为主，气候比较湿润，原始植被主要为森林，后逐渐辟为农田和耕地，现已成为我国的主要农区，草地多为次生植被，零星分布。西北部以高原为主，干燥的内陆主要为草原和荒漠牧场，为我国重要的畜牧业基地。上述东北至西南连线的附近地区，为农牧交错地带。再自昆仑山，沿秦岭至淮阴山地，东西走向的山脉，将我国分为南北两部，成为南北气候的重要分界。

根据草地类型分布的地域差异，结合自然和经济因素，初步将中国草地分为五大草地区。

1. 东北草甸草原、草甸区　本区包括黑龙江、吉林、辽宁三省与内蒙古东部的呼伦贝尔、兴安两盟和通辽市、赤峰市，是我国草地的东界。其三面环山，南面临海，东部有长白山，西部及北部以大兴安岭和小兴安岭与内蒙古高原为界，中间包括侵蚀和冲积相互构成的广大平原。为大陆性气候与海洋性气候交错地区。全年降水量为 400～750 mm，由东向西逐渐减少，年平均气温 2.7～5.3 ℃，雨热同季，形成植物生长的良好环境。草地类型多样，生长茂盛。土壤由东向西为山地暗棕壤、黑钙土、栗钙土。本区天然草地面积达 4.12×10^7 hm²，其中可利用面积为 3.5×10^7 hm²。

东北草地区丰富的水热资源和复杂而独特的地形条件，形成了多样化的草地类型。

（1）羊草草原：羊草草原主要分布在东北平原和内蒙古高原东部。

（2）贝加尔针茅草原：贝加尔针茅草原主要分布在松嫩平原的顶部、岗地、大兴安岭山前台地、丘陵及山地阳坡。

（3）线叶菊草原：线叶菊草原主要分布在缓丘的顶部，山前台地、低山丘陵多石质的阳坡。

东北草地水分充足，土壤肥沃，牧草产量较高，饲用价值高。羊草草原平均产干草 1 000～2 000 kg/hm²，其中可食草在 80% 以上。禾本科和菊科牧草占主要成分，而且根茎型禾草占优势。草地地势平坦,一望无际,与美洲东部草原有一定的近似性。

东北草地的内陆河流较多,地下水位高,有广泛的盐渍化现象。

2. 蒙宁甘草原、荒漠草原区 本区包括内蒙古中部、河北北部、山西西北部、陕西北部、宁夏、甘肃东北部及青海东部7省区。以大兴安岭和阴山山脉连接而成的隆起带将本区分为南北两大部分,北部为内蒙古高原,南部为鄂尔多斯高原与黄土高原。内蒙古高原开阔坦荡,海拔900~1 600 m,地势由南向北逐渐倾斜。鄂尔多斯高原和黄土高原平均海拔1 200~1 800 m。地处内陆地区,具有明显的温带大陆性气候特点,年平均气温6.0~9.0 ℃,1月平均气温−10~−24 ℃,7月平均气温16~24 ℃。冬季严寒漫长,夏季温暖而短促。气温变化剧烈,日照充足,年较差和日较差都大,有效积温高,有利于植物的生长。年降水量为150~450 mm,由东南向西北递减,大部分地区处于半干旱气候的范畴。土壤主要有栗钙土、棕钙土、灰钙土、黑垆土、黄绵土、褐土等。由于半干旱、干旱气候的影响,促成了草原和荒漠植被的广泛发育,是我国最大的草原区之一,也是主要的畜牧业基地。本区有天然草地 5.06×10^7 hm²,占全国草地面积的12.8%,其中可利用草地面积为 4.37×10^7 hm²。

本草地区处在大气候由半湿润向半干旱的过渡地带。与生物气候的渐变性相适应,呈现出植被带由东南端的森林草原带向中、南部的典型草原带,再向西北部的荒漠草原带频频过渡。从东向西可以划分为5个地带,各个自然地带的水热条件不同,土壤肥力不一,植被类型多样,自然生产力也高低不同。

(1) 森林草原带:森林草原带主要分布在大兴安岭西麓,沿山地、丘陵的过渡由东北向西南呈带状延伸。森林分散呈片状分布,以桦、杨次生林为主。草原以线叶菊、针茅和羊草草原为主。自然条件较好,生产力较高,每公顷产鲜草3 000~6 000 kg。

(2) 干草原带:干草原带分布在森林草原以西,至温都尔庙、包头一线以东的广大地区。以针茅草原(大针茅、克氏针茅、羊草、隐子草等)为主,鲜草产量875~3 750 kg/hm²,适于绵羊、马、牛的放牧,是天然的优质草原。

(3) 荒漠草原带:荒漠草原带主要分布于内蒙古高原中西部和鄂尔多斯高原中部地区,呈北东向带状分布,是草原向荒漠过渡的地带。草原主要由戈壁针茅、短花针茅、冷蒿等组成。植物种类减少,生产力降低,鲜草产量为750~900 kg/hm²,适宜小畜放牧,马也适宜。

(4) 草原化荒漠带:草原化荒漠带分布在荒漠草原以西,大致自阴山、贺兰山以西至雅布赖山以东的地区。草地以强旱生的小半灌木与小灌木,如珍珠紫、红砂、霸王等为主要组成植物,但草原植物如短花针茅、戈壁针茅、无芒隐子草等成为次优势植物,荒漠具有草原化的特点。植物覆盖率低,鲜草产量为750~1 500 kg/hm²,适于放牧小畜及骆驼。

(5) 干荒漠带:干荒漠带在内蒙古的最西部,地面渐成为戈壁及沙漠,气候异常干燥;以超旱生的小半灌木和猪毛菜类小灌木为主要植物,如红砂、泡泡刺、珍珠紫、假木贼等,其他草原植物数量大为减少,多生于沙石之间,植被异常稀疏。鲜草产量300~450 kg/hm²,适宜养羊及养驼业发展。

本区面积广阔,生产力差异显著,东部产草量高,割草场较丰富;西部产草量低,贮备冬草困难,限制了家畜的自然分布,丰、歉年产草量变化很大,畜牧业生产不稳定。冬、春草场常感不足,且自东向西逐渐加剧,合理利用,科学管理草场是当前畜牧业发展的重要基本措施。

3. 新疆荒漠、山地草原区 本区位于我国西北部，东起阿拉善高原，沿黄土高原西北部，穿河西走廊，经柴达木盆地东南边缘，向西经阿尔金山直至昆仑山，包括内蒙古的阿拉善盟，甘肃的武威、张掖、酒泉、白银、金昌、嘉峪关，青海的都兰、乌兰、格尔木、大柴旦和新疆全部。本区东北部为阿拉善高平原，海拔 $800 \sim 1\,200$ m。经河西走廊西部至新疆四周高山环绕，形成广大的盆地，中有天山山脉，东西绵延，把新疆分为南疆和北疆。南部的塔里木盆地，分布着塔克拉玛干沙漠，其东端缺口与河西走廊相接，海拔 $1\,000$ m，西南高东北低。北部为准格尔盆地，呈三角形，平均海拔 500 m，盆地西部为山地，中部为古尔班通古特大沙漠。本区气候属于干旱荒漠气候，是我国降水量最少的地区，阿拉善高平原、柴达木盆地及河西走廊年降水量小于 200 mm，年均温 $6 \sim 8\,℃$，祁连山区年均温小于 $2\,℃$，而降水量达 $500 \sim 800$ mm。北疆气温低于南疆气温，分别为 $4 \sim 9\,℃$ 和 $9 \sim 12\,℃$。山区气温低于平原，年降水量盆地中心为 100 mm 以下，山地达 $400 \sim 700$ mm。气候总特点是夏热冬冷，秋雨集中，雨热同季，干旱多风。土壤自东向西有棕钙土、灰钙土、灰棕壤土以及广泛分布的风沙土。由于地形、气候、土壤基质条件不同，形成了荒漠、山地草原植被。本区天然草地面积达 9.07×10^7 hm²，占全国草地面积的 23.1%，草地面积仅次于青藏高寒区居全国第二位，可利用草地面积为 7.18×10^7 hm²。

荒漠类草地是本区的主体，主要分布在阿拉善高平原及新疆的盆地。其次是低湿草甸类草地，主要分布于柴达木盆地，新疆两个盆地的周边地带及河西走廊沿河地段的低洼处。山地草原类草地在新疆南部的昆仑山、中间的天山及北部的阿尔泰山，本区东部祁连山等山脉有充分的发育。随地势升高，温度降低，降水量增加，山地草甸类草地在北疆的大山中有良好的发育。

本区草地面积较广阔，由于地形的变化而形成草地类型的多样性，在草地利用上，有明显的季节性规律。家畜的组成也随草地类型而有明显的不同。

4. 青藏高原高寒草甸和高寒草原区 本区南至喜马拉雅山脉，东到横断山脉与云贵高原相接，北起昆仑山脉，西界帕米尔高原。包括西藏，青海（除海西蒙古族藏族自治州和西宁市），甘肃的甘南藏族自治州，四川的甘孜藏族自治州、阿坝藏族羌族自治州，云南的怒江傈僳族自治州、迪庆藏族自治州及丽江地区等。它是世界上特有的高寒草地分布区，也是我国高寒草地资源集中分布区。全区地势高，地形复杂，平均海拔在 $4\,000$ m 以上，被誉为"世界屋脊"。

青藏高原周围大山环绕，中间山岭重叠，河流交织，主要由高山、高原、湖盆和谷地等组成复杂崎岖的地形。呈东西走向的山脉，由北往南依次为昆仑山、唐古拉山、冈底斯山、念青唐古拉山和喜马拉雅山脉等，平均海拔都在 $5\,500$ m 以上；呈南北走向的山脉有横断山、大雪山、岷山和巧崃山等，平均海拔都为 $4\,000 \sim 5\,000$ m。各大山脉之间发育着广阔的高原面，盆地和谷地，海拔多为 $2\,000 \sim 6\,000$ m。高大的山脉组成了高原的骨架，整个地形由西北向东南倾斜。

青藏高原巨大的高原面给大气环流以强烈的影响，形成了特有的高原气候，给高原生物以强烈的影响。夏季本区东南部受西南季风的影响，东北部受东南季风的影响，气候温和湿润；冬季本区受西风环流的控制，气候寒冷而干燥，形成了典型的高原大陆气候。其气候特征为：①热量低，气温年较差小、日较差大，大部分地区处于高原亚寒带、寒带，年平均气温 $-5.8 \sim 3.7\,℃$，气温年较差 $15 \sim 25\,℃$，日较差 $12 \sim 18\,℃$；②干湿季和冷季变化明显，雨热同期，干冷季长达 7～8 个月，温暖季为 4～5 个月，而且温暖季和干冷季的过渡表现急速而突然；③太阳辐射强，日照充足，是我国太阳辐射量最高的地区之一；④降水分布地区差异显著，季节变化大，东南部降水量可达 500～1 000 mm，东北部 400～700 mm，藏南谷地 250～550 mm，羌塘高原东部和青海西南部年降水量为 100～300 mm，西北部地区仅 40～70 mm；⑤灾害性天气主要是大风、雷暴、冰雹等较多。本区总的气候特点是从东南往西北气温逐渐降低，降水逐渐减少，从东南部的温暖湿润气候逐步过渡为以寒冷干燥为主体的气候。土壤以草毡土、寒钙土为主体，土层薄，质地轻，有机质含量高，但可给态养分含量低。本区天然草地资源非常丰富，面积达 1.28×10^8 hm^2，其中可利用面积 1.12×10^8 hm^2，是我国天然草地分布面积最大的一个区，约占全国草地面积的 1/3。草地类型多样，除干热稀树灌草丛类以外，其他各类均有分布。各类草地中以高寒草甸类和高寒草原面积较大，分别占全区草地面积的 45.4% 和 29.1%，二者合计占 74.5%，其次是高寒草甸草原、高寒荒漠草原、高寒荒漠类和山地草甸类草地，分别占 4.4%、6.8%、4.6% 和 5.5%。

高寒草甸类草地主要分布于青藏高原东部高原山地，以蒿草属（高山蒿草、短生蒿草及藏蒿草等）为优势种，草群低矮，覆盖度大，生草层发育，富有弹性，耐牧性强，植被成分比较简单，产草量低（干草 882.0 kg/hm^2），青草期营养成分含量高，家畜容易抓膘。

高寒草原类草地主要分布于青藏高原西北部和西南部，以紫花针茅为建群种，同时还有羽柱针茅、青藏苔草、藏沙蒿、藏白蒿等。其草层低矮稀疏，成分简单，伴生有垫状植物，产草量低（干草 740.9 kg/hm^2），耐牧性差。

青藏高原是我国重要的高寒草地区，亦是我国藏草和牦牛的主要生产基地。

5. 南方山丘灌草丛草地区 我国南方草山草坡，主要包括秦岭、淮河以南的亚热带和热带地区的山地。本区地形复杂，山地、丘陵、台地、盆地、平原交错分布，河流纵横，湖塘星罗棋布。气候温暖湿润，属亚热带、热带气候。

西南部云贵高原地势大致自西向东，由北向南逐渐降低，平均海拔 2 000 m 左右，四川盆地以丘陵为主，大部分海拔在 1 000 m 以下。年均温 12～20 ℃，因受东南季风和西南季风影响，年降水量较多，一般为 800～1 200 mm，降水量由东南和西南向内陆递减，降水量是蒸发量的 1.5～2.4 倍。四川盆地和云贵高原东部是全国云雾最多、日照最少的地方，相对湿度大，一般在 80% 左右。

东南部以丘陵、平原为主，海拔 50～1 000 m，南岭东西绵延，武夷山南北纵贯，地形割裂，走向复杂，对气流的前进起了阻碍作用。东临太平洋受东南季风的影响。气温由北向南逐渐升高，年平均气温 15～25 ℃，1 月气温 2～21 ℃，7 月气温 27～30 ℃，除海南岛、广东雷州半岛为热带气候外，其余地区均为亚热带气候，冬季温暖，夏季炎热，持续高温时间长。长江以北冬季较冷，降水量分布由南向北递减，沿海多于内陆，山地多于沟谷、盆地，年平均降水量为 900～2 000 mm，降水量与蒸发量之比为 1.5∶1，体现了明显的湿润特点，相对湿度较高，达 70%～80%。

南方草地区其土壤从南至北有砖红壤、赤红壤、红壤、黄壤、黄棕壤，土壤多呈微碱性和酸性，缺磷，土层较瘠薄，土壤肥力较低，腐殖质含量、土层厚度由南向北增加。

本区由于森林长期遭到破坏，土地反复农垦与弃耕，尤其是连年的火烧，地面严重侵蚀，使森林植被不能恢复，多年生草本和灌木组成的草地，覆盖较大的面积，发育成大面积的草山草坡。本区天然草地面积为 6.82×10^7 hm^2，可利用草地面积为 5.60×10^7 hm^2。其草地类型主要有热性草丛类、热性灌草丛类、暖性草丛类、暖性灌草丛类及干热稀树灌草丛类等。植物以中生、旱中生的多年生禾本科草类为主要成分，草层高，优势种明显。植物区系组成以亚热带和热带种类为主，如芒属（*Miscanthus*）、金茅属（*Eulalia*）、鸭嘴草属（*Ischaemum*）、香茅属（*Cymbopogon*）、鸸鹋草属（*Eriachne*）等，不少的世界广泛分布种如野古草属（*Arundinella*）、白茅属（*Imperata*）、菅属（*Themeda*）及蕨属（*Pteridium*）等在本区都有广泛分布。此外，混生着一定的灌木种类，如栎属（*Quercus*）、映山红（*Rhododendron*）、余甘子（*Phyllanthus emblica*）等，并有稀疏散生的阳性乔木树种，如木棉（*Bombax malabaricum*）、厚皮树（*Lannea coromandelia*）、酸豆（*Tamarindus indica*）等。这些草地产草量高，也容易进一步培育改良用以放牧、割草或制作青贮饲料，也是我国重要的畜牧业基地。

三、世界草地资源概况

根据联合国粮农组织的统计，世界草地由永久草地、疏林地和其他类型草地（荒漠、冻原和灌丛地）三大部分构成，共 $6.81 \times 10^9 \ \text{hm}^2$，约为耕地面积的 4.6 倍，占陆地总面积的 51.88%。世界草地资源丰富的国家有，按草地面积排序依次为：澳大利亚、中国、前苏联、美国、巴西、阿根廷和蒙古。世界部分国家草地与耕地面积的情况如表 15-1 所示。

表 15-1　世界部分国家草地面积与耕地面积比及草地面积排序 $（\times 10^4 \ \text{hm}^2）$

（引自任继周，2014）

国家	草地面积	耕地面积	草地面积：耕地面积	草地面积排序
澳大利亚	40 490.0	5 030.4	8.05：1	1
中国	40 000.0	12 667.0	3.16：1	2
美国	23 400.0	17 520.9	1.34：1	3
巴西	19 700.0	5 886.5	3.35：1	4
沙特阿拉伯	17 000.0	360.0	47.22：1	5
阿根廷	14 370.0	3 445.0	4.1：1	6
蒙古	12 930.0	119.9	107.84：1	7
俄罗斯	9 114.3	12 386.0	0.74：1	8
南非	8 392.8	1 475.3	5.69：1	9
墨西哥	8 000.0	2 480.0	3.23：1	10
加拿大	2 900.0	4 574.0	0.63：1	11
秘鲁	2 710.0	370.0	7.32：1	12
新西兰	1 386.3	150.0	9.24：1	13
英国	1 125.1	565.2	1.99：1	14
法国	1 004.6	1 844.7	0.54：1	15
荷兰	99.3	90.5	1.10：1	16

注：除中国外，数据均引自联合国粮食及农业组织（FAO）公布的 2001 年数据。

按不同国家的草地生态环境、畜牧业在农业中的比例、经济发展状况及经营水平等，可分为如下几种类型（任继周，2014）。

1. 国土面积狭小、农牧并举、高度集约化经营的国家 如法国、德国，草地面积小于耕地面积，但畜牧业产值却分别占农业总产值的74％和57％，畜产品60％是由牧草转化而来的，每公顷草地生产350～600个畜产品单位。

法国草地面积占国土面积的1/3，并且已建成永久性的栽培草地，栽培草地面积大，质量好，四季常青。他们严格控制载畜量，对按载畜量指标放牧的，按照草地的海拔和草地类型给予补助。合理的载畜量保证了牛羊足够的饲草，又使草地得到有效保护。法国还同步发展饲草料工业，在牧草生长旺季，将青草收割并晒制成干草，或者青贮，保证冬季的饲草供应。社会化服务体系也是法国畜牧业成功的保证，如饲料供应以家庭式企业规模生产进入社会化大流通渠道。

2. 国土面积大、农牧并举、草业经营略为粗放的国家 如美国、加拿大，它们的畜牧业产值分别占农业总产值的62％和65％，畜产品65％以上是由牧草转化而来的，这些国家平均每公顷草地生产45～75个畜产品单位。

美国草地面积占国土面积的1/4以上，其中改良草地和栽培草地约为1.1×10^8 hm²，草地实现了围栏化，推行划区轮牧制度。美国实行外向型与内向型相结合的发展方向，草产品出口增长迅速，已由10年前的1.5×10^7 t增加至目前的5.3×10^7 t，重点出口南亚、欧洲等地，草种出口额已达8亿美元。美国草业具有布局区域化、生产专业化、经营集约化和产品标准化的特点，在全国范围内推行了草种认证制度和草颗粒等产品标准，农业部设立国家草种质检中心及认证办公室专门从事草种质检和认证工作。

3. 栽培草地发达、以牧为主的国家 如新西兰、英国、瑞士、丹麦等，草地畜牧业十分发达，其产值比种植业高1～8倍，畜产品80％是由牧草转化而来的，每公顷草地可生产300～900个畜产品单位。

以新西兰为例，畜牧业产值在农业总产量中占到90％以上，畜产品出口也占到出口总产值的90％以上。新西兰气候温和，适宜的气候对牧草生产十分有利。新西兰重视自然生态保护并大力发展人工种草，全国有"一块绿毯"之称，牧草常青，以四季放牧为主。草地基本实现了围栏化并进行划区轮牧，牧场生产能力高，在20世纪80年代已达到每公顷产羊毛41.7 kg的水平。

4. 天然草地面积大、草业生产技术较为先进、以牧为主的国家 如澳大利亚，畜牧业产值占农业总产值的50％～60％，畜产品的90％由牧草转化而来，每公顷草地生产约20个畜产品单位。

澳大利亚北部为热带牧场，草地管理相对粗放，以放牧为主，发展低成本草地畜牧业。在中雨、多雨地区建立优质栽培草地，牧场规模不大，但集约化程度高，单位面积的生产率很高。

澳大利亚草地分国有、私有两种所有制形式，国有草地大多贫瘠，政府以较低的费用租赁给牧业生产者，租赁期较长，以避免经营者掠夺利用草地。澳大利亚政府通过制定严格的载畜量控制家畜数量，实行划区轮牧，使牧草有适当的恢复生长期。澳大利亚还有配套的政策法规，如对自愿植草保护草地、防止退化的牧场主减少税收，以保证草业的可持续发展。

5. 草地面积大、天然草地以原始放牧利用为主、草地畜牧业比较落后的国家 如中国、蒙古、沙特阿拉伯等，草地面积大，有的国家以经营草地畜牧业为主，但草地畜牧业的生产力和经营水平都比较低。中国虽然农牧业历史悠久，种植业精耕细作，土地产出和经营水平都很高，但草原牧区主要分布于寒、旱等气候恶劣、环境条件差、发展滞后的西部边远和边疆地区，放牧型的草地畜牧业生产力和经营水平都比较低，而且草原退化严重，生态环境状况普遍较差。

草地由于其生态条件和利用的特殊性而很容易退化，草地退化在世界各地普遍存在，目前世界草地退化面积已达 62%，其原因主要是过牧和采薪。全球气候变化也是造成草地退化的一个重要因素，在全球变暖的过程中，较干旱的草地类型如草原、稀树草原和荒漠的面积会增加，因而容易因侵蚀和火灾而退化，这种变化在美国西部、非洲萨赫勒地区、中东、中亚和澳大利亚尤其明显。在气候变化的过程中，各种草地植物在种类和结构上都经历着一个变化过程，新的种类和群落更能忍受干旱，能更有效地利用土壤水分，因而生物量可能减少不多，但这些新的植物种和群落却不适于做当地家畜的饲料而使载畜量降低，因此，合理利用草地和保护环境是世界各国在发展草地生产的同时都面临的重要而又亟待解决的问题。

第二节　草地的培育与改良

天然草地是一种可更新的自然资源，能为畜牧业持续不断地提供各种牧草。但是天然草地在自然条件和人类生产活动的影响下，不断发生变化。由于自然环境的恶化和人类不合理的开发利用、不科学的管理，造成草地退化。草地退化在世界各国普遍存在，世界退化草地面积已达数亿公顷，美国 27% 的草地面积呈现退化，前苏联中亚荒漠区天然草地有 20% 左右的面积退化，我国沙化、退化的草地面积约占可利用草地面积的 1/3，产草量由原来的 3 000 kg/hm² 鲜草，减少到现在的 750~1 500 kg/hm²。

草地在外因和内因作用下发生自然演替或利用演替，这些演替有的是对生产有利的进展演替，有的则是对生产不利的逆性演替，也称草地退化。在草地退化过程中，草地表现的特征是草地植被的草层结构发生变化，原有的一些优势种逐渐衰退或消亡，大量一年生或多年生杂草相继侵入；草层中优良牧草的生长发育受阻，可食性牧草的产量降低，有毒有害植物增多；草地生境条件恶化，土壤裸露、干旱、贫瘠、风蚀、水蚀和沙化较以前严重；在重牧的地方，土壤变得紧实，表土出现粉碎现象，草地鼠虫害更趋严重。结果牧草产量降低，牧草品质变劣，加剧了草畜供求矛盾。

为协调植物生产和动物生产的关系，维持草地生态平衡，提高生态效益，必须对天然草地进行培育与改良。其目的在于调节和改善草地植物的生存环境，创造有利的生活条件，促进优良牧草的生长发育，通过农业科学技术，不断提高草地产量和质量。草地的培育与改良方法有两种，即治标改良与治本改良。所谓治标改良，是在不改变原有土壤和植被的情况下，采取一些农业技术措施，如地面整理、施肥、灌溉、清除毒害草、草地封育、补播等，以提高草地的生产力。所谓治本改良是对严重退化的天然草地植被进行全部耕翻，播种混合牧草，建立高产优质的人工草地。

一、草地封育

草地由于长期不合理利用，特别是在过牧的情况下，加之管理不当，牧草的生长发育受阻，繁殖能力衰退，优良牧草逐渐从草层中衰退，适口性差的杂类草或毒害植物侵入，结果导致草地植被退化。这是由于草地植被被长期反复采食，贮藏的营养物质耗竭，而又不能及时得到补充所造成的。

在一般情况下，草地生产力没有受到根本破坏时，采用草地封育的方法，可收到明显的效果，达到培育退化草地和提高生产力的目的。

草地封育又称封滩育草、划管草地。所谓草地封育，就是把草地暂时封闭一段时期，在此期间不进行放牧或割草，使牧草有一个休养生息的机会，积累足够的营养物质，逐渐恢复草地生产力，并使牧草有进行结子或营养繁殖的机会，促进草群自然更新。

草地封育为培育天然草地的一种行之有效的措施，普遍为国内外采用。原因是它比较简单易行而又经济，不需要很多投资，并在短期内可以收到明显效果。各地草地封育的实践已证明，退化草地经过封育一段时期后，草地植物的生长发育、植被的种类成分和草地的生境条件都得到了改善，草地生产力有很大提高。如内蒙古鄂尔多斯市，封育一块退化草地后，草群种类成分发生显著变化（表 15-2）。从表可以看出，封育的草地禾本科和豆科草成分都有增加，毒草数量大大减少。而未封育的草地中禾草数量少，豆科牧草几乎没有，而毒草丛生。

表 15-2　封育和未封育草地草群结构变化比较表

(植物学报，1976)

经济类群	主要代表植物	封育草地		未封育草地	
		干重/(g/m²)	占草群总重/%	干重/(g/m²)	占草群总重/%
禾本科牧草	芦苇	168.0	42.7	31.9	6.0
豆科牧草	细齿草木樨	136.2	34.6	—	—
杂类草	委陵菜	5.7	1.4	16.4	3.1
苔草	中亚苔草	72.8	18.5	33.3	6.3
毒草	醉马草	11.0	2.8	448.0	84.6

草地封育之所以能取得这样明显的效果，其原因在于：草地封育后防止了随意抢牧、滥牧的无计划放牧，牧草得到了休养生息的机会，植物生长茂盛，覆盖度增大，草地环境条件发生了很大变化。一方面，植被盖度和土壤表面有机物的增加，可以减少水分的蒸发，使土壤免遭风蚀和水蚀。另一方面，植物根系得到较好的生长，增加了土壤有机质含量，改善了土壤结构和渗水性能。草地封育后，牧草能贮藏足够的营养物质，进行正常的生长发育和繁殖。特别是优良牧草，在有利的环境条件下，恢复生长迅速，加强了与杂草竞争的能力。不但能提高草地的产草量，并能改进草地的质量。

草地封育时间，一般根据当地草地面积状况及草地退化的程度进行逐年逐块轮流封育。如全年封育；夏秋季封育，冬季利用；每年春季和秋季两段封育，留作夏季利用。为防止家畜进入封育的草地，应设置保护围栏，围栏应因地制宜，以简便易行、牢固耐用为原则。

此外，为全面恢复草地的生产力，最好在草地封育期内结合采用综合培育改良措施，如松耙、补播、施肥和灌溉等，以改善土壤的通气状况、水分状况。

二、延迟放牧

延迟放牧就是让家畜在晚于正常开始放牧时期进入放牧地。在干旱地区，经常是在牧草开花结实后才让家畜进入放牧地，使牧草有一个进行有性繁殖的机会，使草地得到天然复壮。有时为了提供一块调制干草的保留地，在牧草生长季节不放牧，当割制干草后，利用再生草进行放牧家畜。延迟放牧应与减少放牧家畜的数量相结合。只进行一段时间的延迟放牧，而不是全部生长期，其效果也不明显。

三、草地松土

草地经过长期的自然演变和人类的生产活动，其结果是使土壤变得紧实，土壤的通透性减弱，微生物的活动和生物化学过程降低，直接影响牧草水分和营养物质的供给，因而使优良牧草从草层中衰退，降低了草地的生产力。草地松土的目的，是为了改进土壤的空气状况，加强土壤微生物的活动，促进土壤中有机物质的分解。

（一）划破草皮

划破草皮是在不破坏天然草地植被的情况下，对草皮进行划缝的一种草地培育措施。其目的就是改善草地土壤的通气条件，提高土壤的透水性，改进土壤肥力，提高草地的生产能力。青海铁卜加草原站，1963—1964 年在高寒草原的河谷阶地细嵩草——杂类草型的冬春牧场上，在植物萌发期用无壁犁划破草皮，2 年平均产量比未划破草皮地增产 48.1%。划破草皮能使根茎型、根茎疏丛型优良牧草大量繁殖，生长旺盛；还有助于牧草的天然播种，有利于草地的自然复壮。

划破草皮应根据草地的具体条件来决定。一般寒冷潮湿的高山草地，地面往往形成坚实的生草土，可以采用划破草皮的方法。但有些地方，虽然寒冷潮湿，因放牧不重，还未形成絮结紧密的生草土层，就不必划破。选择适当的机具，是划破草皮的关键。小面积的草地，用拖拉机牵引的机具（如无壁犁、燕尾犁及松土补播机）进行划破。划破草皮的深度，应根据草皮的厚度来决定，一般以 10～20 cm 为宜。划破的行距为 30～60 cm。划破的适宜时间，应视当地的自然条件而定，有的宜在早春或晚秋进行。早春土壤开始解冻，水分较多，易于划破。秋季划破后，可以把牧草种子掩埋起来，有利于来年牧草的生长。

划破草皮应选择地势平坦的草地进行。在缓坡草地上，为防止水土流失，应沿等高线进行划破。

（二）草地松耙

松耙即对草地进行耙地，是改善草地表层土壤空气状况的常用措施之一。生产实践证明，松耙可以起到以下作用。

① 清除草地上的枯枝残株，促进嫩枝和某些根茎型草类的生长。

② 松耙表层土壤，有利于水分和空气的进入。

③ 减少土壤水分蒸发，起到保墒作用。

④ 消灭杂草和寄生植物。

⑤ 有利于草地植物的天然下种和人工补播。

松耙虽对草地有良好作用，但也有一定的不良影响，如耙地能拔出一些植物，切断或拉断植物的根系；耙除株丛间的枯枝落叶后，使这些牧草的分蘖节和根系暴露出来，使其失去保护覆盖层而在夏季旱死或冬季冻死。

试验表明，以根茎型禾草或根茎疏丛型草类为主的草地，耙地能得到较好的改良效果。因为这些草类的分蘖节和根茎在土中位置较深，耙地能切断但不易拉出根茎，松土后使土壤空气状况得到改善，可促进其营养更新，形成大量新枝。以丛生禾草和豆科草类为主的草地，不宜松耙，这些植物的分蘖节和根茎大部分位于土壤表层，松耙时会使它们暴露出来，当气候干燥或寒冷时，会使植物受害或死亡，降低草地生产力。

松耙最好在早春土壤解冻 2～3 cm 时进行，此时耙地一方面可以起保墒作用，另一方面春季草类分蘖需要大量氧气，松耙后土壤中氧气增加，可以促进植物分蘖。

松耙机具可采用钉齿耙、圆盘耙和松土补播机等。钉齿耙可耙松生草土及土壤表层，耙掉枯死残株。圆盘耙耙松的土层较深（6～8 cm），能切碎生草土块及草类的地下部分，因此在生草土紧实而厚的草地上，使用圆盘耙耙地效果更好。耙地最好与其他改良措施如施肥、补播配合进行，可获得更好的效果。

四、草地补播

草地补播是在不破坏或少破坏原有植被的情况下，在草群中播种一些适应当地自然条件的、有价值的优良牧草，以增加草层的植物种类成分和草地的覆盖度，达到提高草地生产力和改善牧草品质的目的。

由于草地补播可显著提高牧草产量和品质，引起了国内外的重视，已成为各国更新草场、复种草群的有效手段。

（一）补播地段的选择

补播成功与否与补播地段的选择有一定的关系，选择补播地段应考虑当地降水量、地形、植被类型和草地的退化程度。在没有灌溉条件的地段，补播地区至少应有 300 mm 以上的年降水量。地形应平坦些，但考虑到土壤水分状况和土层厚度，一般可选择地势稍低的地方，如盆地、谷地、缓坡和河漫滩。此外，可选择撂荒地，以便加速植被的恢复。

在有植被的地段，补播前进行一次地面处理是保证补播有成效的措施之一。地面处理的作用是破坏一定数量的原有植被，削弱原有植被对补播牧草的竞争力。地面处理的方法可采用机械进行部分地耕翻和松土，破坏一部分植被，也可以在补播前进行重牧或采用化学除莠剂杀灭一部分植物，减少原有草群的竞争，有利于播入牧草的生长。

（二）草种的选择

因为补播是在不破坏草地原有植被的情况下进行的，补播的牧草，要具有与原有植物进行竞争的能力，才能生存下去。因此，要补播成功，除了要为补播的牧草创造一个良好的生长发育条件外，还应选择生长发育能力强的牧草品种，以便克服原有植物对它们的抑制作用。

选择补播牧草种类应从以下几方面考虑。

① 牧草的适应性。最好选择适应当地自然条件，且生命力强的野生牧草或经驯化栽培的优良牧草进行补播。一般来说，在干旱地区补播应选择具有抗旱、抗寒和根深特点的牧草；在沙区应选择超旱生的防风固沙植物；局部地区应根据土壤条件选择，如盐渍地应选择耐盐碱的牧草。

② 应从饲用价值出发，选适口性好、营养价值和产量较高的牧草进行补播。

③ 根据利用方式选择不同的株丛类型。割草应选上繁草类，放牧应选下繁草类。

以上对于补播牧草种类应以牧草的适应性最为重要，是决定补播牧草能否在不利条件下定居的关键因素。

（三）牧草补播的技术

1. 补播时期　选择适宜的补播时期是补播成功的关键。确定补播时期要根据草地原有植被的发育状况和土壤水分条件。原则上应选择原有植被生长发育最弱的时期进行补播，这样可以减少原有植被对补播牧草幼苗的抑制作用，由于在春、秋季牧草生长较弱，所以一般在春、秋季补播。但在我国北方，春季干旱缺雨，风沙大，春季补播有一定困难，从实际考虑，以初夏补播为宜，因此时植物非生长旺期，雨季又将来临，土壤水分充足，补播成功希望较大。

2. 补播方法　采用撒播和条播两种方法。撒播可用飞机、骑马、人工撒播。若面积不大，最简单的方法是人工撒播。在大面积的沙漠地区，或土壤基质疏松的草地上，可采用飞机播种。飞机播种速度快，面积大，作业范围广，适合于地势开阔的沙化、退化严重的草地和黄土丘陵，利用飞机补播牧草是建立半人工草地的好方法。

条播主要是用机具播种，目前国内外使用的草地补播机种类很多。如美国约翰·迪尔生产的条播机，可直接在草地上播种牧草。青海生产的 9CSB-5 型草原松土补播机，具有一次同时完成松土、补种、覆土、镇压等优点。还有其他省区已生产的 9MB-7 型牧草补播机，9BC-2.1 牧草耕播机等。

3. 补播牧草的播种量及播种深度　播种量的多少决定牧草种子的大小、轻重、发芽率和纯净度，以及牧草的生物学特性和草地利用的目的。一般禾本科牧草（种子用价为 100% 时）常用播量为 $15 \sim 22.5 \ kg/hm^2$，豆科牧草 $7.5 \sim 15 \ kg/hm^2$。草地补播由于种种原因，出苗率低，所以可适当加大播量 50% 左右，但播量不宜过大，否则对幼苗本身发育不利。

播种深度应根据草种大小、土壤质地决定。在质地疏松的较好的土壤上可播深些，黏重的土壤上可浅些；大粒种子可深些，小粒种子可浅些，一般牧草的播种深度不应超过 $3 \sim 4 \ cm$，各种牧草种子的播种深度见前述有关章节。

牧草种子播后最好进行镇压，使种子与土壤紧密接触，便于种子吸水萌发。但对于水分较多的黏土和盐分含量大的土壤不宜镇压，以免引起返盐和土壤板结。补播的草地应加强管理，保护幼苗，补播当年必须禁牧，第二年以后可以进行秋季割草或冬季放牧。

第三节　草地的放牧利用

一、放牧对草地的影响

放牧是家畜在草地的一种牧食行为，是使人工管护下的草食动物在放牧地上采食牧草并将其转化为畜产品的一种生产方式。在这种生产方式中，放牧家畜以草地为生活条件，一方面采食牧草，从放牧地摄取营养物质。另一方面家畜在放牧中得到适当的运动，并经常处于空气新鲜、阳光充足的环境中，经受各种气候环境的锻炼，为机体健康和良好生长发育提供了优越条件。放牧是我国草地利用最经济有效的饲养方式。

放牧家畜通过采食、践踏和排泄粪尿对草地产生影响，这些影响因素常随放牧强度、放牧方式和时间的不同而变化。适度放牧，可促进牧草的分蘖和生长，茎叶茂盛，改善土壤的通透性，促进牧草根系的发育；有利于种子传播，促进草地更新，改善牧草品质。过度放牧，不仅影响牧草的生长发育，降低草地的产量和质量，而且草地的生境条件变劣，引起草地退化。

（一）采食

放牧家畜采食牧草茎叶，从草地摄取营养物质，采食的次数和高低，直接影响牧草的分蘖与叶面积指数。叶片是牧草光合作用的主要器官，叶面积直接影响着牧草光合作用的速度。据测定，不同种类的牧草，每平方米叶面积光合作用合成糖的速率为 $0.8 \sim 1.8\ g/h$。过度放牧，叶片减少，导致牧草养分来源减少。牧草只能靠贮藏的营养物质进行生长，使生长发育受到抑制，甚至死亡。

牧草贮藏营养物质的减少，降低了牧草的生活力和与其他草地植物的竞争力。若牧草在秋季贮藏营养物质不足，其越冬性就差，来年春季的生长发育也会受到影响。

放牧也影响牧草根系的生长。牧草的根系与地上茎叶是相互依赖的，牧草地上部经光合作用合成的有机物由茎输送到根部，促进根系的生长；根系从土壤中吸收水分和无机物，通过茎输往地上茎叶，家畜啃食牧草地上部分，必然影响到根系的生长。一般来说，在过度利用的情况下，牧草根系变短，根量减少。

采食对牧草的繁殖也有一定影响。反复放牧，牧草的生殖枝几乎全部被采食，妨碍种子的形成，使牧草繁殖力降低。过度放牧的草地，牧草在春季要晚 $4 \sim 7\ d$ 产生生殖枝，完成结子也要延迟 $6 \sim 7\ d$。过度放牧对牧草营养繁殖同样产生重大影响。频繁逐年极度放牧，抑制了营养繁殖器官根茎的生长发育，根茎重量减少。据呼盟草原站资料，如以适度放牧的根茎重量为 100%，则过度放牧为 61.5%，极度放牧则为 28%。

放牧对草地植物学成分亦有影响。一般来说，草地上大多数牧草都有一定的耐牧性，是植物在长期放牧环境中形成的适应性。但草地在长期不合理的放牧影响下，草地植物学成分将出现明显的变化：草群中高大草类减少并逐渐消失，为下繁草的生长发育创造了有利条件；以种子繁殖的草类数量大大减少或完全消失；适口性好的牧草数量减少或消退，而适口性差的牧草和家畜不食的牧草数量增加；草群中出现莲座状植物、根出叶植物和匍匐型植物。因为这些植物不易被家畜采食，有较强的耐牧性，在某些地段可使草群中灌木增加。

（二）畜蹄践踏

家畜在草地放牧生产过程中，畜蹄践踏将对草地状况产生重要的影响。畜蹄践踏对草地植被与土壤的作用，使草地的植物特性、土壤理化性质发生改变，从而对草地产生影响。

1. 践踏植物　践踏对植物的直接影响是在家畜奔跑走动中可将植物踩碎、碰伤或折断。据研究，在正常放牧强度下，多年生黑麦草和草地早熟禾耐践踏，而红三叶则敏感。在单播草地上，抗踏种类的产量只减少 5%，而敏感草类则减产高达 50%。混播牧草总产量只减少 $5\% \sim 10\%$。

2. 践踏土壤　据测定，成年绵羊蹄面积达 $80 \sim 90\ cm^2$，对草地的压力约为 $0.8\ kg/cm^2$；成年牛的蹄面积达 $250 \sim 350\ cm^2$，对草地的压力约为 $1.5\ kg/cm^2$。践踏结果是使草地土壤变紧实，毛管作用增强，土壤通透性减弱，改变土壤的物理性状，特别是湿润黏壤土，这种现象更为严重。践踏使干燥的土壤表土粉碎，使土壤旱化、沙化，易造成风蚀、水蚀。草地过于频繁和过重的践踏，最终导致草地退化，生产能力下降。

（三）排泄粪尿

放牧家畜的粪尿对草地牧草的产量、质量、适口性等有局部影响，但对草地的总体影响不十分明显。

1. 营养物质的归还　据测定，在放牧过程中由家畜排泄粪尿而归还给草地营养物质的总量约为：氮 $100\sim150$ kg/hm²，钾 $75\sim125$ kg/hm²，磷 $10\sim20$ kg/hm²。其量的大小取决于放牧频率、放牧家畜的大小和年龄及牧草的适口性和化学成分。这些营养物质并非可自由利用的，其利用率主要决定于归还养分种类和方式，$60\%\sim70\%$ 的排泄氮和 $80\%\sim90\%$ 的以尿排泄的钾可自由利用，其余部分则以粪的形式存在而被草地缓慢利用。

2. 影响草地利用面积　据报道，每年被放牧家畜尿覆盖的草地占总面积的 $4\%\sim20\%$，被粪块覆盖的草地占总面积的 $1\%\sim5\%$。放牧家畜的排泄物虽有利于营养物质的归还，但这些排泄物也会造成草场的污染，降低牧草的适口性，影响牧草的利用，尤其在干旱季节，放牧家畜排出的粪斑，经太阳暴晒很快干涸，所起营养作用甚微，结果造成粪斑下覆盖的牧草发生黄化现象，若处理不及时将进一步导致牧草死亡，使草地产量下降，逐步趋于退化。

二、草地放牧利用的基本要求

（一）合理的载畜量

载畜量是指在一定的放牧时期内，一定的草地面积上，在不影响草地生产力及保证家畜正常生长发育时，所能容纳放牧家畜的数量。确定正确的载畜量不仅对维持草地生产力，而且对合理利用草地，促进畜牧业的发展都是必要的。载畜量不当，不但造成饲草浪费，而且导致草地植被退化。

载畜量包括三项因素，即家畜数量、放牧时间和草地面积。这三项因素中如有两项不变，一项为变数，即可说明载畜量。因此，载畜量有以下三种表示法。

1. 时间单位法（animal day）　时间单位法以"头日"表示，在一定面积的草地上，一头家畜可放牧的日数。

2. 家畜单位法（animal unit）　世界各国都采用牛单位，指一定面积的草地，在一年内能放牧饲养肉牛的头数。我国在生产中广泛采用绵羊单位，即在单位面积草地上，在一年内能放牧饲养带羔母羊只数。如全年 0.667 hm² 草地放养一只带羔母羊，载畜量用 0.667 hm²/（头·年）表示。

3. 草地单位法（pasture unit）　草地单位法即在放牧期一头标准家畜所需草地面积数。

载畜量的测定方法有多种，根据草地牧草产量和家畜的日食量来确定载畜量较为科学。计算载畜量的公式如下：

$$载畜量 = \frac{饲草产量 \times 利用率}{家畜日食量 \times 放牧天数}$$

载畜量的数值只是一个相对稳定的值，只有相对的生产意义，因为放牧草地处于变化的过程中，载畜量的大小受多种因素的影响，如气候、土壤、家畜种类、放牧制度等。因此，载畜量的测定不能一劳永逸，应根据具体情况，经过一定时期后，重复测定。

（二）适宜的放牧强度

放牧草地表现出来的放牧轻重程度叫做放牧强度。放牧强度与放牧家畜的头数及放牧的时间有密切关系。家畜头数越多，放牧时间越长，放牧强度就越大。

1. 草地利用率　草地利用率是指在适度放牧情况下的采食量与产草量之比。在适度利用的情况下，一方面能维持家畜正常的生长和生产，另一方面放牧地既不表现放牧过重，也不表现放牧过轻，草地牧草和生草土能正常生长发育。草地利用率可用下列公式表示：

$$草地利用率 = \frac{应该采食的牧草重量}{牧草总产量} \times 100\%$$

草地利用率为草地适当放牧的百分数，可以作为草地合理利用的评定标准，也是观测和计算载畜量的一个理论标准。在确定草地适宜利用率时，应考虑下列因素。

（1）草地的耐牧性：耐牧性强的草类，利用率可提高，耐牧性低的草类，利用率应降低。

（2）地形和水土保持状况：坡度缓、土壤侵蚀不严重的草地，利用率可稍高。反之，水土流失严重，地形陡的草地，利用率应降低。

（3）牧草质量状况：牧草质量差，适口性不佳的草地，其利用率应稍低，否则优良牧草将受到严重摧残。

确定草地适宜的利用率，需要经过长期的反复试验。在正常放牧季节里，划区轮牧的利用率为 85%，自由放牧为 65%～70%，在牧草的危机时期，如早春或晚秋，干旱、病虫害发生期等，应规定较低的利用率，一般为 40%～50%。为保持水土，不同的坡度应有不同的利用率，坡度越大，利用率越小。每 100 m 内升高 60 m 牧草剩余量为 50%，升高 30～60 m 牧草剩余量为 40%，升高 10～30 m 牧草剩余量为 30%。

利用率的计算是以采食率为基础的，所谓采食率是指家畜实际采食量占牧草总产量的百分比，即：

$$采食率 = \frac{家畜实际采食量}{牧草总产量} \times 100\%$$

采食率的测定通常采用重量估测法，也叫双样法。该方法是在放牧地上选择几组样方，每组有两个样方，一个样方在放牧前刈割称重（A），另一个样方在放牧后再刈割称重（B），$A-B=$采食量。这种方法方便，且较为准确，但要求对照组数目多，样方植被情况应相近似，并且放牧前后的操作技术应严格一致。

2. 草地的放牧强度　利用率确定以后，可根据家畜实际采食率来衡量和检查放牧强度，放牧强度在理论上的表现是：

采食率 ≈ 利用率……………………放牧适当
采食率 > 利用率……………………放牧过重
采食率 < 利用率……………………放牧过轻

（三）适宜的放牧时间

草地从适于放牧开始到适于放牧结束的时间叫做草地的放牧时期或放牧季。这时进行放牧利用，对草地的损害最小，益处较多。放牧季是指草地适于放牧利用的时间，而不是针对家畜的需求说的。家畜在草地上实际放牧时期叫做放牧日期。放牧季与放牧日期是两个完全不同的概念，通常在草地畜牧业生产中难以按理想的时期来安排放牧日期，但我们应该知道如何避免或弥补由此而造成的损失，从而为草地合理利用提供依据。

1. 适宜开始放牧的时期　适宜开始放牧的时期是指开始放牧的时期不宜过早，也不宜过迟。过早、过迟放牧均会给草地畜牧业生产带来不良影响。

过早放牧会给草地带来危害。首先是降低牧草产量，使植被成分变坏。早春草地刚刚返青，刚萌发的牧草此时还不能进行光合作用制造养料，只能利用贮藏的营养物质。如果这时放牧会使其有限的贮藏营养物质耗竭，丧失生机，影响放牧后牧草的再生，最终导致草地草产量下降。尤其是萌发较早的优良牧草，先被家畜采食，这样年复一年，优良牧草因此而减少，使草地植被品质变坏。其次是破坏草地，早春在水分较多的草地上放牧，由于家畜的践踏，极易形成土丘、蹄坑或水坑，成为家畜寄生虫病传播的来源。最后是影响家畜健康，有些地方早春刚解冻时，土壤水分过多，在过分潮湿的草地放牧，家畜易得腐蹄病和寄生性蠕虫病。同时，早春牧草刚返青，虽适口性好，但产量极低，这时家畜对枯草避而不食，专拣青草采食，奔走不停，只顾"跑青"，又无法吃饱，结果使家畜能量消耗过多，易使家畜乏弱致死。

放牧开始过迟，则牧草粗老，适口性和营养价值均会降低。同时，全年放牧次数减少，影响饲草平衡供应。

放牧开始过早或过迟都不适宜，究竟什么时候合适呢？确定始牧的适宜时期要考虑两个因素，一是生草土的水分不可过多；二是牧草需要有一段早春生长发育的时间，以避开牧草的一个"忌牧期"。

从土壤状况看，当土壤弹性较小水分较多时，开始放牧时间可以推迟；弹性大，尽管含水量较高，开始放牧时间也可以较早。一般在潮湿草地上，人畜过后不留足印时（含水量为50%～60%）就可以开始放牧。

从牧草的生育状况看，开始放牧的适宜时期是：以禾本科草为主的草地，应在禾本科草的叶鞘膨大，开始拔节时放牧；以豆科和杂类草为主的草地，应在腋芽（或侧枝）出现时开始放牧；以莎草科草为主的草地，应在分蘖停止或叶片长到成熟大小时放牧。

2. 适宜结束放牧的时期　如果停止放牧过早，将造成牧草的浪费；如果停止放牧过迟，则多年生牧草没有足够贮藏营养物质的时间，不能满足牧草越冬和翌年春季返青的需要，因而会严重影响第二年牧草的产量。根据多次的试验和观察表明，在牧草生长季结束前 30 d 停止放牧较为适宜。

（四）牧草的留茬高度

从牧草的利用率来看，放牧后采食剩余的留茬高度越低，利用率越高，浪费越少。研究表明，牧草经采食后留茬高度为 4～5 cm 时，采食率达 90%～98%（高产时）或 50%～70%（低产时）；留茬高度为 7～8 cm 时，采食率分别降到 85%～90% 或 40%～65%。说明牧草留茬较低有利。但事实证明，采食过低，在初期（1～2 年）尚可维持较高产量，而继续利用，牧草产量会显著降低。每次放牧利用过低，牧草基部叶片利用过重，贮藏的营养物质大量消耗，必将影响牧草再生速度和强度，牧草的根量亦显著减少，草地必然退化。确定牧草采食高度时，还应考虑与牧草生长有关的诸如生物学、生态学特点及当地气候条件等因素，常见草地的适宜放牧留茬高度，森林草原、湿润草原与干旱草原以 4～5 cm 为宜，荒漠草原、半荒漠草原及高山草原以 2～3 cm 为宜，播种的多年生草地以 5～6 cm 为宜，翻耕前 2～3 年的人工草地以 1～2 cm 为宜。

放牧不同于刈割，各种家畜有各自的放牧习性，采食后的留茬高度因家畜种类而异。通常黄牛为 5～6 cm，马群为 2～3 cm，羊群与牦牛为 1～2 cm。这里要特别强调的是不能根据家畜的采食习性来规定放牧的留茬高度。如果这样将不可避免地造成草地放牧过重，进而导致草地不合理利用的结果。

三、放牧制度

放牧制度是草地用于放牧时的基本利用体系，将放牧家畜、草地、放牧时期、放牧技术的运用等的通盘安排。放牧制度不同于放牧技术，因为同一放牧技术可在不同的放牧制度中加以运用；而不同的放牧制度，则有明显的区别而不能相互包容。放牧制度可归纳为两种，即自由放牧和划区轮牧。

（一）自由放牧

自由放牧也称无系统放牧或无计划放牧。即对草地无计划地利用，放牧畜群无一定的组织管理，牧工可以随意驱赶畜群，在较大的草地范围内任意放牧。自由放牧有不同的放牧方式。

1. 连续放牧 在整个放牧季节内，有时甚至是全年在同一放牧地上连续不断地放牧利用。这种放牧方式，往往使放牧地遭受到严重破坏。

2. 季节牧场（营地）放牧 将放牧地划分为若干季节牧场，各季节牧场分别在一定的时期放牧，如冬春牧场在冬春季节放牧，当夏季来临时，家畜便转移到夏秋牧场上。这样家畜全年在几个季节牧场放牧，而在一个季节内，大面积的草地并无计划利用的因素，仍然以自由放牧为基本利用方式，但较连续放牧有所进步。

3. 抓膘放牧 主要在夏末秋初进行。放牧时天天转移牧场，专拣好的牧场及最好的牧草放牧，使家畜短时间内肥硕健壮，以便屠宰或越冬度春。这种方式在放牧地面积大时可采用，但一般牧场不宜采用。因为这会严重造成牧草浪费，而且破坏草地。此外，家畜移动频繁，易造成疲劳，相对降低草地生产性能。

4. 就地宿营放牧 是自由放牧中较为进步的一种放牧方式。放牧地区无严格次序，放牧到哪里就住到哪里。就本质而言，它是连续放牧的一种改进。因其经常更换宿营地，畜粪尿散布均匀，对草地有利，并可减轻螨病和腐蹄病的感染，有利于畜体健康。又因走路少，家畜热能消耗较低，可提高畜产品产量。

（二）划区轮牧

划区轮牧也称计划放牧，是把草地首先分成若干季节放牧地，再在每一个季节放牧地内分成若干轮牧分区，然后按照一定次序逐区采食、轮回利用的一种放牧制度。划区轮牧与自由放牧相比，具有以下优点。

1. 减少牧草浪费，节约草地面积 划区轮牧将家畜限制在一个较小的放牧地上，使采食均匀，减少家畜践踏造成的损失。一次放牧以后，经过一定的时期，到第二个放牧周期开始时，放牧地上又长满了鲜嫩适口的牧草，可以再度放牧。如果是自由放牧，这时的草已多半粗老。由于划区轮牧可以较充分地利用牧草，就必然能在较小的面积上饲养更多的家畜，因而相应地提高了草地载畜量。

2. 可改进植被成分，提高牧草的产量和品质 自由放牧时，由于家畜连续采食，土壤被严重践踏而失去弹性；植被容易被耗竭，产量极低；优良牧草受到严重摧残，因而使植被成分变坏。划区轮牧时，因草地植被能被均匀利用，防止了杂草孳生，优良牧草相对地增多，从而使牧草产量和品质都有所改进。

3. 可增加畜产品 由于划区轮牧把家畜控制在小范围内放牧，家畜的采食、卧息时间有所增加，而游走时间和距离显著减少；同时，也可以避免家畜活动过多消耗热能，因此增加了饲料的生产效益。划区轮牧能使家畜在整个放牧季内较均匀地获得牧草，各类家畜能健康地生长发育，因而有利于提高畜产品的数量和品质。

4. 有利于加强放牧地的管理 因为放牧家畜短期内集中于较小的轮牧分区内，具有一定的计划，有利于采取相应的农业技术措施。如刈割放牧以后的剩余杂草，撒布畜粪等。同时，由于将放牧地固定到畜群，有利于发挥每一个生产单位管理和改良草地的积极性。诸如清除毒草、灌溉、施肥、补播等措施。

5. 可防止家畜寄生性蠕虫病的传播　家畜感染寄生性蠕虫病后，粪便中常含有虫卵，随粪便排出的虫卵经过约 6 d 之后，即可孵化为可感染性幼虫。在自由放牧情况下，家畜在草地上放牧停留时间过长，极易在采食时食入那些可感染的幼虫。而划区轮牧每个小区放牧不超过 6 d，这就减少了家畜寄生性蠕虫病的传播机会。

四、划区轮牧的实施

（一）季节放牧地的划分

划分季节牧场是实施划区轮牧的第一步。由于天然草地所处的自然条件（如地形地势、植被状况、水源分布等）不同，存在着不同的季节适宜性。有些草地不是全年任何时候都适宜放牧利用，而是限于在某个季节放牧最为有利。在冷季，通常利用居民点附近的牧地，而暖季可利用较远的牧地。暖季家畜饮水次数多，需利用水源条件较好的牧地；而冷季家畜饮水次数少，可利用水源条件差，甚至有积雪的缺水草地。因此，正确选择与划分季节放牧地是合理利用草地，确保放牧家畜对饲料需要的基本条件。

实际上，季节放牧地的划分并不意味着把全部牧地都按四季划分。在某些情况下，可以分成四个以上或四个以下；也不限于某一放牧地只在某一季节使用。各季节放牧地应具备的条件如下。

1. 冬季放牧地　冬季气候寒冷，牧草枯黄，多风雪，放牧地应选择地势低凹、避风向阳的地段；牧草枝叶保存良好，覆盖度大，植株高大不易被风吹走和被雪埋没；距居民点、饲料基地较近，而且要有一定的水源、棚圈设备和一定数量的贮备饲草。

2. 春季放牧地　早春气候寒冷，而且变化无常，又多大风。从家畜体况来看，经过一个漫长的冬季，膘情很差，身体瘦弱，体力消耗很多，加上春季为产羔和哺乳期，极需各种营养物质。而早春季地上残存的枯草产量很低，品质也差。早春萌发的草类，由于生长低矮和数量很少，家畜不易采食。春季后期，气温转暖，牧草大量萌发和生长，家畜才能吃到青草。春季放牧地的基本要求与冬季牧地相似，要求开阔向阳、风小的地方，且牧草萌发早、生长快的草地，以利于家畜早日吃到青草，尽快恢复体况。

3. 夏季放牧地　夏季牧草生长茂盛，产量高，质量较好。但天气炎热，蚊蝇较多，影响家畜安静采食。因此，夏季放牧地的选择，要求地势高燥、凉爽通风、蚊蝇较少的坡地、台地和岗地等，水源充沛且水质良好，植物生长旺盛，种类较多而质地柔嫩的草地。

4. 秋季放牧地　秋季天气凉爽，并逐渐转向寒冷。牧草趋于停止生长，大部分牧草均已结实，并开始干枯。秋季要进一步抓好秋膘，为家畜度过漫长的冬季枯草期创造良好的身体条件。在选择秋季牧地时，宜安排在地势较低、平坦开阔的川地和滩地上，牧草应多汁而枯黄较晚，以水源条件中等，离居民点较远的草地作为秋季放牧地。

（二）分区轮牧

把草地分成季节放牧地后，再在一个季节放牧地内分成若干轮牧分区，然后按一定的次序逐区放牧轮回利用。

1. 轮牧周期和频率　在计划轮牧分区时，首先应考虑轮牧周期和利用频率。轮牧周期指牧草放牧之后，其再生草长到下次可以放牧利用所需要的时间，即两次放牧的间隔时间。

$$轮牧周期＝每一分区放牧时间×分区数$$

轮牧周期决定于牧草的再生速度，再生速度又与温度、雨量、土壤肥力及牧草自身的发育阶段有关。当环境条件好，牧草又处于幼嫩阶段时，再生速度快，反之则慢。通常，第一次再生草生长速度较快，第二次、第三次、第四次则依次变慢，因此，同一轮牧分区中各轮牧周期的长短不尽一致。往往第一轮牧周期较短，以后逐次延长。一般认为，再生草达到 $10\sim15$ cm 时可以再次放牧。

轮牧频率是指各小区在一个放牧季节内可轮流放牧的次数，即牧草再生达到一定放牧高度的次数。轮牧频率决定于牧草的再生能力，但是，我们不能完全按照牧草的再生频率来规定分区轮牧的频率。在生产实践中，若放牧频率过高时，$3\sim4$ 年后就会使牧草产量降低，为了避免这个缺点，对放牧频率应有一定限制。各类型放牧草地适宜的放牧频率，森林草原为 $3\sim5$ 次，干旱草原为 $2\sim3$ 次，人工草地 $4\sim5$ 次。

2. 小区放牧的天数 为减少放牧家畜寄生性蠕虫病的传播机会，小区放牧一般不得超过 6 d。在非生长季节或荒漠区，小区放牧的天数可以不受 6 d 的限制。在第一个放牧周期内，因始牧时间有所差异，各个小区牧草产量不等，前 $1\sim2$ 区以至 3 小区往往不能满足 6 d 的放牧需求。因此，头几个小区的放牧天数势必缩短，往后逐渐延长至正常放牧的 6 d。

3. 轮牧分区的数目 有了轮牧周期和小区放牧的天数，就可以确定所需放牧小区的数目，其间的关系为：

$$小区数＝轮牧周期÷小区放牧天数$$

如果小区轮牧周期为 32 d，小区平均放牧天数为 4 d，则轮牧分区数是 8 个。但到了生长季的后期，再生草的产量减少，不能满足一定天数的放牧，势必缩短小区放牧的天数，这样小区的数目就要增加。因此，按上述轮牧周期计算的小区数目，增加的小区称补充小区。补充小区的个数则取决于草地再生草的产量，再生草产量高的放牧地补充小区数较少，反之则较多。因此，小区的实际数目可按下式计算：

$$小区数目＝轮牧周期÷小区放牧天数＋补充小区数$$

例如：有 100 头的奶牛群，平均体重为 500 kg，平均日产奶量 10 kg（含乳脂率为 4%），放牧在禾本科-杂类草草地，该草地生产力为 5 325 kg/hm² （鲜草），利用率为 70%，放牧频率为 3 次，第一次产草量为 40%，第二次为 35%，第三次为 25%。第一轮牧周期为 30 d。青草放牧期 120 d，设计一个划区轮牧方案。

草地总生产力为 5 325 kg/hm²，利用率 70%，则可食草产量为 5 325 kg/hm²×70%＝3 727.5 kg/hm²。各次产草量分别占 40%、35% 和 25%，所以各次可食草产量分别为 1 491 kg/hm²、1 304.63 kg/hm² 和 931.88 kg/hm²。

500 kg 体重日产 10 kg 标准乳的奶牛，经查饲养标准，日需青草 47 kg，则 100 头牛需青草 4 700 kg/d。第一放牧周期为 30 d，共需草 4 700 kg/d×30 d＝141 000 kg，而此时放牧地可食草产量为 1 491 kg/hm²，因此需草地面积 141 000 kg÷1 491 kg/hm²＝94.57 hm²。

如每小区放牧 4 d，则需 30÷4＝7.5 小区，以 8 小区计，每小区面积为 94.57 hm²÷8＝11.82 hm²。

在 94.57 hm² 草地上，第二次放牧能获得可食草 1 304.63 kg/hm²×94.57 hm²＝123 378.86 kg，可供 100 头奶牛放牧 123 378.86 kg÷4 700 kg/d＝26.25 d。

同样，第三次放牧能获得可食草 931.88 kg/hm²×94.57 hm²＝90 964.99 kg，可供 100 头

奶牛放牧 90 964.99 kg÷4 700 kg/d＝19.35 d。

94.57 hm² 草地三个周期总计供全群放牧 30 d＋26 d＋19 d＝75 d，尚缺 120 d－75 d＝45 d，需饲草 4 700 kg/d×45 d＝211 500 kg。因此，必须增加补充小区。该类草地可刈割 1 次，再生草放牧利用，再生草产量以总产量的 50％ 计算，利用率 70％，再生可食草产量为 5 325 kg/hm²×50％×70％＝1 863.75 kg/hm²，补充小区的面积为 211 500 kg÷1 863.75 kg/hm²＝113.48 hm²。按前述小区面积 11.82 hm² 计，则补充小区数目为 113.48 hm²÷11.82 hm²＝9.6 区。

放牧 120 d 的奶牛群只需草地面积 94.57 hm²＋113.48 hm²＝208.05 hm²，共需小区数 8＋10＝18 区。其中三次放牧利用的 8 个小区，面积为 94.57 hm²，补充小区抽穗期刈割，再生草放牧的 10 个小区，面积为 113.48 hm²。

4. 轮牧分区的形状、分界和布局 当确定了轮牧分区的大小和数目之后，为保证轮牧的顺利进行，还要考虑轮牧分区的形状、分界和布局，以免造成轮牧的困难或紊乱。

轮牧分区的形状可依自然地形及放牧地的面积划分，最适宜的为长方形。一般小区的长度为宽度的 3 倍。分区的长度，成年牛不超过 1 000 m，犊牛不超过 500～600 m。其宽度以保证家畜放牧时能保持"一"字形横队向前采食为宜，以免相互拥挤，影响采食。

为使分区轮牧顺利实施，各区之间应设围栏。可用刺丝围栏、网围栏、电围栏或生物围栏，亦可以自然地形、地物作为界限，如山脊、沟谷、河流等，目标清楚，又经济省力。

轮牧分区合理布局，才能发挥各分区应有的作用。布局不合理就会造成家畜转移不便，增加行走距离，或小区分界的投资增大。布局时应考虑两项原则：其一，以饮水点为中心进行安排，以免有些区离饮水点太远，增加畜群往返的辛劳；其二，联系各轮牧分区之间应有牧道，牧道的长度应缩减到最小限度，但牧道的宽度应避免家畜拥挤，否则易致使孕畜流产。

（三）牧地轮换

牧地轮换是划区轮牧的重要环节之一。牧地轮换就是把各个轮牧分区每年利用的时间和利用的方式，按一定的规律顺序变动，周期轮换，以保持和提高草地的生产能力。如果没有牧地轮换，必然形成每个轮换分区每年在同一时间以同样方式反复利用，势必造成这时生长的优良牧草和处于危机时期的牧草会被逐渐淘汰，而劣质草类大量繁生，这对放牧地利用还是不合理的。为了避免这种情况发生，就要实行牧地轮换。

牧地轮换包括季节放牧场的轮换和轮牧分区的轮换。由于各地的自然条件和放牧地的利用习惯不同，季节放牧地轮换有两种方式，一种为季节的轮换，如四季、两季放牧地的轮换，另一种为利用方式的轮换，如夏季放牧地三年三区轮换等。轮牧分区轮换中要设延迟放牧、休闲区等，在休闲期间进行补播、施肥等草地培育措施。轮换顺序如表 15-3 所示。

表 15-3 轮牧分区轮换顺序

利用年限	分区利用程度									
	Ⅰ	Ⅱ	Ⅲ	Ⅳ	Ⅴ	Ⅵ	Ⅶ	Ⅷ	Ⅸ	Ⅹ
第 一年	1	2	3	4	5	6	7	8	×	△
第二年	2	3	4	5	6	7	8	×	△	1
第三年	3	4	5	6	7	8	×	△	1	2
第四年	4	5	6	7	8	×	△	1	2	3

（续）

利用年限	分区利用程度									
	I	II	III	IV	V	VI	VII	VIII	IX	X
第五年	5	6	7	8	×	△	1	2	3	4
第六年	6	7	8	×	△	1	2	3	4	5
第七年	7	8	×	△	1	2	3	4	5	6
第八年	8	×	△	1	2	3	4	5	6	7
第九年	×	△	1	2	3	4	5	6	7	8
第十年	△	1	2	3	4	5	6	7	8	×

注：表中数字 1、2、3……为放牧开始的利用顺序；×为延迟放牧区；△为休闲区。

牧草与饲料作物拉丁学名、中文名、英文名对照

拉丁学名	中文名	英文名
Agropyron cristatum （L.）Gaertn.	冰草	Crested wheatgrass
Agropyron desertorum （Fisch.）Schult.	沙生冰草	Desert wheatgrass
Agropyron mongolicum Keng.	蒙古冰草	Mongolian wheatgrass
Agropyron sibiricum （Willd.）Beauv.	西伯利亚冰草	Sibirian wheatgrass
Amaranthus hypochondriacus L.	籽粒苋	Prince-of-Wales feather 或 Amaranth
Astragalus adsurgens Pall.	沙打旺	Erect milkvetch 或 Standing milkvetch
Astragalus dahuricus （Pall.）DC.	达乌里黄芪	Dahurian milkvetch
Astragalus sinicus L.	紫云英	Chinese milkvetch
Astragalus. cicer L.	鹰嘴紫云英	Cicer milkvetch 或 Chickpea milkvetch
Avena sativa L.	燕麦	Oat
Beta vulgaris L. var. *cicla* L.	叶用甜菜	Chard
Beta vulgaris L. var. *lutea* DC.	饲用甜菜	Fodder beet
Brassica rapa L. subsp. *Chinensis* （L.）	小白菜	Chinese cabbage
Brassica napobrassica （L.）Mill.	芜菁甘蓝	Rutabaga 或 Turnip
Brassica oleracea L. var. *captitata* L.	甘蓝	Cabbage
Bromus inermis Leyss.	无芒雀麦	Smooth bromegrass 或 Awnless brome
Caragana korshinskii Kom.	柠条锦鸡儿	Korshinsk peashrub
Cichorium intybus L.	菊苣	Common chicory 或 Chicory
Coronilla varia L.	小冠花	Crownvetch 或 Purple crownvetch
Cucurbita maschata （Duch. ex Lam.）Duch. ex Proiret.	南瓜	Pumpkin 或 Butternut squash
Cynodon dactylon （L.）Pers.	狗牙根	Bermudagrass
Dactylis glomerata L.	鸭茅	Orchardgrass 或 Cocksfoot
Daucus caroata L. var. *sativa* Hoffm	胡萝卜	Carrot
Desmodium intortum （Mill.）Urb.	绿叶山蚂蟥	Greenleaf desmodium 或 Beggarlice
Elymus dahuricus Turcz.	披碱草	Dahuria wildryegrass
Elymus excelsus Turcz.	肥披碱草	High wildryegrass

Elymus nutans Griseb.	垂穗披碱草	Drooping wildryegrass
Elymus sibiricus L.	老芒麦	Siberian wildryegrass
Festuca arundinacea Schreb.	苇状羊茅	Tall fescue
Festuca pratensis Huds.	草地羊茅	Meadow fescue
Glycine max (L.) Merr.	大豆	Soybean
Hedysarum laeve Maxim.	塔落岩黄芪	Smooth sweetvetch
Hemarthria altissima (Poir.) Stapf. et C. E. Hubb	高牛鞭草	Tall hemarthria
Hemarthria compressa (L. f.) R. Br.	扁穗牛鞭草	Compressed hemarthria
Hemarthria humilis Keng.	小牛鞭草	Low hemarthria
Hordeum vulgare L.	大麦	Barley
Ipomoea batatas (Linn) Lam.	甘薯	Sweet potato
Lablab purpureus (Linn.) Sweet.	饲用扁豆	Lablab bean 或 Hyacinth bean
Lactuca indica L.	苦荬菜	India lettuce
Lespedeza davurica (Laxm.) Schindl.	达乌里胡枝子	Dahurian lespedeza
Leucaena leucocephala (Lam.) de Wit	银合欢	Leucaena
Leymus chinensis (Trin.) Tzvel.	羊草	Chinese leymus
Leymus secalinus (Georgi) Tzvel.	赖草	Common leymus
Lolium multiflorum Lam.	多花黑麦草	Italian ryegrass
Lolium perenne L.	多年生黑麦草	Perennial ryegrass
Lotus corniculatus L.	百脉根	Birdsfoot trefoil
Manihot esculenta Crantz.	木薯	Cassava
Medicago hispida Gaertn.	金花菜	California burclover 或 Burclover
Medicago sativa L.	紫花苜蓿	Alfalfa 或 Lucerne
Melilotus albus Desr.	白花草木樨	White sweetclover
Melilotus dentatus (W. &K.) Pers.	细齿草木樨	Toothed sweetclover
Melilotus indicus (L.) Lam.	印度草木樨	Annual sweetclover
Melilotus officinalis Desr.	黄花草木樨	Yellow sweetclover
Onobrychis viciaefolia Scop.	红豆草	Sainfoin
Panicum maximum Jacq.	大黍	Guinea grass
Paspalum notatum Flügge	巴哈雀稗	Bahiagrass
Pennisetum americanum (L.) Leeke	御谷	Pearl millet 或 Cattail millet
Pennisetum americanum × *P. purpureum*	杂交狼尾草	Hybrid penisetum
Pennisetum cladestinum. Hochst. Ex Chiov.	东非狼尾草	Kikuygrass
Pennisetum purpureum Schumach.	象草	Napiergrass
Phleum pratense L.	猫尾草	Timothy
Pisum arvumse L.	紫花豌豆	Field pea
Pisum sativum L.	白花豌豆	Garden pea
Secale cereale L.	黑麦	Rye
Setaria italica. (L.) Beauv.	粟	Foxtail millet
Setaria viridis (L.) Beauv.	狗尾草	Green bristlegrass 或 Green foxtail
Silphium perfoliatum L.	串叶松香草	Cup plant 或 Indian cup
Sorghum bicolor (L.) Moench.	高粱	Sorghum

Sorghum sudanense (Piper) Stapf.	苏丹草	Sudangrass
Stylosanthes guianensis cv. Cook	库克柱花草	Cook
Stylosanthes guianensis cv. Enaeavour	恩迪弗柱花草	Enaeavour
Stylosanthes guianensis cv. Graham	格拉姆柱花草	Graham
Stylosanthes guianensis var. *intermedia* cv. Oxly	奥克雷柱花草	Oxly
Stylosanthes guianensis cv. Schofield	斯柯非柱花草	Schofield
Stylosanthes humilis H. B. K	矮柱花草	Townsvillestylo 或 Townsville lucerne
Stylosanthes guianensis (Aubl.) Sw.	圭亚那柱花草	Common stylo 或 Brazilian lucerne
Symphytum peregrinum Ledeb.	聚合草	Comfrey 或 Russian comfrey
Trifolium hybridum L.	杂三叶	Alsike clover
Trifolium incarnatum L.	绛三叶	Crimson clover
Trifolium pratense L.	红三叶	Red clover 或 Purple clover
Trifolium repens L.	白三叶	White clover 或 Dutch clover
Vicia amoena Fisch. ex DC.	山野豌豆	Broad leaf vetch
Vicia craca L.	广布野豌豆	Bird vetch
Vicia faba L.	蚕豆	Field bean 或 Fava bean
Vicia sativa L.	箭筈豌豆	Common vetch 或 Spring vetch
Vicia villosa Roth.	毛苕子	Hair vetch 或 Russia vetch
Vigna angularis	赤豆	Adzuki bean
Zea mays L.	玉米	Maize 或 Corn

主要参考文献

北京农业大学，1982. 草地学［M］. 北京：农业出版社.

蔡敦江，周兴民，朱廉，等，1997. 苜蓿添加剂青贮、半干青贮与麦秸混贮的研究［J］. 草地学报，5（2）：
123－127.

蔡海霞，李丽峰，杨林菲，等，2015. 不同类型玉米品种的生物产量及青贮前后营养成分分析［J］. 农业科
技通讯（3）：83－85.

陈宝书，2001. 牧草饲料作物栽培学［M］. 北京：中国农业出版社.

陈宝书，聂朝相，刘淑炽，1983. 红豆草的产量和营养成分的研究［J］. 甘肃农业大学学报（4）：77－83.

陈翠莲，窦丽娟，张英东，等，2010. 膨化大豆质量和营养价值评估要点［J］. 饲料工业（11）：48－51.

陈贵华，张少英，2012. 盐胁迫对叶用甜菜抗氧化系统的影响［J］. 内蒙古农业大学学报，33（1）：52－54.

陈继红，王成章，严学兵，等，2010. 苜蓿草粉对肉兔生产性能和肌肉氨基酸含量的影响［J］. 草地学报，
18（3）：462－468.

陈明，2001. 优质牧草高产栽培与利用［M］. 北京：中国农业出版社.

陈默君，贾慎修，2002. 中国饲用植物［M］. 北京：中国农业出版社.

崔国文，2009. 饲喂优质饲草取代秸秆是确保国家粮食安全和提高养殖效益的根本途径［C］//2009 中国草
原发展论坛论文集.

单贵莲，初晓辉，徐赵红，等，2012. 刈割时期和调制方法对紫花苜蓿营养品质的影响［J］. 草原与草坪，
32（3）：17－21.

丁玉川，焦晓燕，聂督，等，2012. 不同氮源与镁配施对甘蓝产量、品质和养分吸收的影响［J］. 中国生态
农业学报，20（8）：996－1 002.

董宽虎，郝春艳，王康，2007. 串叶松香草不同生育期营养物质及瘤胃降解动态［J］. 中国草地学报，29
（6）：92－97.

董宽虎，沈益新，2003. 饲草生产学［M］. 北京：中国农业出版社.

董玉琛，郑殿升，2006. 中国作物及其野生近缘植物［M］. 北京：中国农业出版社.

杜青林，2006. 中国可持续发展战略［M］. 北京：中国农业出版社.

杜晓峰，冯俊涛，冯岗，等，2008. 黄花草木樨提取物抑菌活性初探［J］. 西北植物学报，28（6）：1 233－
1 238.

樊文娜，王成章，史鹏飞，等，2009. 苜蓿在畜禽鱼饲料中的应用研究进展［J］. 草业科学，26（1）：
81－86.

冯葆昌，2015. 我国草产品质量监管概况［J］. 中国奶牛（18）：4－7.

冯鹏，孙启忠，2011. 不同比例玉米与沙打旺混贮营养成分及有毒有害物质分析［J］. 畜牧兽医学报，42
（9）：1 264－1 270.

伏兵哲，2010. 串叶松香草抗寒敏感性及不同驯化世代遗传变异规律研究［D］. 呼和浩特：内蒙古农业
大学.

付登伟，林超文，庞良玉，等，2010. 四川丘陵区饲草种植的重要意义与模式［J］. 中国农学通报，26
（7）：273－278.

高崇岳，江小蕾，冯治山，等，1996. 草地农业中的几种优化种植模式 [J]. 草业科学，13 (5)：24-29.

葛慧玲，2013. 水分处理对大豆物质积累的影响及土壤水分模型构建 [D]. 哈尔滨：东北农业大学.

耿华珠，1995. 中国苜蓿 [M]. 北京：中国农业出版社.

耿以礼，1965. 中国主要植物图说——禾本科 [M]. 北京：科学出版社.

龚彦如，2015. 我国草畜业后向纵向一体化现状浅析 [J]. 中国奶牛 (18)：8-11.

谷春梅，孙泽威，秦贵信，2010. 大豆品种对抗营养因子含量及大鼠生长代谢的影响 [J]. 中国兽医学报 (11)：1 500-1 503.

顾德兴，蔡庆生，2000. 植物学与植物生理学 [M]. 南京：南京大学出版社.

顾洪如，2002. 优质牧草生产大全 [M]. 南京：江苏科学技术出版社.

国家牧草产业技术体系，2013. 牧草产业技术研究综述 [M]. 北京：中国农业大学出版社.

国家牧草产业技术体系，2015. 中国栽培草地 [M]. 北京：科学出版社.

韩建国，1997. 实用牧草种子学 [M]. 北京：中国农业大学出版社.

韩建国，2002. 美国的牧草种子生产 [J]. 世界农业 (1)：84-86.

韩建国，2000. 牧草种子学 [M]. 北京：中国农业大学出版社.

韩立德，盖钧镒，张文明，2003. 大豆营养成分研究现状 [J]. 种子 (5)：58-60.

何金环，李凤玲，2010. 聚合草的氨基酸组成及评价研究 [J]. 中国草地学报，32 (3)：117-120.

洪绂曾，任继周，2001. 草业与西部大开发 [M]. 北京：中国农业出版社.

洪绂曾，任继周，2002. 现代草业科学进展 [C]//中国国际草业发展大会论文集. 北京：草业科学编辑部.

洪绂曾，2009. 苜蓿科学 [M]. 北京：中国农业出版社.

侯向阳，2015. 我国草牧业发展理论及科技支撑重点 [J]. 草业科学，32 (5)：823-827.

呼天明，边巴卓玛，曹中华，等，2005. 施行草地农业推进西藏畜牧业的可持续发展 [J]. 家畜生态学报 (1)：78-80.

黄国勤，张桃林，赵其国，1997. 中国南方耕作制度 [M]. 北京：中国农业出版社.

贾慎修，1987. 中国饲用植物志（第一卷）[M]. 北京：农业出版社.

贾慎修，1989. 中国饲用植物志（第二卷）[M]. 北京：农业出版社.

贾慎修，1992. 中国饲用植物志（第四卷）[M]. 北京：农业出版社.

贾慎修，1995. 草地学 [M].2 版. 北京：中国农业出版社.

焦彬，1985. 农区绿肥饲料兼用作物——箭筈豌豆 [J]. 作物杂志 (1)：34-35.

焦晓光，邓莹，赵武雷，等，2011. 不同施肥理对小白菜品质及产量的影响 [J]. 黑龙江大学工程学报，2 (2)：70-73.

李峰瑞，高崇岳，1994. 陇东黄土高原若干轮作复种模式的生态效能比较研究 [J]. 草业学报，3 (1)：48-55.

李广运，1993. 在贫瘠土壤上实行粮草轮作综合效益分析 [J]. 草与畜杂志 (9)：31.

李洪燕，隆小华，郑青松，等，2010. 苏北滩涂海水灌溉与施氮对籽粒苋生长的影响 [J]. 生态学杂志，29 (4)：776-782.

李建勇，朱小梅，朱洪霞，等，2008. 不同肥料组合对酸性紫色土中甘蓝产量和品质的影响 [J]. 西南农业学报，21 (2)：408-411.

李剑峰，师尚礼，张淑卿，2010. 环境酸度对紫花苜蓿早期生长和生理的影响 [J]. 草业学报，19 (2)：47-54.

李蕾蕾，李聪，王永辰，等，2008. 灌溉与密度对沙打旺种子产量及其构成因素的影响 [J]. 草地学报，16 (1)：65-69.

李清宏，闫伟，叶志远，等，2012. 苜蓿草粉对獭兔消化率及饲用效果的影响 [J]. 草地学报，20 (3)：597-602.

李毓堂, 1994. 草业——富国强民的新型产业 [M]. 银川: 宁夏人民出版社.

李运起, 高向培, 李秋凤, 等, 2012. 不同施肥组合对苜蓿阴阳离子平衡的影响 [J]. 草业学报, 21 (6): 117-122.

刘承柳, 1985. 水稻产量形成的生理基础与增产途径——第一讲 水稻产量形成的生理基础 [J]. 湖北农业科学 (1): 36-38.

刘虎, 苏佩凤, 郭克贞, 等, 2012. 北疆干旱荒漠地区春小麦与苜蓿灌溉制度研究 [J]. 中国农学通报, 28 (03): 187-190.

刘晶, 白晓艳, 葛选良, 等, 2010. 施磷深度对紫花苜蓿生长及草产量的影响 [J]. 内蒙古民族大学学报 (自然科学版), 25 (1): 59-61.

刘太宇, 李梦云, 郑立, 等, 2011. 不同生育期串叶松香草和聚合草氨基酸瘤胃降解特性研究 [J]. 西北农林科技大学学报 (自然科学版), 39 (1): 36-42.

刘巽浩, 牟正国, 1993. 中国耕作制度 [M]. 北京: 农业出版社.

卢道宽, 孙娟, 翟桂玉, 等, 2012. 野生大豆与栽培大豆杂交后代秸秆营养品质研究 [J]. 草业科学 (6): 950-954.

卢欣石, 2009. 中国苜蓿属植物遗传资源分类整理探究 [J]. 中国草地学报, 31 (5): 17-22.

罗瑞萍, 赵志刚, 姬月梅, 等, 2011. 播种时期对大豆产量及农艺性状的影响 [J]. 宁夏农林科技 (9): 95-98.

罗翔宇, 董彦明, 刘志远, 等, 2012. 启动氮加追肥对氮在大豆体内积累分配规律及产量的影响 [J]. 大豆科学 (3): 443-448.

罗燕, 白史且, 彭燕, 等, 2010. 菊苣种质资源研究进展 [J]. 草业科学, 27 (7): 123-132.

马春晖, 韩建国, 孙铁军, 2010. 禾本科牧草种子生产技术研究 [J]. 黑龙江畜牧兽医 (11): 89-92.

马野, 宋显成, 张力军, 等, 1994. 高产青饲料作物——早熟苦荬菜 [J]. 中国草地 (1): 78-79.

缪应庭, 1993. 饲料生产学 (北方本) [M]. 北京: 中国农业科技出版社.

莫熙穆, 1993. 广东饲用植物 [M]. 广州: 广东科技出版社.

南京农学院, 1980. 饲料生产学 [M]. 北京: 中国农业出版社.

内蒙古农牧学院, 1987. 牧草及饲料作物栽培学 [M]. 北京: 农业出版社.

内蒙古农牧学院, 1990. 牧草及饲料作物栽培学 [M]. 2版. 北京: 中国农业出版社.

内蒙古伊克昭盟乌审召公社中间试验办公室规划组, 1976. 草原建设的一项创举——草库伦 [J]. 植物学报, 18 (1): 28-38.

潘瑞炽, 董愚得, 1995. 植物生理学 [M]. 3版. 北京: 高等教育出版社.

潘衍庆, 1998. 中国热带作物栽培学 [M]. 北京: 中国农业出版社.

齐宗国, 姜凤霞, 霍永智, 2004. 聚合草 (俄罗斯饲料菜) 引种栽培试验 [J]. 草原与草坪 (2): 58-60.

邱静, 李凝玉, 胡群群, 等, 2009. 石灰与磷肥对籽粒苋吸收镉的影响 [J]. 生态环境学报, 18 (1): 187-192.

任继周, 等, 1989. 牧草学各论 [M]. 南京: 江苏科学技术出版社.

任继周, 2008. 草业大辞典 [M]. 北京: 中国农业出版社.

任继周, 2014. 草业科学概论: 上卷 [M]. 北京: 科学出版社.

任继周, 2015. 我对"草牧业"一词的初步理解 [J]. 草业科学, 32 (5): 710.

任继周, 侯扶江, 2002. 要正确对待西部种草 [J]. 草业科学, 19 (2): 1-6.

沈益新, 梁祖铎, 1988. 南京地区黑麦草若干生育特性的研究 [J]. 南京农业大学学报 (3): 85-89.

史莹华, 王成章, 姚惠霞, 等, 2010. 不同类型粗纤维饲料对四川白鹅生产性能的影响 [J]. 动物营养学报, 22 (6): 1752-1756.

司伟, 张猛, 2011. 2011年大豆产业发展回顾与展望 [J]. 大豆科技, 6: 43-44, 50.

苏加楷等，1983. 优良牧草栽培技术 [M]. 北京：中国农业出版社.

苏盛发，1985. 沙打旺 [M]. 北京：农业出版社.

苏希孟，2009. 优良豆科牧草——鹰嘴紫云英栽培试验研究 [J]. 中国奶牛 (3)：17-19.

苏希孟，2008. 串叶松香草在甘肃河西的生长特性及栽培技术 [J]. 中国奶牛 (10)：23-25.

孙吉雄，2000. 草地培育学 [M]. 北京：中国农业出版社.

孙启艳，2012. 甘蓝无公害高效栽培技术 [J]. 西北园艺 (3)：21-22.

唐志华，2009. 收获期对春大豆产量、品质及种子活力的影响 [D]. 长沙：湖南农业大学.

王成章，李德锋，严学兵，等，2008. 肥育猪饲粮中添加苜蓿草粉对其生产性能、消化率及血清指标的影响 [J]. 草业学报，17 (6)：71-77.

王成章，杨雨鑫，胡喜峰，等，2005. 不同苜蓿草粉水平对产蛋鸡蛋黄胆固醇含量影响的研究 [J]. 草业学报，14 (2)：76-83.

王成章，1998. 饲料生产学 [M]. 郑州：河南科学技术出版社.

王栋，1950. 牧草学通论 [M]. 畜牧兽医图书出版社.

王立祥，2001. 耕作学 [M]. 重庆：重庆出版社.

王立祥，李军，2003. 农作学 [M]. 北京：科学出版社.

王庆雷，1998. 青贮饲料的主要添加剂 [J]. 中国饲料 (13)：15-16.

王树起，韩晓增，乔云发，等，2009. 不同土地利用和施肥方式对土壤酶活性及相关肥力因子的影响 [J]. 植物营养与肥料学报，15 (6)：1 311-1 316.

王占哲，赵殿忱，王刚，等，2008. 不同播期对紫花苜蓿生长发育及产量的影响 [J]. 农业系统科学与综合研究，24 (4)：505-506.

魏军，曹仲华，罗创国，2007. 草田轮作在发展西藏生态农业中的作用及建议 [J]. 黑龙江畜牧兽医 (9)：98-100.

吴跃明，刘建新，杨玉爱，2004. 紫云英富集硒的化学形态及其对动物的利用率 [J]. 中国畜牧杂志，40 (7)：25-27.

武瑞鑫，孙洪仁，孙雅源，等，2009. 北京平原区紫花苜蓿最佳秋季刈割时期研究 [J]. 草业科学，26 (9)：113-118.

西村修一，1984. 饲料作物学 [M]. 东京：文永堂出版株式会社.

夏亦荠，苏加楷，熊德邵，1990. 二色胡枝子和达乌里胡枝子若干生物学特性和营养成分的分析 [J]. 草业科学，7 (1)：9-14.

夏征农，陈至立，2011.《辞海》[M]. 6 版. 上海：上海辞书出版社.

肖文一，陈德新，吴渠来，1991. 饲用植物栽培与利用 [M]. 北京：中国农业出版社.

邢福，周景英，金永君，等，2011. 我国草田轮作的历史、理论与实践概览 [J]. 草业科学，20 (3)：245-255.

徐柱，2004. 中国牧草手册 [M]. 北京：化学工业出版社.

杨丽梅，方智远，刘玉梅，等，2011. "十一五" 我国甘蓝遗传育种研究进展 [J]. 中国蔬菜 (2)：1-10.

杨旭升，马志军，郭春景，2012. 北方寒地草场中主栽苜蓿品种高效共生根瘤菌的筛选，黑龙江科学，3 (1)：12-15.

杨亚丽，2008. 普那菊苣引种栽培试验 [J]. 河北农业科学，12 (10)：21-22.

杨中艺，余玉，陈会智，1994. "黑麦草—水稻" 草田轮作系统的研究 [J]. 草业学报，3 (4)：20-26.

杨中艺，1996. 黑麦草-水稻草田轮作系统的研究 6 冬种意大利黑麦草对后作水稻生长和产量的影响 [J]. 草业学报，5 (2)：35-42.

尹亚丽，南志标，李春杰，等，2007. 沙打旺病害研究进展 [J]. 草业学报，16 (6)：129-135.

于福宽，2011. 大豆种质脂肪酸主要组分鉴定与 QTL 标记定位 [D]. 北京：中国农业科学院.

玉柱，韩建国，胡跃高，等，2002. 绿汁发酵液对豆科牧草青贮发酵品质的影响 [C]//中国草原学会. 现代草业科学进展——中国国际草业发展大会暨中国草原学会第六届代表大会论文集.

玉柱，贾玉山，张秀芬，2004. 牧草加工贮藏与利用 [M]. 北京：化学工业出版社.

玉柱，杨富裕，周禾，2003. 饲草加工与贮藏技术 [M]. 北京：中国农业科学技术出版社.

云锦凤，2000. 牧草及饲料作物育种学 [M]. 北京：中国农业出版社.

张金枝，任巧玲，刘建新，等，2011. 不同苜蓿草粉水平对母猪繁殖性能和血清生化指标的影响 [J]. 中国畜牧杂志，47（3）：45-48.

张宪政，1992. 作物生理研究法 [M]. 北京：农业出版社.

张潇月，李海利，齐大胜，等，2014. 红薯渣和木薯渣对生长獭兔的营养价值评定 [J]. 动物营养学报，26（7）：1 996-2 002.

张晓红，徐炳成，李凤民，2007. 密度对三种豆科牧草生产力和水分利用率的影响 [J]. 草地学报，15（6）：593-598.

张孝纯，刘艳荣，2008. 防止坡耕地水土流失的生物措施及效益分析 [J]. 科技创新导报（17）：93.

张新全，杜逸，蒲朝龙，等，2002. 宝兴鸭茅品种选育及应用 [J]. 中国草地（1）：22-27.

张新全，蒲朝龙，周寿荣，等，1999. 川引拉丁诺白三叶品种选育及栽培利用 [J]. 中国草地（2）：34-37.

张秀芬，1992. 饲草饲料加工与贮藏 [M]. 北京：农业出版社.

张英俊，任继周，王明利，等，2013. 论牧草产业在我国农业产业结构中的地位和发展布局 [J]. 中国农业科技导报，15（4）：61-71.

张英俊，张玉娟，潘利，等，2014. 我国草食家畜饲草料需求与供给现状分析 [J]. 中国畜牧杂志，50（10）：12-16.

张咏梅，晏石娟，曹致中，等，2009. 4种豆科牧草总皂苷含量的测定及其生长过程中含量的变化 [J]. 草业科学，26（8）：122-127.

张子仪，2000. 中国饲料学 [M]. 北京：中国农业出版社.

赵风华，陈阜，2005. 北京地区引种菊苣在不同水分条件下光合与蒸腾特性初探 [J]. 华北农学报，20（2）：63-65.

赵华林，钟鸣，冯健，2011. 草鱼幼鱼实用日粮中添加紫花苜蓿草粉效果评价 [J]. 水生生物学报，35（3）：467-472.

赵立，娄玉杰，2004. 籽粒苋秆粉饲喂鹅效果的研究 [J]. 中国畜牧杂志，40（10）：49-51.

赵明勇，阮培均，王孝华，等，2010. 不同种植密度和施氮量对籽粒苋籽实产量的影响 [J]. 现代农业科技（17）：337-338.

中国农业百科全书编辑部，1991. 中国农业百科全书：农作物卷 [M]. 北京：农业出版社.

中国农业科学院草原研究所，1990. 中国饲用植物化学成分及营养价值表 [M]. 北京：中国农业出版社.

祝廷成，李志坚，张为政，等，2003. 东北平原引草入田、粮草轮作的初步研究 [J]. 草业学报，12（3）：34-43.

Alli I, 1984. The effect of molasses on the fermentation of chopped whole-plant maize and lucerne [J]. Journal of the Science of Food and Agriculture, 35 (3)：285-289.

Arias Carbajal J, Lucas R J, Rowarth J S, et al, 1997. Effect of chicory sowing rate on first year production in pasture mixtures [J]. Proceedings Annual Conference-Agronomy Society of New Zealand, 27：59.

Asher Wright, 2013. A review of forage soybean production：quality and yield [OL]. http://www.agrowingculture.

Atwal A S, 1985. Comparison of wilted silages of alfalfa cut at two stages of maturity with formic-acid-treated silage from early-cut alfalfa [J]. Journal of Dairy Science, 65 (3)：659-666.

Berg W K, Cunningham S M, Brouder S M, et al, 2009. Influence of phosphorus and potassium on alfalfa yield, taproot C and N pools, and transcript levels of key genes after defoliation [J]. Crop sci, 49 (3): 974 - 982.

Bing Zeng, Yu Zhang, Lin-kai Huang, et al, 2014. Genetic diversity of orchardgrass (*Dactylis glomerata* L.) germplasms with resistance to rust diseases revealed by Start Codon Targeted (SCoT) markers [J]. Biochemical Systematics and Ecology, 54: 96 - 102.

Blount A, Wright D, Sprenkel R, et al, 2009. Forage soybeans for grazing, hay and silage [J]. IFAS Extension SS-AGR-180, 1 - 8.

Bodine A B, O' Dell G D, Moore M E, et al, 1983. Effect of dry matter content and length of ensiling on quality of alfalfa silage [J]. Journal of Dairy Science, 66 (1): 2 434 - 2 437.

Burhan Arslan, Ertan Ates, Ali Servet Tekeli, et al, 2008. Feeding and agronomic value of field pea (*Pisum arvense* L.) -safflower (*Carthamus tinctorius* L.) mixtures [C]//7th International Safflower Conference. Wagga, Australia.

Coblentz W K, Brink G E, Martin N P, et al, 2008. Harvest timing effects on estimates of rumen degradable protein from alfalfa forages [J]. Crop Science, 48 (2): 778 - 788.

Donalson L M, Kim W K, Woodward, et al, 2005. Utilizing different ratios of alfalfa and layer ration for molt induction and performance in commercial laying hens [J]. Poultry Science. 84 (3): 362 - 369.

Esvet ACIKGöZ, Mehmet SİNCİK, Gary WIETGREFE, et al, 2013. Dry matter accumulation and forage quality characteristics of different soybean genotypes [J]. Turk. J. Agric. For., 37 (1): 22 - 32.

Gerald W Evers, 2011. Forage legumes: forage quality, fixed nitrogen, or both [J]. Crop Sci., 51 (2): 403 - 409.

Givens D J, Owens, et al, 2000. Forage evaluation in ruminant nutrition [M]. Wallingford: CABI Publishing.

Haagenson D M, Cunningham S M, Joern B C, et al, 2003. Autumn defoliation effects on Alfalfa winter survival, root physiology, and gene expression [J]. Crop Science, 43 (4): 1 340 - 1 348.

Hacquet J, 1990. Genetic variability and climatic factors affecting lucerne seed production [J]. J Appl Seed Prod: 59 - 67.

Hannaway D B, Shuler P E, 1993. Nitrogen fertilization in alfalfa production [J]. J prod. Afric (6): 80 - 85.

Hare M D, Lucas R J, 1992. Grassland in tall fescue (*Festuca arundinacea* Scherb.) [D]: PhD thesis. Massey University.

Heide O H, 2006. Control of flowering and reproduction in temperate grasses [J]. New Phytol, 128 (2): 347 - 362.

Henderson, N, 1993. Silage additives [J]. Animal Feed Science and Technology, 45: 35 - 56.

Hill M J, Watkin B R, 1975. Seed production studies on perennial ryegrass, timothy and prairiegrass. J Brit Grassl Soc, 30 (1): 63 - 71.

Holechek J L, Pieper R D, et al, 2004. Range management principles and practices, Fifth Edition [M]. New Jersey: Prentice Hall.

Humphreys L R, 1980. A guide to better pastures for the tropics and sub-tropics [J]. Wright Stephenson &. Co. (Australia) Pty. Ltd: 71 - 79.

Ivarsson E, Frankow-Lindberg B E, Andersson H K, et al, 2011. Growth performance, digestibility and faecal coliform bacteria in weaned piglets fed a cereal-based diet including either chicory (*Cichorium intybus* L) or ribwort (*Plantago lanceolata* L) forage [J]. Animal, 5 (4): 558 - 564.

Jones R, Jones D I H, 1988. Effect of absorbents on effluent production and silage quality [M]. Silage Effluent, Chalcombe Publications, Marlow, UK: 47 - 48.

Jonsson A, 1990. Effect of additives on the quality of big-bale silage [J]. Animal Feed Science and

Technology, 31: 139 - 155.

Kaldy M S, Hanna M R, Smoliak S, 1979. Amino acid composition of sainfoin forage [J]. Grass and Forage Science, 34 (2): 145 - 148.

Kibe K, Noda E, Karasawa Y, 1981. Effect of moisture level of material grass on silage fermentation [J]. Shinshu Univ, J. Faculty Agric., 18: 145 - 154.

Ma, H.-Y., Z.-W. Liang, Z.-C. Wang, et al, 2008. Lemmas and endosperms significantly inhibited germination of *Leymus chinensis* (Trin.) Tzvel. (Poaceae) [J]. Journal of Arid Environments, 72: 573 - 578.

McDonald P, 1981. The biochemistry of silage [M]. Willy, Chichester.

Muck R E, 1990. Dry matter level effects on alfalfa silage quality. Ⅱ. Fermentation products and starch hydrolysis [J]. ASAE, 33 (2): 373 - 381.

Nolla A, Schlindwein J A, Anghinoni I, 2007. Growth, root morphology and organic compounds released by soybean seedlings as a function of aluminum activity in a field soil solution [J]. Ciencia Rural, 37 (1): 97 - 101.

O' Kiely P, 1986. Predicting the requirement for silage preservation [J]. Farm Food Res., 17 (2): 42 - 44.

O' Kiely P, 1990. Factors affecting silage effluent production [J]. Farm Food Res., 21 (2): 4 - 6.

Playne M J, McDonald P, 1966. The buffering constituents of herbage and silage [J]. Journal of Food and Agriculture Science (17): 264 - 268.

Rachuonyo H A, Allen V G, McGlone J J, 2005. Behavior, preference for, and use of alfalfa, tall Fescue, chite clover, and buffalo grass by pregnant gilts in an outdoor production systems [J]. Journal of Animal Science, 83 (9): 2 225 - 2 234.

Rezaei J, Rouzbehan Y, Fazaeli H, 2009. Nutritive value of fresh and ensiled amaranth (*Amaranthus hypochondriacus*) treated with different levels of molasses [J]. Animal Feed Science and Technology, 151 (1): 153 - 160.

Robert F Barnes, C Jerry Nelson, Kenneth J Moore, et al, 2007. Forages: The science of grassland agriculture, Volume Ⅱ. 6th Ed [M], Blackwell Publishing.

Robert F Barnes, C Jerry Nelson, Michael Collins, et al, 2003. Forages: An introducton to grassland agriculture, Volume Ⅰ. 6th Ed [M], Blackwell Publishing.

Rute R da Fonseca, Bruce D Smith, Nathan Wales, et al, 2015. The origin and evolution of maize in the Southwestern United States [J]. Nature Plants, 1: 1 - 5. ARTICLE NUMBER: 14 003, DOI: 10. 1 038.

Ryle G J A, 1961. Effects of light intensity on reproduction in S48 timothy (*Phleum pretense* L.) [J]. Nature: 176 - 197.

Shelton H M, Humphreys L R, 1971. Effect of variation in density and phosphate supply on seed production of stylosanthes humilis [J]. J Agril Sci Canb (76): 325 - 331.

Skepasts A V, Taylor D W, Bowman G T, 1984. Alfalfa seed production in northern Ontario [J]. Highl Agri Onterio, 15 - 17.

Spoelstra S F, 1985. Nitrate in silage [J]. Grass & Forage Sci., 40: 1 - 11.

Steen R W J, 1991. Recent advances in the use of silage additives for dairy cattle [J]. Br. Grassl. Soc. Occas. Symp., 25: 87 - 101.

Stordahl J L, Sheaffer C C, et al, 1999. Variety and maturity affect amaranth forage yield and quality [J]. Journal of Production Agriculture (2): 249 - 253.

Vargas-Bello-Pérez E, Mustafa A F, Seguin P, 2008. Effects of feeding forage soybean silage on milk production, nutrient digestion, and ruminal fermentation of lactating dairy cows. J [J]. Dairy Sci., 91 (1): 229 - 235.

·er César Chiari, Vagner de Alencar Arnaut de Toledo, Maria Claudia Colla Ruvolo-Takasusuki, et al,

2005. Pollination of soybean (*Glycine max* L. Merril) by honeybees (*Apis mellifera* L.) [J]. Braz. arch. biol. technol. , 48 (1): 31 - 36.

Weddell J R, Henderson A R, et al, 1991. Silage additives. SAC Technical Note T270 [M]. Edinburgh: Sccottish Agricultural College.

Wilkinson J M, Stark B, 1987. Silage on western Europe, a survey of 17 countries [M]. Marlow: Chalcombe Publications.

Woolford M K, 1984. The silage fermentation [M]. New York: Marcel Dekker.

Woolford M K, 1990. The detrimental effects of air on silage [J]. J. Appl. Bacterial. , 68 (2): 101 - 116.

Zimmer E, Wilkins R J, 1984. Efficiency of silage systems: a comparison between unwilted and wilted silages [M]. Landbauforsch. Volkenrode: 69.

图书在版编目（CIP）数据

饲草生产学 / 董宽虎，沈益新主编．—2 版．—北京：中国农业出版社，2016.8（2017.12 重印）
普通高等教育农业部"十二五"规划教材　全国高等农林院校"十二五"规划教材
ISBN 978 - 7 - 109 - 21918 - 2

Ⅰ.①饲…　Ⅱ.①董…②沈…　Ⅲ.①牧草-栽培技术-高等学校-教材②牧草-饲料加工-高等学校-教材 Ⅳ.①S54

中国版本图书馆 CIP 数据核字（2016）第 167338 号

中国农业出版社出版
（北京市朝阳区麦子店街 18 号楼）
（邮政编码 100125）
策划编辑　何　微
文字编辑　李　晓

北京通州皇家印刷厂印刷　新华书店北京发行所发行
2003 年 7 月第 1 版　2016 年 8 月第 2 版
2017 年 12 月第 2 版北京第 2 次印刷

87mm×1092mm　1/16　印张：22.25
字数：525 千字
定价：46.00 元
现印刷、装订错误，请向出版社发行部调换）